"十二五"普通高等教育本科国家级规划教材

新型工业化·新计算·计算机应用与技术类系列

工信学术出版基金
Industry and Information Technology
Academic Publishing Fund

COMPUTER APPLICATION

计算机网络工程
实用教程

（第4版）

石炎生　郭观七／主编

王洪艳　周细义　刘利强　杨勃／副主编

安淑梅／主审

电子工业出版社

Publishing House of Electronics Industry

北京·**BEIJING**

内容简介

本书为"十二五"普通高等教育本科国家级规划教材。本书按照使"知识、能力、素质"协调发展的目标，全面系统地介绍计算机网络工程的理论、规范、方法、技术和实践。全书分为理论篇和实践篇两部分。理论篇以实际网络工程项目实施为主线，系统介绍网络工程综合布线、交换机技术、路由器技术、网络安全技术、服务器技术、网络规划与设计、网络工程管理。实践篇为网络工程实验与实践指导，依托先进的网络设备，以实际网络工程案例为背景，按照基础类、综合类、设计类三个层次设计网络工程训练项目。

书中的交换机技术、路由器技术、网络安全技术及其教学实例和实验全部基于华为网络设备平台，网络工程综合布线实验实训基于江西国鼎实训平台。本书为读者提供电子教案、微课、教学视频、实验参考方案、课程设计与实训工程案例、知识拓展资料等多种教学资源，读者可以扫描书中相应的二维码，进入"课程学习空间""工程案例空间"和"知识拓展空间"自主学习。

本书可作为高等院校计算机和电子信息类相关专业的教材，也可作为网络工程技术与管理人员的技术参考书。

图书在版编目(CIP)数据

计算机网络工程实用教程 / 石炎生，郭观七主编. —4 版. —北京：电子工业出版社，2022.6
ISBN 978-7-121-43534-8

Ⅰ. ① 计… Ⅱ. ① 石… ② 郭… Ⅲ. ① 计算机网络－高等学校－教材 Ⅳ. ① TP393
中国版本图书馆 CIP 数据核字（2022）第 088173 号

责任编辑：章海涛
印　　刷：天津千鹤文化传播有限公司
装　　订：天津千鹤文化传播有限公司
出版发行：电子工业出版社
　　　　　北京市海淀区万寿路 173 信箱　　邮编　100036
开　　本：787×1092　1/16　　印张：23.25　　字数：594 千字
版　　次：2007 年 8 月第 1 版
　　　　　2022 年 6 月第 4 版
印　　次：2024 年 12 月第 6 次印刷
定　　价：68.00 元

前　言

本书 2014 年 10 月被教育部评选为"十二五"普通高等教育本科国家级规划教材。随着计算机网络技术的迅猛发展，各种信息化应用已深入普及到各行各业，人们的工作和生活越来越依赖于计算机网络。自 2015 年 8 月第 3 版出版发行以来，网络工程领域又出现了很多新技术、新设备、新模式、新融合。因此，我们根据近几年的教学和工程实践，编写本书第 4 版。

本书第 4 版内容基于华为网络技术与网络设备平台，在保留第 3 版基本构架和主要内容的基础上，对内容进行了修改、更新、整合和优化，增加了许多网络工程的新知识和新技术，更加贴近网络工程实际，更加适应网络工程教学与实践的要求。

本书第 4 版采用全新的编写方式，编写特色可概括为"一本教材、两个平台、三大空间"。"一本教材"是指这本"十二五"普通高等教育本科国家级规划教材。"两个平台"是指华为网络技术与网络设备平台和锐捷网络技术与网络设备平台，书中采用华为网络平台，原第 3 版基于锐捷网络平台的内容移至"知识拓展空间"中。"三大空间"是指在电子工业出版社华信在线学习平台中创建了"课程学习空间""工程案例空间""知识拓展空间"。"课程学习空间"主要提供实用电子教案、微课、教学视频和实验参考方案；"工程案例空间"提供书中的部分举例和较多的工程案例；"知识拓展空间"提供原第 3 版基于锐捷网络平台的内容、限于篇幅书中不能介绍的知识与技术，以及与章节内容相关的学习参考资料。读者可以扫描书中相应的二维码，进入相关空间自主学习。

全书分为理论篇和实践篇，理论篇包括第 1~8 章，实践篇包括第 9~10 章。

第 1 章网络工程基础：重点介绍网络工程的基本概念、建设内容和建设过程。

第 2 章网络工程综合布线：系统地介绍网络工程综合布线系统的常用线缆、系统组成、施工技术和综合布线系统设计与管理。

第 3 章交换机技术与应用：重点介绍交换机接口管理、交换机基本配置、交换机互连技术、VLAN 技术、生成树技术和虚拟化技术。

第 4 章路由器技术与应用：重点介绍路由器接口管理、路由器基本配置、路由协议与配置、访问控制列表技术、网络地址转换技术和虚拟化技术。

第 5 章网络安全技术与应用：重点介绍下一代防火墙、入侵防御系统、VPN 安全网关、Web 应用防护系统、上网行为管理系统等常用网络安全设备及其部署方式。

第 6 章服务器技术与应用：重点介绍服务器系统的主要技术、服务器的应用模式和部署方式、负载均衡技术、服务器存储与备份技术和网络存储技术。

第 7 章网络规划与设计：结合网络工程实例，系统地介绍网络系统建设规划与设计的原则、方法和内容。

第 8 章网络工程管理：从网络工程项目招投标开始到网络工程竣工验收，系统介绍网络工程项目招标与投标过程、投标文件编写方法、网络工程组织管理、网络工程项目管理、网络系统测试、网络工程验收。

第 9 章基础性实验：主要是必做的基础实验，采用问题式实验训练模式，使读者通过问题去设计实验方案，完成实验过程，从而进一步掌握和运用网络工程方法和技术。

第 10 章综合性/设计性实验：目的是使读者牢固掌握各种网络技术在网络工程中的综合运用，能够独立规划设计计算机网络系统，能够独立管理和维护各种计算机网络。

本书编写分工如下：王洪艳编写第 1 章和第 2 章，石炎生编写第 3 章和第 7 章，周细义编写第 4 章和第 8 章，杨勃编写第 5 章，郭观七编写第 6 章，刘利强编写第 9 章和第 10 章编写。石炎生和郭观七负责全书统稿。

本书建议理论课时为 36 学时，实践课时为 40 学时，教师可根据专业要求和课程计划学时等实际情况，进行适当取舍。

自 2007 年 8 月第 1 版出版发行以来，全国很多高等院校将本书作为网络工程课程的教材，给予了充分的肯定和帮助。在本书的编写过程中，湖南理工学院、作者家属提供了有力的支持。华为技术有限公司、锐捷网络有限公司、浪潮（北京）电子信息产业有限公司、广州蓝盾信息安全技术股份有限公司、江西国鼎科技有限公司为本书的编写提供了很多宝贵的资料。电子工业出版社为本书的出版发行付出了辛勤劳动。在此，作者表示衷心的感谢！

由于网络工程技术发展迅速，加之作者的学识有限、时间仓促，疏漏和错误在所难免，敬请广大读者批评指正。

本书为任课教师提供配套的教学资源，需要者可登录华信教育资源网（http://www.hxedu.com.cn），注册后免费下载。通过扫描封底的"一书一码"，读者可以获得更多的教学资源。

如有对于本书的反馈信息，请加入 192910558（QQ 群）进行交流。

作 者

目 录

第1章 网络工程基础

计算机网络工程是一项复杂的系统工程，涉及多方面的理论知识和实用技术。本章介绍计算机信息系统和计算机网络系统的概念、组成和结构，讲述计算机网络工程的基本概念、建设内容和建设过程，最后简要介绍以太网技术、IP 地址和 MAC 地址技术。

目前，物联网技术、视频监控技术、云计算技术、虚拟化技术、软件定义网络技术等广泛应用于各领域并在网络上部署，这些技术是深入掌握网络工程应用技术的基础，读者可以通过扫描书中相应的二维码进入本章"知识拓展空间"自主学习。

1.1 计算机信息系统

随着互联网技术的不断发展和在各行各业的深入应用，以及移动互联网、物联网、云计算、大数据、虚拟现实等技术的不断成熟和应用，我们的生活和工作越来越多地受到互联网的渗透和影响，在一定程度上越来越依赖于计算机网络。因此，政府部门、企事业单位、医院学校等都在进行信息化建设，建立具有各自工作性质和特点的电子政务、电子商务、智能控制、智慧城市、智慧交通、智慧农业、智慧医疗、智慧校园等计算机信息系统，并实现互连互通和资源共享。

1.1.1 计算机信息系统的概念与类型

计算机信息系统是指由计算机软/硬件、计算机网络、信息资源、信息用户和相应规章制度构成的，以一定的应用目标和规则对信息进行采集、加工、存储、传输、检索、服务的人机系统，即信息管理与处理系统；具有原始数据来源分散、信息量越来越大、信息处理方法多种多样、信息的传输与应用在空间和时间上不一致等特征。

从系统应用层面，计算机信息系统可以分为数据处理系统（Data Processing System，DPS）、办公自动化系统（Office Automation System，OAS）、管理信息系统（Management Information System，MIS）、智能控制系统（Intelligent Control System，ICS）、决策支持系统（Decision Sustainment System，DSS）等类型。

1.1.2 计算机信息系统的组成与结构

计算机信息系统根据应用的领域和目标而有所区别,一般由数据资源层、网络基础层、用户应用层和安全管理层组成,如图 1-1 所示,各层之间既可以是本地网络相连,也可以是远程云连接,所有信息系统都建立在计算机网络系统的基础之上。

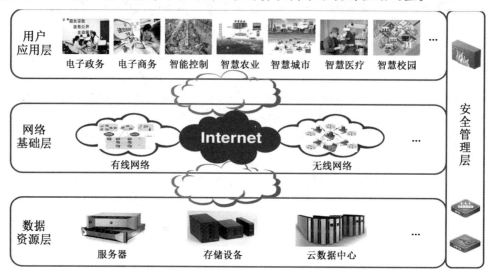

图 1-1 计算机信息系统的组成与结构

① 网络基础层:计算机信息系统运行的基础,由支持计算机信息系统运行的计算机硬件、系统软件和计算机网络系统组成。

② 数据资源层:包括计算机信息系统中用户应用业务的各类数据(包括结构化、半结构化和非结构化的数据信息),以及实现信息采集、存储、传输、存取功能,以及各种硬件设备和资源管理系统的管理,如数据库管理系统、目录服务系统、内容管理系统等。

③ 用户应用层:运行在网络系统平台上、实现用户各种应用业务功能的人机交互式应用软件系统,将各种业务和相应资源融合在一起,并以多媒体等丰富的形式向用户展现信息处理的过程和结果。

④ 安全管理层:为了确保信息系统安全稳定地运行,需要配置网络安全设备和网络管理软件,对系统进行安全管理和运维,包括故障管理、效能管理、配置管理、安全管理和应用服务管理等。

1.2 计算机网络系统

1.2.1 计算机网络系统的概念

计算机网络系统是信息系统运行的基础,是利用网络通信设备和通信线路,将地理位置不同、功能独立的多个计算机系统互连起来,在网络协议的支持和协调下,以功能完善的网络软件实现网络资源共享和信息传递的系统。计算机网络系统通过计算机的互连实现计算机系统之间的通信,从而实现计算机系统之间的信息、软件和硬件资源的共享以及协同工作等，核心是提供计算机之间各类资源的高度共享和信息的便捷交流。

按照网络系统的规模和覆盖的地域，计算机网络系统可分为局域网、城域网和广域网。我们接触最多的是局域网，如企业网、园区网、政务网、校园网等，而城域网和广域网的主要功能是将多个局域网互连，实现网络之间的信息传输和资源共享。

本书主要以局域网为研究对象，讨论计算机网络系统的基本理论和组建技术。

1.2.2 计算机网络系统的组成

计算机网络系统一般由网络互连设备、网络数据设备、网络安全设备、无线网络设备、网络终端设备和网络传输介质等组成，如图 1-2 所示。

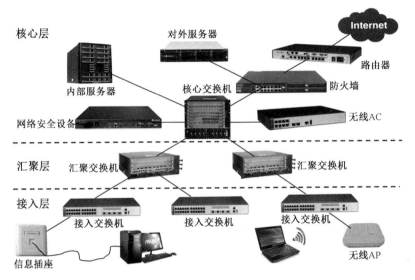

图 1-2 计算机网络系统的组成

① 网络互连设备：主要包括交换机、路由器、网关、集线器、中继器等，其作用是将各种独立的计算机系统、网络终端设备和网络系统相互连接，实现计算机网络系统中数据的接收、转发、传输、选址、路径选择等，将各种数据准确地传送到目的地。

② 网络数据设备：主要包括服务器、磁盘阵列类存储设备，其作用是运行网络操作系统、数据管理系统和用户的应用业务软件，处理、存储海量的系统管理数据和应用业务数据，为各类用户提供数据检索、查询、挖掘、云计算等应用服务。

③ 网络安全设备：类型较多，主要包括防火墙、入侵检测与防御系统、上网行为管理系统、Web 应用防护系统、数据安全审计系统、负载均衡系统等，其作用是确保网络系统安全、稳定运行，确保系统数据和用户数据安全存储和传输。

④ 无线网络设备：主要包括无线路由器、无线接入点（Access Point，AP）、无线控制器（Access Controller，AC）、无线网卡和天线等，其作用是实现无线网络终端与计算机网络系统的无线接入、地址分配、数据传输、身份识别、安全认证等。

⑤ 网络终端设备：主要包括计算机、网络打印机、数字摄像机、手机等网络接入设备。

⑥ 网络传输介质：又称为网络传输线路，其作用是将网络中的互连设备、数据设备、安全设备、无线设备、终端设备进行互连，传输各种信息和数据。网络传输介质一般分

为有线传输介质和无线传输介质两类，有线传输介质主要包括光纤、双绞线、同轴电缆、大对数线等；无线传输介质主要包括无线电波、微波、红外线、激光等。

上述网络设备与传输介质的结构原理、性能参数、配置方法以及在计算机网络系统中的部署方式，将在后续章节中详细介绍。

1.2.3 计算机网络系统的结构

为了便于管理、维护和扩展计算机网络系统，逻辑上将一个网络系统分为核心层、汇聚层和接入层，即计算机网络系统的三层拓扑结构（见图1-2），每层在网络系统中着重于某些特定的网络任务和功能。

1. 核心层

核心层是网络的高速交换主干，是网络的枢纽中心，是网络中所有流量的最终承受者和汇聚者，对整个网络系统的连通起着至关重要的作用。核心层的主要功能是实现主干网络之间的优化传输，处理高速数据流；对内负责各种数据信息的转发和交换，为汇聚层和接入层提供优化的数据传输，尽可能快地交换数据分组，而不是卷入具体的数据分组的运算。因此，核心层必须具有可靠性、高效性、冗余性、容错性、适应性、低延时性和可管理性等特性。

核心层的设备主要包括：1台或2台高带宽万兆以上交换机（被称为核心交换机），与其他网络互连的路由器，保护网络安全运行的防火墙及其他网络安全设备，运行应用业务软件的服务器和数据存储设备等。

2. 汇聚层

汇聚层是核心层和接入层的"中介"，为它们提供协议转换和带宽管理。

汇聚层的主要功能是：① 汇聚接入层的用户流量，进行数据分组传输的汇聚、转发和交换，实现通信量的收敛；② 把大量来自接入层的用户流量及访问路径先进行汇聚和集中，控制路由表的大小，进行本地路由、过滤、流量均衡、QoS优先级管理、策略与安全控制、IP地址转换、流量整形、组播管理、传输介质的转换等处理；③ 根据处理结果，将用户流量转发到核心层或在本地进行路由处理；④ 隔离网络拓扑结构的变化，实现虚拟局域网（Virtual Local Area Network，VLAN）之间的路由，减少核心层设备路由路径的数量，以减轻核心层设备的负荷；⑤ 完成各种协议的转换（如路由的汇总和重新发布等），以保证核心层可以连接运行不同协议的区域。

汇聚层的设备一般采用千兆或万兆三层交换机，以满足带宽和传输性能的要求。汇聚层的设备之间、与核心层的设备之间采用光纤互连，以提高系统的传输性能和吞吐量。

3. 接入层

接入层是网络系统直接面向用户连接的部分，利用光纤、双绞线、同轴电缆、无线等传输介质，将终端用户连接到网络，是终端用户访问网络的接口。

接入层的主要功能是：① 为用户提供在本地网段访问应用系统的能力，解决用户之间的互访需求，并且为这些访问提供足够的带宽；② 适当负责一些用户管理功能（如地址认证、用户认证、计费管理等）和用户信息收集工作（如用户的IP地址、MAC地址、访问日志等）；③ 提供即插即用的特性，易于使用和维护网络；④ 提供带宽共享、数据交换、MAC 层过滤、网段划分、访问列表过滤等功能。

接入层的设备一般采用具有低成本和高端口密度特性的二层接入交换机。

4．网络拓扑结构

网络拓扑结构采用几何方法来描述计算机网络系统的整体布局、结构和网络节点设备之间的连接方式。其中，网络节点设备包括各种数据处理设备、数据通信控制设备和数据终端设备等；连接方式分为物理连接方式和逻辑连接方式两种，前者是指实际存在的传输线路，后者是指在逻辑上起作用的网络通路。

例如，图 1-2 所示的计算机网络系统可以用图 1-3 所示的网络拓扑结构进行描述，各种网络设备和传输介质均采用相应的图标，并且标明网络设备的名称、品牌、型号和连接接口，必要时标明传输介质的类型和规格。

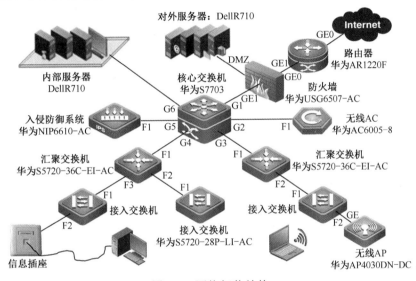

图 1-3　网络拓扑结构

不同品牌网络设备生产厂商设计的图标不完全相同，本章"知识拓展空间"将给出华为、锐捷和思科等品牌网络设备的图标，读者可以通过扫描相应二维码自行学习参考。

1.3　计算机网络工程

计算机网络工程就是采用系统集成的方法，在完善的组织机构指导下，根据用户建设计算机网络的目标和应用需求，按照计算机网络的标准、规范和技术，通过详细规划和设计网络系统的建设方案，将计算机网络互连设备、网络安全设备、网络数据设备、无线网络设备、网络终端设备和相关软件进行系统集成，建成一个满足用户需求、高效快速、安全稳定的计算机网络系统，为计算机信息系统搭建网络基础平台、信息传输平台和应用服务平台。

1.3.1　网络工程的建设目标与特点

网络工程是一项复杂的系统工程，其建设涉及计算机、通信、电子、电器、防雷接地、建筑装修等学科的理论知识和实用技术，建设目标是在遵守国家相关法律、法规，遵循国际、国内和行业标准的前提下，完成网络工程的规划设计、施工调试和测试验收等工作，建成一个满足用户需求、高效快速、安全稳定的计算机网络系统。

网络工程是一项严谨的信息工程，具有如下主要特点。

1．明确的网络系统建设需求

网络系统建设需求是指用户对所要建设的网络系统，在网络应用、网络业务和网络功能方面有明确的需求，包括：网络系统要实现哪些应用，完成哪些功能，需要在网络上开展哪些业务，运行哪些软件，未来对网络系统有哪些需求等。网络系统建设需求为设计网络系统建设方案提供重要的设计依据。

2．具体的网络系统建设方案

网络系统建设方案包括网络系统技术方案和网络工程实施方案。

网络系统技术方案是网络系统建设的具体标准与规范，主要包括：网络系统总体架构与拓扑结构，网络系统各部分的组建方法，网络线路选型标准与布线方式，网络设备选型标准与部署方式，网络互连方法与配置命令，网络安全与管理方式，网络应用部署方式等。

网络工程实施方案是按照网络系统技术方案进行网络工程建设施工的具体方法和措施，包括：网络工程建设组织机构，施工计划与进度安排，施工方法与图纸，网络工程综合布线，网络设备安装与调试，网络工程质量保证措施，网络系统测试与验收方法等。

3．完善的网络工程组织机构

网络工程组织机构由工程建设方（即网络工程建设的投资方和用户，简称甲方）、工程承建方（即承担网络工程建设任务的公司，简称乙方）和工程监理方（即提供网络工程建设监理服务的机构，简称监理方）组成，各方都有完善的工作机构、工作人员、工作职责和工作任务。

1.3.2　网络工程的建设内容

网络工程的建设一般分为网络规划与设计、网络工程综合布线、网络系统集成与测试、网络应用部署与运行、网络工程竣工验收与技术培训五方面。

1．网络规划与设计

网络规划与设计是网络工程建设中非常重要和关键的环节，是根据网络系统建设方（以下简称用户）的网络建设目标和具体情况，在详细进行网络系统建设需求分析的基础上，以"实用、够用、好用、安全"为指导思想，为用户设计一套科学、先进、实用、安全的网络系统技术方案和网络工程实施方案。

网络规划与设计对建设一个功能完善、安全可靠、性能先进的网络系统至关重要。

切合实际的网络规划与设计是网络工程项目建设成功的重要前提和保证。因此，网络规划与设计要解决好建设网络系统的目标和如何建设的问题，要处理好整体建设与局部建设、近期建设与远期建设之间的关系，要根据用户的近期需求、经济实力和中远期发展规划，结合网络技术的现状和发展趋势进行综合考虑。

2．网络工程综合布线

网络工程综合布线是网络系统的基础，是网络工程建设施工的首要工程。网络工程综合布线是按照网络系统建设方案中的网络综合布线方案，将计算机网络数据系统、语音系统、视频系统、广播系统、监控系统、消防报警系统等通信介质（光纤、双绞线、大对数线、同轴电缆等），敷设在建筑物内及建筑物之间规划的位置，完成综合布线系统中各子系统的建设施工任务，构建一个传输数据、语音、图像、多媒体业务和各种控制信号的"高速公路"。

3．网络系统集成与测试

网络系统集成与测试是网络工程建设最重要的部分，其主要任务如下：

① 按照网络系统建设方案，将所有的网络互连设备、网络安全设备和无线网络设备，按照设备的安装方法和要求，正确安装到网络系统的设计位置，并接通电源。

② 按照规划设计的网络系统拓扑结构和相应的标准与规范，将网络工程综合布线所敷设的各种通信线缆连接到相应的网络设备的端口上，实现网络系统互连。

③ 根据网络系统的拓扑结构、网络应用与功能要求，对各种网络设备进行相应的配置和调试，实现网内所有设备之间、内网与外网之间互连互通，使各种数据、语音、图像、视频等能够通畅、快捷、安全、稳定地传输。

④ 对建设完成的网络综合布线系统、网络硬件设备、网络各子系统和整个网络系统进行性能与连通性测试。测试方法要遵循相关标准与规范，要制定详细的测试方案，设置合理的测试参数，并详细记录测试数据，作为网络工程竣工验收的依据。

4．网络应用部署与运行

网络应用部署与运行是实现网络系统的应用功能与应用目标，其主要任务如下：

① 根据用户的应用业务需求，按照网络系统建设方案，部署安装各种应用业务服务器、数据库服务器以及配套的存储设备和负载均衡设备等，并接通电源、接入网络系统。

② 安装服务器操作系统、数据库管理系统、应用业务软件系统等，在网络上运行每一个应用业务软件，对其各项功能进行调用操作。

应用业务数据量巨大的用户可以考虑设计部署数据中心或云数据中心，安装大数据应用处理软件系统，采用大数据处理技术等。

5．网络工程竣工验收与技术培训

网络工程竣工验收与技术培训是在网络系统建设完成并试运行1～2个月后，进行以下工作：

① 工程文档整理。工程文档包括网络系统技术方案、网络工程实施方案、网络设备的具体配置文档、网络综合布线系统文档、网络设备安装与使用技术文档、网络工程施工过程中的各种表单和文件、网络系统测试数据文档、用户培训与使用手册等。

② 工程技术培训。为了使用户的网络技术人员、网络管理人员尽快掌握所建网络系统的操作、管理和维护，使用户的所有员工尽快掌握业务应用软件的操作与使用方法，在网络系统试运行期间，必须对网络管理技术人员以及一般的员工进行管理与操作方面的培训。

③ 工程竣工验收。工程竣工验收是由网络工程建设方、工程承建方、工程监理方以及聘请的业内专家共同组成工程竣工验收小组，对工程内容、工程质量、网络设备、网络系统性能与运行情况、应用业务功能实现情况、工程文档等进行全面检查、测试和验收，提出验收意见和建议。

1.3.3 网络工程的建设过程

根据网络工程的建设内容，网络工程的建设过程可以分为网络工程设计、网络工程实施、网络工程竣工三个阶段，各阶段的主要工作与流程如图 1-4 所示。

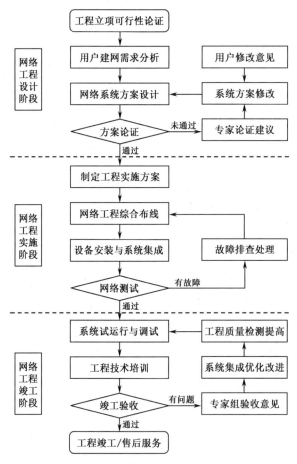

图 1-4 网络工程建设流程图

① 网络工程设计阶段：主要工作是对用户建设网络系统进行详细调研，在此基础上规划设计网络系统建设技术方案，技术方案完成后，一方面要组织相关专家进行方案论证，另一方面要广泛征求用户的意见，然后进行方案修改，直到专家和用户通过方案。

② 网络工程实施阶段：主要工作是对网络系统建设工程现场进行实地勘测，根据网络建设技术方案制定工程实施方案，再根据工程实施方案进行网络综合布线、网络设备安装、网络系统集成、网络系统测试等。

③ 网络工程竣工阶段：主要工作是对建成的网络系统进行试运行与调试，对用户相关人员进行技术培训，整理编辑各种技术文档资料，组织专家对工程进行竣工验收等。

1.4 网络工程相关技术

近年来，计算机网络技术特别是互联网技术高速发展，一方面给人们的工作和生活带来了巨大的变化和前所未有的网络应用体验，另一方面自身也在不断开拓创新，涌现出了许多新技术。本节简要介绍网络工程中常用的网络技术，有些技术在后续章节或知识拓展中进行讲解。

1.4.1 以太网技术

以太网（Ethernet）技术起源于 20 世纪 70 年代。1973 年，梅特卡夫（Metcalfe）博士在 Xerox（施乐）实验室发明了以太网，并开始以太网拓扑的研究工作。1976 年，Xerox 公司构建基于以太网的局域网络，连接的计算机超过 100 台。随后，Xeror、Intel、DEC 公司联合开发 10 Mbps 以太网标准，于 80 年代初完成并公布第 1 版以太网规范，这是一种以总线方式连接所有网络站点和所有站点，以竞争方式共享总线使用权的基带局域网，因而又称为总线型以太网。1982 年 12 月，IEEE 正式发布 IEEE802.3 标准，该标准与以太网规范完全兼容，且差异很少，因此，在实际应用中，这两种网络一般不再加以区分，统称为以太网。以太网从起源时的 10 Mbps 发展到至今的 40/100 Gbps，已成为局域网、城域网和广域网的主流组网技术。

1. 10 Mbps 以太网

IEEE 802.3 标准规定 10 Mbps 以太网采用带冲突检测载波监听多路访问（Carrier Sense Multiple Access/Collision Detection，CSMA/CD）介质访问控制（Media Access Control，MAC）协议、半双工工作模式，以 10 Mbps 的速率在共享传输媒体上竞争传输数据，其传输介质包括粗同轴电缆、细同轴电缆和非屏蔽双绞线（Unshielded Twisted Pair，UTP）。

1983 年，IEEE802.3 工作组发布 10Base-5 "粗缆" 以太网标准，这是最早的以太网标准。1986 年，10Base-2 "细缆" 以太网标准发布。1989 年，10Base-T "非屏蔽双绞线" 以太网标准发布。其中，"10" 代表传输速率为 10 Mbps，"Base" 代表基带信号，"5" 代表最大网段长度为 500 m，"2" 代表最大网段长度接近 200 m（实际为 185 m），"T" 代表双绞线（Twisted Pair Cables）。

10 Mbps 以太网的网络拓扑结构分为两种。一种是采用粗同轴电缆或细同轴电缆构建的总线型结构，另一种是采用双绞线构建的星型结构。图 1-5 上部为采用细同轴电缆组网的总线型以太网，连接器件是 BNC 接头、T 型接头和 50 Ω 终端接头；下部为采用非屏蔽双绞线组网的星型以太网，连接器件是集线器和水晶头。

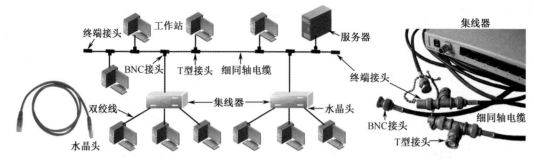

图 1-5　总线型与星型以太网拓扑结构

1990 年，交换以太网技术出现，利用多端口以太网交换机将竞争媒体的站点和端口减少到 2 个，并支持端口间同时传输数据，从而改变了站点共享带宽的局面，显著地提高了网络系统的整体带宽，标志着以太网从共享时代进入交换时代。

1993 年，基于交换技术，出现了全双工交换以太网技术，正式步入 10 Mbps 交换以太网时代，不但使以太网的传输速率提高了 1 倍，而且彻底解决了端口的信道竞争问题。

2．100Mbps 快速以太网

1995 年 3 月，IEEE 正式批准 100 Mbps 快速以太网标准 IEEE 802.3u，采用与 10 Mbps 以太网相同的 CSMA/CD MAC 协议和帧结构，数据传输速率为 100 Mbps，支持 3 类、4 类、5 类双绞线和光纤的连接。在工程应用中，10 Mbps 以太网可以平滑升级到 100 Mbps 快速以太网，增强了以太网的可伸缩性。

IEEE 802.3u 定义了三种传输介质应用标准：100Base-TX、100Base-FX、100Base-T4。

100Base-TX 是一种使用 5 类、超 5 类非屏蔽双绞线或屏蔽双绞线（Shielded Twisted Pair, STP）的快速以太网技术，使用两对双绞线，一对用于发送数据，一对用于接收数据。在传输中，100Base-TX 使用 4B/5B 编码方式，信号频率为 125 MHz，符合 ANSI/EIA/TIA 568 的 5 类布线标准和 IBM 的 SPT1 类布线标准，使用与 10Base-T 相同的 RJ-45 连接器。100Base-TX 的最大网段长度为 100 m，支持全双工的数据传输。

100Base-FX 是一种使用单模/多模光纤的快速以太网技术。多模光纤连接的最大距离为 550 m，单模光纤连接的最大距离为 2000 m。100Base-FX 在传输中使用 4B/5B 编码方式，信号频率为 125 MHz，使用 MIC/FDDI 连接器、ST 连接器或 SC 连接器。100Base-FX 的最大网段长度为 412 m 或 2000 m，与所用的光纤类型和工作模式有关，支持全双工的数据传输。100Base-FX 特别适合有电气干扰、较大距离连接或高保密等情况的应用。

100Base-T4 是一种可使用 3 类、4 类、5 类、超 5 类非屏蔽双绞线或屏蔽双绞线的快速以太网技术。100Base-T4 使用 4 对双绞线，其中的 3 对用于在 33 MHz 的频率上传输数据，每对均工作于半双工模式；第 4 对用于 CSMA/CD 冲突检测。100Base-T4 在传输中使用 8B/6T 编码方式，信号频率为 25 MHz，符合 ANSI/EIA/TIA 568 结构化综合布线标准。100Base-T4 使用与 10Base-T 相同的 RJ-45 连接器，最大网段长度为 100 m。

3．1000 Mbps 千兆以太网

在 1998 年和 1999 年 6 月，IEEE 相继正式发布 1000 Mbps 千兆位以太网（简称千兆以太网）标准 IEEE 802.3z 和 IEEE 802.3ab，它们继承了 IEEE802.3 标准的体系结构，与以太网、快速以太网完全兼容。随着千兆以太网技术的不断成熟，千兆以太网已普及到

局域网的骨干甚至桌面。

IEEE 802.3z 标准定义了 3 种传输介质应用标准：1000Base-LX、1000Base-SX 和 1000Base-CX。而 IEEE802.3ab 标准定义了传输介质应用标准 1000Base-T。

1000Base-LX：支持多模光纤（62.5μm、50μm）和单模光纤（9μm、10μm），使用长波激光信号源，工作波长为 1270～1355nm，最大传输距离分别为 550m 和 5km。

1000Base-SX：只支持 62.5μm 或 50μm 的多模光纤，使用短波激光信号源，工作波长为 770～860nm，最大传输距离分别为 275m 或 550m。

1000Base-CX：采用 150Ω 屏蔽双绞线，传输距离为 25m，适用于交换机之间的连接，尤其适用于核心交换机和服务器之间的短距离连接。

1000Base-T：支持 5 类、超 5 类、6 类 UTP 双绞线，最长传输距离是 100m，不支持 8B/10B 编码方式，而是采用更加复杂的编码方式。1000Base-T 的优点是用户可以在原来 100Base-T 的基础上平滑升级到 1000Base-T，但需要解决串扰和衰减问题。

4. 10Gbps 万兆以太网

随着城市范围不断扩大、数据传输距离不断延伸、应用需求不断加大、网络用户不断增多，千兆以太网技术用于城域骨干网（汇聚层）时遇到了带宽和传输距离的限制，但由于以太网技术的突出优点，改进并扩展这一技术以适应新的需求就成了一种迫切的要求，所以 10Gbps 万兆位以太网（简称万兆以太网）技术应运而生。

2002 年 7 月 18 日，IEEE 正式发布 10Gbps 万兆以太网标准 IEEE 802.3ae 和 IEEE 802.3an。

IEEE 802.3ae 标准定义了多种光纤传输介质应用标准，具体表示方法为：

10G Base-[介质类型][编码方案][波长数]

或

10G Base-[E/L/S][W/R/X][1/4]

① 介质类型：S 为短波（850nm），用于多模光纤短距离（约 35m）传输数据；L 为长波（1310nm），用于在建筑物之间或大厦的楼层之间进行数据传输，使用多模光纤的传输距离为 90m，使用单模光纤的传输距离可达 10km；E 为超长波（1550nm），用于广域网或城域网中的数据传输，当使用 1550nm 波长的单模光纤时，传输距离可达 40km。

② 编码方案：X 为局域网物理层中的 8B/10B 编码，R 为局域网物理层中的 64B/66B 编码，W 为广域网物理层中的 64B/66B 编码（简化的 SONET/SDH 封装）。

③ 波长数：4 表示使用宽波分复用（WWDM）；1 表示不使用波分复用，可以省略。在进行短距离传输时，宽波分复用比密集波分复用（DWDM）更适合。

例如，10G Base-SR 和 10G Base-SW 表示支持短波长为 850nm 的多模光纤，光纤距离为 2～300m。10G Base-SR 主要支持"暗光纤"（dark fiber）。暗光纤是指没有光传播且不与任何设备连接的光纤。10G Base-SW 主要用于连接 SONET 设备，用于远程数据通信。

IEEE 802.3an 标准定义了基于铜缆的万兆位以太网标准 10G Base-T，采用 PAM16(16 级脉冲调幅技术）和 128-DSQ（double square）的组合编码方式，采用 4 对双绞线，以全双工方式传输，平均每对线的传输速率为 250Mbps，每对线要求能够支持的带宽为 500MHz。10G Base-T 对布线标准有新的要求，在 CAT6/ClassE 线缆上仅能传输 37m 的距离，按照布线标准组织最新制定的布线标准 CAT6A/ClassEA，采用 CAT6A/CAT7 类铜缆、CAT6A/CAT7 类跳线、CAT6A/CAT7 类非屏蔽模块和 CAT6A/CAT7 类非屏蔽配线架，可以使 10G Base-T 的传输距离达 100m。

万兆以太网基本上承袭了以太网、快速以太网和千兆以太网系统结构，使用IEEE802.3 以太网帧格式，只支持全双工方式，也不采用 CSMA/CD 机制，支持多种光纤媒体，与同步光纤网络（SONET）STS-192c 传输格式相兼容。万兆以太网主要用于局域网和城域网骨干以及广域网的信息传输；在企业网和校园网的宽带交换机互联、云数据中心和互联网交换中心、宽带城域网和宽带广域网、云存储网络、高性能计算与云计算等领域得到广泛应用。

5．40 Gbps/100 Gbps 以太网

近年来，信息技术高速发展，云计算、虚拟化、高清视频、电子商务、社交媒体、网络银行、网络游戏和飞速发展的高速无线网络等新兴业务不断涌现，加速了业务对网络带宽的需求。云计算的部署和海量数据的不断交互需要更高的网络带宽。企业与政府的大型/超大型数据中心建设的迅猛增长，虚拟化技术在数据中心的广泛应用，数据中心网络的融合（即局域网、存储网络和高性能计算网络融合），数据中心之间的互连和与Internet 的接入等都需要更高速率的链路。这些大大加速驱动了基础传输网络向 40 Gbps特别是 100 Gbps 的转换进程。在网络架构上，网络的扁平化和融合对高端/核心路由器和交换机提出了更高端口密度和更高速率上行接口的要求，核心路由器在 40/100 Gbps 接口上的技术突破极大地推动了 40/100 Gbps 高速接口的发展。

2010 年 6 月 17 日，IEEE 正式发布 40/100 Gbps 以太网标准 IEEE802.3ba，它也被称为下一代超高速光传输技术，是 IEEE 发布的首个定义了两个速率的网络标准，涉及多模光纤、单模光纤、双轴铜缆和印制电路板（Printed Circuit Board，PCB）等不同介质的两种速率网络。其中，数据中心可用的布线部分有 4 种应用标准：40G Base-CR4、40G Base-SR4、100G Base-CR10 和 100G Base-SR10。其中，40G Base-CR4 和 100G Base-CR10 定义使用铜缆传输，最大传输距离只有 7 m；40G Base-SR4 和 100G Base-SR10 定义使用 8 芯和 20 芯多模光纤 OM3/OM4 并行传输，4 对收发或 10 对收发，每个通道的速率为 10 Gbps，对应支持 40 Gbps 和 100 Gbps 网络，最大传输距离分别为 100 m 和 125 m。

2011 年 3 月，IEEE 正式发布 IEEE 802.3bg 标准，是在 IEEE 802.3ba 基础上进行的扩充，主要定义了 2000 m 以内的 40G Base-FR 单模光纤串行传输的理论和相关配置。

2011 年 9 月，IEEE 批准成立基于印制电路板和双轴铜缆的 P802.3bj 100 Gbps 专家组，定义了四通道物理层规范和管理参数，指定 40G Base-KP4 和 100G Base-KP4 作为印制电路板节能以太网的选项，7m 内的 40G Base-CR4 和 100G Base-CR10 作为双轴铜缆节能以太网的选项。

2013 年 5 月，IEEE 批准成立 P802.3bq 40G BASE-T 和基于光纤的 P802.3bm 40/100 Gbps专家组，主要定义不超过 30 m 平衡双绞线铜缆上的 40 Gbps 以太网、100 Gbps 光纤物理链路层规范及四通道多模和单模阐述管理参数，并指定 40G Base-LR4 和 100G Base-LR4作为节能光纤以太网的选项，另外定义了超过 10 km 的 40 Gbps 单模光纤传输的理论和相关配置。

1.4.2　IP 地址技术

接入网络系统的每台计算机或网络设备都必须有一个用于识别自己身份的唯一标

识，这就是 IP 地址。目前，IP 地址有 IPv4 和 IPv6 两个版本。

1. IPv4 地址的结构

IPv4 地址由 32 位二进制数组成，如 11001010011001110110001100000110，地址数量为 2^{32} 个。由于二进制数不利于记忆，通常采用点分十进制数表示，其转换方法是将 32 位二进制数划分为 4 段，每段 8 位，其数值范围为 0～255，段与段之间用"."相隔。IP 地址二进制和十进制表示方法及其转换关系如图 1-6 所示。

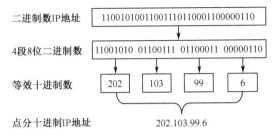

图 1-6　IP 地址二进制和十进制表示方法及其转换关系

2. IPv4 地址的分类

IPv4 地址分为网络号（Net ID，或称网络标识）和主机号（Host ID，或称主机标识）两部分。其中，网络号用于区分不同的网络，主机号用于在一个网络中区分不同的主机。按照网络号与主机号的不同位数，将 IP 地址分为 A、B、C、D、E 五类，各类 IP 地址结构如图 1-7 所示。其中，A、B、C 三类地址分配给 Internet 上的网络设备和网络用户终端，称为公有 IP 地址，其各自的网络规模如表 1-1 所示；D 类地址作为组播地址，用于支持多点传输技术；E 类地址保留为将来使用。这种地址划分方法称为分类编址。

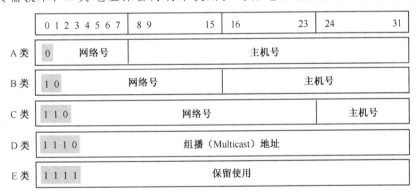

图 1-7　各类 IP 地址结构

表 1-1　IP 地址的类别与规模

类别	地址范围	网络数	每个网络的主机数	适用的网络规模
A	0.0.0.0～127.255.255.255	128	16777216	大型网络
B	128.0.0.0～191.255.255.255	16384	65536	中型网络
C	192.0.0.0～223.255.255.255	2097152	256	小型网络

根据 TCP/IP 的规定，A 类地址中的 10.0.0.0～10.255.255.255 地址段、B 类地址中的 172.16.0.0～172.31.255.255 地址段和 C 类地址中的 192.168.0.0～192.168.255.255 地址段

不允许分配给 Internet 上的网络设备和网络用户终端，但可以同时在多个不同的局域网内部使用，这类地址被称为私有 IP 地址。

另外，地址段 127.0.0.0～127.255.255.255 也属于保留 IP 地址段，用于本机环路测试。每个网络地址段（简称网段）中的第一个地址被称为网络地址，最后一个被称为广播地址，也不能分配给网段中的主机使用。例如，网段 192.168.1.0～192.168.1.255 中，192.168.1.0 是网络地址，192.168.1.255 是广播地址。

3．子网和子网划分

随着网络规模的急剧增长，对 IP 地址的需求不断激增。另外，一个网络地址分配给一个用户后，无论该用户的主机数有多少，其中的 IP 地址都不能分配给其他用户使用，使 IP 地址资源产生巨大浪费。解决这个问题的一种办法是划分子网，即把一个网络再划分为更小的网络段，称为子网。子网是一个逻辑概念，子网中的各主机的网络地址部分是相同的。

划分子网的方法是从主机号部分分离出几位作为子网号，在分类编址结构的基础上增加一级地址结构，称为子网编址（Subnet Addressing）或子网划分，如图 1-8 所示。

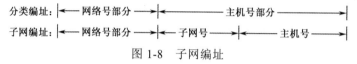

图 1-8　子网编址

【例 1-1】 将 C 类地址段 202.112.58.0～202.112.58.255 主机号的前 3 位作为子网号，则该 C 类地址段被划分成 2^3=8 个子网，每个子网可以拥有 2^5-2=30 台主机（全 0 和全 1 分别为子网网络地址和广播地址）。

子网地址段分别为：202.112.58.0～202.112.58.31，202.112.58.32～202.112.58.63，202.112.58.64～202.112.58.95，202.112.58.96～202.112.58.127，202.112.58.128～202.112.58.159，202.112.58.160～202.112.58.191，202.112.58.192～202.112.58.223，202.112.58.224～202.112.58.255。

4．子网掩码

为了方便子网划分，特别是使交换机、路由器等网络设备能够自动从 IP 地址中获取网络地址（包括网络号和子网号）信息，IP 协议引入了子网掩码（Subnet Mask，或称子网模）。子网掩码是由 32 位二进制数组成的位模式，若位模式中的某位置为 1，则对应 IP 地址中的某位就为网络地址中的一位；若位模式中的某位置为 0，则对应 IP 地址中的某位就为主机地址中的一位。例如，子网掩码为 11111111 11111111 11111111 11000000，前 26 位全为 1，代表对应 IP 地址的前 26 位为网络地址，后 6 位全为 0，代表对应 IP 地址的后 6 位为主机地址。

子网掩码也采用"点分十进制数"表示，如子网掩码 11111111.11111111.11111111.11000000 可表示为 255.255.255.192。若一个网络不设置子网，则按子网掩码制定规则得到的掩码称为默认子网掩码，各类地址的默认子网掩码分别为：A 类地址 255.0.0.0，B 类地址 255.255.0.0，C 类地址 255.255.255.0。

在实际网络工程应用中，为了最大限度地节省 IP 地址，需要根据不同网段中的主机数量，将一个网络划分成不同大小的子网，这就需要同时使用不同长度的子网掩码进行配置，这种子网划分方式称为变长子网掩码（Variable Length Subnet Mask，VLSM）。

注意：IP 协议关于子网掩码的定义允许子网掩码中的"0"和"1"位不连续，但是这样的子网掩码给分配主机地址和理解路由表都带来一定困难，因此在实际应用中通常采用连续方式的子网掩码，像 255.255.255.64 和 255.255.255.160 等之类的子网掩码不推荐使用。

5．无分类编址 CIDR

无分类编址的全称为无分类域间路由选择（Classless Inter-Domain Routing，CIDR），消除了传统的 A 类、B 类、C 类地址和子网的概念，使用各种长度的网络前缀（Network-Prefix）代替分类地址中的网络号和子网号，使 IP 地址从三级编址回到了两级编址。

CIDR 的两级编址记法是：

IP 地址={<网络前缀>,<主机号>}

CIDR 还使用斜线记法（Slash Notation），又称为 CIDR 记法，即在 IP 地址后加上"/"，然后写上网络前缀所占的位数，即网络地址（网络号和子网号）的位数，这个数值对应三级编址的二进制子网掩码中 1 的个数。CIDR 将网络前缀相同的连续的 IP 地址称为"CIDR 地址块"，相当于一个子网。

【例 1-2】 CIDR 地址 128.14.32.0/20 表示前 20 位是网络地址，后 12 位是主机号，其地址块的地址数共有 2^{12}=4096 个，地址空间为 128.14.32.0～128.14.47.255，可用于分配给主机的最小地址是 128.14.32.1，最大地址是 128.14.47.254。全 0 和全 1 的主机号地址一般不使用。

【例 1-3】 某学校现有 3 个计算机机房，第 1 机房有 120 台计算机，第 2 机房、第 3 机房各有 60 台计算机。现要求将各机房的计算机划分为 3 个子网进行管理，但学校只分配了一个 C 类网段 192.9.200.0/24，怎样配置各机房计算机的 IP 地址？

【解答】 先将网段 192.9.200.0/24 划分为两个子网 192.9.200.0/25 和 192.9.200.128/25。将子网 192.9.200.0/25 的 126 个 IP 地址分配给第 1 机房；将子网 192.9.200.128/25 再划分为两个子网 192.9.200.128/26 和 192.9.200.192/26，各有 62 个 IP 地址分配给第 2 机房和第 3 机房。

6．IPv6

随着互联网的迅速发展，IPv4 定义的有限地址空间将被耗尽，这必将妨碍互联网的进一步发展，IPv6（Internet Protocol Version 6，互联网协议第六版）就是为了解决 IPv4 的地址不足等问题而提出的、由 IETF（Internet Engineering Task Force）负责设计的下一代网际协议，于 1995 年 1 月正式公布，研究修订后于 1999 年确定开始部署。

IPv6 的地址长度为 128 位，采用冒分十六进制数表示，每 16 位为 1 节，各节之间用":"分隔，如 68E6:8C64:FFFF:FFFF:0000:1180:960A:FFFF。在实际应用中可以使用两种技术：一是允许零压缩，即连续的零可以用"::"取代，如 FF05:0:0:0:0:0:0:B3 可以写成 FF05::B3；二是与 IPv4 地址的 CIDR 表示法类似的地址前缀，如 12AB:0:0:CD30::/60，表示一个前缀为 60 位的网络地址空间，地址的其他部分为 68 位。这种技术在 IPv4 向 IPv6 过渡阶段用得较多。

IPv6 保留了 IPv4 获得成功的一些特性，还具有如下特性：

① 近乎无限的地址空间。IPv6 地址约有 2^{128} 个，几乎可以不受限制地提供 IP 地址，

从而确保了端到端连接的可能性。

②提高了网络的整体吞吐量。由于 IPv6 的数据包可以远远超过 64 KB，应用程序可以利用最大传输单元（Maximum Transmission Unit，MTU）获得更快、更可靠的数据传输。同时，IPv6 对数据报头进行了简化，由 40 字节定长的基本报头和多个扩展报头构成，使路由器加快数据包处理速率，提高转发效率，从而提高网络的整体吞吐量。

③整个服务质量得到很大改善。报头中的业务级别和流标记通过路由器的配置可以实现优先级控制和 QoS 保障，从而极大改善了 IPv6 的服务质量。

④安全性有了更好的保证。IPSec 可以为上层协议和应用提供有效的端到端安全保证，能提高在路由器水平上的安全性。

⑤支持即插即用和移动性。设备接入网络时通过自动配置可自动获取 IP 地址和必要的参数，实现即插即用，简化了网络管理，易于支持移动节点。而且，IPv6 不仅从 IPv4 中借鉴了许多概念和术语，还定义了许多移动 IPv6 所需的新功能。

⑥更好地实现了组播功能。IPv6 的组播功能中增加了"范围"和"标志"，限定了路由范围，可以区分永久性与临时性地址，更有利于组播功能的实现。

1.4.3 MAC 地址技术

MAC 地址又称为硬件地址、物理地址等，有时被称为 BIA（Burned-In Address，预烧硬件地址），是网络设备全球唯一的网络标识，用来定义网络设备的物理位置，由网络设备制造商在生产时写入硬件内部网卡的 EPROM 芯片中，存储的是传输数据时真正赖以标识发出数据的主机和接收数据的主机的地址。也就是说，在网络底层的物理传输过程中，数据传输是通过 MAC 地址来识别主机的。

MAC 地址由 48 位二进制数组成，通常表示为 12 个十六进制数，每 2 个十六进制数之间用"："隔开，如 08:00:20:0A:8C:6D。其中，前 6 个十六进制数即第 1～24 位（如 08:00:20）代表网络硬件制造商的编号，由 IEEE 管理分配，用来识别生产厂商，构成组织唯一识别符（Organizational Unique Identifier，OUI）；后 6 个十六进制数（如 0A:8C:6D）代表该制造商制造的某网络产品（如网卡）的系列号，其中第 25～47 位由厂家自己分配，第 48 位是组播地址标志位。只要不手动更改设备的 MAC 地址，那么 MAC 地址在世界上就是唯一的。

扫描二维码
进入"课程学习空间"

扫描二维码
进入"工程案例空间"

扫描二维码
进入"知识拓展空间"

思考与练习 1

1．深入理解计算机网络系统的组成，学会从网络拓扑结构全面了解网络系统的总体架构、层次结构（核心层、汇聚层、接入层）、安全防护措施、网络互连方式、服务器部署与配置、数据存储方式和设备选型等。

2．认真学习网络工程相关的标准与规范，深入理解网络工程建设的目标、内容和流程，全面理清学习网络工程的方法与步骤，特别是实践性环节的训练。

3．深入理解以太网技术体系结构、原理和在网络系统建设中的应用。

4．深入理解 IP 地址结构和编址方式，能够根据网络的规模和终端的数量，正确规划 IP 地址配置方案。

5．调查了解某机关、学校、医院、企业等内部网络的建设与应用状况，并写出调查报告。

6．调查了解物联网技术、射频识别技术、传感技术在我国的产业应用状况，写一篇综述报告。

7．调查了解视频监控技术在各领域的应用状况，写一篇综述报告。

8．调查了解云计算技术在我国的产业应用状况，写一篇综述报告。

9．调查了解云数据中心在我国的产业应用状况，写一篇综述报告。

10．某校现有 4 个学生计算机机房，安装的计算机台数分别为 120、60、30、30，要求将各机房的计算机划分为 4 个子网进行管理，但只分配到一个 C 类网段 211.69.245.0/24。那么，应该怎样配置各机房计算机的 IP 地址？

第2章 网络工程综合布线

综合布线系统是将计算机技术、电子技术、通信技术、控制技术和建筑工程技术融为一体的系统工程，是网络系统的传输通道和基础。网络工程综合布线是网络系统建设的首要工程，主要任务是按照网络规划与设计方案，完成建筑群和建筑物内计算机网络系统、电话语音系统、数字电视系统、数字广播系统、视频监控系统、消防报警系统等各种通信光缆和电缆的敷设与端接。网络综合布线的质量直接关系到网络系统的通信速度、通信质量和通信安全。

本章主要以《综合布线系统工程设计规范》（GB50311—2016）和《综合布线系统工程验收规范》（GB50312—2016）为标准，介绍综合布线系统的常用缆线、系统组成与结构、系统设计与管理，以及网络工程综合布线的施工方法与技术。

本章"知识拓展空间"中提供了网络综合布线的标准与规范，以及网络工程综合布线施工的相关资料，读者可以扫描书中的二维码进行自主学习。

2.1 综合布线系统常用缆线

综合布线系统（Premises Distribution System，PDS），简称综合布线，是按照统一的标准规范，采用简单的模块化和物理分层星型拓扑结构设计，将计算机网络系统、电话语音系统、数字电视系统、数字广播系统、视频监控系统、消防报警系统等通信系统的缆线和相应连接器件布置于建筑群或建筑物内的通用布线系统。综合布线系统是一套标准、实用、灵活、开放的布线系统，是目前流行的一种新型布线方式，是各种系统的通信线路，主要应用于数据、语音、图像、多媒体业务以及各种控制信号的传输。

网络传输缆线（又称为传输介质）是网络系统中连接各种网络设备的物理通道，是网络工程综合布线的主体。目前，在网络工程综合布线中常用的传输缆线主要是双绞线、光纤、大对数电缆和同轴电缆。其中，大对数电缆主要用于语音信息传输，同轴电缆主要用于模拟视频信息传输。

2.1.1 双绞线

双绞线（Twisted Pair，TP）是由两根具有绝缘保护层的 22 号、24 号、26 号绝缘铜导线按照一定密度互相扭绞而成的传输缆线。如果把一对或多对双绞线封装在一个绝缘套管中便形成了双绞线电缆，习惯上仍称为双绞线。把两根绝缘铜导线按一定密度互相扭绞在一起的目的是为了降低双绞线内信号的相互干扰，每对导线在每英寸长度上相互缠绕的次数决定了抗干扰的能力和通信的质量，缠绕得越紧密，通信质量越高，可以支持更高的网络数据传输速率。为了最大限度减少双绞线内的信号干扰，每对导线的扭绞长度控制在 3.8～14 cm（约 1.5～5.5 英寸）标准范围内，并按逆时针（左手）方向扭绞，相邻线对的扭绞长度控制在 1.27 cm（约 1/2 英寸）以上。

双绞线是网络工程综合布线系统中最常用的一种传输缆线，最大传输距离为 100 m，分为非屏蔽双绞线（Unshielded Twisted Pair，UTP）和屏蔽双绞线（Shielded Twisted Pair，STP）两类，均由 4 对双绞线组成，采用蓝、橙、绿、棕四种颜色来区分，线对的色彩标识方法如图 2-1（a）所示。

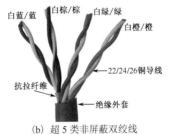

线对	色彩码
1	白橙，橙
2	白绿，绿
3	白蓝，蓝
4	白棕，棕

（a）4 对双绞线色彩标识　　（b）超 5 类非屏蔽双绞线

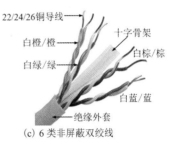

（c）6 类非屏蔽双绞线

图 2-1　非屏蔽双绞线的结构

1. 非屏蔽双绞线

非屏蔽双绞线只是将 4 对绝缘铜导线封装在塑料绝缘套管内，没有屏蔽层，绝缘套管内放置有抗拉纤维或塑料十字骨架，如图 2-1（b）和图 2-1（c）所示。

EIA/TIA（Electronic Industries Alliance/Telecommunication Industry Association，美国电子工业协会/通信工业协会）为非屏蔽双绞线电缆定义了 1 类、2 类、3 类、4 类、5 类、超 5 类、6 类、超 6 类等 8 种规格。目前，1 类、2 类、4 类双绞线已停止生产，3 类、5 类双绞线用于大对数线语音传输，在网络工程中主要采用超 5 类、6 类、超 6 类双绞线进行综合布线。

① 3 类双绞线（CAT3）：ANSI/EIA/TIA-568A 和 ISO 3 类/B 级标准中专用于 10Base-T 以太网的非屏蔽双绞线电缆，传输频率为 16 MHz，数据传输速率可达 10 Mbps，用于语音传输及最高数据传输速率为 10 Mbps 的数据传输。

② 5 类双绞线（CAT5）：ANSI/EIA/TIA-568A 和 ISO 5 类/D 级标准中用于快速以太网和 FDDI 网络的非屏蔽双绞线电缆，传输频率为 100 MHz，数据传输速率可达 100 Mbps，用于语音传输和数据传输，主要应用于 10Base-T 和 100Base-T 网络。

③ 超 5 类双绞线（CAT5e）：ANSI/EIA/TIA-568B.1 和 ISO 5 类/D 级标准中用于快速以太网的非屏蔽双绞线电缆，传输频率也为 100 MHz，数据传输速率可达 155 Mbps。与 5 类双绞线相比，超 5 类双绞线在近端串扰、串扰总和、衰减和信噪比 4 个主要指标上都有较大的改进，主要用于 100Base-T 网络。

④ 6 类双绞线（CAT6）：ANSI/EIA/TIA-568B.2 和 ISO 6 类/E 级标准中规定的一种非屏蔽双绞线电缆，传输频率可达 200～250 MHz，是超 5 类双绞线的 2 倍，最大数据传输速率可达 1000 Mbps，能满足千兆位以太网需求，主要用于百兆位快速以太网和千兆位以太网。

⑤ 超 6 类双绞线（CAT6a）：6 类双绞线的改进版，也是 ANSI/EIA/TIA-568B.2 和 ISO 6 类/E 级标准中规定的一种非屏蔽双绞线电缆，传输频率与 6 类双绞线的相同，最大数据传输速率可达 1000 Mbps，只是在串扰、衰减和信噪比等方面有较大改善，主要用于千兆位以太网。

2．屏蔽双绞线

屏蔽双绞线使用金属箔或金属网线包裹其内部的信号线，在屏蔽层外面再包裹绝缘外皮。根据屏蔽方式的不同，屏蔽双绞线分为 STP（Shielded Twisted-Pair）和 FTP（Foil Twisted-Pair）两类。STP 是指每个线对都有各自屏蔽层的屏蔽双绞线，FTP 则是采用整体屏蔽的屏蔽双绞线。图 2-2 所示为超 5 类、6 类屏蔽双绞线的结构。

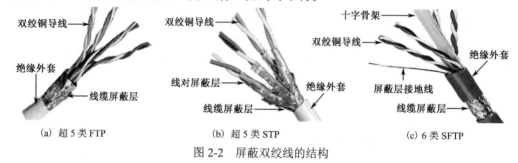

(a) 超 5 类 FTP   (b) 超 5 类 STP   (c) 6 类 SFTP

图 2-2　屏蔽双绞线的结构

屏蔽层用来有效地隔离外界电磁信号的干扰。屏蔽层被正确接地后，可将收到的电磁干扰信号变成电流信号，与在双绞线中形成的干扰信号电流反向。只要两个电流是对称的，它们就可抵消，而不给接收端带来噪声，从而减少辐射，防止信息被窃听。

STP 具有较高的数据传输速率（如 5 类 STP 在 100 m 内可达 155 Mbps），抗干扰性好，安装时比非屏蔽双绞线困难。类似同轴电缆，STP 必须配有支持屏蔽功能的特殊连接器和相应的安装技术，在高频传输时衰减增大，如果没有良好的屏蔽效果，平衡性就会降低，也会导致串扰噪声。STP 主要有 5 类、超 5 类、6 类、超 6 类和 7 类等 5 种规格。

7 类屏蔽双绞线（CAT7）：ANSI/EIA/TIA-568B.2 和 ISO/IEC 11801 7 类/F 级标准中的一种屏蔽双绞线，用于万兆位以太网，传输频率可达 600 MHz，数据传输速率可达 10 Gbps。在 7 类缆线中，每对双绞线都有一个屏蔽层，4 对双绞线合在一起还有一个公共大屏蔽层。

3．双绞线的性能与识别方法

双绞线的性能参数主要有衰减（Attenuation）、串扰、直流电阻、特性阻抗、衰减串扰比（ACR）、信噪比（SNR）、传播时延（T）、线对间传播时延差、回波损耗（RL）和链路脉冲噪声电平等。这些性能参数可看看双绞线电缆的说明书，必要时可通过专用仪器测得。

识别双绞线的方法主要是看其绝缘外皮上的标注。例如，"AMP SYSTEMS CABLE E138034 0100 24 AWG (UL) CMR/MPR OR C(UL) PCC FT4 VERIFIED ETL CAT5 O22766 FT 0307"，其中的 AMP 代表公司名称，0100 表示 100Ω，24 表示线芯是 24 号铜导线，AWG 表示美国缆线规格标准，UL 表示通过认证，FT4 表示 4 对线，CAT5 表示 5 类线，O22766 为双绞线的长度，FT 为英尺缩写，0307 表示生产日期为 2003 年第 7 周。

2.1.2　光纤

光纤在网络的应用已非常普及，用于局域网的骨干网络、城域网、广域网和远距离通信。

1．光纤结构

光纤（Fiber Optic Cable），也称为光导纤维，以光脉冲的形式来传输信号。光纤的裸纤一般由纤芯、包层和涂层组成，其结构如图 2-3 所示。

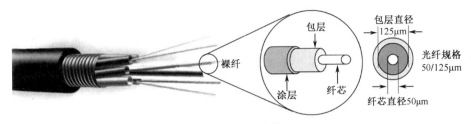

图 2-3　光纤结构

① 纤芯：光传播的通道，其制造材料有石英玻璃纤维、多成分玻璃纤维、超纯二氧化硅、氟化物纤维和塑料纤维。目前，通信中普遍使用的是石英玻璃纤芯和多成分玻璃纤芯，直径有 8.3μm、9μm、10μm、50μm、62.5μm、100μm 等规格。

② 包层：由低折射率硅玻璃纤维构成，用来将光线反射到纤芯上，使光的传输性能相对稳定。其外直径一般有 125μm、140μm 等规格。

③ 涂层：涂层材料为树脂，包括一次涂覆、缓冲层和二次涂覆，起着保护光纤不受水汽侵蚀和机械擦伤、增加纤芯柔韧性、延长光纤寿命的作用。

光缆由一根或多根光纤捆在一起放在光缆中心，外部加一些保护材料和加强件而构成，根据其使用的场所不同，分为室内光缆和室外光缆。

① 室内光缆：也称为尾纤或光跳线，由纤芯、外部保护材料和塑料外套组成。外部保护材料一般使用抗拉纤维、皱纹钢带铠装等，其结构如图 2-4 所示。

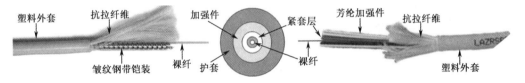

图 2-4　室内光缆结构

② 室外光缆：由纤芯、外部保护材料、加强钢丝和 PE 外护套组成。外部保护材料一般有纤膏、松套管、阻水材料、塑料复合带、皱纹钢带铠装等，其结构如图 2-5 所示。

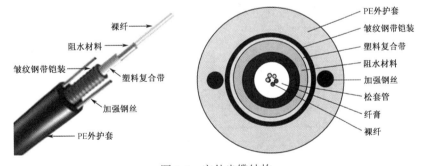

图 2-5　室外光缆结构

2. 光纤类型与规格

按照光在光纤中的传输模式，网络通信应用中使用的光纤分为多模光纤和单模光纤两种。ITU-T（国际电信联盟）为光纤定义了 G.651、G.652、G.653、G.654、G.655、G.656、G.657 等 7 种标准，其详细性能参数请阅读本章"知识拓展空间"的相关资料。

（1）多模光纤

多模光纤（Multi Mode Fiber，MMF）以发光二极管或激光作为光源，纤芯直径有 50μm

和 62.5 μm 两种规格，包层外直径均为 125 μm，分别表示为 50/125 μm 和 62.5/125 μm。多模光纤采用 850 nm 和 1310 nm 两种工作波长，可传输多种模式的光，传输模式如图 2-6 所示。光在传输时会沿着光纤的边缘壁不断反射，色散和光能量有损耗，传输效率低，端接较易。多模光纤用于短距离与低速通信，传输距离一般在 2 km 以内。

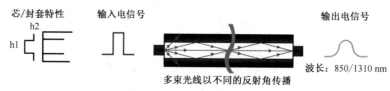

图 2-6　多模光纤的传输模式

（2）单模光纤

单模光纤（Single Mode Fiber，SMF）以激光作为光源，纤芯直径有 8.3 μm、9 μm 和 10 μm 三种规格，包层外直径均为 125 μm。单模光纤采用 1310 nm 和 1550 nm 两种工作波长，只能传输一种模式的光，传输模式如图 2-7 所示。光在传输时只沿着光纤的轴心传输，完全避免了色散和光能量的损耗，传输效率高，端接较难，用于长距离与高速通信，传输距离一般在 2 km 以上。

图 2-7　单模光纤的传输模式

（3）综合布线中光纤的应用类型

在综合布线中，国际布线标准 ISO/IEC 11801 将多模光纤分为 OM1、OM2、OM3 和 OM4 等 4 种，将单模光纤分为 OS1、OS2 两种。OM1 指传统 62.5 μm 多模光纤，OM2 指传统 50 μm 多模光纤，OM3 指 50 μm 万兆多模光纤，OM4 是 OM3 的升级版。OS1 指满足光纤标准 G.652A 和 G.652B 的传统单模光纤，OS2 指满足光纤标准 G.652C、G.652D 的单模零水峰光纤。光纤的应用类型与性能参数如表 2-1 所示。

表 2-1　光纤的应用类型与性能参数

类　　型	OM1	OM2	OM3	OM4	OS1	OS2
纤径/μm	62.5	50	50	50	8.3/9	8.3/9
基础光源	发光二极管	发光二极管	激光	激光	激光	激光
波长/nm	850/1310	850/1310	850	850	1310/1550	1310/1383/1550
1GBase-SX	275m	550m	550m	550m	5000m	5000m
1GBase-LX	550m	550m	550m	550m	5000m	5000m
10GBase-SR	33m	82m	300m	550m	40km	40km
40/100GBase-SR4	不支持	不支持	100m	150m	10km	40km
网络工程应用	部署于建筑物内 最大支持 1 Gbps 以太网传输		部署于建筑物之间或数据中心 支持 10/40/100 Gbps 高速以太网传输		部署于远距离、高传输速率网络 支持 10/40/100 Gbps 高速以太网传输	

3. 光缆的型号与识别

光缆的型号由型式和规格两部分组成，其间用"-"或 1 个空格相隔。其中，型式由分类、加强构件、结构特性、护套和外护层构成；规格由光纤数和光纤类别构成，如图 2-8 所示。

图 2-8　光缆型号的格式

光缆型号的各组成部分均用代号表示，各部分的代号及其意义如下。

① 光缆型式。当有外护层时，光缆可包括垫层、铠装层和外护层（或称外套）的某些部分或全部，其中垫层不需表示。分类、加强构件、结构特性、护套、铠装层和外护层的代号如表 2-2 所示。

表 2-2　光缆的型式及其意义

型　式	代　号	意　义	代　号	意　义
分类	GY	通信用室（野）外光缆	GM	通信用移动式光缆
	GJ	通信用室（局）内光缆	GS	通信用设备内光缆
	GH	通信用海底光缆	GT	通信用特殊光缆
	GR	通信用软光缆	GW	通信用无金属光缆
加强构件	F	非金属加强构件	G	金属重型加强构件
	无符号	金属加强构件		
结构特性	B	扁平结构	R	充气式结构
	C	自承式结构	S	光纤松套被覆结构
	D	光纤带结构	T	油膏填充式结构
	E	椭圆形状结构	X	缆中心管（被覆）结构
	G	骨架槽结构	Z	阻燃结构
	J	光纤紧套被覆结构	无符号	层绞式结构
护套	A	铝带-聚乙烯黏结护层	S	钢带-聚乙烯黏结护层
	E	聚酯弹性体	U	聚氨酯
	F	氟塑料	V	聚氯乙烯
	G	钢	W	夹带平行钢丝的钢带-聚乙烯黏结护层
	L	铝	Y	聚乙烯
	Q	铅		
铠装层	0	无铠装层	2	绕包双钢带
	3/33	单/双细圆钢丝	4/44	单/双粗圆钢丝
	5	皱纹钢带	6	双层圆钢丝
外护层	1	纤维外套	4	聚乙烯加覆尼龙外套
	2	聚氯乙烯外套	5	聚乙烯保护套
	3	聚乙烯外套		

② 光纤数：用光缆中同类别光纤的实际有效数目的数字表示。

③ 光纤类别：采用光纤产品的分类代号表示，即用大写 A 和 B 分别表示多模光纤和单模光纤，再用小写字母或数字表示不同的类别，如表 2-3 所示。

例如，对于光缆型号 GYFTY04 24B1，其中 GY 表示通信用室外光缆，F 表示非金属加强固件，T 表示填充式，Y 表示聚乙烯护套，0 表示无铠装层，4 表示加覆尼龙套，24 表示 24 根光纤，B1 表示非色散位移单模光纤。所以，此光缆是松套层绞填充式、非金属中心加强

表 2-3 　光纤类别代号

代　　号	光纤类别	ITU-T 标准
A1a 或 A1	50/125 μm 二氧化硅系渐变型多模光纤	G.651A1a
A1b	62.5/125 μm 二氧化硅系渐变型多模光纤	G.651A1b
B1.1 或 B1	非色散位移单模光纤	G652A、G652B
B1.3	波长扩展的非色散位移单模光纤	G652C、G652D
B4	二氧化硅系非零色散位移单模光纤	G655

件、聚乙烯护套加覆防白蚁尼龙层的通信用室外光缆，包含 24 根非色散位移单模光纤。

2.1.3 　大对数双绞线电缆

大对数双绞线电缆（Multipairs Cable）简称大对数线，由 5 对、10 对、20 对、25 对、30对、50 对、100 对、200 对、300 对 3 类或 5 类具有绝缘保护层的双绞线组成，最大传输距离可达到 3 km，分为屏蔽和非屏蔽两种，其结构如图 2-9 所示。

(a) 25 对非屏蔽大对数线　　　　(b) 100 对非屏蔽大对数线　　　　(c) 100 对屏蔽大对数线

图 2-9 　大对数线的结构

大对数线的色标识别在网络工程施工过程中非常重要。以 100 对大对数线为例，色标分组规则是：100 对双绞线按蓝、橙、绿、棕色标分成 4 个 25 对线组，用相应颜色的色带缠绕，每个 25 对线组按主色标白、红、黑、黄、紫分成 5 个基本组，每个基本组按次色标蓝、橙、绿、棕、灰分成 5 对双绞线。25 对线组（1 根 25 对大对数线）大对数线色标如表 2-4 所示。

表 2-4 　25 对线组大对数线色标

主色标	次色标				
	蓝	橙	绿	棕	灰
白	白蓝/蓝	白橙/橙	白绿/绿	白棕/棕	白灰/灰
红	红蓝/蓝	红橙/橙	红绿/绿	红棕/棕	红灰/灰
黑	黑蓝/蓝	黑橙/橙	黑绿/绿	黑棕/棕	黑灰/灰
黄	黄蓝/蓝	黄橙/橙	黄绿/绿	黄棕/棕	黄灰/灰
紫	紫蓝/蓝	紫橙/橙	紫绿/绿	紫棕/棕	紫灰/灰

2.1.4 　同轴电缆

同轴电缆（Coaxial Cable）由中心导体、绝缘层、外部导体和外部 PVC 封套组成，其结构如图 2-10 所示。中心导体为单股实心铜线或多股绞合线，外部导体一般是金属网线编织的网状屏蔽层，能很好地阻隔外界的电磁干扰。有些同轴电缆在绝缘层与网状屏蔽层之间加封一层铝箔纸。

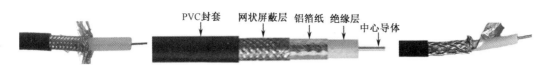

图 2-10 同轴电缆的结构

目前，网络工程应用中一是采用 RG-58（50Ω阻抗）基带细同轴电缆作为模拟监控信号的前端传输，二是采用 RG-59（75Ω阻抗）宽带同轴电缆作为电视系统模拟电视信号最后一公里传输。随着高清数字监控摄像机和高清数字电视的普及，同轴电缆将会完全被双绞线或光缆替代。

2.2 综合布线系统的组成和配置

2.2.1 综合布线系统结构

综合布线系统采用开放式、标准化、模块化和分层星型拓扑结构，由标准的传输缆线及配套连接器件构成相对独立的各子系统，能够支持数据、语音、图像、多媒体等业务的信息传输。在实际网络工程中，对某子系统的改动不会影响其他子系统的结构，若要改变网络系统的拓扑结构，只需要改变子系统之间的节点连接。

1. 综合布线系统子系统构成

根据《综合布线系统工程设计规范》（GB50311—2016）和《综合布线系统工程验收规范》（GB50312—2016），综合布线系统分为工作区子系统、配线子系统、电信间、干线子系统、设备间、建筑群子系统和进线间等 7 个子系统，如图 2-11 所示。

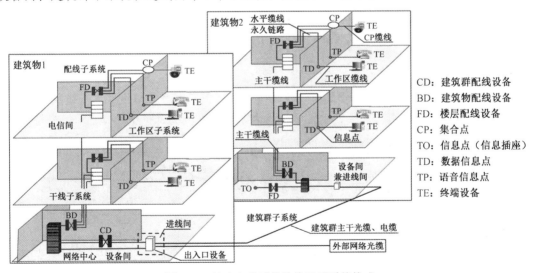

图 2-11 综合布线系统结构及子系统构成

综合布线系统的基本构成包括建筑群子系统、干线子系统和配线子系统，如图 2-12 所示。其中，配线子系统中可以设置集合点（Consolidation Point，CP），也可不设置集合点，视具体情况而定。

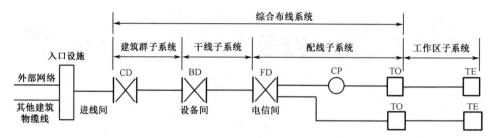

图 2-12 综合布线系统的基本构成

在实际应用中，综合布线系统的构成可以根据建筑物的实际情况进行设置，如图 2-13 所示。

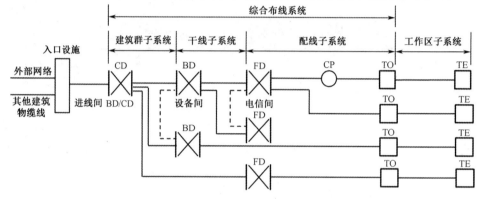

图 2-13 综合布线系统实际应用构成

① 建筑物内电信间的楼层配线设备（Floor Distributor，FD）之间、不同建筑物的建筑物配线设备（Building Distributor，BD）之间可建立直达路由。

② 工作区中，信息插座（Telecommunications Outlet，TO）可不经过 FD 直接连接至建筑物配线设备 BD，FD 也可不经过 BD 直接与建筑群配线设备（Campus Distributor，CD）互连。

③ 入口设施连接外部网络和其他建筑物的缆线，应通过引入缆线与 BD 或 CD 互连。

④ 对设置了设备间的建筑物，FD 可以与 BD/CD 及入口设施安装在同一场地。

2. 综合布线系统的缆线

综合布线系统的缆线分为工作区（设备）缆线、集合点（CP）缆线、水平缆线、主干缆线和入口缆线，如图 2-14 所示，其中主干缆线由建筑物主干缆线和建筑群主干缆线构成。

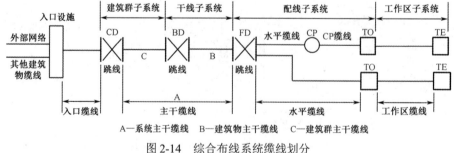

A—系统主干缆线　B—建筑物主干缆线　C—建筑群主干缆线

图 2-14 综合布线系统缆线划分

3. 综合布线系统的电缆信道和链路

综合布线系统的电缆信道由工作区缆线、水平缆线、跳线、设备缆线和最多 4 个连接器件构成。由水平缆线和最多 3 个连接器件构成的链路被称为永久链路，如图 2-15 所示。电缆

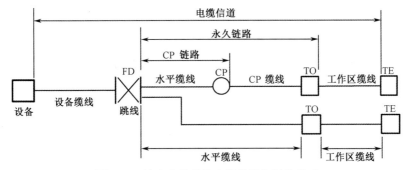

图 2-15　综合布线系统电缆信道与链路构成

信道的长度不大于 100m，水平缆线的长度不大于 90m，工作区缆线、跳线和设备缆线的总长度不大于 10m。

4. 综合布线系统的光纤信道

综合布线系统的光纤信道由工作区光缆、水平光缆、主干光缆、光跳线和设备光缆组成，在实际应用中有如下构成方式。

① 水平光缆和主干光缆都连接到楼层电信间的光纤配线设备，再经光纤跳线连接构成，如图 2-16 所示。

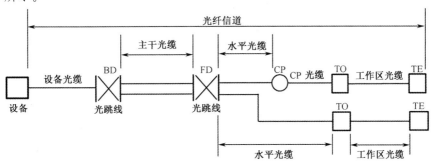

图 2-16　综合布线系统光纤信道构成（一）

② 水平光缆和主干光缆连接到楼层电信间后，再经过端接（熔接或光纤连接器）构成，如图 2-17 所示，其中电信间只设光纤之间的连接点。

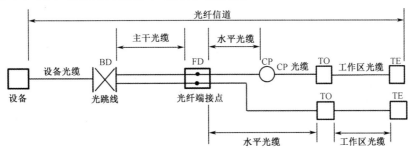

图 2-17　综合布线系统光纤信道构成（二）

③ 水平光缆经过电信间直接连接到大楼设备间光纤配线设备，再经光纤跳线连接构成，如图 2-18 所示，其中电信间只作为光缆路径的场合。

注意： 当工作区用户终端设备或某区域网络设备需直接与公用数据网进行互通时，应将光缆从工作区直接布放到进线间电信入口设施的光纤配线设备中。

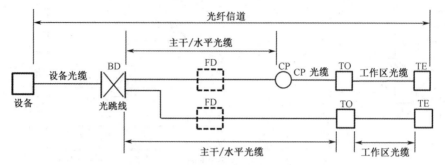

图 2-18　综合布线系统光纤信道构成（三）

2.2.2　工作区子系统

1. 工作区的构成

工作区子系统（Work Area Subsystem）是指一个设置终端设备（Terminal Equipment，TE）的独立区域，由配线子系统的信息插座（信息接入点）延伸到终端设备处的连接缆线及适配器组成，如图 2-19 所示。

工作区的信息插座是网络终端设备接入网络系统的连接点，应支持计算机、电话机、数据终端、电视机、监控设备等网络终端设备的连接，如图 2-20 所示。

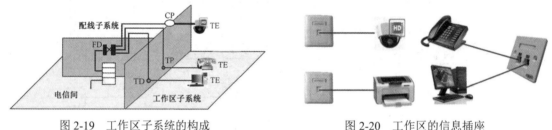

图 2-19　工作区子系统的构成　　　　　　图 2-20　工作区的信息插座

2. 信息插座

信息插座（TO）将配线子系统与工作区子系统连接，是终端设备与配线子系统连接的接口设备，也是水平缆线的终接，为用户提供数据和语音接口。

（1）信息插座的类型

目前，网络工程中主要使用双绞线信息插座、光纤信息插座和光纤与双绞线混合信息插座。根据适用环境的不同，信息插座可分为墙面型、桌面型和地面型三种，如图 2-21 所示。

（a）墙面型　　　　　　（b）桌面型　　　　　　（c）地面型

图 2-21　信息插座的类型

根据安装方式，信息插座可分为明装式和嵌入式。明装式安装于墙壁、桌子或地板的表面。墙面型信息插座多为嵌入式，安装于墙壁内，一般在主体建筑施工时就将其底盒安装好，否则要另挖安装槽。桌面型信息插座多为嵌入式，安装于桌面下，平时关闭，需要时打开使用。地面型信息插座一般为嵌入式，大多为黄铜制造，具有防水功能，需要时打开使用，适用于工作区中间地面下布置信息点。

（2）双绞线信息插座

双绞线信息插座由插座面板、信息模块和插座底盒组成，如图 2-22 所示。

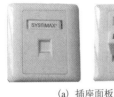

(a) 插座面板   (b) 信息模块   (c) 插座底盒

图 2-22 双绞线信息插座组成

双绞线信息模块是配线子系统双绞线电缆在工作区的端接器件，通常使用 T568A 或 T568B 标准的 8 针模块化信息插座，其型号为 RJ-45，采用 8 芯接线，符合 ISDN 标准。根据端接双绞线的类型，双绞线信息模块主要有超 5 类、6 类/超 6 类、7 类 RJ-45 型和 7 类非 RJ 型等；根据缆线端接方式，主要有打线式和扣锁式两种，其结构如图 2-23 所示。

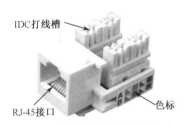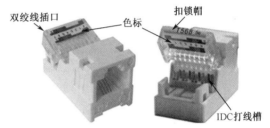

(a) 打线式超 5 类信息模块   (b) 扣锁式超 5 类信息模块

(c) 6 类信息模块   (d) 7 类非 RJ 型信息模块

图 2-23 双绞线信息模块结构类型

打线式信息模块需要使用专用打线钳，按照 T568A 或 T568B 标准色标将双绞线打入信息模块的 IDC（Internet Data Center，互联网数据中心）缆线槽内；而扣锁式信息模块只需按照 T568A 或 T568B 标准色标，将双绞线插入相应线槽，压紧扣锁帽即可，具体端接方法参见网络工程综合布线施工技术相关内容。

根据尺寸，插座面板可以分为 86 型（86mm×86mm）和 120 型（120mm×74mm）；根据接口数量，通常分为单口、双口和四口。当单位面积的用户数量较多时，应考虑使用接口数量较多的面板，以减少插座的数量。

插座底盒一般分为暗装和明装两种。暗装插座底盒用于嵌入式信息插座，根据插座面板的尺寸，可分为 86 型单体盒、86 型双体盒（86mm×172mm）、120 型单体盒和桌面型单体盒几种类型。明装底盒用于 86 型明装信息插座。

（3）光纤信息插座

光纤信息插座由插座面板、光纤耦合器和插座底盒组成，如图 2-24 所示。

（a）插座面板

（b）光纤耦合器

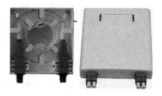
（c）插座底盒

图 2-24 光纤信息插座组成

光纤耦合器的作用是将两个光纤连接器固定对接在一起，精确地对准纤芯，实现光的续传。常用的类型主要有 FC（Ferrule Connector）型、ST（Straight Tip）型、SC（Subscrible Connector）型和 LC（Lucent Connector）型等。插座面板的规格有单孔、二孔、四孔、多孔等。插座面板和插座底盒的类型规格与双绞线信息插座相同，插座底盒大小应根据光纤连接器与耦合器的大小和满足光缆对弯曲半径的要求来确定。

2.2.3　配线子系统

1. 配线子系统的构成

配线子系统由工作区的信息模块、信息模块至电信间的水平缆线、电信间的配线设备、设备缆线和跳线构成。其中，电信间的配线设备一般采用两组配线架，一组端接设备缆线与楼层接入交换机连接，另一组端接水平缆线与工作区信息插座模块连接，两组配线架通过跳线实现接入交换机的任意端口与工作区的任意信息插座连通，如图 2-25 所示。

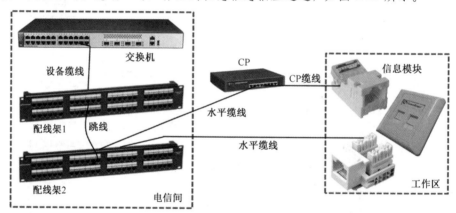

图 2-25 配线子系统的构成

网络工程中一般采用一组配线架端接水平缆线，通过跳线直接将交换机端口与配线架端口进行跳接，实现交换机端口与工作区信息插座的任意连通，如图 2-26 所示。

配线子系统缆线由水平缆线（永久链路）、跳线和电信间的设备缆线组成，其最大长度不超过 95 m；配线子系统信道由配线子系统缆线和工作区缆线组成，其最大长度不超过 100 m。

2. 配线子系统的功能

配线子系统是综合布线系统的重要分支部分，具有面广、点多等特点，采用星型结构，遍及整个建筑物的每个楼层的所有信息点，负责将每个信息点汇聚互连到建筑物干线子系统，构建信息传输通路。

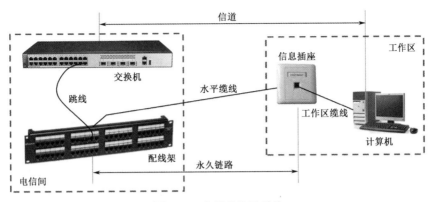

图 2-26 实用配线子系统

2.2.4 电信间

1. 电信间的构成

电信间是配线子系统和干线子系统的交汇点，主要安装楼层网络设备、楼层配线设备和缆线连接设备等，且部署在 19 英寸（48.26 cm）标准网络机柜里，如图 2-27(a)所示。其中，楼层网络设备主要是楼层接入交换机，楼层配线设备主要有数据配线架、语音配线架、光纤配线架和理线架，缆线连接设备主要有光纤收发器、光纤接口模块和连接跳线等。

电信间一般还设置缆线竖井、等电位接地线、电源配电箱与插座、UPS 电源、七氟丙烷灭火器等设施设备，其布局如图 2-27(b)所示。在场地面积允许时，也可安装部署安防、监控、电视、无线网络等系统的相关设备。

（a）电信间的构成

（b）电信间的布局

图 2-27 电信间的构成与布局

2. 电信间的功能

电信间的功能是把从干线子系统传来的信息通过跳线分配给配线子系统缆线传输到相应的信息点，同时把从配线子系统传来的信息通过跳线汇聚到干线子系统，形成网络信息的传输通道。

3. 数据配线架

数据配线架（Data Distribution Frame，DDF）通常用于网络中心机房、设备间和电信间的数据配线，也可用于 FD 水平侧配线子系统的语音配线，其作用主要是将配线子系统中的数据电缆与网络接入设备互连，或将配线子系统中的语音电缆与语音主干大对数电缆互连。

（1）数据配线架的结构类型

不同品牌的数据配线架的结构不完全相同，一般由基座、RJ-45 配线模块、标签组成，标准宽度为 19 英寸（48.26 cm），基本规格为 24 个接口或 48 个接口，高度分别为 1U（1U=1.75英寸≈44.45 mm）、2U。有些数据配线架自带理线环。按照 RJ-45 配线模块的类型，数据配线架可分为超 5 类、6 类和 7 类等类型，如图 2-28 所示。

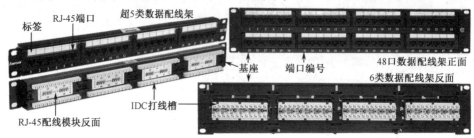

图 2-28　超 5 类、6 类数据配线架结构

（2）RJ-45 配线模块

目前，超 5 类、6 类和 7 类 RJ-45 配线模块都由 6 个 RJ-45 端口组成，每个端口可连接 1 根 4 对对绞电缆，一个 RJ-45 配线模块可支持 6 个信息点，如图 2-29 所示。

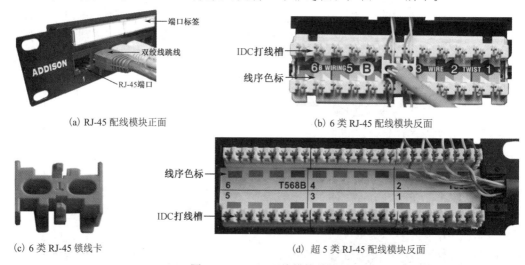

（a）RJ-45 配线模块正面　　　　（b）6 类 RJ-45 配线模块反面

（c）6 类 RJ-45 锁线卡　　　　（d）超 5 类 RJ-45 配线模块反面

图 2-29　RJ-45 配线模块结构

超 5 类和 6 类配线模块的正面相同，都是 RJ-45 端口和端口标签，用于插接双绞线（数据）跳线，其端口标识与信息点标识对应。配线模块的反面是 IDC 打线槽和线序色标，用于端接 4 对对绞电缆。但是超 5 类与 6 类配线模块的结构有所不同：在超 5 类配线模块中，1 根 4 对对绞电缆的 8 根导线一般压接在同一侧的 8 个 IDC 打线槽中；而在 6 类配线模块中，1 根 4 对对绞电缆的 8 根导线一般压接在两侧且使用锁线卡。线序色标有 T568A 和 T568B 两种标准。

4．语音配线架

语音配线架（Voice Distribution Frame，VDF）通常用于设备间和电信间端接干线子系统中的语音主干大对数电缆，也可用于电信间端接配线子系统中的语音双绞线电缆，其作用是将配线子系统中的语音电缆与干线子系统中的语音主干大对数电缆互连。

（1）语音配线架的结构

语音配线架（如图2-30所示）由IDC配线模块、基座和标签条组成，标准宽度为19英寸。

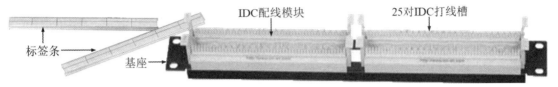

图2-30　语音配线架的结构

（2）IDC配线模块

IDC配线模块（如图2-31所示）主要由IDC打线槽、进线孔，配线槽、4对或5对IDC连接块等组成。

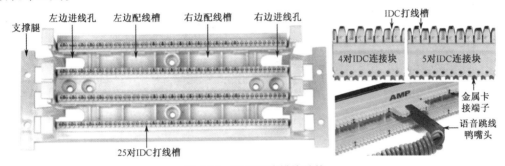

图2-31　IDC配线模块结构

每条IDC打线槽有25对卡接端子，可压接25对缆线；4对或5对IDC连接块的下端是金属卡接端子，用于将缆线压入IDC打线槽，上端也是IDC打线槽，用于插入语音跳线的鸭嘴头或打入跳接软线、与数据配线架或其他语音配线架连接。根据IDC打线槽的条数，IDC配线模块有25对、50对、100对、200对和300对等规格。

5．光纤配线架

光纤配线架（Optical Distribution Frame，ODF）是实现光缆的成端、固定、保护、连接和分配的连接设备，用于光纤线路的连接。光纤配线架由箱体、光纤连接盘、面板三部分组成，标准宽度为19英寸，高度一般为1U～3U，其结构如图2-32所示。

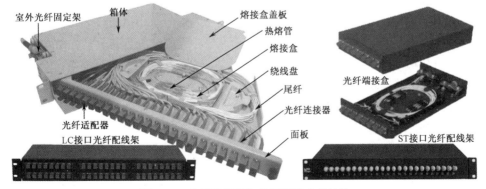

图2-32　光纤配线架与光纤端接盒的结构

其中，光纤连接盘包括熔接盒和绕线盘。室外光纤与尾纤熔接点处的热熔管放在熔接盒中，并用盖板保护；光纤与尾纤的余纤收容在两个特制的半圆塑料绕线盘上，保证光纤的弯曲半径大于 37.5mm。面板有 2 口、4 口、6 口、12 口、24 口等规格，可安装 FC、SC、ST 和 LC 等类型的光纤适配器（又称为光纤耦合器）。如果光纤配线架端接的光纤数较少、面板上的接口不多，就一般制作成一个连接盒，称为光纤端接盒或光纤盒。

6. 理线架

理线架又称为缆线管理器，通常与配线架一起配套使用，用于对网络设备或配线架前面板连接的各种设备缆线或跳线进行管理和保护。各类设备缆线或跳线自身都有一定的重量，连接到网络设备或配线架的接口后会自然下垂，理线架可以将缆线托平，使缆线不对连接头施力，从而减少连接头与设备接口接触不良的现象和自身信号的损耗，同时减少对周围电缆的辐射干扰。理线架的结构如图 2-33 所示。

图 2-33　理线架的结构

7. 光纤收发器

光纤收发器（Fiber Converter）是一种将光信号与电信号或者将多模光纤传输与单模光纤传输进行相互转换的设备，其结构如图 2-34 所示。

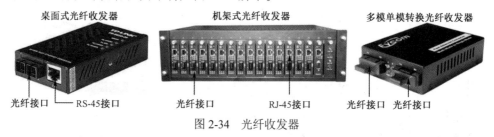

图 2-34　光纤收发器

光电信号转换的光纤收发器又称为光电转换器，类型较多，按光纤模式，可以分为多模和单模两种。多模光纤收发器的传输距离为 2～5km，数据在一对光纤上传输；单模光纤收发器的传输距离为 20～120km，数据在一根光纤上传输。按工作层次/速率，光纤收发器可以分为 10Mbps、100Mbps、10/100Mbps 自适应和 1000Mbps 等。10Mbps 和 100Mbps 光纤收发器工作在物理层，而 10/100Mbps 自适应光纤收发器工作在数据链路层。按结构，光纤收发器可以分为桌面式（独立式）和机架式（模块化）。桌面式光纤收发器适合单用户使用，如电信间用于楼层交换机的光纤连接；机架式光纤收发器适合多用户汇聚，如中心机房用于与所有建筑物交换机的光纤连接。

光纤收发器一般应用在接入交换机没有光纤端口的网络中，主干光纤端接到光纤配线架或光纤盒，通过光纤跳线连接到收发器的光纤接口，再采用双绞线跳线将收发器的 RJ-45 接口与交换机的 RJ-45 接口连接，从而实现交换机与光纤的连接。

多模/单模转换光纤收发器主要实现光信号在多模光纤与单模光纤、单模光纤与单模光纤，以及单纤和双纤介质之间的透明传输。

8. 光纤接口模块

光纤接口模块也是一种将电信号和光信号进行相互转换的设备，与光纤收发器不同，它不能单独使用，必须插入交换机或其他网络设备的光纤端口，如图 2-35 所示。

GBIC光纤接口模块　　　　　　　SFP光纤接口模块　　　　　　交换机光纤端口

图 2-35　光纤接口模块

光纤接口模块有 GBIC 和 SFP 两种封装。

GBIC（Giga Bitrate Interface Converter）是千兆位接口转换器，使用 SC 光纤接口，可热插拔。SFP（Small Form-factor Pluggable）是小封装模块，其功能和应用与 GBIC 大体相同，但体积小，使用 LC 光纤接口，可热插拔。有些交换机厂商称 SFP 为小型化 GBIC（Mini-GBIC）。

光纤接口模块主要用于具有光纤端口的交换机、路由器、防火墙、服务器、磁盘阵列等网络设备之间的光纤连接与高速通信，根据所连接的光纤类型，分为多模和单模两种。多模光纤接口模块主要用于 550～2000 m 范围内的千兆位网络主干和网络中心的网络信号传输，一般使用 850 nm 和 1310 nm 波长。单模光纤接口模块主要用于 20～120 km 长距离信号传输、万兆位网络主干和数据中心的高速信号传输，一般使用 1310 nm 和 1550 nm 波长。

9. 跳线

跳线即连接跳线，又称为连接缆线，是网络设备之间、网络配线设备之间、网络设备与配线设备之间进行跳接互连，将信号分配到所需链路上的连接缆线。按照综合布线系统各子系统所使用的传输缆线类型，常用的跳线有双绞线（数据）跳线、语音跳线和光纤跳线。

（1）双绞线跳线

双绞线跳线，又称为双绞线连接缆线，由双绞线电缆两头压接 RJ-45 接头（习惯上称为 RJ-45 水晶头）而成，主要应用于工作区信息插座与终端设备之间、网络设备之间、数据配线架之间、网络设备与数据配线架之间 RJ-45 端口的连接。按照所使用的双绞线电缆类型，双绞线跳线可分为屏蔽与非屏蔽超 5 类、6 类、7 类等类型，如图 2-36 所示。

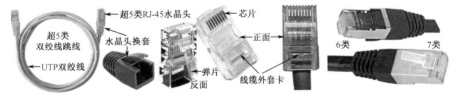

图 2-36　双绞线跳线

（2）语音跳线

语音跳线，又称为电话跳线，由电话线或双绞线、鸭嘴头、RJ-11 或 RJ-45 水晶头压制而成，如图 2-37 所示，主要用于语音配线架之间、语音配线架与数据配线架之间的连接，语音配线架端采用鸭嘴头插接，数据配线架端采用 RJ-11 或 RJ-45 水晶头插接。

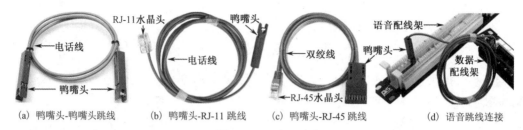

(a) 鸭嘴头-鸭嘴头跳线　　(b) 鸭嘴头-RJ-11 跳线　　(c) 鸭嘴头-RJ-45 跳线　　(d) 语音跳线连接

图 2-37　语音跳线

（3）光纤跳线

光纤跳线，又称为尾纤，由室内光纤两端压接相应的光纤连接器而构成，主要用于跳接光纤链路、互连具有光纤端口的网络设备、连接光纤信息插座与具有光纤端口的终端设备等。

<1> 光纤连接器的基本结构与对接原理

虽然不同光纤连接器的外形结构有些差异，但基本结构一般均由陶瓷插针、金属或非金属套管和抗弯曲构件组成，如图 2-38(a)所示，光纤穿入并固定在陶瓷插针中，将陶瓷插针表面进行研磨抛光处理后，装入套管和抗弯曲构件。

两个光纤连接器通过配套的耦合器固定而对接在一起，由于陶瓷插针表面进行研磨抛光处理，从而能够精确地对准光纤，实现光的续传，如图 2-38(b)所示。

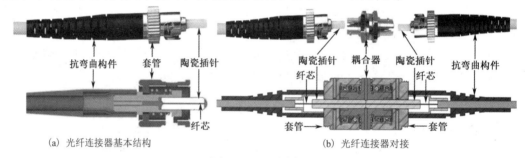

（a）光纤连接器基本结构　　　　　　　　　（b）光纤连接器对接

图 2-38　光纤连接器

<2> 光纤连接器的类型

光纤连接器的类型一般按照"结构类型/插针端面类型"方式进行标识。

① 外形结构。根据外形结构，光纤连接器可以分为 FC 型、ST 型、SC 型、MU（Miniature Unit Coupling）型、LC 型和 BC（Biconic Connector，双锥）型，如图 2-39 所示。

FC型　　　ST型　　　SC型　　　LC型　　　MU型　　　BC型

图 2-39　光纤连接器按外形结构分类

FC 型光纤连接器由日本 NTT 公司研发，外部加强件为金属套，螺丝锁紧的方式进行紧固，抗拉强度高，主要用于光纤配线架、光端机之间的连接。

ST 型光纤连接器由 NTT 公司研发，外部加强件为精密金属件，采用推拉旋转式卡口卡紧机构，抗压强度较高，插拔安装操作方便，主要用于光纤配线架、光纤端接盒之间的连接。

SC 型光纤连接器由 NTT 公司研发，外壳呈矩形，紧固方式采用插拔销闩式，插拔操作方便，抗压强度较高，主要用于交换机、路由器、光纤收发器之间的连接。

　　MU 型光纤连接器由 NTT 公司研发，以 SC 型连接器为基础，采用 1.25 mm 直径的陶瓷插芯和自保持机构，芯线连接方式与 SC 型连接器相同，能够实现高密度接触安装，主要用于宽带高速网络通信。

　　LC 型光纤连接器由美国 Bell 实验室研发，采用操作方便的模块化插孔（RJ）闪锁机理制成，插针和套筒的直径为 1.25 mm，是普通 SC、FC 等所用尺寸的一半，这样可以提高配线架中光纤连接器的密度，主要用于交换机、路由器、光纤接口模块之间的连接。

　　BC 型光纤连接器由 Bell 实验室研发，由两个经精密模压成形的圆锥形圆筒插头和一个内部装有双锥型塑料套筒的耦合组件组成，机械精度较高。

　　② 陶瓷插针端面类型。光纤连接器的陶瓷插针端面早期采用平面接触方式，结构简单，操作方便，制作容易，但对微尘较为敏感，且容易产生菲涅尔反射；后期改进为球面或斜面接触方式，使得插入损耗和回波损耗（回波损耗是指有多少比例的光又被连接器的端面反射，其值越小越好）性能有较大幅度的提高。陶瓷插针端面的研磨程度决定连接器之间接触的紧密度，直接影响连接器回波损耗的大小。根据回波损耗的不同，光纤连接器又分为 PC（Physical Contact，紧密物理接触）型、SPC（Super Physical Contact，超级紧密接触）型、UPC（Ultra Physical Contact，极端紧密接触）型和 APC（Angled Physical Contact，斜面紧密接触）型 4 种，如图 2-40 所示，它们的回波损耗分别为-35 dB、-40 dB、-50 dB 和-60 dB。

图 2-40　光纤连接器的陶瓷插针端面类型

　　<3> 光纤跳线的连接

　　在网络工程实际应用中，根据连接光纤设备接口的类型，光纤跳线两端需要端接相同或不同类型的光纤连接器，如 FC/PC-FC/PC 型、ST/UPC-SC/SPC 型、LC/APC-SC/APC 型等。根据光纤的传输模式，光纤跳线可以是多模光纤或单模光纤，如图 2-41 所示。

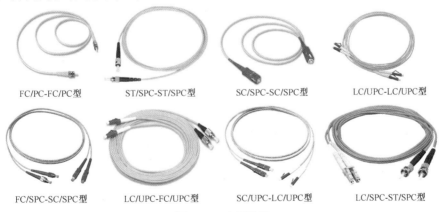

FC/PC-FC/PC型　　ST/SPC-ST/SPC型　　SC/SPC-SC/SPC型　　LC/UPC-LC/UPC型

FC/SPC-SC/SPC型　　LC/UPC-FC/UPC型　　SC/UPC-LC/UPC型　　LC/SPC-ST/SPC型

图 2-41　光纤跳线

　　原则上，不同型号的光纤连接器不能混合连接，但由于 PC 型、SPC 型和 UPC 型都是球面的，连接到一起一般不会对连接器造成损害。而 APC 型连接器的端面被磨成 8°角，若与其他型号（如 UPC 型）连接，则会造成机械性的损坏。因此，APC 型连接器只能与 APC 型连接，如图 2-42 所示。

PC/SPC/UPC-PC/SPC/UPC连接　　　　　APC-APC连接

图 2-42　光纤跳线连接

2.2.5　干线子系统

1. 干线子系统的构成

干线子系统由设备间的建筑物配线设备、设备缆线、跳线和设备间至电信间的干线电缆或光缆组成。干线子系统负责把建筑物干线缆线从设备间连接到各楼层电信间。

干线子系统主干缆线一般采用较短安全路由的点对点终接方式，也可采用分支递减终接方式。点对点终接是最简单、最直接的连接方法，从设备间的配线设备到各楼层电信间的交换设备各配置一根主干缆线进行连接，图 2-43 和图 2-44 分别为采用 6 类双绞线和室内光纤的干线子系统。分支递减终接是用一根容量足以支持若干楼层电信间的干线电缆，经过电缆接头保护箱分出若干小电缆，再分别延伸连接到每个楼层电信间的终接设备。

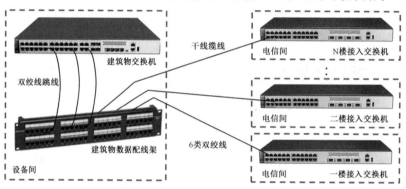

图 2-43　采用 6 类双绞线的干线子系统

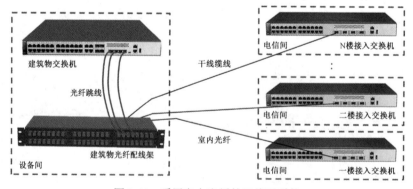

图 2-44　采用室内光纤的干线子系统

2. 干线子系统的功能

干线子系统用于局域网的骨干网络与建筑物的每个楼层的网络连接，将来自骨干网络的信息配送到楼层的配线子系统，同时将建筑物各配线子系统的信息汇聚送往骨干网络。

2.2.6 设备间

1. 设备间的构成

设备间是建筑群子系统与建筑物干线子系统的交汇点，是安装建筑物网络设备、建筑物语音设备、建筑物监控设备、建筑物配线设备的地点。建筑物网络设备主要有建筑物交换机、路由器、无线控制器和网络管理设备等；建筑物语音设备主要是程控电话交换机等；建筑物监控设备主要有监控录像存储设备、监控显示屏等；建筑物配线设备主要有干线子系统数据配线架、语音配线架和光纤配线架（光纤盒）等。根据需要，也可以安装建筑群子系统的网络设备和配线设备、电信运营商公共网络的进线设备等。

设备间的布局及设施配置与电信间类似（见图2-27），只是面积比电信间要大些。

2. 设备间的功能

设备间的功能是把从建筑群子系统传来的信息通过跳线分配到该建筑物各楼层电信间的接入设备，同时把从各楼层电信间传来的信息通过跳线汇聚到建筑群子系统。

2.2.7 建筑群子系统

1. 建筑群子系统的构成

建筑群子系统由网络中心连接到多个建筑物之间或建筑物与建筑物之间的主干缆线、建筑群配线设备、设备缆线和跳线构成，如图2-45所示。

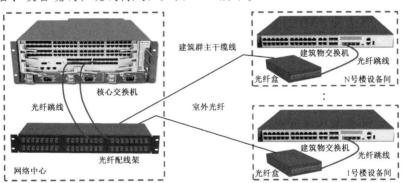

图2-45 建筑群子系统的构成

在实际网络工程应用中，建筑群主干缆线一般配置多模或单模光纤，并采用点对点终接方式；网络中心配线设备一般采用光纤配线架端接主干光纤，建筑物设备间一般采用光纤盒端接主干光纤，两端分别采用光纤跳线连接到核心交换机和建筑物交换机。

2. 建筑群子系统的功能

建筑群子系统的功能是在网络中心（核心层）与各建筑物（或汇聚层）之间、建筑物与建筑物之间建立一个局域网骨干网络，实现局域网内的高速通信。

2.2.8 进线间

进线间是建筑物外部信息通信网络管线的入口部位，在建筑群主干电缆与光缆、公用网和专用网电缆与光缆、天线馈线等室外缆线进入建筑物时，作为成端转换、缆线盘长、入口设施安装的场地，也可作为电信业务经营商安装室外电缆与光缆引入楼内的成端设备。

一栋建筑物通常设置一个进线间，位于地下层，便于与外部管道连通。在不具备设置单独进线间或入楼的电缆、光缆数量及入口设施容量较少时，可以在建筑物入口处采用地沟完成缆线的成端与盘长，入口设施则可安装在建筑物设备间，但应设置单独的区域，实现功能分区。

2.3 综合布线系统设计

综合布线系统设计依据《综合布线系统工程设计规范》（GB50311—2016）和《综合布线系统工程验收规范》（GB50312—2016），主要包括：需求分析、总体设计和子系统设计。

2.3.1 综合布线系统的需求分析

网络工程综合布线要综合考虑用户单位的性质、地理环境与建筑物地理布局、建筑物的性质和功能结构、网络应用业务对传输带宽及缆线长度的要求、业务终端的类型及需求和发展、现场安装条件以及性能价格等因素，因此，综合布线系统需求分析要明确以下内容。

① 用户的基本情况：单位的性质，部门设置与分布情况，人员结构（即各类人员的数量和工作性质等），制作部门与人员结构表。

② 地理位置状况：用户建网区域的范围、地理环境、土质结构、道路或河流分布，建筑物的地理布局、建筑物之间是否有阻挡物，传输线路布线是否有禁区，是否有可以利用的传输通道等，绘制建网区域地理环境与建筑物分布平面图。

③ 建筑物结构：用户建网区域内，每栋建筑物每层楼的具体结构与房间布局，部门分布与终端设备位置，建筑物内电信间的位置、电源供应情况，绘制每栋建筑物每层楼的平面结构图。

④ 信息点分布：指每栋建筑物每层楼的有线和无线网络数据点、电话语音点、数字广播点、视频监控点等信息点的分布和数量，绘制信息点类型与位置分布图，制作数量统计表。

⑤ 网络缆线：根据网络中心机房的位置、建筑物地理分布与结构、外部网络接入位置等情况，计算网络中各种缆线连接的距离和要求，制作网络缆线连接距离与要求表。

2.3.2 综合布线系统的总体设计

综合布线系统的总体设计是根据综合布线系统需求分析，设计综合布线系统的类型与等级，确定各种缆线的类型、规格与长度等。

1. 综合布线系统的类型

根据用户的业务性质对网络系统的要求，综合布线系统分为非屏蔽布线系统、屏蔽布线系统、开放型办公室布线系统、工业环境布线系统和全光纤布线系统。

（1）非屏蔽布线系统

非屏蔽布线系统是指综合布线系统所采用的电缆、连接器件、跳线、设备缆线等全部是非屏蔽对绞线。在通常情况下，一般的局域网均采用非屏蔽布线系统。

（2）屏蔽布线系统

屏蔽布线系统是指综合布线系统所采用的电缆、连接器件、跳线、设备缆线等全部是屏蔽对绞线。符合下列情形之一时，宜采用屏蔽布线系统：

❖ 综合布线区域内存在的电磁干扰强度高于 3 V/m。
❖ 用户对综合布线区域内电磁干扰、防信息泄露和网络安全保密等有较高的要求。
❖ 综合布线区域内安装现场条件无法满足非屏蔽对绞电缆的间距要求。
❖ 综合布线区域内环境温度影响到非屏蔽布线系统的传输距离。

（3）开放型办公室布线系统

开放型办公室布线系统适用于办公楼、综合楼、商业贸易楼和具有租赁性质的智能化建筑中，具有面积较大的公共区域或大开间的办公区域等场地的网络综合布线，一般采用多用户信息插座设计。每个多用户信息插座至少满足 12 个所配置的信息点需求。

（4）工业环境布线系统

工业环境布线系统适用于高温、潮湿、电磁干扰、撞击、振动、腐蚀气体、灰尘等恶劣环境，并且需要支持语音、数据、图像、视频、控制等信息的传递。

（5）全光纤布线系统

全光纤布线系统是指综合布线系统的所有网络缆线全部采用光纤，即光纤到桌面，如果用户对网络信息安全等保级别较高或网络传输速率要求较高，一般采用全光纤布线系统。

2. 电缆布线系统的等级与配置

在综合布线系统中，电缆布线系统分为 A、B、C、D、E、EA、F、FA 等 8 个等级，各等级的产品类别、支持的最高带宽和应用器件类别如表 2-5 所示。

表 2-5 电缆布线系统的等级和类别

系统等级	系统产品类别	支持的最高带宽	支持的应用器件类别	
			缆线	连接器件
A	/	100kHz	/	/
B	/	1MHz	/	/
C	3 类（大对数）	16MHz	3 类	3 类
D	5/5E 类（屏蔽和非屏蔽）	100MHz	5/5E 类	5/5E 类
E	6 类（屏蔽和非屏蔽）	250MHz	6 类	6 类
EA	6A 类（屏蔽和非屏蔽）	500MHz	6A 类	6A 类
F	7 类（屏蔽）	600MHz	7 类	7 类
FA	7A 类（屏蔽）	1000MHz	7A 类	7A 类

3. 光纤布线系统的等级和配置

在综合布线系统中，光纤布线系统分为 OF-300、OF-500 和 OF-2000 等 3 个等级，各等级支持的光纤信道应用长度、光纤类型及其采用的波长如表 2-6 所示。在网络工程应用中，建筑物内或通信距离在 2km 以内宜采用多模光纤，通信距离在 2km 以上、高速通信或需直接与电信业务运营商通信设施相连时宜采用单模光纤。

表 2-6　光纤布线系统的等级与类别

系统等级	最小应用长度	支持的多模光纤		支持的单模光纤	
		类型	波长	类型	波长
OF-300	300m	OM1、OM2 OM3、OM4	850/1310 nm	OS1、OS2	1310/1550 nm
OF-500	500m				
OF-2000	2000m				

4．综合布线子系统等级与类别

综合布线系统的基本构成是配线子系统、干线子系统和建筑群子系统，各子系统的等级与类别如表 2-7 所示，表中"其他应用"是指数字视频监控系统、数字广播系统、数字电视系统、楼宇自控与门禁系统等采用网络端口传输数字信息的应用。

表 2-7　综合布线子系统等级与类别

业务种类		配线子系统		干线子系统		建筑群子系统	
		等级	类别	等级	类别	等级	类别
语音		D/E	5/5e/6 类双绞线	C/D	3/5 类大对数线	C	3 类室外大对数线
数据	电缆	D/E/EA/F/FA	5/5e/6/6A/7/7A 类双绞线	E/EA/F/FA	6/6A/7/7A 类双绞线	/	/
	光缆	OF-300 OF-500 OF-2000	OM1/OM2/OM3/OM4 多模光缆 OS1/OS2 单模光缆及相应等级连接器件	OF-300 OF-500 OF-2000	OM1/OM2/OM3/OM4 多模光缆 OS1/OS2 单模光缆及相应等级连接器件	OF-300 OF-500 OF-2000	OS1、OS2 单模光缆及相应等级连接器件
其他应用		可采用 5/6/6A 的 4 对对绞电缆、OM1/OM2/OM3/OM4 多模光缆、OS1/OS2 单模光缆及相应的连接器件					

2.3.3　工作区子系统的设计

工作区子系统的设计内容主要有：① 设计工作区的位置与大小；② 设计工作区各类信息点（信息插座）的安装位置，并计算其数量；③ 设计信息插座的类型、品牌、型号和规格，并计算信息模块、面板和底盒的数量；④ 设计安装信息插座底盒、端接信息模块、安装信息插座面板的施工方案；⑤ 计算工作区双绞线连接缆线、RJ-45 水晶头的数量，并制作双绞线连接缆线。

1．工作区的划分

工作区是设置终端设备并接入网络的区域，根据不同的功能和应用场合，每个工作区的服务面积应具体分析后确定，如表 2-8 所示。

2．工作区信息点的设计与配置

工作区信息点包括数据信息点、电话语音点、视频监控点、数字广播点等。一个工作区的数据和语音信息点的配置不应少于 2 个，其安装位置应距离地面 30 cm 以上，并与连接设备的距离尽量保持在 5 m 范围内；视频监控点和数字广播点的安装位置根据设备的安装位置确定。在设计时，工作区信息点应综合考虑用户的性质、应用业务需求、人员结构和终端设备的摆放位置来确定信息点的位置和数量，并预留适当的冗余量。一栋建筑物内信息点总量的计算方法如表 2-9 所示。

表 2-8 工作区面积划分表

建筑物类型及功能	工作区参考面积
网管中心、呼叫中心、信息中心等终端设备较为密集的场地	3～5 m²
办公区	5～10 m²
会议、会展	10～60 m²
商场、生产机房、娱乐场所	20～60 m²
体育场馆、候机室、公共设施区	20～100 m²
工业生产区	60～200 m²

表 2-9 建筑物内信息点总量的计算方法

计算项目	计算公式	参数说明
计算各层工作区总面积 S_n	根据建筑物的工程平面图计算	S_n 为第 n 层工作区总面积，不包含公共走廊、电梯厅、楼梯间、卫生间等面积
各层工作区的数量	$W_n = S_n \div S_b$	W_n 为第 n 层工作区的数量；S_b 为一个工作区的服务面积
各层信息点的总量	$T_{pn} = W_n \times \Delta T_p$	T_{pn} 为第 n 层支持语音（电话）的信息点的数量；ΔT_p 为一个工作区内支持语音信息点的数量
	$T_{dn} = W_n \times \Delta T_d$	T_{dn} 为第 n 层支持数据（计算机、视频监控等）信息点的数量；ΔT_d 为一个工作区支持数据信息点的数量
	$T_n = T_{pn} + T_{dn}$	T_n 为第 n 层信息点的总量
建筑物内信息点的总量	$T_p = \sum_{n=1}^{N} T_{pn}$	T_p 为建筑物内语音信息点的总数；N 为建筑物的层数
	$T_d = \sum_{n=1}^{N} T_{dn}$	T_d 为建筑物内数据信息点的总数；N 为建筑物的层数
	$T = T_p + T_d$	T 为建筑物内信息点的总量

3. 信息模块与插座总量计算

① 信息模块的需求量。一个建筑物内采用 8 位信息模块的需求量为：

$$M = T \times (1 + 3\%)$$

其中，M—信息模块的总需求量，T—建筑物内信息点的总量，3%—留有的冗余量。

② 信息插座面板与底盒的需求量。信息插座面板的需求量应以信息点的总量、面板支持信息模块即接口的数量确定，并考虑 2% 的冗余量；信息插座底盒的需求量应以面板的总量、底盒支持面板的个数确定，每个底盒最多支持 2 个信息模块，不应作为过线盒使用。

③ RJ-45 水晶头的需求量。一个建筑物内 RJ-45 水晶头的需求量为：

$$N = T \times 4 \times (1 + 15\%)$$

其中，N—RJ-45 水晶头的总需求量，T—建筑物内信息点的总量，15%—留有的冗余量。

④ 光纤信息插座应采用 SC 或 LC 光纤连接器及适配器，其总量参照上述方法计算。安装的底盒大小和深度应满足 2 芯或 4 芯水平光缆终接处预留的盘留空间和对弯曲半径的要求。

2.3.4 配线子系统的设计

配线子系统的设计内容主要包括：① 配置配线子系统各种缆线，设计水平缆线的布放路由，绘制水平缆线平面布线图，即综合布线系统平面图；② 选定配线子系统各种缆线的类型、品牌、型号和规格，并计算其总量；③ 设计水平缆线的布线方式，选定相应线管、线槽、桥架及配件的品牌型号与规格，并计算其总量；④ 设计管槽与桥架安装、水平缆线敷设布放等施工方案。

1. 配线子系统的缆线设计和配置

配线子系统缆线由水平缆线（含 CP 缆线）、跳线和 FD 设备缆线组成，一般包括数据缆线、语音缆线、视频监控缆线和数字广播缆线等，缆线的设计与配置应遵循以下原则和规定。

① 配线子系统缆线总长度不应大于 95 m，水平缆线总长度不应大于 90 m，各种缆线长度设计应符合表 2-10 中的规定。

表 2-10　配线子系统的缆线长度划分

连接缆线	最小长度/m	最大长度/m
配线子系统缆线	17	95
水平缆线 FD-TO（无 CP、永久链路）	15	90
水平缆线 FD-CP（有 CP、CP 链路）	15	85
CP 缆线 CP-TO（有 CP）	5	75
跳线	2	5
FD 设备缆线	2	5
工作区缆线	2	5
工作区缆线+FD 设备缆线+跳线=总长度	2	10

② 水平缆线应终接于电信间相应配线架的配线模块和工作区信息插座的信息模块，具体配置与选型要根据综合布线系统的等级与类别确定。设备缆线的选型应与水平缆线相同。

③ 对于电缆布线系统，配线子系统的数据缆线和语音缆线应设计为同一类型非屏蔽或屏蔽 4 对绞电缆（即双绞线），便于数据信息点和语音信息点在需要时能够灵活地互换。

④ 对于光纤布线系统，配线子系统的数据缆线应采用室内多模或单模光缆，由于光信号只能单向传输，从电信间至每个工作区水平光缆需要按 2 芯光缆配置，一芯接收信号，另一芯发送信号。对于用户群或大客户，光纤芯数至少应有 2 芯备份。

⑤ 各类跳线宜选用由厂商生产制作的专用软跳线，数据跳线宜按每根 4 对对绞电缆配置，语音跳线宜按每根 1 对或 2 对对绞电缆配置，光纤跳线宜按每根 1 芯或 2 芯光纤配置。

2. 配线子系统水平缆线的用量计算

配线子系统水平缆线的用量根据电信间及各信息插座的位置进行计算，建筑物内水平缆线的用量计算方法如表 2-11 所示，在电信间和信息插座端，各类缆线需要预留冗余长度。

表 2-11　建筑物内水平缆线的用量计算方法

计算项目	计算公式	参数说明
各楼层（区）配线子系统水平缆线的平均长度	$L_{hn}=(L_{min}+L_{max})\div 2+\Delta L_1+\Delta L_2$	L_{hn} 为第 n 层水平缆线的平均长度；L_{min} 为第 n 层电信间至最近信息插座水平缆线的长度；L_{max} 为第 n 层电信间至最远信息插座水平缆线的长度；ΔL_1 为电信间端缆线预留长度，一般为 2～5 m；ΔL_2 为信息插座端缆线预留长度，一般为 300～400 mm
各楼层（区）配线子系统水平缆线的总长度	$L_{htn}=L_{hn}\times T_n$	L_{htn} 为第 n 层水平缆线的总长度；T_n 为第 n 层信息点的总量
建筑物内配线子系统水平缆线的总长度	$L_{ht}=\sum\limits_{n=1}^{N}L_{htn}$	L_{ht} 为建筑物内水平缆线的总长度，N 为建筑物的层数
建筑物内配线子系统水平电缆的总用量	$X_h=L_{ht}/305$	X_h 为建筑物内配线子系统水平电缆的总用量（取整数值，单位为箱）；305 为每箱电缆的长度（米/箱）

3. 综合布线系统平面图的设计

综合布线系统平面图，又称为水平缆线平面布线图，是水平缆线布放施工的详图和依据。每栋建筑物的每层楼都需要设计平面布线图，要根据楼层的平面结构、电信间和信息插座的位置，设计水平缆线的布放路由和布线方式后，再采用相关软件进行绘制。

综合布线系统平面图的设计应明确如下内容：① 每层楼信息点的类型、位置、编号和数量；② 水平缆线的布放路由。设计样例如图 2-46 所示。

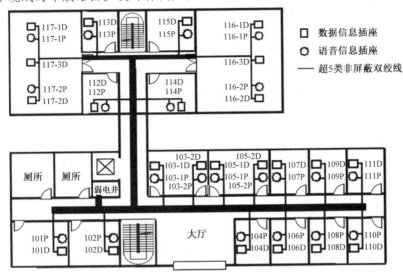

图 2-46　综合布线系统平面图的设计样例

2.3.5　电信间的设计

电信间的设计内容主要包括：① 设计各楼层电信间的数量、位置、大小、配套设施和环境标准；② 设计数据配线架、语音配线架、光纤配线架和理线架等楼层配线设备的类型、品牌、型号与规格，计算总量；③ 设计网络机柜的类型、品牌、型号和规格，计算总量；④ 设计楼层网络设备和配线设备安装、缆线端接、跳线跳接方案；⑤ 设计缆线和连接器件连通性测试方案。

1. 电信间的配置

① 电信间的数量应按所服务的楼层范围及信息点数量来确定。若楼层信息点的数量不超过 400 个、水平缆线长度在 90m 范围内，则可只设置一个，超出范围则应设置多个；若每层的信息点数量较少，水平缆线长度不超过 90m，则可以几个楼层合设一个电信间。

② 电信间一般不应小于 $5m^2$，可根据实际需求确定；应采用外开丙级防火门，门宽为 $0.7\sim1.0m$，应大于设备的最大宽度。电信间内或紧邻电信间应设置缆线竖井。

③ 电信间应与强电间分开设置，应按照网络设备和其他电信设备的供电要求设计电源配电箱，还应设计至少两个 220V 带保护接地的单相电源插座，但不作为设备供电电源。

④ 电信间宜采用 19 英寸标准网络机柜安装网络设备和配线设备，机柜的宽、深尺寸通常为 600mm×800mm，高度以"U"为单位，最高为 42U，实际设计高度应根据安装的设备数量确定。机柜中一般按照从上到下的顺序依次安装光纤配线架、网络设备、数据配线架和

语音配线架；理线架安装应与相应的网络设备或配线架有一定的间距，以满足缆线弯曲半径的要求；底部空出4U的高度，便于放置光纤收发器、光纤端接盒、电源插座等设备。

⑤ 设计采用与水平缆线配套的数据配线架或光纤配线架端接数据缆线，采用语音配线架端接干线侧的语音大对数线，采用数据配线架端接水平侧的语音缆线（4对对绞线），配线模块的配置应与缆线容量相适应，设备缆线与跳线的类型应与水平缆线相同。

2. 数据配线架的配置

电信间的数据配线架一般设计为两组，第一组端接与楼层接入交换机连接的设备缆线，第二组端接水平电缆，两组数据配线架采用数据跳线连接，如图2-47所示。

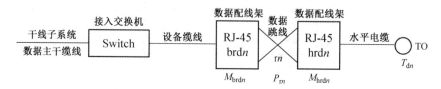

图2-47　FD的数据配线架连接

在实际网络工程中，一般只设计一组数据配线架用于端接水平电缆，再通过数据跳线将接入交换机与数据配线架连接。由于在配线子系统中将数据缆线和语音缆线设计为同一类型的4对对绞电缆，则水平侧支持语音信息点的配线设备应设计采用与数据配线相同的数据配线架。以RJ-45配线模块24口数据配线架为例，数据配线架总量的计算方法如表2-12所示。

表2-12　FD的数据配线架总量的计算方法

计算项目	计算公式	参数说明
FD水平侧支持数据的数据配线架数量	$M_{hrdn}=T_{dn}\div24$	M_{hrdn}为第n层楼层配线设备FD至水平侧支持数据的RJ-45配线模块24口数据配线架数量（取其最大整数值）；T_{dn}为第n层数据信息点的数量
FD水平侧支持语音的数据配线架数量	$M_{hrpn}=T_{pn}\div24$	M_{hrpn}为第n层楼层配线设备FD至水平侧支持语音的RJ-45配线模块24口数据配线架数量（取其最大整数值）；T_{pn}为第n层语音信息点的数量
FD接入交换机侧的数据配线架数量	$M_{brdn}=M_{hrdn}$	M_{brdn}为第n层楼层配线设备FD中与接入交换机连接的数据配线架数量
FD中24口数据配线架总量	$M_{dn}=M_{hrpn}+M_{hrdn}+M_{brdn}$	M_{dn}为第n层楼层配线设备FD中支持数据和语音的RJ-45配线模块24口数据配线架的总数量
数据跳线R_n总量	$P_{rn}=T_{dn}\times(1+10\%)$	P_{rn}为第n层4对对绞电缆专用数据跳线总数量，10%为冗余量

3. 语音配线架的配置

电信间的语音配线架主要用于支持干线子系统的建筑物主干大对数电缆端接，水平侧语音缆线为4对对绞电缆，采用数据配线架端接，语音配线架与数据配线架采用IDC鸭嘴头对接RJ-45水晶头的语音跳线连接，如图2-48所示。

以100对IDC配线模块语音配线架为例，语音配线架总量的计算方法如表2-13所示。

4. 光纤配线架的配置

为了减少光信号的损耗，电信间一般只设计一组光纤配线架端接水平光缆，采用光纤跳线直接将交换机的光纤端口与光纤配线架接口（光纤耦合器）连接，如图2-49所示。

以24口光纤配线架为例，光纤配线架总量的计算方法如表2-14所示。

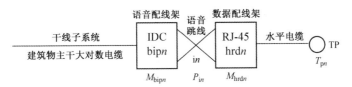

图 2-48　FD 的语音配线架连接

表 2-13　FD 的语音配线架计算

计算项目	计算公式	参数说明
FD 干线侧的语音配线架数量	$M_{\mathrm{bip}n}=T_{\mathrm{p}n}\times(1+10\%)\div100$	$M_{\mathrm{bip}n}$ 为第 n 层楼层配线设备 FD 支持干线子系统建筑物主干大对数电缆的 100 对 IDC 配线模块语音配线架数量（取整数值）；$T_{\mathrm{p}n}$ 为第 n 层语音信息点的数量；10% 为冗余量
FD 中 IDC 配线模块语音配线架总量	$M_{\mathrm{hrd}n}=M_{\mathrm{bip}n}$	$M_{\mathrm{hrd}n}$ 为第 n 层楼层配线设备 FD 中 100 对 IDC 配线模块语音配线架的总数量
语音跳线总量	$P_{\mathrm{i}n}=T_{\mathrm{p}n}\times(1+10\%)$	$P_{\mathrm{i}n}$ 为 IDC 鸭嘴头-RJ-45 水晶头专用语音跳线总数量，10% 为冗余量

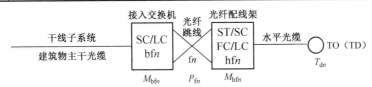

图 2-49　FD 的光纤配线架连接

表 2-14　FD 的光纤配线架计算

计算项目	计算公式	参数说明
FD 水平侧的光纤配线架数量	$M_{\mathrm{hf}n}=T_{\mathrm{d}n}\times(1+10\%)\div24$	$M_{\mathrm{hf}n}$ 为第 n 层楼层配线设备 FD 支持水平侧数据光缆的 24 口光纤配线架数量（取整数值）；$T_{\mathrm{d}n}$ 为第 n 层的光纤信息点（双工）数量
接入交换机光口的光纤接口模块总量	$M_{\mathrm{bf}n}=T_{\mathrm{d}n}\times(1+10\%)$	$M_{\mathrm{bf}n}$ 为接入交换机光纤端口使用的 SC 或 LC 型光纤接口模块总数量
FD 中 24 口光纤配线架总量	$M_{\mathrm{f}n}=M_{\mathrm{hf}n}$	$M_{\mathrm{f}n}$ 为第 n 层楼层配线设备 FD 中 24 口光纤配线架的总数量
光纤跳线总量	$P_{\mathrm{f}n}=T_{\mathrm{d}n}\times(1+10\%)$	$P_{\mathrm{f}n}$ 为专用光纤跳线（双工）总数量，一端连接器与交换机光口的光纤接口模块匹配，另一端连接器与光纤配线架接口的光纤耦合器匹配

2.3.6　干线子系统的设计

　　干线子系统的设计内容主要有：① 设计每栋建筑物干线子系统各种缆线的布放路由，设计干线缆线及连接器件的类型、品牌、型号和规格，并计算总量；② 设计布放干线缆线的管槽、桥架及支撑结构的类型、品牌、型号和规格，并计算总量；③ 绘制干线缆线布放结构图，即综合布线系统图；④ 设计管槽、桥架安装及干线缆线敷设布放施工方案。

1. 干线子系统的缆线设计与配置

　　① 干线子系统缆线包括建筑物主干缆线、设备缆线和跳线。其中，建筑物数据主干缆线一般采用多模光缆或 6/6A/7/7A 双绞线；语音主干缆线设计采用 3/5 类大对数电缆。BD 到 FD 之间的建筑物主干双绞线长度应不超过 95m，大对数电缆和光缆长度应不超过 300m。

　　② 数据主干缆线一般设计同时配置电缆和光缆两种缆线，作为互相备份路由。干线子系统所需的电缆总根数和光纤总芯数应满足楼层配线子系统的实际需求，并留有适当的冗余量，这对于综合布线系统的可扩展性和可靠性来说是十分重要的。

③ 通常设计采用金属桥架敷设布放主干缆线，桥架垂直固定安装在缆线竖井中，其型号、规格、数量和固定方式要根据竖井的结构、主干缆线总量和缆线敷设要求确定。

2. 干线子系统的数据主干光缆用量计算

建筑物干线子系统的数据主干光缆与 BD 及 FD 各部分的构成如图 2-50 所示，其中 2 芯光纤可支持 1 台交换机或 1 个交换机群，每个楼层至少考虑备用 2 芯光纤作为冗余。

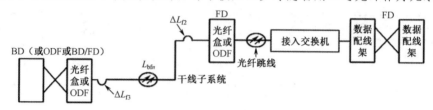

图 2-50 干线子系统的数据主干光缆

干线子系统从设备间至各楼层电信间数据主干光缆的用量按下列方法进行计算：

$$L_{fn} = (L_{bfn} + \Delta L_{f2} + \Delta L_{f3}) \times G_{fn}$$
$$L_f = \sum L_{fn}$$

其中，L_{fn} 为至第 n 层数据主干光缆的长度；L_{bfn} 为第 n 层 FD 与 BD 之间的缆线路由距离；ΔL_{f2}、ΔL_{f3} 分别为数据主干光缆在电信间和设备间的预留长度，一般为 $3\sim5\,\mathrm{m}$；G_{fn} 为至第 n 层数据主干光缆的根数；L_f 为建筑物内数据主干光缆的总长度。

3. 干线子系统的数据主干电缆用量计算

建筑物干线子系统的数据主干电缆（即 4 对对绞线）与 BD 及 FD 各部分的构成如图 2-51 所示。其中，1 根 6/6A 或 7/7A 双绞线支持 1 台交换机或 1 个交换机群，数据主干电缆总根数由各楼层交换机的数量和冗余量确定。对于交换机群，备用 $1\sim2$ 根双绞线作为冗余；若没有配置交换机群，则每 $2\sim4$ 台交换机备用 1 根双绞线作为冗余。

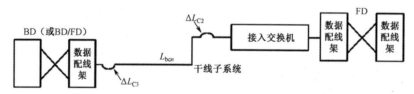

图 2-51 干线子系统的数据主干电缆

干线子系统从设备间至各楼层电信间的数据主干电缆的用量按下列方法进行计算：

$$L_{bn} = (L_{bcn} + \Delta L_{c2} + \Delta L_{c3}) \times G_{bn}$$
$$L_b = \sum L_{bn}$$

其中，L_{bn} 为至第 n 层数据主干电缆的长度；L_{bcn} 为第 n 层 FD 与 BD 之间缆线路由距离；ΔL_{c2} 为数据主干电缆在电信间的预留长度，一般为 $2\sim5\,\mathrm{m}$；ΔL_{c3} 为数据主干电缆在设备间的预留长度，一般为 $3\sim5\,\mathrm{m}$；G_{bn} 为至第 n 层数据主干电缆的根数；L_b 为建筑物内数据主干电缆的总长度。将 L_b 除以 305（米/箱），可以计算出数据主干电缆的总箱数。

4. 干线子系统的语音主干电缆用量计算

建筑物干线子系统的语音主干电缆（大对数线）与 BD 及 FD 各部分的构成如图 2-52 所

示。语音主干电缆的大对数线的总对数按楼层语音点总数计算，并考虑 10% 的线对作为冗余。根据总对数的数量决定采用规格为 25 对、50 对、100 对大对数线中的哪一种，并计算其根数。

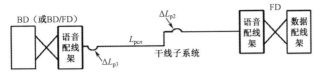

图 2-52　干线子系统的语音主干电缆

干线子系统从设备间至各楼层电信间的语音主干电缆的用量按下列方法进行计算：

$$G_{pn} = T_{pn} \times (1 + 10\%) \div (大对数线对数)$$

$$L_{pn} = (L_{pcn} + \Delta L_{p2} + \Delta L_{p3}) \times G_{pn}$$

$$L_p = \sum L_{pn}$$

其中，G_{pn} 为至第 n 层语音主干大对数电缆的根数（取最大整数值），大对数电缆线对数按设计类型为 25 对、50 对或 100 对；T_{pn} 为第 n 层语音信息点总数，10% 为冗余量；L_{pn} 为至第 n 层语音主干大对数电缆的长度；L_{pcn} 为第 n 层 FD 与 BD 之间的缆线路由距离；ΔL_{p2} 为语音主干电缆的大对数线在电信间的预留长度，一般为 2~5 m；ΔL_{p3} 为语音主干大对数电缆在设备间的预留长度，一般为 3~5 m；L_p 为建筑物内语音主干大对数电缆总长度。

5．综合布线系统图的设计

综合布线系统图是一栋建筑物内干线子系统、配线子系统和工作区子系统中的所有配线设备和各种缆线配置的立面结构图，概括了建筑物内综合布线系统的全貌。每栋建筑物需设计一张系统图，并明确以下内容：① 各楼层的工作区子系统信息插座的类型和数量；② 各楼层的配线子系统水平缆线的类型；③ 干线子系统从 BD 到 FD 的主干线缆线的类型和数量；④ BD 和 FD 配线设备所在的楼层和类型。例如，图 2-53 为综合布线系统图的设计样例。

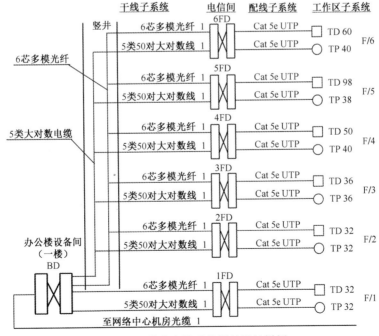

图 2-53　综合布线系统图的设计样例

2.3.7　设备间的设计

设备间子系统的设计内容主要有：① 设计设备间的位置、大小、配套设施和环境标准；② 设计建筑物主干数据配线架、语音配线架、光纤配线架和理线架等设备的类型、品牌、型号和规格，并计算总量；③ 设计网络机柜的类型、品牌、型号、规格和数量；④ 设计安装建筑物网络设备和配线设备、端接主干缆线以及通信链路跳接等施工方案；⑤ 设计主干缆线连通性测试方案。

1. 设备间配置

① 每幢建筑物内应至少设置一个设备间，若电话程控交换机与计算机网络设备分别安装在不同场地或根据安全需要，也可设置两个或以上设备间，以满足不同业务的设备安装需要。

② 设备间的位置应综合考虑建筑物的结构、楼层电信间与竖井的位置、设备的数量、主干缆线的传输距离与数量等各种因素。设备间宜处于干线子系统的中间位置，并尽可能远离高低压变配电、电机、X 射线、无线电发射等有干扰源存在的场地，同时应便于设备接地。

③ 设备间的大小与布局。设备间内应有足够的设备安装空间，使用面积不应小于 $10\,m^2$（不包括电话程控交换机、计算机网络设备等设施所需的面积），设备间梁下净高不应小于 $2.5\,m$，采用外开双扇门，门宽不应小于 $1.5\,m$。设备安装时，应保证机架或机柜前面的净空不小于 $800\,mm$，后面的净空不小于 $600\,mm$，壁挂式配线设备底部离地面的高度不小于 $300\,mm$。设备间的平面布置可参考图 2-27 电信间的布局。

④ 设备间的环境与配电。设备间室内温度应保持为 $10℃\sim35℃$，相对湿度应保持为 $20\%\sim80\%$，并有良好的通风。设备间电源设计应符合设备的供电要求，必要时应配置相当容量的 UPS 电源。

2. 配线设备类型及容量

在设备间内安装的 BD 配线设备干线侧容量应与主干缆线的容量相一致。设备侧的容量应与设备端口容量相一致或与干线侧配线设备容量相同。

在小型综合布线系统工程设计中，可以不设 FD，而将 BD 和 FD 合用，称为 BD/FD，但此时电缆的长度应不大于 $95\,m$。在大中型综合布线系统工程设计中，BD 配线设备通常采用总配线架 MDF（Main Distribution Frame）和光纤配线架 ODF。MDF 采用 IDC 配线模块，用于支持语音，ODF 用于支持数据。

2.3.8　建筑群子系统的设计

建筑群子系统的设计内容主要包括：① 根据建网区域内的地理环境、土质结构、建筑物进线间的位置等，设计骨干缆线（即局域网骨干缆线的简称）的路由和冗余备用骨干缆线的路由，绘制综合布线系统骨干缆线平面图；② 确定骨干缆线的品牌、型号和规格，并计算总量；③ 根据地理环境和土质结构等地理条件，设计骨干缆线的敷设方式；选定敷设骨干缆线的管道、管槽、桥架、立杆等材料的类型、品牌、型号和规格，并计算总量；④ 设计管道管槽预埋、桥架安装、立杆架设、骨干缆线敷设、骨干缆线端接等的施工方案；⑤ 设计公用网和专用网缆线的引入、端接及保护方案；⑥ 设计综合布线系统测试方案。

1. 建筑群主干缆线的设计与配置

① 建筑群子系统缆线由建筑群主干缆线、跳线和设备缆线组成。其中，建筑群数据主干缆线一般采用多模或单模光缆。语音主干缆线一般设计采用 3 类或 5 类大对数电缆，当建筑物之间的距离较长时，设计采用多模或单模光缆。

② 建筑群主干缆线的长度要根据主干缆线的起点位置、终接点位置之间的路由距离和敷设方式确定，长度限值可参考表 2-15，在实际应用时，表中各线段长度可做适当调整。

表 2-15　建筑群主干缆线长度限值

缆线类型	各线段长度限值		
	骨干缆线 A	建筑物主干缆线 B	建筑群主干缆线 C
3 类/5 类大对数电缆（语音主干）	800 m	300 m	500 m
62.5 μm 多模光缆	2000 m	300 m	1700 m
50 μm 多模光缆	2000 m	300 m	1700 m
单模光缆	3000 m	300 m	2700 m

③ 建筑群主干缆线的容量要根据建筑物的数量、建筑物信息点的数量综合确定，对于每栋建筑物，光缆至少考虑 2 芯光纤冗余，大对数电缆至少考虑 20%冗余。

④ 配线设备 CD 的容量。建筑群侧配线设备 CD 的容量应与建筑群主干缆线的容量相一致。设备侧的容量应与设备端口容量相一致或与建筑群侧配线设备容量相同。

2. 骨干缆线平面图设计

骨干缆线平面图的设计原则是：① 传输线路建成后，能够保持相对稳定，满足今后一定时期各种新的信息业务发展需要；② 缆线路由选择应尽量短捷、平直，并照顾用户信息点密集的建筑群，应沿较永久性的道路敷设；③ 要符合有关标准规定，符合各种管线、建筑物之间的最小净距要求；④ 除了因地形或敷设条件限制，必须与其他管线合沟或合杆外，骨干缆线应单独敷设，并与电力线路等其他缆线保持一定的间距。

设计骨干缆线平面图的步骤如下：

① 根据网络建设区域内的地理环境、建筑物的布局、网络中心机房和建筑物进线间的位置等因素，初步拟定几种骨干缆线路由。

② 对初步拟定的骨干缆线路由沿线进行实地考察勘测，了解地理环境与地质结构，如沙质土、粘土、砾土、岩石等；查清各种障碍物和地下公用设施的位置，如道路、管线、桥梁、铁路、树林、池塘、河流、山丘和需要获准通过的地方等。

③ 比较每个路由的优缺点，确定最佳路由方案，进行详细设计。

④ 采用绘图软件绘制综合布线系统骨干缆线平面图。

图 2-54 为骨干缆线平面图的设计样例。

2.3.9　进线间的设计

进线间子系统的设计内容主要包括：① 设计进线间的位置、大小和布局；② 设计防火、防水、通风的措施和方法；③ 设计各类缆线的入口位置和引入方式；④ 设计各类缆线及相关连接设备的安装位置和安装方式。

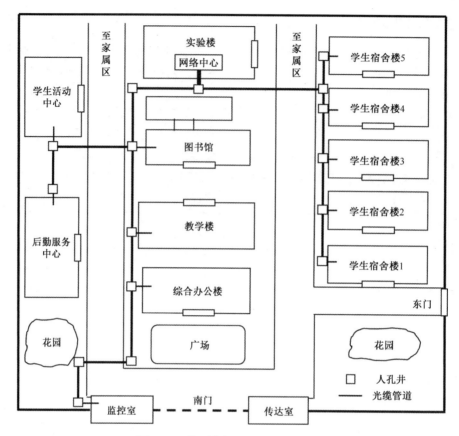

图 2-54 骨干缆线平面图的设计样例

进线间宜在建筑物地下层并靠近外墙设置，以便于缆线引入。进线间的大小应按进线管道容量及入口设施设备的容量设计，同时考虑满足缆线的敷设路由、成端位置及数量、光缆的盘长空间和缆线的弯曲半径所需要的场地空间和面积（如图 2-55 所示），并符合以下规定。

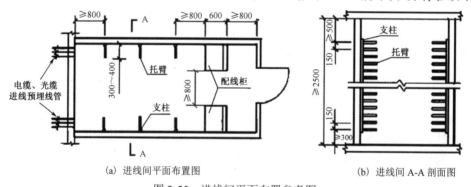

(a) 进线间平面布置图   (b) 进线间 A-A 剖面图

图 2-55 进线间平面布置参考图

① 进线间应采用相应防火级别的防火门，门向外开，宽度不小于 1m。

② 进线间应防止渗水，应该设有抽、排水装置。

③ 进线间应与综合布线系统垂直竖井连通。

④ 进线间应设置防有害气体措施和通风装置，换气次数不少于 5 次/小时。

⑤ 进线间的托臂根据工程需要可分层设置，托臂宽度及数量应根据工程要求确定，不同电信业务经营商的电（光）缆安装在各自的托臂上，每个电信业务经营商用一排托臂。电信

业务经营商的数量根据工程需要确定。

⑥ 多家电信业务引入时，进线间的长度根据盘留光缆数、电缆的容量（每列 800～1200 对）确定。层高可根据托臂数计算及成端头（每托臂 3 根/4 根大容量电（光）缆）确定。

⑦ 与进线间无关的管道不宜通过，当进线间安装配线设备和信息通信设施时，应符合设备安装设计的要求。

2.4 综合布线工程施工技术

网络工程综合布线（简称综合布线工程或布线工程）施工是遵循《综合布线系统工程设计规范》（GB50311—2016）、《综合布线系统工程验收规范》（GB 50312—2016）、《综合布线系统工程设计与施工》（08X101-3）以及与建筑工程相关的标准和规范，按照网络工程综合布线系统设计方案进行各子系统的实施，施工的过程和质量对网络传输线路的性能影响很大，直接影响到所建网络系统信息的传输速度、稳定性和安全性。因此，熟练掌握综合布线工程每道工序的施工规范和施工技术是确保综合布线工程质量的关键。

2.4.1 综合布线工程的施工基础

1. 综合布线工程的施工要求

① 在进行综合布线时，要严格按照综合布线相应的标准和规范、综合布线系统的设计方案和施工方案，并结合现场施工条件和用户需求，进行精细施工。

② 综合布线工程应由专业队伍施工，施工现场必须由专业技术人员和监理人员进行技术指导和监督。

③ 在施工过程中，要加强质量管理，严格依据相关标准和设计要求进行施工、随工检查和阶段验收，及时发现并处理各种影响或可能影响工程质量的问题；如果现场遇到不可预见的问题，应及时向工程建设单位汇报，并提出解决办法供建设单位现场研究解决，以免影响工程进度；对建设单位计划不周、新增信息点、改变原设计方案、变更设备或缆线等问题，要会同建设单位、监理单位共同协商解决方案，及时在图纸上标明，并共同签名确认。

④ 在施工过程中，要对缆线、配线架、信息插座等按设计方案及时进行编码标记。

⑤ 对隐蔽工程或重要工段，要及时进行阶段检查验收，确保工程质量。

⑥ 综合布线工程施工完成后，要对综合布线系统进行全面测试；在初验合格后，才能对缆线通过的墙洞、竖井等交接处进行修补，对外部缆线进入建筑物的地方要进行特别防水处理；全部完工后，清理现场，准备工程验收材料。

2. 综合布线工程的施工程序

① 施工前期准备工作。

② 敷设安装布放缆线的线管、线槽、桥架和信息底盒。

③ 布放配线子系统、干线子系统和建筑群子系统的各种缆线。

④ 安装电信间、设备间、进线间、网络中心的网络机柜和配线设备，以及其他配套设施。

⑤ 将敷设好的各种缆线端接到相应配线设备和信息模块上。

⑥ 按设计的编码方案对所有缆线、配线架、信息插座等进行标识，粘贴各种标签。

⑦ 按照设计的系统测试标准和方案，对综合布线系统进行全面测试和综合布线工程初验。

⑧ 进行施工后期修补、清理工作，制作竣工验收文档。

3．综合布线工程的施工前期准备工作

（1）工程设计技术交底

在综合布线工程实施前，工程设计部门应进行技术交底。

技术交底包括以下内容：① 综合布线工程项目简介；② 设计依据、设计原则、技术规范；③ 工程范围和内容；④ 工程总体设计方案，采用的综合布线标准（EIA/TIA568A/568B）、详细设计说明和图纸；⑤ 信息点、配线架和缆线的编码方案；⑥ 线槽、桥架、管道安装方案；⑦ 缆线敷设与端接方案；⑧ 系统互连和测试方案。

技术交底的过程为：设计部门对工程部门进行技术交底，工程部门对项目经理进行技术交底，项目经理对施工负责人进行技术交底，施工负责人对施工人员进行技术交底。

（2）理解设计方案，熟悉施工图纸

施工部门组织技术人员和施工人员理解整个工程的设计方案和设计图纸，为现场勘测做准备。

（3）现场勘测

根据工程设计方案和设计图纸，对施工现场进行实地勘测，确定设计方案的可行性、安全性和可施工性，对施工细节进行详细标注和说明，编写现场勘测记录，为编制施工方案做准备。

（4）编制施工方案

根据综合布线工程技术方案、设计图纸和现场勘测记录，编制详细的施工方案，主要内容如下：① 工程组织机构；② 施工标准与系统编码方案；③ 详细的布线施工图和设备安装图；④ 施工质量过程控制方法和程序；⑤ 施工安全管理条例和安全规范；⑥ 隐蔽工程管理及验收程序；⑦ 系统测试标准与测试方案；⑧ 详细的施工计划与进度安排表；⑨ 技术培训计划。

（5）准备施工工具、器材、场地和施工材料

准备施工过程中所需的布线工具和器材，布置现场办公用房、仓库用房、工人生活用房，采购布线材料等。

（6）向工程建设单位和监理单位提交开工报告

以上工作准备就绪后，应向工程建设单位和监理单位提交开工报告，正式开始布线施工。

4．综合布线工程施工的常用工具

综合布线工程施工的常用工具可分为：双绞线电缆压接工具、同轴电缆压接工具、大对数线端接工具、光缆接续工具、缆线敷设布放工具、管槽和桥架安装工具等。

（1）双绞线压接工具

双绞线压接工具有双绞线压线钳、信息模块打线钳和双绞线剥线钳等，如图 2-56 所示。

（2）同轴电缆压接工具

同轴电缆压接工具有剪线钳、压线钳和剥线钳，如图 2-57 所示。

（3）大对数线端接工具

大对数线端接工具有 110 IDC 配线架打线钳，如图 2-58 所示。

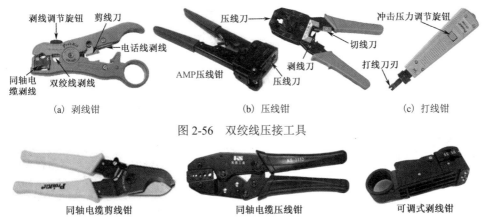

（a）剥线钳　　　　　　　　（b）压线钳　　　　　　　　（c）打线钳

图2-56　双绞线压接工具

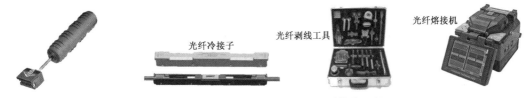

图2-57　同轴电缆压接工具

（4）光缆接续工具

光缆接续工具有光纤冷接子、光纤剥线工具和光纤熔接机，如图2-59所示。

图2-58　大对数线端接工具　　　　　　　图2-59　光纤接续工具

（5）缆线敷设布放工具

缆线敷设布放工具有PVC管弯管器、钢管弯管器、缆线布放牵引线（又称为穿管器）和缆线绑扎机，如图2-60所示。

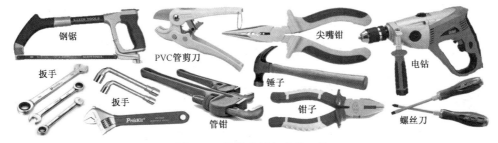

图2-60　缆线敷设布放工具

（6）管槽和桥架安装工具

常用的管槽和桥架安装工具如图2-61所示。

图2-61　管槽和桥架安装工具

5．缆线布放材料的类型与规格

在综合布线工程中，布放缆线常用的材料有线管、线槽、桥架及其配套的连接件。

（1）线管的类型与规格

布放缆线常用的线管有金属管、PVC 阻燃管、PE 阻燃管、金属软管、PE 软管和塑料软管等，配套的连接件主要有直接头、弯头和锁扣（又称为盒接、杯疏），如图 2-62 所示。

图 2-62　线管的类型与规格

线管的规格采用外径表示法，金属管常用的规格有 D20、D25、D30、D40、D50、D63、D110。PVC 阻燃管可在常温下进行弯曲，便于施工，常用的规格有 D16、D20、D25、D32、D40、D45、D50、D63、D110。PE 阻燃管是一种塑料半硬导管，具有强度高、耐腐蚀、可挠性好、内壁光滑等优点，常用的规格有 D16、D20、D25、D32，以盘为单位，每盘长约 20m。金属软管、PVC 软管和塑料软管主要用于线管弯曲处的连接、线管与线槽之间的连接、线管与桥架之间的连接、缆线穿过墙壁或楼板时的保护等，常用的规格与相应的线管配套。锁扣主要用于线管与线槽、线管与桥架、线管与信息插座底盒之间的连接，常用的规格与相应的线管配套。

（2）线槽的类型与规格

布放缆线常用的线槽有金属线槽和 PVC 线槽两种，配套的连接件主要有弯头、阴角、阳角、平角、直接、三通和堵头（终端头）等，如图 2-63 所示。线槽的规格采用线槽截面宽×高（mm）表示法，金属线槽常用的规格有 100×50、100×100、200×100、300×100、400×200，PVC 线槽常用的规格有 20×12、25×12.5、25×25、30×15、40×20、50×50、100×50。

图 2-63　线槽的类型与规格

（3）桥架的类型与规格

布放缆线常用的桥架有槽式、网格式、托盘式和梯级式等类型，桥架连接件的类型较多，主要有水平弯通、垂直下弯通、垂直上弯通、上垂直三通、下垂直三通、水平四通、水平三通、上垂直四通、垂直左下弯通、连接板和接地钢编带等，如图 2-64 所示。

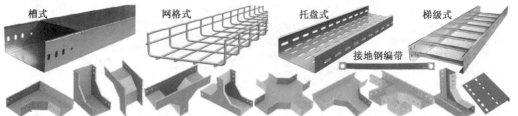

水平弯通　垂直下弯通　垂直上弯通　上垂直三通　下垂直三通　水平四通　水平三通　上垂直四通　垂直左下弯通　连接板

图 2-64　桥架的类型与规格

除了截面宽×高（mm），桥架的规格还有桥架的最小板材厚度，如表2-16所示。

表2-16　桥架的最小板材厚度

桥架宽度W	槽体厚度	盖板厚度	桥架宽度	槽体厚度	盖板厚度
W<100 mm	1.0 mm	0.8 mm	300 mm <W≤500 mm	2.0 mm	1.0 mm
100 mm≤W<150 mm	1.2 mm	0.8 mm	500 mm≤W≤800 mm	2.5 mm	1.5 mm
150 mm≤W<300 mm	1.5 mm	1.0 mm	W>800 mm	3.0 mm	1.5 mm

2.4.2　管槽敷设与安装施工技术

线管、线槽、桥架和信息插座底盒是综合布线工程中布放缆线的通道和端接处，管槽敷设与安装是网络工程综合布线施工的第一道工序。施工内容包括：线管敷设、线槽敷设、桥架安装和信息插座底盒安装，施工的质量不但直接影响到后期能否顺利地布放与端接各种缆线，而且对缆线的传输速度和传输质量也有很大的影响。

1. 管槽敷设规范与要求

（1）管槽敷设方式

管槽敷设有两种方式：一种是暗装，即将PVC或金属管槽埋入到墙体内或地面下，表面用水泥平墙面或地面封闭；另一种是明装，即将PVC或金属管槽通过线夹固定安装在墙面或地面上。在综合布线系统中，采用暗装布线时一般选择线管，采用明装布线时一般选择线槽。

（2）线管敷设弯曲半径

线管敷设转弯时不得采用直角、三通、四通等连接头，必须采用综合布线标准专用线管弯头，或按照表2-17要求的弯曲半径使用弯管器完成金属或PVC线管弯曲后再进行敷设。

表2-17　线管敷设弯曲半径

线管类型		弯曲半径
光缆	2芯或4芯水平光缆	>25mm
	其他芯数的主干光缆	不小于光缆外径的10倍
	室外光缆、电缆	不小于缆线外径的10倍
电缆	4对非屏蔽对绞电缆	不小于电缆外径的4倍
	4对屏蔽对绞电缆	不小于电缆外径的8倍
	大对数主干电缆	不小于电缆外径的10倍

（3）线管布放缆线的容量

在线管内布放缆线可以容纳的根数，一般采用管径利用率和截面利用率进行计算。管径利用率与截面利用率的计算公式如下：

管径利用率$=d/D$　　　　　　d为缆线外径，D为管道内径

截面利用率$=A_1/A$　　　　　　A_1为穿在管内的缆线总截面积，A为管子的内截面积

当主干电缆为25对及以上或主干光缆为12芯及以上时，可采用管径利用率进行计算。对于非屏蔽或屏蔽4对对绞电缆及4芯以下光缆，可采用管截面利用率公式进行计算。当管内布放大对数电缆或4芯以上光缆时，直线管路的管径利用率为50%～60%，弯管路的管径利用率为40%～50%。表2-18列出了大对数电缆和4芯以上光缆与线管最小管径的关系。

表 2-18　大对数电缆和 4 芯以上光缆与线管最小管径的关系

缆线类型		管道走向	线管最小管径（mm）			
			低压流体输送用焊接钢管 SC	普通碳素钢电线套管 MT	聚氯乙烯硬质电线管 PC	套接紧定式钢管 JDG
大对数电缆	25 对（3 类）	直（弯）管道	20（25）	25（32）	32（32）	25（32）
	50 对（3 类）	直（弯）管道	25（32）	32（40）	32（40）	32（40）
	100 对（3 类）	直（弯）管道	40（50）	50（50）	50（65）	40（-）
	25 对（5 类）	直（弯）管道	25（32）	32（40）	40（40）	-（-）
光缆	6 芯光缆	直（弯）管道	15（15）	15（20）	15（20）	15（15）
	8 芯光缆	直（弯）管道	15（15）	15（20）	15（20）	15（20）
	12 芯光缆	直（弯）管道	15（20）	20（25）	20（25）	15（20）
	16 芯光缆	直（弯）管道	15（20）	20（25）	20（25）	15（20）
	24 芯光缆	直（弯）管道	25（32）	32（40）	32（40）	32（40）

当管内布放 4 对对绞电缆或 4 芯光缆时，截面利用率应为 25%～30%，其数量与穿管最小管径的关系如图 2-65 所示，在选择线管规格时可供参考。

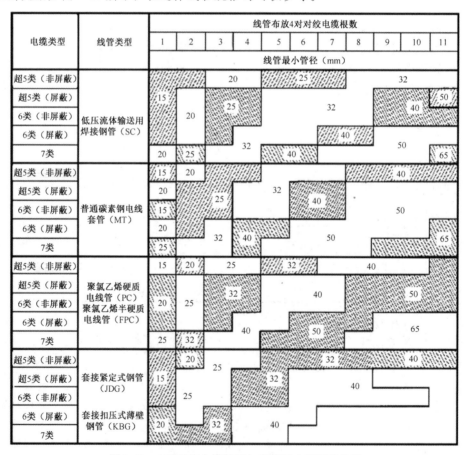

图 2-65　4 对对绞电缆数量与穿管最小管径的关系

（4）线槽布放缆线的容量

在线槽内布放缆线可以容纳的根数，一般根据线槽截面利用率和不同类型的缆线进行计算，线槽的截面利用率一般为 30%～50%。常用线槽内截面利用率为 30%～50%时，容纳综合布线电缆的根数如表 2-19 所示，容纳 6 类非屏蔽电缆和超 5 类屏蔽电缆的根数相同，所列大对数电缆为非屏蔽电缆。常用线槽内截面利用率为 30%～50%时，容纳综合布线光缆的根数如表 2-20 所示。桥架实际上是一种金属线槽，布放缆线的容量参照计算。

表 2-19 线槽内容纳综合布线电缆的根数

电缆类型		线槽截面宽×高（mm）/容纳电缆根数							
		50×50	100×50	100×70	200×70	200×100	300×100	300×150	400×150
4对对绞电缆	超 5 类（非屏蔽）	30～50	62～104	89～148	180～301	261～436	394～658	598～997	792～1320
	超 5 类（屏蔽）	19～33	41～68	58～97	119～198	172～288	260～434	522～658	702～871
	6 类（屏蔽）	14～24	30～50	43～71	87～145	126～210	190～317	288～481	382～637
	7 类	11～19	24～40	34～57	69～116	101～168	152～253	230～384	305～509
大对数电缆	25 对（3 类）	7～12	15～25	21～36	44～73	63～106	96～160	145～242	192～321
	50 对（3 类）	4～8	9～16	14～23	28～48	41～69	62～104	95～159	126～210
	100 对（3 类）	2～4	5～8	7～12	15～25	21～36	32～54	49～83	65～109
	25 对（5 类）	4～7	9～15	13～22	27～45	39～65	59～99	90～150	119～199

表 2-20 线槽内容纳综合布线光缆的根数

光缆类型	线槽截面宽×高（mm）/容纳光缆根数								
	50×50	100×50	100×70	200×70	200×100	300×100	300×150	400×150	400×200
2 芯光缆	38～63	78～131	112～187	228～380	330～550	498～830	755～1258	1000～1667	1342～2237
4 芯光缆	32～54	67～112	96～160	195～325	282～471	426～711	646～1077	856～1426	1149～1915
949～15826 芯光缆	27～45	55～92	79～132	161～269	233～389	352～587	533～889	707～1178	949～1582
8 芯光缆	22～37	46～76	65～109	133～222	193～321	291～465	441～735	584～973	784～1307
12 芯光缆	17～28	35～59	50～84	102～171	149～248	224～374	340～567	450～751	605～1008
16 芯光缆	17～28	35～59	50～84	102～171	149～248	224～374	340～567	450～751	605～1008
18 芯光缆	12～20	25～42	36～60	73～122	106～176	159～266	242～403	320～534	430～717
24 芯光缆	5～8	10～18	15～26	31～52	45～76	69～115	105～175	139～231	186～311

（5）对绞电缆与电力电缆敷设管槽之间的最小净距

对绞电缆与电力电缆不能布放在同一个管槽内，应各自采用单独的管槽分隔布放，其管槽之间的最小净距应符合表 2-21 的要求。

表 2-21 对绞电缆与电力电缆布放管槽之间的最小净距

对绞电缆与电力电缆敷设方式	最小净距		
	380V，<2kV·A	380V，2～5 kV·A	380V，>5 kV·A
对绞电缆与电力电缆平行敷设	130 mm	300 mm	600 mm
有一方在接地的金属槽道或钢管中	70 mm	150 mm	300 mm
双方均在接地的金属槽道或钢管中	10 mm	80 mm	150 mm

（6）线管与线槽互连方法

当线管与线槽、线管与桥架、线槽与桥架之间相连接时，宜采用金属软管、PVC 软管或塑料软管，但软管长度要小于 1.2 m。线管与线槽、线管与桥架之间还可以采用锁扣相连接。

2. 线管敷设施工技术

(1) 预埋暗管

预埋暗管即采用暗装方式将PVC或金属线管预埋到墙体内或地面下,施工方法与要求如下。

① 预埋在墙体的暗管最大管外径不宜超过 50mm, 楼板的暗管最大管外径不宜超过 25mm, 室外管道进入建筑物的最大管外径不宜超过 100mm, 暗管内应安置牵引线或拉线。

② 对于新建筑物, 在砌墙体或做地面时要按照设计图纸敷设好暗管; 对于旧建筑物, 要先按设计图纸在墙体或地面开槽, 再用钢丝钢钉固定暗管, 最后用水泥封平。施工时, 要用胶布封住暗管的两头, 以免杂物进入管道, 给后期布线带来困难。

③ 对于直线布管, 应当每 30m 处设置过线盒; 对于转弯管段, 若长度超过 20m、有 2 个转弯时, 则应该每不超过 15m 处设置过线盒。

④ 在敷设暗管时应尽量减少弯头, 每根暗管的转弯角不得多于 2 个, 且不能有 "S" 弯出现。暗管的转弯角度应大于 90°, 管路转弯的曲率半径应不小于所穿入缆线的最小允许弯曲半径, 且不小于该管外径的 6 倍, 当暗管外径大于 50mm 时, 则不小于其 10 倍。

⑤ 使用弯管器完成线管弯曲的施工方法。对于PVC管, 先将弯管器放入 PVC 管内直到需要弯曲的位置, 两手再握住两头, 用力将 PVC 管折弯即可。对于钢管, 先将钢管需要弯曲部位的前段放在弯管器内, 焊缝放在弯曲方向背面或侧面, 以防管子弯扁, 再用脚踩住管子, 手扳弯管器进行弯曲, 并逐步移动弯管器, 便可得到所需要的弯度。

⑥ 暗管管口应平整光滑, 并加有护口保护, 管口伸出部位宜为 25～50mm。暗管与预埋的信息插座底盒连接时, 宜采用PVC或金属锁扣。

⑦ 敷设暗管的两端宜用标志标示出编号、建筑物、楼层、房间、线材类型和长度等内容。

(2) 明装线管

明装线管施工规范与预埋暗管的施工规范基本相同, 只是线管固定支承点要求采用专用的线管固定夹, 固定支承点的间距: 金属管不应超过 3m, PVC 管管径较小时不应超过 1.5m, 当使用管径较大的 PVC 管时, 要采用吊杆或托架安装。

线管敷设施工样例如图 2-66 所示。

图 2-66　线管敷设施工样例

3. 线槽敷设施工技术

(1) 预埋线槽

在建筑物中预埋线槽, 一般适用于在地板(木地板或防静电地板)下布放缆线。若要在地面下直埋, 则有两种施工方法: ① 线槽的盖板可以开启, 并与地面齐平, 便于缆线布放和维护; ② 当线槽直埋长度超过 30m 或在线槽路由交叉、转弯时, 设置过线盒, 以便缆线布放和维护, 过线盒盖能开启, 并与地面齐平, 盒盖处应具有防尘、防水和抗压功能。

预埋线槽宜按单层设置, 线槽截面高度不宜超过 25mm, 总宽度不宜超过 300mm。每个路由进出同一过线盒的预埋线槽不应超过 3 根, 若线槽路由中包括过线盒和出线盒, 则截面高度宜为 70～100mm。

（2）明装线槽

截面较小的塑料线槽一般在槽底用螺钉固定，其间距约为 1m。施工方法是：先用电钻在墙体（或地面）打孔，再打入塑料膨胀管或木尖，然后用木螺钉和垫圈将线槽固定在墙面（或地面）上。截面较大的塑料线槽一般采用支架或吊架固定，间距为 1～2m。线槽明装转弯半径不应小于槽内缆线的最小允许弯曲半径，线槽直角弯处最小曲半径不应小于槽内最粗缆线外径的 10 倍。金属线槽则采用支架或吊架固定，在线槽接头处、每间距 3m 处、转弯处以及线槽两端离出口 0.5m 处，应当设置支架或吊架。

线槽敷设施工样例如图 2-67 所示。

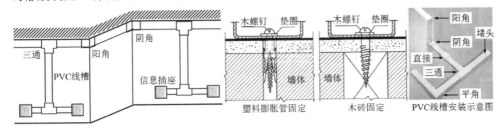

图 2-67　线槽敷设施工样例

4. 桥架安装施工技术

桥架的安装方式有托臂式、悬吊式、托架式、垂直式和混合式，施工样例如图 2-68 所示。

（a）托臂式　　　　　　　　　（b）悬吊式　　　　　　　（c）托架式　　　（d）垂直式

图 2-68　桥架安装的施工样例

桥架安装施工时要遵循下列技术要求。

① 安装水平桥架时，桥架底部至少高于地面 2.2m，顶部距建筑物楼板不宜小于 300mm，与梁及其他障碍物交叉处的间距不宜小于 50mm，支撑间距一般为 1.5～3m。

② 安装垂直桥架时，固定在建筑物上的垂直托臂的间距宜小于 2m，距地面 1.8m 高度的以下部分应加金属盖板保护，或采用金属走线柜包封，但柜门应可开启。

③ 直线段桥架每超过 15～30m 或跨越建筑物变形缝时，应设置伸缩补偿装置，桥架转弯半径不应小于槽内缆线的最小允许弯曲半径。

④ 当桥架由室外进入建筑物内时，桥架向外的坡度不得小于 1/100。对绞电缆桥架与电力电缆桥架交叉时，净距不小于 0.5m；两组桥架在同一高度平行安装时，净距不小于 0.6m。

⑤ 当对绞电缆与电力缆线合用桥架时，应各置一侧，中间采用金属隔板分隔；对绞电缆与其他低压缆线合用桥架时，应选择具有外屏蔽层的，避免相互间干扰。

⑥ 桥架及其支吊架、相连的金属管槽必须进行保护接地，在桥架与桥架连接处，应使用专用连接板、接地钢编制带和防滑垫圈螺丝固定连接，确保接地的连通性，如图 2-69 所示。

5. 信息底盒安装技术

按照信息插座的类型和安装方式，信息底盒安装相应地也有暗装和明装两种，信息插座

| (a) 连接板 | (b) 接地钢编制带 | (c) 防滑垫圈 | (d) 桥架接地 |

图 2-69　桥架接地安装技术

的安装位置应符合工程设计的要求，在施工时要遵循如下施工技术。

① 墙面型一般选用 86 系列普通信息插座，底盒为钢制或塑料制品；地面型一般选用方形 120 系列或圆形 150 系列地弹信息插座，底盒为钢制。

② 墙上的信息插座底盒安装位置宜高出地面 300 mm，与 220 V 强电插座的距离不少于 200 mm。暗装底盒埋在墙内，用水泥封实，其表面与粉刷后的墙面平齐，见图 2-66。明装底盒应采用木螺钉牢固安装在墙面上，安装方法参考线槽的明装方法。

③ 桌面上的信息插座的安装方法与地面上的相同，底盒安装在桌子内部。

④ 安装在地面或活动地板上的地面信息插座有直立式（接线模块和盒盖固定在一起，与地面呈 45°，可以压下成平面）和水平式等，底盒均埋在地面下，其盒盖面与地面平齐，可以开启，必须有严密防水、防尘和抗压功能。在不使用时，盒盖关闭，与地面齐平，不影响人们日常行动。

⑤ 光纤信息插座底盒的大小和安装应充分考虑 2 芯或 4 芯水平光缆终接处的光缆盘留空间，以及光缆对弯曲半径的要求。

2.4.3　缆线布放施工技术

缆线布放是综合布线系统工程的第二道重要工序，施工内容主要包括：配线子系统缆线布放、干线子系统缆线布放、建筑群子系统缆线布放、电信间和设备间缆线布放、缆线整理与分组包扎等五方面。施工的质量直接影响综合布线系统的信息传输质量。

1. 配线子系统缆线布放

配线子系统缆线布放是指将水平缆线从电信间的配线设备沿着预先敷设的线管、线槽和桥架，布放到同楼层各工作区的信息插座，包括数据电缆、数据光缆、语音电缆、视频监控电缆等。

（1）水平缆线布放方式

配线子系统水平缆线布放一般有吊顶内线管或线槽布放、墙体（或立柱）内穿管暗敷、地面下线管布放、地面下线槽布放、开放式桥架（或吊挂环）布放等方式，如图 2-70 所示。

在实际布线工程中，根据建筑物的结构，在不同地点可以采用不同的布放方式。

① 吊顶内布放。吊顶内布放通常有两种方法。一是在吊顶内检修孔附近设置集合点，如图 2-71 中虚线部分，来自电信间的缆线先接入集合点 CP，再从 CP 布放至墙体或立柱内暗管，直到各信息插座。这种方式适合大开间工作环境，比较灵活经济。二是从电信间将水平缆线直接布放至墙体或立柱内暗管，直到信息插座，如图 2-71 的实线部分。这种方式适合楼层面积不大，信息点不多的一般办公室和家居环境。吊顶内缆线保护宜选用金属管或阻燃硬质 PVC 管。

② 墙体（或立柱）内穿管暗敷。该方式是将水平缆线从电信间通过桥架引到预埋在墙体

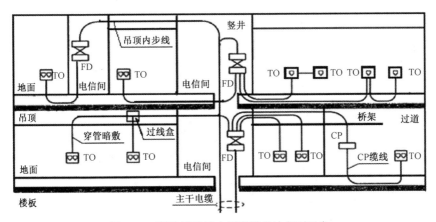

图 2-70　配线子系统水平缆线布放立面示意

（或立柱）内的暗管，再向下布放到工作区信息插座，如图 2-72 所示。利用立柱布线是综合布线经常采用的一种方法，特别适合大开间工作环境。

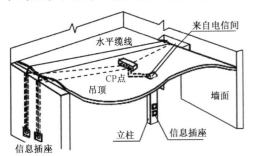

图 2-71　吊顶内的缆线布放方式

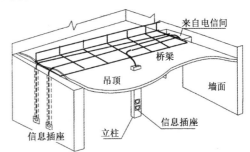

图 2-72　墙体（立柱）内穿管布放方式

③ 地面下线管布放，分为楼板内线管布放和地板下线管布放两种方式。楼板内线管布放是将缆线经预埋在混凝土地板内的暗管布放到地面或墙上的信息插座，如图 2-73（a）所示。这种方式适合楼层面积小的塔式楼、住宅楼等建筑，或用于信息点较少的场所。地板下线管布放是将缆线沿地板（一般是防静电活动地板）下敷设的线管布放到地面或墙上的信息插座，如图 2-73（b）所示。这种方法安装简单方便，适合网络机房、实验室、办公室和家居布线。

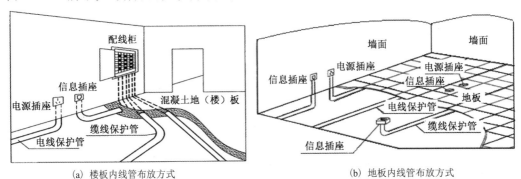

（a）楼板内线管布放方式　　　　　　　　　（b）地板内线管布放方式

图 2-73　地下线管布放方式

④ 地面下线槽布放，分为地面垫层下线槽布放和地板下线槽布放两种方式。地面垫层下线槽布放方式是将水平缆线沿埋在地面垫层内的线槽布放到地面出线盒或墙体上的信息插座，地面垫层的厚度≥650mm，每隔 4～8m 安装一个过线盒或出线盒（在支路上出线盒起分

线盒的作用），直到信息出口的出线盒，如图2-74(a)所示。这种方式适合大开间或需要打隔断的场所。地板下线槽布放方式是将水平缆线沿安装在地板（一般为防静电活动地板）下的线槽布放到地面出线盒或墙体上的信息插座。水平缆线的线槽宜与电源线槽分开设置，且每隔4～8m或转弯处设置一个分线盒或出线盒，如图2-74(b)所示。这种方式适合大开间工作环境。

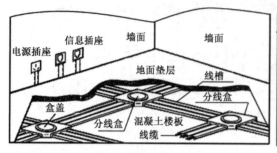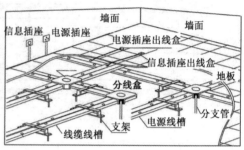

(a) 地面垫层下线槽布放方式　　　　　(b) 地板下线槽布放方式

图 2-74　地面线槽布放方式

（2）水平缆线布放方法与要求

① 水平缆线布放方向一般有两种：一种是以工作区为起点布放缆线至电信间，另一种是以电信间为起点布放缆线至工作区。当工作区信息插座的位置还不能确定时，一般采用第二种方法，但在工作区端，要以到工作区最远点的距离计算所有信息点的缆线长度。

② 缆线的类型型号、规格特性、布放方式、布放间距等均应符合设计要求。

③ 缆线布放前，必须使用专用油性标签笔在缆线的开始端和包装箱上标写其对应信息点的编码；缆线布放完并剪断后，在结束端要标写同样的编码。

④ 在线管内布放缆线时，宜采用专用牵引线（又称为穿管器），牵引线的材料具有优异的柔韧性和高强度，表面为低摩擦系数涂层，能够在PVC或金属线管中顺利穿行（即使有转弯处），操作方法是：将牵引线的一头放入线管，均衡用力穿过线管，再用胶带将缆线绑在另一头，一人在线管入口推缆线，另一人在线管出口拉牵引线，直到缆线穿出线管。

⑤ 在线槽内布放缆线时，暗装线槽的布放方法与线管相同；明装线槽的缆线布放应顺直，尽量不交叉，在缆线进出线槽部位、线槽转弯及每间隔3～5m处应绑扎固定缆线。如果采用吊顶支撑柱作为桥架在顶棚内敷设缆线，应将缆线分束绑扎。

⑥ 在水平桥架内布放缆线时，在缆线的首、尾、转弯及每间隔5～10m处应进行绑扎固定；当楼内光缆在桥架敞开布放时，应在绑扎固定段加装垫套。

⑦ 在垂直桥架中布放缆线时，在缆线的上端和每间隔1.5m处应对缆线进行绑扎，并固定在桥架的支撑架上。对绞电缆、光缆及其他信号电缆应根据缆线的类别、数量、缆径、缆线芯数分束绑扎，不宜绑扎过紧，或使线缆受到挤压。

⑧ 缆线布放应自然平直，不得产生扭绞、打圈、接头等现象，不应受外力的挤压和损伤。

⑨ 缆线在工作区和电信间应预留一定的长度，以便缆线端接、检测和变更。对绞电缆的布放预留长度建议：工作区为300～400mm，电信间为2～5m，设备间为2～3m。室内光缆的布放预留长度建议：工作区为400～600mm，电信间和设备间为3～5m。有特殊要求的应按设计要求预留长度。

⑩ 每根缆线布放完后，应将信息插座端的缆线盘放在底盒内，见图2-66。对于暗装底盒，还要用专用盖板封闭底盒予以保护，以免在墙面或地面粉刷施工时对缆线造成损坏。

2. 干线子系统缆线布放

干线子系统缆线布放是指将建筑物主干缆线从设备间的配线设备沿着预先敷设的垂直线管、线槽或桥架，穿过楼板布放到电信间的配线设备或网络设备上。

（1）主干缆线布放方式

① 电缆孔方式。干线通道中所用的电缆孔是很短的管道，通常用一根或数根外径 63～102mm 的金属管预埋在楼板内，金属管高出地面 25～50mm。缆线往往捆在钢绳上，而钢绳固定到墙上已铆好的金属支架上。当电信间上下结构都能对齐时，一般采用电缆孔方法，如图 2-75 所示。

② 电缆井方式。电缆井是指在楼板上预留一个大小适当的长方形孔洞，并安装垂直桥架组成垂直竖井，将缆线垂直布放并捆绑在垂直桥架内，如图 2-76 所示。电缆井的大小依据工程实际所用缆线的数量而定，孔洞一般不小于 600mm×400mm。电缆竖井的选择性非常灵活，可以让粗细不同的各种缆线以任何组合方式通过，但电缆竖井很难防火。若在安装过程中没有采取措施去防止损坏楼板支撑件，则楼板的结构完整性将受到破坏。在新建楼宇中，一般使用电缆竖井方式。

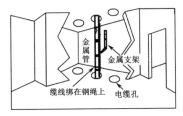

图 2-75　主干缆线电缆孔布放方式

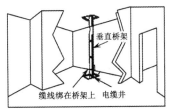

图 2-76　主干缆线电缆井布放方式

（2）主干缆线布放方法与要求

① 垂直布放的主干缆线，在设备间、电信间和每间隔 1.5m 处，应对缆线进行绑扎，并固定在桥架的支架上。对绞电缆、光缆及其他信号电缆应根据缆线的类别、数量、缆径、缆线芯数分束绑扎，不宜绑扎过紧，或使缆线受到挤压。

② 室内主干缆线（包括光缆、对绞电缆、大对数线）布放预留长度应不少于 3m。

③ 缆线两端应打上专用标签标明缆线的编码，标签书写应清晰、端正和正确。为了确保编码安全，建议同时用油性笔在缆线两端适当位置写明缆线的编码。

3. 建筑群子系统缆线敷设

建筑群子系统缆线一般是多模或单模光缆，其敷设方式主要有地下管道敷设方式、缆线沟敷设方式、缆线直埋敷设方式和缆线架空敷设方式。在施工过程中，可以根据建筑群主干缆线路由的地理环境和地质结构，在不同地点选择不同的敷设方式。

（1）地下管道敷设方式

地下管道敷设方式是按照建筑群主干缆线路由，开挖沟槽、埋设管道、砌做人孔井、回填泥土，组成地下管道系统，再沿管道敷设缆线。施工方法如图 2-77 所示。

采用地下管道敷设缆线时，要遵守如下规定：

① 埋设的管道至少要低于地面 70cm，或者符合本地相关规定的深度。埋设管道时，要用沙子填平沟底和填实管道周围，管道上下沙子的厚度不少于 10cm，然后才能在上面回填泥土。

 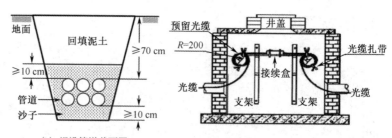

(a) 地下管道与人孔井　　　　(b) 埋设管道截面图　　　　(c) 光缆在人孔井中接续与固定

图 2-77　地下管道敷设方式

② 在管道接入建筑物处、转弯处、直线间距 30~50 m 处、缆线分支和接头处、缆线从管道转入直埋处、管道坡度较大且需防止缆线滑落的加强固定处等应设置人（手）孔井，人孔井的大小根据实际需要确定。若人孔井里有电力电缆，则通信电缆绝不能在人孔井里进行端接，通信管道与电力管道必须至少用 8 cm 的混凝土或 30 cm 的压实土层隔开。

③ 至少应埋设一个备用管道并放进一根拉线，供以后扩充之用。

④ 沿管道敷设缆线时，一定要对缆线采取保护措施，防止缆线受到机械损伤。表 2-22 列出了在敷设缆线时常用的保护措施。

表 2-22　敷设缆线时常用的保护措施

措　施	保护用途
蛇形软管	在人孔井内保护电缆：① 从电缆盘送出电缆时，为防止被人孔井角或管孔角摩擦损伤，应采用软管保护；② 绞车牵引电缆通过转弯点和弯曲区，应采用 PE 软管保护；③ 绞车牵引电缆通过人孔井中不同水平（有高差）管孔时，应采用 PE 软管保护
喇叭口	电缆进管口保护：① 电缆穿入管孔，使用两条互连的装有喇叭口的金属软管组成保护，软管分别长 1 m 和 2 m；② 电缆通过人孔井进入另一管孔，将喇叭口装在牵引方向的管孔口
润滑剂	电缆穿管孔时，应涂抹中性润滑剂。当牵引 PE 护套电缆时，石蜡是一种较优润滑剂，对 PE 护套没有长期不利的影响；可采用以尼龙微球（直径 0.2~0.6 mm）为基础的润滑剂，将微球吹进管道，或将微球置于石蜡中涂抹电缆，以减小牵引时的摩擦系数
堵口	将管孔、子管孔堵塞，防止泥沙和鼠害

⑤ 若缆线直接通过人孔井，则应将人孔井中的余缆沿井壁放置于托架上，再用扎线绑扎固定。

⑥ 缆线接续只能在人孔井中进行，人孔井内接续缆线余留长度应不少于 4~8 m，在完成接续前，要采用热收缩帽对缆线端头做密封处理，防止端头进水，并按缆线弯曲半径的要求盘圈后固定在人孔井壁上，端头在上层。图 2-77(c) 为光缆在人孔井中的接续与固定方法。

由于地下管道一般采用硬质 PVC 胶管，具有强度高、耐腐蚀、有柔性、阻燃耐热、抗重压和基础沉降、内壁光滑不易刮伤缆线等特点，因此该方式在综合布线工程中被广泛应用。

（2）缆线沟敷设方式

缆线沟敷设方式是按照建筑群主干缆线路由，开挖沟槽，用砖和水泥砌筑成沟道，沟道内侧壁安装托臂，沟道外侧用土填实，沟道上面加盖盖板，组成地下缆线专用通道，再将缆线敷设，固定在托臂上，如图 2-78 所示。该方式具有缆线敷设、接续、固定、维护、扩容方便灵活等特点，但工程造价较高，一般在较重要或要求较高的网络综合布线工程中应用。

（3）缆线直埋敷设方式

缆线直埋敷设方式是按照建筑群主干缆线路由，将缆线直接埋设在地下，施工流程为：

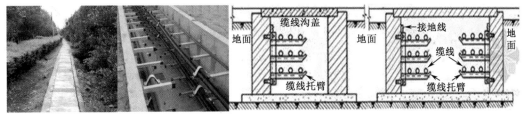

(a) 缆线沟	(b) 缆线沟截面图

图 2-78　缆线沟敷设方式

开挖沟槽、用沙子填平沟底、敷设缆线、砌做人孔井、用沙子填实缆线、设置防护装置和标志带、回填泥土、埋设标识，如图 2-79 所示。

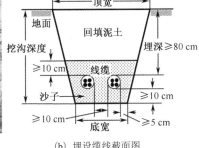

直埋地段地质	埋深
普通土、硬土	≥1.2 m
半石质（砂砾土、风化石）	≥1.0 m
全石质、流砂	≥0.8 m
市郊村镇	≥1.2 m
市区人行道	≥1.0 m
穿越铁路（距道碴底）	≥1.2 m
穿越公路（距路面）	≥1.2 m
沟、渠、水塘	≥1.2 m

(a) 直埋光缆或电缆	(b) 埋设缆线截面图	(c) 直埋缆线地段地质与埋深的关系

图 2-79　缆线直埋敷设方式

采用缆线直埋敷设方式时，要注意以下几点：

① 由于直埋缆线埋深达 1.2 m，并且通常为大长度敷设，因此要求缆线有足够的抗拉力和抗侧压力，以适应较大的牵引拉力和回填土的重力；缆线应有良好的防水、防潮性能，以抵抗地下水和潮湿的长期作用；缆线护套应具有防鼠、防白蚁、防腐蚀性能，避免老鼠、白蚁的啃咬破坏和化学侵蚀。

② 开挖缆线沟时，挖沟应尽量保持直线路径，沟底要平坦，不得蛇形弯曲。

③ 对于不同土质和环境，缆线埋深有不同的要求，如图 2-79(c) 所示，在施工中应根据直埋地段的地质情况达到深度要求。对于全石质地段，在特殊情况下，埋深可降为 50 cm，但应采取封沟措施。

④ 在缆线接头处、缆线接入建筑物处应设置人孔井。

⑤ 埋设缆线时，要用沙子填平沟底和填实缆线周围，缆线上下沙子的厚度不少于 10 cm，缆线之间的间距应不少于 10 cm，缆线与沟壁的间距应不少于 5 cm，如图 2-79(b) 所示，沙子填实完成后，才能在上面回填泥土。

缆线直埋敷设方式能够防止缆线各种外来的机械损伤，而且在达到一定直埋深度后地温较稳定，减少了温度变化对光纤传输特性的影响，从而提高了缆线的安全性和传输质量。在普通网络综合布线工程或长距离通信工程中一般均采用此方式。

（4）缆线架空敷设方式

缆线架空敷设方式有支承式和自承式两种。支承式架空线路由电杆、支承钢绞线、缆线托环和支撑设备等组成，缆线沿支承钢绞线敷设在缆线托环上，敷设方法如图 2-80 所示。

自承式架空线路没有支承钢绞线，将缆线直接架设在电杆上，其电杆间距要根据缆线的自承特性设计。

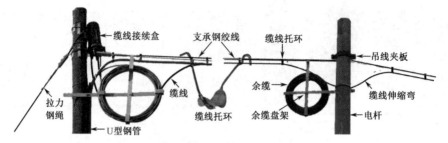

图 2-80　钢绞线支承缆线架空敷设方式

采用支承式缆线架空敷设方式时，要遵循以下规范。

① 电杆应具有一定的机械强度，杆间距离为 25～65 m。

② 支承吊线一般采用 7/2.2 或 7/2.6 的镀锌钢绞线，离地面最小高度为 5 m，离房顶最小距离为 1.5 m，要有接地、防雷措施；吊线夹板距电杆顶部不应小于 25～50 cm；吊线上的缆线托环间距为 50～150 cm。

③ 敷设缆线时，不要拉得太紧，根据缆线负荷情况，每隔 3～5 根或每根电杆上作伸缩弯预留，必要时经过一定的距离后，在电杆处要预留一定长度的缆线盘在余缆架上；缆线接续（接头）处应采用专用接线盒，并固定在支承钢绞线或电杆上。

④ 缆线从地下引到吊线上或从吊线引入地下时，要采用 U 型钢管保护，钢管上端距吊线 30 cm，下端埋入地下。

缆线架空敷设方式的成本不高，但是缆线易受环境温度影响而降低传输质量，对周边环境有一定影响，保密性、安全性和灵活性也不强，因而一般情况下不采用此敷设方式。

4．进线间缆线的引入

建筑群主干缆线、公用网或专用网缆线进入建筑物时，一般是先引入进线间的引入设备，再转换为室内电缆或光缆。进线间应设置缆线入口管道，其数量应满足引入建筑物内缆线数量的需求，并应留有 2～4 孔的余量。缆线引入进线间的方式有地下管道方式、缆线直埋方式、缆线沟方式和缆线架空方式，分别如图 2-81～图 2-84 所示。

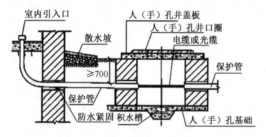

图 2-81　地下管道方式引入进线间

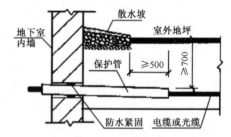

图 2-82　缆线直埋方式引入进线间

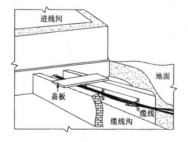

图 2-83　缆线沟方式引入进线间

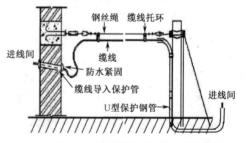

图 2-84　缆线架空方式引入进线间

其中，缆线架空方式有两种方法。一是承重钢绞线固定在进线间外墙上，缆线弯曲后向上倾斜穿过墙体引入进线间；二是承重钢绞线固定在电杆上，缆线通过 U 型保护钢管从地下引入进线间。

2.4.4　缆线端接施工技术

1. 双绞线连接缆线制作

（1）制作标准与类型

双绞线连接缆线（又称为双绞线跳线）由双绞线两端压接 RJ-45 接头制作而成，压接方法有两种国际标准：ANSI/EIA/TIA568A 和 ANSI/EIA/TIA568B（简称 T568A/T568B，下同），其线序及线对位置如图 2-85 所示。

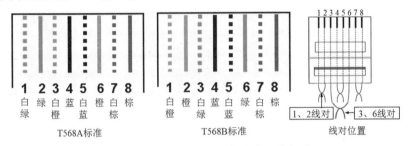

图 2-85　双绞线与 RJ-45 接头的压接标准

若双绞线两端 RJ-45 接头都采用同一标准压接，则该连接缆线称为直通线；若双绞线一端 RJ-45 接头采用 T568A 标准压接，另一端采用 T568B 标准压接，则该连接缆线称为交叉线。直通线主要用于信息插座（交换机端口）与终端设备的连接，也可以用于网络设备之间的连接。交叉线主要用于交换机之间、网络设备之间、计算机之间的连接。在同一个综合布线系统工程中，只能统一使用一种标准，一般采用 T568B 标准。

（2）制作方法步骤

下面以 T568B 标准制作超 5 类 UTP 双绞线直通连接缆线为例（如图 2-86 所示），步骤如下。

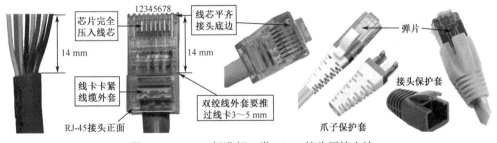

图 2-86　T568B 标准超 5 类 RJ-45 接头压接方法

<1> 利用双绞线压线钳的切线刀剪取适当长度（至少 0.6m，最长不超过 10m）的双绞线，若采用水晶头保护套，则应先套入保护套，再利用剥线钳将双绞线的外套除去 2～3cm。

<2> 拧开每对对绞线，整理平直，按 T568B 标准排序。正确的线序自左至右为：白橙/橙/白绿/蓝/白蓝/绿/白棕/棕。**注意：**橙色线对是 1 和 2，绿色线对是 3 和 6，而不是 3 和 4。

<3> 用压线钳切线刀将整理平直的双绞线剪整齐，只留约 14mm 的长度，RJ-45 接头正

面朝上，将 8 根对绞线同时插入 RJ-45 接头的引脚内。**注意**：线对的线序不能错位；所有线对必须平整抵齐 RJ-45 接头的底边；双绞线外套必须推过 RJ-45 接头线卡约 3～5mm。

<4> 用压线钳压接 RJ-45 接头。**注意**：压接时要用手推紧插入的双绞线。同样方法，压接另一端的 RJ-45 接头。若采用爪子保护套，在压接接头前要先将其推入接头内。

<5> 检测方法。先检查线序是否与压制标准一致、线芯是否平齐接头底边、接头芯片是否压入对绞线的线芯、双绞线的外套是否推过接头的线卡；然后采用测试仪检测线对连通性。

2．双绞线信息模块端接

双绞线信息模块端接是指将 4 对对绞水平缆线压接到工作区信息插座的信息模块上，压接方法有 T568A 和 T568B 两种国际标准。在同一网络综合布线工程中，只能统一使用一种标准。下面以超 5 类非屏蔽信息模块为例（如图 2-87 所示）说明端接的方法步骤和要点。

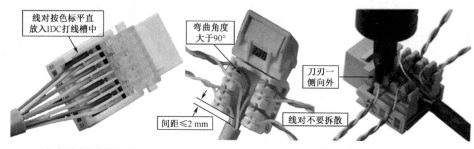

(a) 扣锁式信息模块端接   (b) 打线式信息模块端接

图 2-87　超 5 类信息模块端接方法与要点

（1）扣锁式信息模块端接

<1> 核对缆线标识的编码与信息插座编码是否一致，从信息底盒中拉出盘放的双绞线，剪至不小于 35cm 长度，用剥线钳剥除双绞线外套 3～5cm。

<2> 分开并拆散 4 个线对，将线对的导线整理平直，并按照信息模块上 T568A 或 T568B 色标所示线序排列，再用压线钳剪齐，线对保留的长度要合适，如图 2-87(a) 所示。

<3> 将线对按色标平直放入 IDC 打线槽中，注意导线不要错位，压紧扣锁盖，模块端接完成。

（2）打线式信息模块端接

<1> 核对缆线标识的编码与信息插座编码是否一致，从信息底盒中拉出盘放的双绞线，剪至不小于 35cm 长度，用剥线钳剥除双绞线外套 5～8cm。

<2> 分开 4 个线对，但不要把每个线对拆散，按照信息模块上 T568A 或 T568B 色标所示线序，稍稍用力将线对拉入对应色标的 IDC 打线槽中。**注意**：导线拉入 IDC 打线槽时的弯曲角度要大于 90°；双绞线外套与信息模块的间距应不大于 2mm，如图 2-87(b) 所示。

<3> 将打线钳的刀口对准信息模块上的 IDC 打线槽和导线，带刀刃的一侧向外，垂直用力压下，听到"喀"声，且模块外多余的线头被切断，即压好一根导线。重复该操作，将 8 根导线分别压入相应颜色的 IDC 打线槽，再用斜口钳把没有完全切断的线头剪掉，信息模块端接完成。在压线时，如果多余的线头不能被切断，可调节打线钳上的冲击压力调节旋钮，调整冲击压力。

3．数据配线架缆线端接

数据配线架缆线端接是指将 4 对对绞电缆压接到数据配线架的 RJ-45 配线模块上，压接方法有 T568A 和 T568B 两种标准。在同一网络综合布线工程中，只能统一使用一种标准。

下面以超 5 类和 6 类数据配线架为例（如图 2-88 和图 2-89 所示），说明数据配线架缆线端接的方法步骤和要点。

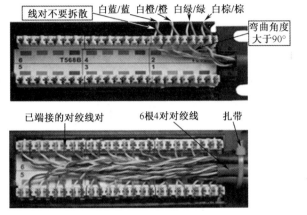

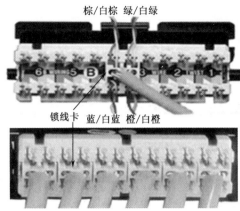

图 2-88　超 5 类 RJ-45 配线模块缆线端接　　　　图 2-89　6 类 RJ-45 配线模块缆线端接

（1）超 5 类非屏蔽数据配线架缆线端接

<1> 在机柜上安装好配线架，按设计的端接标准放置好 RJ-45 配线模块的线序色标标签。

<2> 把超 5 类非屏蔽 4 对对绞电缆从机柜底部牵引到 RJ-45 配线模块上要端接的位置，并在比端接位置长 15～20cm 处将电缆切断。每个配线模块布放 6 根，再在配线架的内边缘处将 6 根电缆松弛地捆扎起来，在每条电缆上标记出剥除外套的位置，并在离标记内侧 10～20cm 处写上对应信息点的编码。

<3> 解开电缆的捆扎，用剥线钳在每根电缆剥除外套标记处刻痕后再放回原处捆扎，然后依次将每根电缆的外套滑掉，按色标将每对对绞线拉入对应色标的 IDC 打线槽中。**注意：**线对不要拆散，并尽量保证每个对线的绞距，导线拉入 IDC 打线槽时的弯曲角度要大于 90°。

<4> 核查线对布放正确后，用打线钳的刀口对准模块的 IDC 打线槽和导线，带刀刃的一侧向外，垂直用力压下，听到"喀"声，且模块外多余的线头被切断，即压接好一根导线。重复该操作，将模块内所有导线分别压入对应的 IDC 打线槽，再用斜口钳把没有完全切断的线头剪掉，那么超 5 类 RJ-45 模块端接完成，见图 2-88。

<5> 完成一个配线模块端接后，用尼龙扎带将本模块的缆线捆扎固定。整个配线架缆线端接完成后，插入接口标签，写上对应信息点的编码，将电缆分束整理捆扎在机柜的左右两侧。

（2）6 类非屏蔽数据配线架缆线端接

<1> 在机柜上安装好配线架，按设计的端接标准放置好 RJ-45 配线模块的线序色标标签。

<2> 把 6 类非屏蔽 4 对对绞电缆从机柜底部牵引到 RJ-45 配线模块上要端接的位置，预留 5～10cm 长度后，将电缆切断，在端接位置标记出剥除外套的位置，并在离标记内侧 10～20cm 处写上对应信息点的编码。

<3> 用剥线钳从剥除外套标记处刻痕剥除电缆外套，按色标将每对对绞线穿入锁线卡，再将锁线卡卡入配线模块，并将线对拉入对应色标的 IDC 打线槽。**注意：**线对不要拆散，并尽量保证每对线的绞距。

<4> 核查线对布放正确后，用打线钳的刀口对准模块的 IDC 打线槽和导线，带刀刃的一侧向外，垂直用力压下，听到"喀"声，且模块外多余的线头被切断，即压接好一根导线。

重复该操作，将模块内所有导线分别压入对应的 IDC 打线槽，再用斜口钳把没有完全切断的线头剪掉，那么 6 类 RJ-45 模块端接完成，见图 2-89。

<5> 整个配线架电缆端接完成后，插入接口标签，写上对应信息点的编码，最后将电缆分束整理捆扎在机柜的左右两侧。

4. 语音配线架线缆端接

语音配线架线缆端接是将 4 对对绞电缆或大对数线连接到语音配线架上，配线子系统中的语音缆线采用与数据缆线相同的 4 对对绞电缆，并且全部端接在数据配线架上，因此目前主要是主干语音配线架（电信间支持干线侧的语音配线架）与干线子系统主干大对数电缆的端接。

下面以 100 对 IDC 语音配线模块与 100 对大对数电缆端接为例说明端接的步骤和要点。

<1> 安装 100 对 IDC 语音配线模块和语音主干配线架。

<2> 剥除外套与缆线分组。如图 2-90 所示，将大对数电缆从机柜后拉出，在离电缆末端 55～60cm 处作外套切割标记，在标记内侧 1～2cm 处写上相关编码。

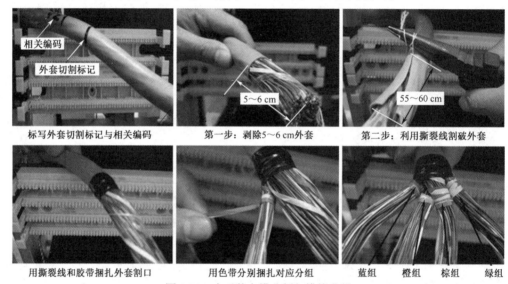

图 2-90　大对数电缆分割与缆线分组

由于 100 对大对数电缆太粗，剥除外套需要分为两步。第一步，在离末端 5～6cm 处用割线刀将外套剥离；第二步，利用电缆自带的撕裂线割破外套，直到外套切割标记处，剥除其外套，再用撕裂线和胶带捆扎好外套割口。100 对大对数电缆分为蓝、橙、绿、棕 4 个 25 对线组，内部是用蓝、橙、绿、棕 4 种色带缠绕分开的，在外套切割处用这 4 种色带分别捆扎好对应线组，则缆线分组完成。

<3> 固定缆线。按图 2-91 所示的线位排列与压接规则，将蓝、橙、绿、棕 4 个线组分别从对应的进线孔拉出，再将大对数电缆固定在语音配线架后面和机柜侧面，如图 2-92 所示。

<4> 压接缆线。按图 2-91 所示的线位排列规则和表 2-4 所示 25 对大对数电缆色标线序，将每对缆线拉入对应色标的 IDC 打线槽，如图 2-93 所示。**注意：** 线对不要拆散并尽量保证每个对线的绞距；缆线拉入 IDC 打线槽时的弯曲角度要大于 90°。

检查无误后，用 110IDC 打线钳对准 IDC 打线槽和缆线，带刀刃的一侧向外，垂直用力压下，听到"喀"声，且模块外多余的线头被切断，则压接好一个基本组（5 对）缆线。按同

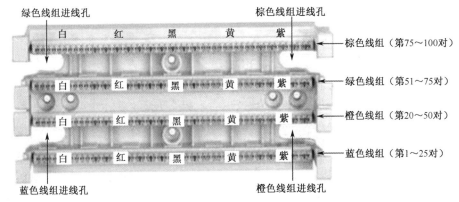

图 2-91　100 对语音配线模块与 100 对大对数电缆线对线位排列与压接规则

拉出蓝色线组

蓝组　绿组　棕组　橙组

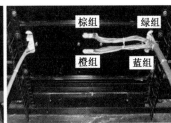
大对数电缆固定在配线架和机柜上

图 2-92　固定大对数电缆

将 25 对大对数缆线置入对应色标的 IDC 打线槽

用 110IDC 打线钳压接并切割缆线

图 2-93　压接大对数电缆

样操作，完成所有缆线压接。

<5> 压接连接块。如图 2-94 所示，用 110IDC 打线钳将 5 对 IDC 连接块分别压入每个基本组的 IDC 打线槽。压入前一定要注意，连接块上的色标顺序必须与 IDC 打线槽的色标顺序一致，从左至右为蓝、橙、绿、棕、灰。

用 110IDC 打线钳安装 5 对 IDC 连接块

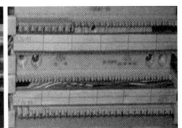
5 对 IDC 连接块和标签安装完成

图 2-94　压接 IDC 连接块

<6> 安装标签。在标签条上标记每对缆线对应的语音信息点编码，再安装在语音配线架上。

5. 光纤配线架光纤熔接

室外光纤敷设到设备间或电信间后，不能直接与网络设备或光纤配线设备连接，必须通过热熔接或光纤冷接子，将其转接到 FC、SC、LC 或 ST 型室内光纤连接器，并安装在光纤配线架上。光纤熔接的方法在本章"知识拓展空间"中详细介绍，读者可扫描二维码自行学习。**注意：** 在熔接光纤时，要匹配光纤的收发极性和纤芯外套的颜色。

6. 光纤冷接

光纤冷接用于光纤对接光纤或光纤对接尾纤（指光纤与尾纤的纤芯对接），这相当于做光纤的接头。用于这种冷接续的器件称为光纤冷接子，其内部主要部件是一个精密的 V 形槽，在两根光纤拨纤之后实现两根纤芯的对接。光纤冷接操作简单快速，比用熔接机熔接省时间，较多地用于尾纤对接尾纤。随着 FTTH 光纤到户的迅猛发展，对光纤冷接子的需求也大大增加。光纤冷接的具体操作步骤与采用的产品类型有关，按照产品的说明书操作即可。

2.5 综合布线系统管理

综合布线系统管理是网络工程综合布线系统中必不可少的部分，是对工作区、电信间、设备间和进线间的配线设备、缆线（电缆和光缆）、端接点、跳线、布线管道、安装空间及接地装置等设施，依照 ANSI/TIA/EIA-606 标准，按一定的模式进行标识和记录，内容包括管理方式、标识管理和色标管理等。这些工作的实施将给综合布线系统的维护和管理带来很大方便，有利于提高管理水平和工作效率。特别是对于较为复杂的综合布线系统，如果采用计算机和相关软件进行管理，其效果将十分明显。

2.5.1 综合布线系统管理的方式和要求

简单且规模较小的综合布线系统一般按照图纸、表格、文档等方式，采用计算机进行记录与保存，可以做到记录准确、及时更新、便于查阅。为了提高综合布线系统的维护水平与网络安全，规模较大的综合布线系统应采用电子配线装置对综合布线系统的信息点和配线设备进行管理，以显示和记录配线设备的连接、使用与变更状况。目前，电子配线装置的应用技术有多种，在工程设计中应考虑电子配线装置的功能、管理范围、组网方式、管理软件、工程投资等，合理地加以选用。

根据 TIA/EIA606 标准，综合布线系统管理方式主要有标识管理和色标管理两种。标识管理是按照设计的编码系统，将编码标注在设备、缆线、管道或组件的标签上；色标管理则是采用统一的管理色标，区别不同的终端或服务业务等。两者在综合布线系统中的应用与要求如下：

① 每根电缆和光缆的两端、工作区的信息插座宜采用标识管理，应标注统一设计的标识符，信息插座标在面板的标签上，缆线标在两端的护套上或在距每一端护套 300 mm 内设置不易脱落和磨损的标签。

② 网络中心、设备间、进线间、电信间的机柜、网络设备、供电设备、接地体和接地导线宜采用标识管理并设置标签，标签应设置在明显部位。

③ 网络中心、设备间、进线间、电信间的配线设备宜采用色标管理，用不同的色标来区别各类不同业务与用途的配线区。由于配线区与配线模块相对应，因此实际上是用不同的色标来区分配线模块。

④ 网络中心、设备间、进线间、电信间的跳线宜采用标识管理并设置标签，标签应让管理员方便地找出跳线所连接的网络设备、配线设备及端口信息。

对于综合布线系统管理的各类管理信息应形成详细管理文档，分类管理。管理信息包括：

❖ 局域网综合布线系统的拓扑结构，传输速率。

❖ 各类设备的类型、编码、标签、色标、用途和位置。

❖ 各类缆线及配套连接器件的类型、编码、标签、用途、走向和连接位置，链路与信道的功能和各项指标参数，敷设缆线的管道、桥架、线槽和线管的类型、编码、位置。

❖ 综合布线系统的运行记录和故障记录等。

综合布线系统管理应在不需改变已有标识符和标签的情况下，顺利升级和扩充。

2.5.2 标识管理

1. 标识方式

综合布线系统标识管理中，一般采用如下两种标识方式。

① 直接标记。即用油性笔直接将永久性标识符写在组件上。有些厂商在其制造的组件上提供空白可书写区域，以便在其上做标识。这是一种最经济的方式。

② 标签标记。即采用专用标签，标签上打印永久性标识符，按相应的方法固定到组件上。

2. 标签类型

常用的专用标签有粘贴型、套管型、旗牌型、插入型和吊牌型等5种，如图2-95所示。在网络工程综合布线应用中，可根据设置的部位不同，选用不同类型的标签。

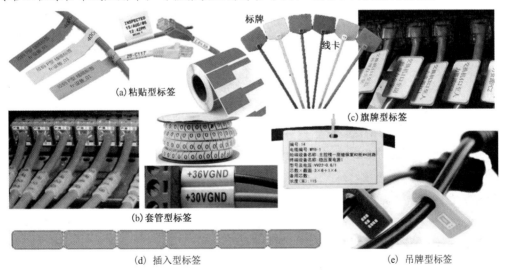

图 2-95 综合布线标签的类型

① 粘贴型。粘贴型标签是一种背面为不干胶、表面可以书写或打印标识符的标签纸，可以直接粘贴在各种器件与缆线的表面。有的标签表面覆盖有一层透明保护薄膜，可以保护标

识符免受磨损。当缆线采用粘贴型标签时，标签在缆线上至少应缠绕一圈或一圈半。

② 套管型。套管型标签分为专用数字套管和放置标识纸透明套管两种。透明套管又分为普通套管和热缩套管，热缩套管在热缩前可以更换标识纸，经过热缩后，套管就成为能耐恶劣环境的永久标识。套管型标签一般应用于缆线标识，并且在端接前将其套在缆线上。

③ 旗牌型。旗牌型标签由标识小标牌和固定线卡组成，小标牌上可以打印或手写标识符，一般用于缆线标识，特别是光纤类缆线建议采用旗牌型标签。

④ 插入型。插入型标签是一种具有不同颜色的硬纸片，可以插入设备的透明塑料标签夹里，一般用于配线架。插入型标签还可以作为一种颜色编码标签，用于区分不同的服务功能（如数据和语音）、应用区域（如实验区与办公区）或职能部门（如工程与财会部门）等，其管理方式直观简单、清晰易见。目前，一些生产厂家提供颜色编码组件。

⑤ 吊牌型。吊牌型标签是一种缆线标识牌，可以通过尼龙扎带或毛毡带捆绑或吊在缆线上，可以水平或者垂直放置，一般适用于成捆的缆线、大对数电缆等。

标签的材质应通过 UL969 或相关标准认证，达到环保 RoHS 指令要求，以保证"永久标识"的需要；要满足各种布线工程应用环境要求，具有耐磨、抗恶劣环境、附着力强等性能。在选择标签材料时，首先要考虑的是标签的类型、使用时间、标识符保留的时间和标签所要接触的环境，其次应考虑如何印制标签，点阵、激光、喷墨和手持式打印（字）机均能在某些类型的标签上印制标识。

3．编码系统

编码系统是综合布线系统管理中最重要的标识符系统，要根据综合布线系统的拓扑结构、安装场地、配线设备、缆线管道、水平缆线、主干缆线、缆线终端位置、连接器件、接地等实际情况和特点，进行综合设计。编码系统要使综合布线系统中的每个组件都对应一个唯一编码（标识符），编码可由数字、英文字母、汉语拼音、汉字或其他字符组成，综合布线系统中同类型的器件与缆线的编码应具有同样的特征（相同数量的字母和数字等）。例如，对于所有信息点，采用图 2-96 所示的编码规则进行统一编码。

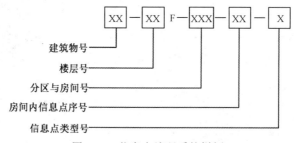

图 2-96　信息点编码系统样例

其中，F 表示楼层号，信息点类型号可分别表示为：D—数据信息点，P—电话信息点，J—监控信息点，T—电视信息点，G—广播信息点。例如，3 号楼第 5 层的 505 房间 2 号数据信息点表示为 03-05F-505-02-D。

2.5.3　色标管理

色标管理是综合布线系统管理的一种比较直观的管理方式，用于区别不同的终端或服务业务等。表2-23列出了综合布线系统中对于不同的终端所采用的色标，以及相应的典型应用。插入型标签的底色所代表的设备类型与此相同。

表2-23 综合布线系统管理色标

终端类型	颜色	典型应用
分界点	橙色	中心办公室连接（如公共网终接点）
网络连接	绿色	自电信部门的输入中继线
公共设备	紫色	连接到PBX、大型计算机、局域网、多路复用器（如交换机和数据设备）
关键系统	红色	连接到关键的电话系统或为将来预留
第一级主干	白色	实现干线和建筑群电缆的连接。端接于白场的电缆布置在设备间与干线/二级交接间之间或建筑群内各建筑物之间。连接MC到IC的建筑物主干电缆的终端
第二级主干	灰色	配线间与一级交接间之间的连接电缆或各二级交接间之间的连接电缆。连接IC到电信间的建筑物主干电缆的终端
建筑群主干	棕色	建筑物间主干电缆的终端，在建筑群主干网中，棕色可取代白色或灰色
水平	蓝色	水平电缆的终端，与工作区的信息插座TO实现连接
其他辅助和综合的功能	黄色	自控制台或调制解调器之类的辅助设备的连线，报警、安全或能量管理

在网络工程应用中，终接色标应符合缆线的布放要求，缆线两端终接点的色标颜色应一致。不同颜色的配线设备之间应采用相应的跳线进行连接，图2-97是综合布线系统中色标的应用示例。

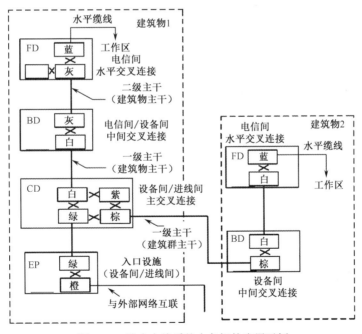

图2-97 综合布线系统中色标的应用示例

综合布线系统中用于区分不同服务的色标应保持一致，对于不同性能缆线级别所连接的配线设备，可用加强颜色或适当的标记加以区分。

扫描二维码
进入"课程学习空间"

扫描二维码
进入"工程案例空间"

扫描二维码
进入"知识拓展空间"

思考与练习2

1．与传统网络工程布线相比，综合布线有哪些优点？

2．认真阅读、理解和掌握《综合布线系统工程设计规范》（GB50311—2016）《综合布线系统工程验收规范》（GB 50312—2016）《综合布线系统工程设计与施工》（08X101-3）和 TIA-EIA568国际综合布线标准，收集、整理与综合布线相关的国家标准和规范。

3．综合布线系统由哪些子系统组成？请画出综合布线系统分层星型结构图。

4．简述综合布线系统各子系统的构成、功能、设计任务和要求。

5．收集并掌握目前综合布线所使用的线管、线槽和桥架的类型、品牌、规格和外形图片，掌握配套的各种配件的类型和规格。

6．收集并掌握目前综合布线所使用的光缆与电缆信息插座的类型、品牌、规格、外形图片、性能参数和使用方法。

7．收集并掌握目前综合布线所使用的数据配线架、光纤配线架和语音配线架的类型、品牌、规格、外形图片、性能参数和使用方法。

8．收集并掌握管线敷设施工中开槽、敷设、固定、封槽等施工工艺和注意事项。

9．收集、整理并通过实训掌握数据配线架、语音配线架端接的详细方法和步骤。

10．在实际网络工程施工中，怎样布放水平缆线？有哪些布放方式？

11．端接信息模块的方法是什么？要掌握哪些要点？

12．端接数据配线架的方法是什么？要掌握哪些要点？

13．端接语音配线架的方法是什么？要掌握哪些要点？

14．收集、整理综合布线系统标识管理的详细方法和技术，设计综合布线系统管理编码系统。

15．练习观看并理解综合布线系统的各种设计和施工图纸。

16．根据"工程实例空间"中的某中学校园网络系统建设需求书，设计其综合布线系统技术方案。

第3章 交换机技术与应用

　　交换机是计算机网络系统中最常用、最重要的网络设备之一，在网络系统中的作用是将各种网络终端设备接入网络。本章以华为交换机为平台，主要介绍交换机的接口类型与配置管理、交换机的基本配置方法、交换机互连技术、交换机VLAN 技术、交换机生成树技术和交换机虚拟化技术。这些知识与技术既是交换机的基础知识，也是网络工程中最常用的交换机应用技术，为读者进阶学习交换机技术与应用打下基础。

　　本章"知识拓展空间"中提供了一些网络工程中应用较深较广的交换机应用技术资料，包括第 3 版的原第 3 章以锐捷交换机为平台的"交换机技术与应用"。读者可以通过扫描书中相应的二维码进入"知识拓展空间"自主学习。

3.1　交换机概述

　　交换机（Switch）是一种用于电（光）信号转发、工作在 OSI 数据链路层的网络设备，其主要任务是将计算机、工作站、服务器等网络终端设备接入网络系统，在同一时刻、多个网络设备之间快速、准确地接收和转发数据帧，进行数据传输。

3.1.1　交换机的分类与结构

1. 交换机的分类

交换机为了满足各种网络应用业务的需要，具有多种类型，可按不同方式进行分类。

（1）按外形结构划分

根据交换机的外形结构，交换机可分为机架式、机箱式和桌面型三种，如图 3-1 所示。

　（a）机架式交换机　　　　　　（b）机箱式交换机　　　　　（c）桌面型交换机

图 3-1　交换机按外形结构分类

机架式交换机的宽度为 19 英寸（48.26 cm），与标准机柜的机架宽度一致，高度为 1U 的倍数。U（unit）表示网络设备外部尺寸的单位，1 U = 4.445 cm。

机箱式交换机外观比较庞大，宽度一般为 19 英寸，部件采用模块化结构，支持交换模块的冗余备份，有很强的交换能力和容错能力，灵活性好。

桌面型交换机不具备标准的尺寸，一般外形较小，因可以放置在桌面上而得名，具有功率小、性能较低、噪声低的特点，适用于小型网络桌面办公或者家庭网络。

（2）按端口结构划分

根据端口结构，交换机可分为固定端口和模块化两种，如图 3-2 所示。

（a）固定端口交换机　　　　　　　　　　　　（b）模块化交换机

图 3-2　交换机按端口结构分类

固定端口交换机又称为盒式交换机，所有端口的类型和数量是固定不变的，不能再扩展；由于只能提供有限的端口数量和固定的类型，因此其功能特性、可连接的用户数量和可连接的传输介质类型等都有一定的限制。

模块化交换机又称为框式交换机，各种类型的端口集成在相应类型的接口板卡（简称接口卡）上，接口卡可插拔在机框的槽位中。模块化交换机具有较大的灵活性和可扩充性，在实际组网工程中，可根据网络系统的需求选配不同类型、不同数量的接口卡。

（3）按数据传输速率划分

根据数据传输速率，交换机可以分为 10 Mbps、100 Mbps、1000 Mbps（1 Gbps）、10 Gbps（10000 Mbps）、40 Gbps、100 Gbps 交换机（bps 即每秒比特）。目前还有 10/100/1000 Mbps 自适应型交换机，可以根据网络设备和网络系统的传输速率不同，工作在不同的传输速率模式下。

（4）按工作的协议层次划分

网络设备都对应工作在 OSI 参考模型的各层上，交换机可以工作在 OSI 的第二层、第三层、第四层和第七层，相应地被称为二层交换机、三层交换机、四层交换机和七层交换机。

二层交换机工作在数据链路层，根据网络设备的 MAC 地址完成不同端口间的数据交换。

三层交换机工作在网络层，除了具有二层交换机的功能，还具有路由功能，能够根据 IP 地址信息决定数据分组的转发路径，并实现不同网段间的数据交换。

四层交换机工作在传输层，其数据传输不仅依据 MAC 地址（第二层交换）、源端 IP 地址和目标 IP 地址（第三层路由），还依据 TCP/UDP 应用端口号进行数据交换。

七层交换机工作在应用层，其数据传输不仅依据 MAC 地址、源/目标 IP 地址、TCP/UDP 端口（第四层地址），还可以根据传输数据的内容（表示/应用层）进行交换。这样的处理更具有智能性，交换的不仅是端口，还包括内容。目前，关于第七层交换功能还没有具体的标准，因此在实际应用中比较少见。

（5）按网络中的工作位置划分

根据交换机在网络中的工作位置，交换机可分为核心交换机、汇聚交换机和接入交换机。

核心交换机工作在网络核心层，承担快速交换数据分组的任务。

汇聚交换机工作在网络汇聚层，汇聚接入层的用户流量，并根据数据分组目的地址将其转发到核心交换机或在本地进行路由处理。

接入交换机工作在网络接入层，为最终用户提供网络接入、共享带宽和数据交换。

交换机的分类方式还有一些，如：按交换机的应用规模，分为企业级交换机、园区级交换机、部门级交换机和工作组交换机；按是否支持网管功能，分为网管型交换机和非网管型交换机；按是否可以进行堆叠，分为可堆叠交换机和不可堆叠交换机。

2. 交换机的硬件结构

交换机类似一台专用的计算机，不同品牌、不同型号的交换机在外形和内部结构上都有一些差异，但结构原理基本相同。本节以华为 S 系列交换机为例介绍交换机的结构。

（1）固定端口盒式交换机

固定端口盒式交换机如图 3-3 所示，正面是各种网络端口，背面是扩展功能模块、风扇模块、电源模块。其内部一般由主控板、扩展功能插槽、电源模块插槽和风扇模块插槽组成，扩展功能插槽用于安装各种扩展功能卡（功能模块），如堆叠卡、10GE 端口卡等。不是所有型号的交换机都具有扩展功能插槽，有些交换机的电源和风扇采用固定方式安装在交换机内。

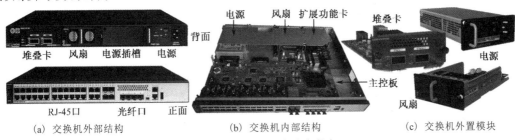

(a) 交换机外部结构　　　　(b) 交换机内部结构　　　　(c) 交换机外置模块

图 3-3　固定端口盒式交换机

（2）模块化框式交换机

模块化框式交换机如图 3-4 所示，一般由机框、可插拔的功能卡、电源模块和风扇模块组成。

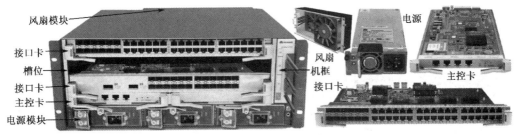

图 3-4　模块化框式交换机

根据型号的不同，机框内集成了若干槽位，用于安装（插拔）各种功能卡。功能卡分为主控卡和接口卡两种。主控卡集成了交换机的微处理器、内存和交换矩阵等控制部件，用于控制、管理整个交换机的工作。接口卡又称为业务卡，为交换机提供各种类型和不同数量的端口，连接相应的网络设备和网络终端。

3．交换机的体系结构

交换机的体系结构包括控制模块、内存模块、交换模块、接口模块、电源模块和风扇模块等，如图 3-5 所示。

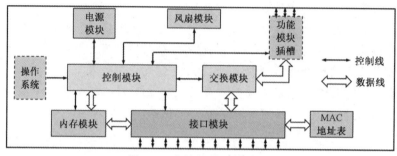

图 3-5　交换机的体系结构

控制模块是交换机的微处理器（CPU），运行嵌入式操作系统，负责协议处理、路由运算、转发控制、系统管理和系统安全等。

内存模块由只读存储器 ROM、快速闪存 Flash 和随机存储器 RAM 组成。ROM 用于保存交换机初始化的配置，以保证上电后 CPU 正常启动；Flash 用于存储交换机正常运行所需要的所有软件和配置文件，并在系统启动后载入 RAM；RAM 用于存储 MAC 地址表、路由表和当前配置，作为数据缓冲、暂时存储等待转发的数据等。

交换模块又称为交换矩阵，采用高性能芯片，支持全线速转发，提供快速数据交换。

接口模块提供多种类型的以太网端口，负责接入以太网业务。

固定端口交换机将控制模块、内存模块、交换模块和接口模块全部集成在一个主控板上，部分型号的交换机提供扩展功能端口卡，可根据实际需要安装在扩展功能插槽中。模块化交换机将控制模块、内存模块和交换模块集成在主控卡上，而接口模块由各种类型的接口卡组成，可根据网络实际需要选配相应的接口卡，安装于交换机的槽位上。

3.1.2　交换机端口

交换机端口是真实存在、有器件支持的物理接口，在工程应用中习惯上简称为接口。

1．交换机端口的结构类型

不同品牌、不同型号的交换机配置的端口类型有所不同，一般可以分为管理端口和业务端口两种。图 3-6 是华为 S 系列盒式交换机的端口结构。

图 3-6　华为 S 系列盒式交换机的端口类型

（1）管理端口

管理端口用于对交换机进行配置管理、系统文件更新升级、配置命令文件备份等，不承担网络业务数据传输，为用户提供配置管理支持。管理端口有 Console 端口、Meth 端口（又称为 ETH 端口）和 USB 端口等，如图 3-7 所示。

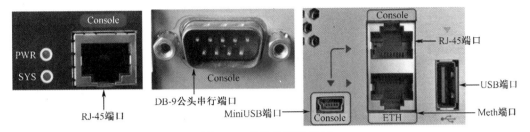

图 3-7　交换机管理端口

① Console 端口：交换机主控板上的专用串行接口，用于对交换机进行配置和管理，遵循 EIA/TIA-232 标准。采用配套的专用串行配置线缆，将 Console 端口与计算机的 COM 串行接口直接相连，搭建现场配置环境，在计算机上通过通信工具软件（如超级终端程序、终端仿真软件 SecureCRT 等）对交换机进行本地配置和管理。Console 端口常见的接口类型有 RJ-45、MiniUSB 和 DB-9 公头串行等，在端口处有 CONSOLE/Console 字样。

② Meth 端口：交换机主控板上的专用网络接口，用于对交换机进行配置和管理，遵循 10/100BASE-TX 标准。通过双绞线连接线缆或 RJ-45 头专用配置线缆，可将 Meth 端口与本地网络接口相连搭建远程配置环境，或者将 Meth 端口与本地计算机网口直接相连搭建现场配置环境，在计算机上通过 Telnet、STelnet、Web 等方式对交换机进行远程或本地配置管理。

③ USB 端口：主要用于对交换机的系统软件（*.cc）更新升级、对配置文件（*.cfg 或 *.zip）、补丁文件（*.pat）、Web 网页文件（*.web）、脚本文件（*.bat）、用户自定义文件（smart_config.ini 索引文件支持）等进行备份。

（2）业务端口

业务端口用于交换机与网络连接，承担网络业务数据传输。根据应用属性，业务端口可分为 RJ-45 端口、光纤端口、光电复用端口和功能端口等。根据支持的传输速率，业务端口又可以分为 FE（Fast Ethernet，100 Mbps）端口、GE（Gigabit Ethernet，1000 Mbps）端口、XGE（10GE，10000 Mbps）端口、MultiGE（100/1000/2500 Mbps，自适应多千兆）端口、40GE（40000 Mbps）端口和 100GE（100000 Mbps）端口等。

① RJ-45 端口：简称电口，是一种与 4 对双绞线相连接的电缆接口。

② 光纤端口：简称光口，是一种小型可插拔式（Small Form Pluggable，SFP）光纤接口，需要插入匹配的光纤接口模块后才能与光纤跳线相连接。SFP 端口的外观与 RJ-45 端口相似，不过 SFP 端口看起来更扁、更深。其明显区别还是其触片，若是 8 根铜弹片，则是 RJ-45 端口，若是 1 根铜片，则是 SFP 光纤端口。

③ 光电复用端口：称为 Combo 端口，对应设备面板的一个电口和一个光口，而在设备内部只有一个转发端口。电口与其对应的光口是光电复用关系，两者不能同时工作。

④ 功能端口：有些型号的盒式交换机将一些不常用的功能及其端口设计在扩展功能卡上，便于用户在需要时选配，并安装在功能插槽中。扩展功能卡上的端口被称为功能端口。例如，华为堆叠卡 ES5D21VST000 上的堆叠端口用于实现交换机的堆叠。

2. 交换机端口的编号规则

不同品牌、不同型号交换机端口的编号规则有所不同，华为交换机端口的编号规则如下。

（1）固定端口盒式交换机的端口编号规则

① 管理端口：Console 端口的编号为"console 0"，Meth 端口的编号为"meth 0/0/1"。

② 业务端口：在非堆叠模式下，采用"槽位号/子卡号/接口序号"定义端口编号；在堆叠模式下，采用"堆叠号/子卡号/接口序号"定义端口编号。

槽位号：因固定端口盒式交换机端口全部固定在主控板上，则槽位号取值为 0。

堆叠号：表示当前交换机在堆叠中的 ID，取值为 0～8。

子卡号：因固定端口盒式交换机只有一个固定主控板，则子卡号取值为 0。

接口序号：对于固定端口盒式交换机，就是交换机上各端口的编号，如图 3-8 所示。盒式交换机一般有两排端口，编号规则为：左下第一个端口从 1 起始编号，按照从下到上，从左到右的顺序依次递增编号，如左上第一个端口的编号为 0/0/2。不同速率的端口独立编号，如第一个千兆端口编号为 GigabitEthernet 0/0/1，第一个百兆端口编号为 Ethernet 0/0/1，之后相同速率的端口依次递增编号。

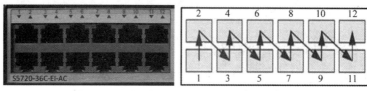

图 3-8　华为盒式交换机接口序号编排规则

（2）模块化框式交换机的端口编号规则

① 管理端口：Console 端口的编号为"console 0"，ETH 端口的编号为"Ethernet 0/0/0"。

② 业务端口：在集群模式下，采用"框号/槽位号/子卡号/接口序号"定义端口编号；在非集群模式下，采用"槽位号/子卡号/接口序号"定义端口编号。

框号：表示当前交换机在集群系统中的 ID，取值为 1 或者 2。

槽位号：表示当前接口卡所在的槽位编号。框式交换机机框上一般已标明槽位的编号，如果没有标明，那么槽位编号可参考如下编排规则：面对交换机的面板，按照从前至后、从下至上、从左至右的顺序，从 1 开始依次递增编号。

子卡号：框式交换机的一个槽位上可能设计安装多个接口卡，每个安装位称为一个子卡位。子卡号是当前接口卡所在槽位上的子卡位编号，从 0 开始，从左至右依次递增。

接口序号：表示接口卡上各端口的编排顺序号。其编排规则为：若接口卡只有一排端口，则端口编号从 0 开始，从左到右依次递增；若接口卡有两排端口，则左上端口从 0 开始，按照从上到下，再从左到右的顺序依次递增编号，如图 3-9 所示。

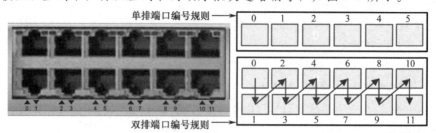

图 3-9　华为框式交换机接口序号编排规则

若某接口卡插在机框的 Slot3 槽位，则该接口卡从左到右、从上到下第 5 个接口的编号为"3/0/4"。如果该交换机在集群系统且集群 ID 为 1，那么该接口的编号为"1/3/0/4"。

3.1.3 交换机的工作原理

交换机的主要工作任务是在二层交换网络中，将数据帧从接收端口快速转发到该帧的目的地端口，而不影响其他端口的通信。数据帧的转发过程是交换机通过 MAC 地址表来实现的。

1. MAC 地址表

MAC 地址表是交换机的一张二层数据转发表，存放于交换机的缓存（Buffer）中，交换机在转发数据帧时，首先根据数据帧中的目的 MAC 地址查询 MAC 地址表，快速定位转出接口，然后将数据帧转发出去，从而减少广播。

MAC 地址表的一行称为 MAC 地址表项，其主要信息有与网络设备相连接的接口号、网络设备的 MAC 地址、连接接口所属 VLAN ID（虚拟局域网编号）等，如图 3-10 所示。

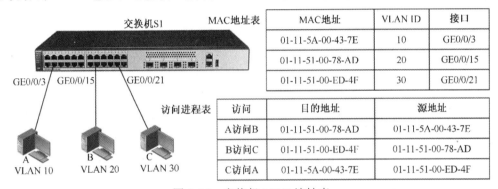

图 3-10　交换机 MAC 地址表

MAC 地址表项分为动态表项、静态表项和黑洞表项三种。

动态表项：交换机通过对数据帧的源 MAC 地址自动学习而动态获得。动态表项有老化时间，在系统复位后会丢失。通过查看动态 MAC 地址表项与个数，可以判断两台相连设备之间是否有数据转发，并获取接口下通信的用户数。

静态表项：用户手工配置，相当于将网络设备的 MAC 地址与所连接的交换机接口绑定，静态表项不会老化，在系统复位后也不会丢失。一条静态 MAC 地址表项只能绑定一个接口。接口与 MAC 地址静态绑定后，不会影响该接口动态学习 MAC 地址表项，但若其他接口收到源 MAC 地址是该 MAC 地址的数据帧，则丢弃该数据帧。通过配置静态表项，可以保证合法用户的使用，防止其他用户使用该 MAC 地址进行攻击。

黑洞表项：一种特殊静态 MAC 地址表项，若数据帧的源 MAC 地址或目的 MAC 地址是黑洞 MAC 地址表项，则丢弃该数据帧。配置黑洞表项可以防止非法用户的攻击。

2. 建立与维护 MAC 地址表

交换机通过地址学习（Address Learning）自动建立和维护 MAC 地址表，下面以图 3-10 所示的网络拓扑连接为例，介绍交换机自动建立和维护 MAC 地址表的过程，即地址学习的过程。

在交换机 S1 加电启动进行初始化时，其 MAC 地址表为空，当自检成功、系统启动后，S1 开始侦测各接口连接的设备。当主机 A 访问主机 B 时，S1 从接口 GE0/0/3 接收到数据帧后，首先解析数据帧中的源 MAC 地址 01-11-5A-00-43-7E，与接口号及其对应的 VLAN 10 一起添加到 MAC 地址表中，从而学习到 1 个动态表项。以此可学习到其他动态表项，建立 MAC 地址表。

当计算机加电、断电或迁移时，网络的拓扑结构会随之改变，为了处理动态拓扑问题，每当增加 MAC 地址表项时，均在该项中注明帧的到达时间，以后若收到相同的 MAC 地址信息，则以当前时间更新该表项。由于交换机中的内存有限，能够记忆的 MAC 地址数也有限，交换机设定了一个自动老化时间，交换机中有一个进程定期地扫描 MAC 地址表，若某 MAC 地址的到达时间超过自动老化时间或在设定时间内不再出现，交换机将自动把该 MAC 地址从地址表中清除。当下一次该 MAC 地址出现时，它被当作新地址处理，从而不断更新维护 MAC 地址表。

为了提高接口安全性，MAC 地址表中可以手工加入静态表项。

3. 交换数据帧

交换机在建立 MAC 地址表后，当从某接口接收到一个数据帧时，先解析该帧源 MAC 地址和目的 MAC 地址，再对该数据帧做出转发/过滤决定（Forward/Filter Decisions），即对数据帧进行正常转发或过滤（即丢弃）操作。这一过程就是交换数据帧，其规则如下：

① 若数据帧的目的 MAC 地址是广播地址或者组播地址，则向其他所有端口转发。

② 若数据帧的目的 MAC 地址是单播地址，但该地址并不在 MAC 地址表中，则将该帧的源 MAC 地址、接口号及其对应的 VLAN ID 添加到 MAC 地址表，再向其他所有端口转发。

③ 若数据帧的目的 MAC 地址是单播地址且该地址在 MAC 地址表中，则根据 MAC 地址表项信息将数据帧转发到相应的接口。

④ 若数据帧的目的 MAC 地址与源 MAC 地址在同一个物理网段上，则丢弃这个数据帧。

交换机交换数据帧的方式有直接交换、存储转发和碎片隔离三种。

直接交换方式：指交换机在接收数据帧时，一旦检测到前 6 字节即目的 MAC 地址，就立刻从 MAC 地址表中查找相应的输出接口，并把数据帧直接送到该接口。直接交换方式的优点是接口交换延迟小、交换速度快，但在质量较差的物理链路上的传输质量可靠性差。

存储转发方式：指交换机收到一个完整的数据帧后先存入缓存，然后进行循环冗余码校验检查，在对错误帧处理后才取出数据帧的目的 MAC 地址，通过 MAC 地址表转发到输出接口。在存储转发方式下，所有的正常帧都可以通过，而残帧和超常帧都被交换机隔离。正因如此，存储转发方式在数据帧转发时有一定的延时，但可以对收到的数据帧进行错误检测，有效提高网络性能，并且支持不同数据传输速率接口之间的转换，保持高速接口与低速接口之间的协同工作。

碎片隔离方式：指交换机接收到数据帧时，先检测该数据帧是不是受损的碎片，即检测数据帧的长度是否大于 64 字节。若小于 64 字节，则认为是受损的数据帧碎片，直接将该帧丢弃；若大于 64 字节，则立即进行转发，但不保存数据帧，也不进行数据校验。这种方式过滤了受损的数据帧碎片，提高了网络传输的效率和带宽的利用率。

4. 避免环路

交换机的另一个主要功能是避免环路（Loop Avoidance）。在局域网中，为了提供可靠的网络连接，一般会设计冗余链路，以确保数据帧的可靠传输，但此时网络会产生回路，造成"广播风暴"或"MAC 地址表失效"。交换机通过配置生成树协议（Spanning-tree Protocol）来管理网络的冗余链路，避免网络环路产生，详细配置参见 3.5 节。

3.1.4　交换机的性能参数

目前，交换机的功能越来越多，在选配交换机时，首先根据网络系统的实际需求和发展需要，确定交换机必须具备的功能和达到的主要性能指标，然后选择交换机的品牌和型号。

1．物理特性

交换机的物理特性是指交换机的硬件配置与类型，主要有如下几方面。

① 微处理器芯片：即交换机的 CPU。交换机采用的 CPU 芯片主要有 4 种：通用 CPU、ASIC 芯片、FPGA 芯片和 NP（Network Processor，网络处理器）。ASIC 芯片是专门针对 100 Mbps 以上交换机设计的，可实现极高的数据处理能力和多种常用网络功能。NP 内部由若干微码处理器和若干硬件协处理器组成，保留了 ASIC 的高性能特性，同时通过并行运转的微码处理器和微码编程进行复杂得多的业务扩展。目前，核心交换机大多采用 NP+ASIC 的体系设计方式。

② 内存容量：主要是指交换机的 Flash/DRAM 内存，容量较大时，可以保证在并发访问量、组播和广播流量较大时达到最大的吞吐量，均衡网络负载并防止数据包丢失。

③ MAC 地址表：交换机 MAC 地址表的大小决定交换机能存储的 MAC 地址数量，MAC 地址数量决定交换机转发数据的速度和效率。通常，交换机只需记忆 1024 个 MAC 地址，所以在选择时要根据所连接网络的规模大小而定。

④ 端口配置：主要针对固定端口交换机配置的端口数量与类型、扩展功能插槽等。

⑤ 模块化插槽数：指模块化交换机所配置的槽位数量。模块化交换机的主控卡是基本配置，最少占用一个槽位，业务端口配置取决于槽位的数量和接口卡上端口的配置。

⑥ 外观特性：指交换机的外形尺寸（长、宽、高）、重量和电气规格等。电气规格是指交换机的供电方式（交流供电、直流供电、电池供电、PoE 供电）、额定电压和额定功率等。

⑦ 环境参数：主要指交换机正常工作时对环境温度、湿度和高度的要求等。在特殊环境里需要考虑选用特殊的交换机设备，或通过恒温空调来调整设备的工作环境。

2．功能特性

① 背板带宽：又称为交换带宽，是指交换机接口处理器或接口卡和数据总线间所能吞吐的最大数据量，是交换机在无阻塞情况下总的最大交换能力，其单位为 Gbps。由于所有端口间的通信都要通过背板完成，因此背板带宽成为端口间并发通信时的瓶颈。带宽越大，能够提供给各端口的可用带宽就越大，数据交换速度越快，交换机总的数据交换能力越强。

② 包转发率：指交换机每秒可以转发的百万个数据包（Million packet per second，Mpps），是交换机能够同时转发的数据包的数量，又称为转发速率。决定包转发率的一个重要指标就是交换机的背板带宽，背板带宽越高，包转发率越高。

③ 传输速率：指交换机端口的数据交换速率，单位是 bps。平时我们所说的交换机速率就是指交换机端口的传输速率，如千兆交换机的端口传输速率为 1000 Mbps。

④ 交换容量：又称为吞吐量，是指交换机在不丢失任何一个帧的情况下，能够接收并转发的最大数据速率，单位是 Gbps。交换容量一般比背板带宽小，背板带宽是交换机能够处理的最大数据量，而交换容量是交换机实际处理的最大数据量。

⑤ 交换方式：又称为传输方式，目前大多数交换机采用存储转发方式。万兆光纤以太网数据传输可靠性高，所以万兆光纤以太网交换机一般采用直接交换方式。

⑥ VLAN 支持：指交换机是否支持 VLAN 功能，以及支持 VLAN 的划分方式。

⑦ 三层交换技术：又称为 IP 交换技术，是指交换机是否具有在网络层实现数据帧的高速转发功能。简单地说，三层交换技术就是二层交换技术+三层路由转发技术。

⑧ 堆叠功能：指交换机是否具有堆叠功能，一般是采用扩展功能卡，根据需要选配。

⑨ 网管功能：指交换机是否支持网络远程管理以及支持的网管技术。具有网管功能的交换机能够让网管员通过网络远程监控交换机的运行状态，在出现故障时及时排除。

⑩ 延时（Latency）：指从交换机接收到数据帧到开始向目的端口发送数据帧之间的时间间隔。交换机的延时与其采用的数据帧转发方式和数据帧大小有关。

3. 网络特性

网络特性是指交换机支持的网络标准、网络协议及其他网络功能。在网络工程中，根据网络拓扑结构、网络运行和网络安全等方面的要求，确定交换机应具有的网络特性。

例如，华为 S5720-36C-EI-AC 交换机的性能参数如表 3-1 所示。

表 3-1 华为 S5720-36C-EI-AC 交换机性能参数

基本资料	产品型号	S5720-36C-EI-AC
	产品类型	千兆以太网交换机
	应用层级	三层
主要性能	背板带宽	598Gbps/5.98Tbps
	包转发率	222Mpps
	Flash/DRAM 内存	8MB/16MB
	MAC 地址表	64K
	传输速率	10Mbps/100Mbps/1000Mbps，10000Mbps
端口配置	端口结构	固定端口
	端口数目	36 个，28 个 10/100/1000Base-T 以太网端口、4 个复用千兆 Combo SFP、4 个万兆 SFP+
	扩展插槽	提供 1 个扩展插槽，可扩展支持的业务插卡：2 或 8 端口万兆 SFP+接口板、2 或 8 端口万兆 RJ45 接口板、2 端口 QSFP+接口板、堆叠卡
功能特性	交换方式	存储转发方式
	堆叠支持	可堆叠，支持智能 iStack 堆叠
	VLAN 功能	支持 4K 个 VLAN；支持 Guest VLAN、Voice VLAN；支持 GVRP 协议；支持 MUX VLAN 功能；支持基于端口/MAC/协议/IP 子网/策略的 VLAN；支持 1:1 和 *N*:1 VLAN 映射功能；支持协议透明 VLAN
	全双工	支持
	网管功能	SNMP v1/v2/v3，RMON/RMON2，Telnet，Console，CLI
网络特性	网络标准	IEEE 802.3，IEEE 802.3u，IEEE 802.3 u，IEEE 802.3z，IEEE 802.3ae，IEEE 802.3ad，IEEE 802.3x

网络特性	网络协议	IP 路由：支持静态路由、RIPv1/2RIPng、OSPFOSPFv3、IS-IS、IS-ISv6、BGP、BGP4+、ECMP、路由策略。 IPv6 特性：支持 ND（Neighbor Discovery）；支持 PMTU；支持 IPv6 Ping、IPv6 Tracert、IPv6 Telnet；支持 6to4、ISATAP、手动配置 tunnel；支持基于源 IPv6 地址、目的 IPv6 地址、四层端口、协议类型等 ACL；支持 MLD v1/v2 snooping（Multicast Listener Discovery snooping）。 组播：支持 IGMP v1/v2/v3 Snooping 和快速离开机制；支持 VLAN 内组播转发和组播多 VLAN 复制；支持捆绑端口的组播负载分担；支持可控组播；支持基于端口的组播流量统计；支持 IGMP v1/v2/v3、PIM-SM、PIM-DM、PIM-SSM 和 MSDP 纠错
	QoS	支持对端口接收和发送报文的速率进行限制；支持报文重定向；支持基于端口的流量监管；支持双速三色 CAR 功能；每端口支持 8 个队列；支持 WRR、DRR、SP、WRR＋SP、DRR+SP 队列调度算法；支持 WRED；支持报文的 IEEE 802.1p 和 DSCP 优先级重新标记；支持 L2（Layer 2）-L4（Layer 4）包过滤功能，提供基于源 MAC 地址、目的 MAC 地址、源 IP 地址、目的 IP 地址、TCP/IP 协议源/目的端口号、协议、VLAN 的包过滤功能；支持基于队列限速和端口整形功能；支持 1:1、N:1、N:4 端口镜像
电气规格	交流电源 AC	额定电压：100～240 V，50～60 Hz；最大电压：90～264 V，47/63 Hz
	直流电源 DC	额定电压：48～60 V，最大电压：36～72 V；电源功率：39.5 W
外形尺寸	长×宽×高（mm）	442×420×44.4
环境参数	工作温度、湿度、高度	0℃～40℃，10%～90%，3000 m
	存储温度、湿度、高度	-40℃～70℃，5%～95%，6000 m

3.2　交换机配置基础

交换机的各项功能由相应的配置命令来实现，不同品牌、不同型号的交换机都有各自的操作系统和配置命令集，华为系列交换机的操作系统称为 VRP（Versatile Routing Platform，通用路由平台）系统。本节主要介绍华为交换机的基本配置方法和 VRP 系统的基本配置命令。

3.2.1　交换机配置管理

1. 配置管理方式

要对交换机进行配置管理与维护，需要以计算机（或其他交换机）作为配置终端登录到本交换机才能完成，华为系列交换机为用户提供了 4 种登录方式。

❖ 通过 Console 端口登录交换机，对交换机进行本地管理。

❖ 通过 Telnet 登录交换机，对交换机进行远程或本地管理。

❖ 通过 STelnet 登录交换机，对交换机进行远程或本地管理。

❖ 通过 HTTP 或 HTTPS 登录交换机，对交换机进行远程或本地管理。

前三种方式登录交换机后，通过交换机提供的 VRP 系统命令行界面（Command Line Interface，CLI），使用交换机的配置命令对其进行配置和管理，称为命令行（CLI）方式。CLI 方式需要配置相应登录方式的用户界面。第四种方式下，用户通过 Web 浏览器登录交换机后，使用交换机内置 Web 服务器提供的图形用户界面（Graphical User Interface，GUI），对交换机直观、方便地进行管理和维护，称为 Web 网管方式。Web 网管方式只能对交换机的部分功能进行管理与维护，如果需要对交换机进行较复杂或精细的管理，仍然需要使用 CLI 方式。

后三种方式要求交换机和计算机都在网络内且路由可达，利用网络或网线在交换机与计算机之间构建远程或现场配备环境，通过有关网络协议对交换机进行管理，称为带内管理（In-band management）方式。Console 端口方式通过专用配置线缆，将交换机与计算机直接连接，构建现场配备环境，利用通信软件对交换机进行管理，称为带外管理（Out-band management）方式。默认情况下，只能采用带外管理方式。若要采用带内管理方式，必须具备如下条件：配置终端计算机与交换机都连接在网络内且路由可达；采用 Console 端口登录方式，配置交换机的管理 IP 地址、Telnet/STelnet/Web 服务器功能及参数，配置相应登录方式的用户界面、授权用户、用户级别和验证方式等。

2. 配置管理连接方法

交换机的四种配置管理方式对应的物理连接方法如图 3-11 所示。

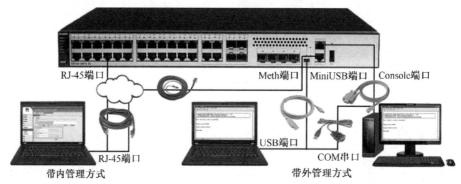

图 3-11　交换机配置管理方式对应的物理连接方法

① 带外管理方式。对于 RJ-45 型 Console 端口，一般采用 RJ-45 to DB-9 专用配置线缆，将交换机的 Console 端口与计算机的 COM 串口连接；若要与计算机的 USB 端口连接，则采用 RJ-45 to DB-9 加接 USB 端口转串口线缆，或采用 RJ-45 to USB 线缆连接。对于 MiniUSB 型 Console 端口，则采用 MiniUSB 线缆连接。对于 DB-9 型 Console 端口，则采用 DB-9 to DB-9（两头为母头）专用配置线缆与计算机串行口连接，或加接 USB 端口转串口线缆与计算机 USB 端口连接。注意：RJ-45 to USB 线缆、MiniUSB 线缆、USB 端口转串口线缆需要在计算机上安装驱动。

② 带内管理方式。一般采用网线，通过 Meth 端口或 RJ-45 业务端口，将交换机接入网络，网管员在异地将计算机接入网络构建远程配置环境，远程登录交换机进行远程配置管理。也可以在本地采用网线或 RJ-45 to RJ-45 配置线缆，直接将交换机与计算机连接，进行本地配置管理。

3. 专用配置线缆

交换机配备了多种类型的专用配置线缆，如图 3-12 所示。在对交换机进行配置管理时，可根据交换机管理端口和计算机接口的类型选用相应的专用配置线缆。

4. 用户界面

用户界面（User-interface）是 VRP 系统提供的一种命令接口管理界面，当用户通过 CLI 方式登录交换机时，系统会分配一个用户界面用来管理、监控当前用户与交换机之

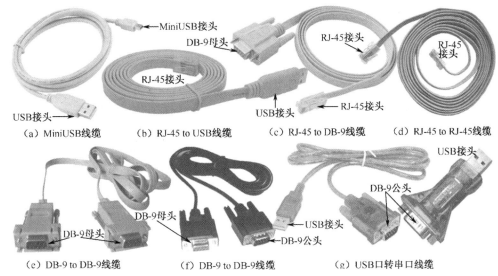

图 3-12　交换机专用配置线缆

间的会话。进入用户界面后，用户也可以结合实际需求和安全性考虑，配置当前用户界面的物理属性、终端属性、用户登录认证方式和用户优先级等。

（1）用户界面的分类

华为交换机的 VRP 系统支持 Console 用户界面和 VTY（Virtual Type Terminal，虚拟类型终端）用户界面。Console 用户界面是指用户通过 Console 端口或 MiniUSB 端口登录到交换机后的用户界面，只有一个。VTY 用户界面是指用户通过终端与交换机建立 Telnet 或 STelnet 连接，即建立一条 VTY 虚拟通道后的用户界面，有多个，且都有编号。目前，每台交换机最多支持 15 个 VTY 用户界面供用户同时访问。

（2）用户界面的编号

VRP 系统为用户界面提供相对编号和绝对编号两种编号方式。

① 相对编号：一种针对具体类型用户界面进行编号的方式，格式为"用户界面类型＋编号"，只能唯一指定某种类型用户界面中的一个或一组，而不能跨类型操作，是配置交换机时通常采用的编号方式。相对编号方式的规则如下。

❖ Console 用户界面编号：只有 1 个，固定为 Console 0 或 CON 0。

❖ VTY 用户界面编号：共 15 个，编号为 VTY 0～VTY 14。

② 绝对编号：每个用户界面都分配一个固定编号，Console 用户界面编号为"0"，VTY 用户界面最多有 20 个，编号为 34～48、50～54。其中，编号 34～48 对应相对编号 VTY 0～VTY14；编号 50～54 对应相对编号 VTY 16～VTY 20，为网管预留，只有当 VTY 0～VTY14 全部被占用且用户配置了 AAA 验证时，才可以使用 VTY 16～VTY 20。

3.2.2　交换机配置命令

1. 命令行格式

VRP 系统提供了用于人机交互、功能强大的命令行界面和配置命令集，配置命令行由命令关键字和命令参数两部分组成，最大长度为 512 个字符，其语法格式如下：

<命令关键字>［命令参数1］｛命令参数2｝…

其中：命令关键字指明该配置命令要执行的功能操作，必选，不区分大小写；命令参数用来对所要执行的操作进行某些限制性的说明，可选，是否区分大小写则由各命令定义的参数决定。为了方便学习和理解 VRP 系统的各种配置命令，本书在介绍配置命令的格式与功能时，按照表 3-2 列出的配置命令行格式约定进行叙述。

表 3-2　交换机配置命令行格式约定与含义

格　式	含　义
正体	命令关键字：命令中保持不变、必须全部照输，在命令格式中采用正体表示
斜体	命令参数：命令中必须由对应参数的实际值进行替代。在命令格式中采用斜体表示，但在具体配置命令中仍为正体输入
[···]	表示可选参数（或可选项），在配置命令时可以选择，也可以不选择
{ x | y | ··· }	表示二选一或多选一参数（或选项），在配置命令时必须选取其中一个
[x | y | ···]	表示二选一或多选一可选参数（或可选项），在配置命令时可选取其中一个或者全部不选
{ x | y | ··· }*	表示二选一（多）或多选一（多）参数（或选项），在配置命令时必须选取其中一个或多个，但至少选取一个，最多可全部选择
[x | y | ···]*	表示二选一（多）或多选一（多）可选参数（或可选项），在配置命令时可选取其中一个或多个，也可以全部不选
&<1-n>	表示符号&前的参数可以重复 1～n 次
#	表示由"#"开始的行为注释行

例如：

```
system-view
vlan vlan-id
interface range {interface-type interface-number1 [to interface-type interface-number2]} &<1-10>
{ipv4 | ipv6}* statistic enable {both | inbound | outbound}
```

2．命令行视图

视图是 VRP 系统的命令接口界面，称为命令行视图（简称命令视图），VRP 命令行界面分为若干命令视图，所有配置命令都注册在某个（或某些）命令视图下，当使用某个配置命令时，需要先进入相应的命令视图，才可以正确执行。表 3-3 列出了 VRP 最常用的命令视图及其进入方式、提示符、可执行的操作、离开的方法等，其中"HUAWEI"为默认交换机名称。

说明：华为交换机命令行具有智能回退功能，在当前视图下执行某条配置命令时，若命令行匹配失败，则会自动退到上一级视图进行匹配，如果仍然失败，就继续退到上一级视图匹配，一直退到系统视图为止。

3．命令行编辑

交换机的命令行接口提供了较多的命令行编辑功能，支持多行编辑，常用的编辑快捷键及其功能如表 3-4 所示。

4．编辑命令行操作技巧

（1）使用历史命令

系统具有记录用户输入的命令的功能，在重新输入相同的命令时十分有用，可以快速从历史命令记录缓冲区中重新调用输入过的命令。例如，按快捷键 Ctrl+P 或 ↑ 键，可在历史命令缓冲区中，从最近的一条记录开始浏览前一条命令，重复该操作可以查询更

表 3-3　华为交换机常用命令行视图列表

视图名称	进入方式及提示符	可执行操作	离开方法
用户视图 User view	用户从终端成功登录至交换机，即进入用户视图，在屏幕上显示如下提示符： <HUAWEI>	完成查看运行状态和统计信息等功能	执行 quit 命令退出命令行视图，结束交换机配置
系统视图 System view	在用户视图下，输入下列命令，进入系统视图： <HUAWEI> system-view✓ Enter system view, return user view with Ctrl+Z. [HUAWEI]	配置系统参数以及通过该视图进入到其他的功能配置视图	执行 quit 命令，从当前视图退出至上一层视图。执行 return 命令或按快捷键 Ctrl+Z，直接返回到用户视图
用户界面视图 User interface view	在系统视图下，输入下列命令，进入 console 用户界面视图： user-interface console 0✓ [HUAWEI-uj-console0] 输入下列命令，进入指定的 VTY 用户界面视图： user-interface VTY *first-uj-number* [*last-uj-number*]	配置用户界面的最大数、物理属性、终端属性、用户优先级和用户认证方式等	执行 quit 命令，从当前视图退出至上一层视图。执行 return 命令或按快捷键 Ctrl+Z，直接返回到用户视图
接口视图 Interface view	在系统视图下，输入进入相应接口视图的命令 interface *interface-type interface-number*，如： [HUAWEI] interface gigabitethernet 0/0/1✓ [HUAWEI-GigabitEtherne0/0/1]	配置交换端口相关的物理属性、接口属性、链路层特性及 IP 地址等重要参数	执行 quit 命令，从当前视图退出至上一层视图。执行 return 命令或按快捷键 Ctrl+Z，直接返回到用户视图
VLAN 视图 Vlan view	在系统视图下，输入命令 vlan *vlan-id*，创建 VLAN 并进入 VLAN 视图： [HUAWEI]vlan 10✓ [HUAWEI-vlan 10]	创建 VLAN 并进入 VLAN 视图。若 VLAN 已创建，则直接进入 VLAN 视图	执行 quit 命令，从当前视图退出至上一层视图。执行 return 命令或按快捷键 Ctrl+Z，直接返回到用户视图

表 3-4　华为交换机常用命令行编辑快捷键及其功能

快捷键	功　能	快捷键	功　能
<Ctrl+A>	将光标移动到当前命令行的开头	<Ctrl+T>	终止呼出的连接
<Ctrl+B>或 ←	将光标向左移动一个字符	<Ctrl+V>	粘贴剪贴板的内容
<Ctrl+C>	停止当前正在执行的功能	<Ctrl+W>	删除光标左侧的一个字符串（字）
<Ctrl+D>或 Delete	删除当前光标所在位置的字符	<Ctrl+X>	删除光标左侧所有的字符
<Ctrl+E>	将光标移动到当前命令行的末尾	<Ctrl+Y>	删除光标所在位置及其右侧所有的字符
<Ctrl+F>或 →	将光标向右移动一个字符	<Ctrl+]>	终止呼入的连接或重定向连接
<Ctrl+H>或 Backspace	删除光标左侧的一个字符，光标左移	<Esc+B>	将光标向左移动一个字符串（字）
<Ctrl+K>	在连接建立阶段终止呼出的连接	<Esc+D>	删除光标右侧的一个字符串（字）
<Ctrl+N>或 ↓	显示历史命令缓冲区中的后一条命令	<Esc+F>	将光标向右移动一个字符串（字）
<Ctrl+P>或 ↑	显示历史命令缓冲区中的前一条命令	<Esc+N>	将光标向下移动一行
<Ctrl+R>	重新显示当前行信息	<Esc+P>	将光标向上移动一行

早的记录。在使用快捷键 Ctrl+P 或 ↑ 键操作后，按快捷键 Ctrl+N 或 ↓ 键，可在历史命令缓冲区中回到更近的一条命令，重复该操作可以查询更近的命令记录。

（2）命令简写

系统支持配置命令简写，即在输入配置命令时，只要输入的字符能匹配唯一的关键字，就可以不必输入完整的命令。例如，可将 interface ethernet 0/0/2 命令缩写为 int e0/0/2。

（3）Tab 键的使用

输入不完整的关键字后按 Tab 键，系统自动补全关键字。如果与之匹配的关键字唯一，那么系统用此完整的关键字替代原输入并换行显示，光标距词尾空一格。如果与之匹配的关键字不唯一，反复按<Tab>键就可循环显示所有以输入字符串开头的关键字，此时光标距词尾不空格。如果没有与之匹配的关键字，那么按 Tab 键后，换行显示，输入的关键字不变。

5．使用命令行在线帮助

用户在输入命令行时，可以通过输入"？"来获取在线实时帮助，从而不需记忆大量的复杂的命令。命令行在线帮助可分为完全帮助和部分帮助。

① 在任一命令视图下，输入"？"获取该命令视图下所有的命令及其简单描述。

② 输入一条命令的部分关键字，其后接空格，再输入"？"，若该位置为关键字，则列出全部关键字及其简单描述；若该位置为参数，则列出有关的参数名和参数描述。

③ 输入一字符串后紧接"？"，列出以该字符串开头的所有关键字。

④ 输入一条命令后紧接一字符串和"？"，列出以该字符串开头的所有关键字。

6．使用 undo 命令行

在命令前加 undo 关键字，即为 undo 命令行。undo 命令行主要用来恢复配置命令的默认值、禁用某功能或者删除某项配置，几乎每条配置命令都有对应的 undo 命令行。

① 使用 undo 命令行恢复配置命令的默认值。例如，恢复交换机的默认主机名。

```
<HUAWEI> system-view
[HUAWEI] sysname Server
[Server] undo sysname
[HUAWEI]
```

② 使用 undo 命令禁用某个功能。例如，关闭交换机的 FTP 服务器功能。

```
<HUAWEI> system-view
[HUAWEI] ftp server enable
Warning: FTP is not a secure protocol, and it is recommended to use SFTP.
Info: Succeeded in starting the FTP server.
[HUAWEI] undo ftp server
Info: Succeeded in closing the FTP server.
```

③ 使用 undo 命令删除某项设置。例如，设置与取消用户登录时显示的标题信息。

```
<HUAWEI> system-view
[HUAWEI] header login information "Hello, Welcome to Huawei!"
```

退出交换机后重新登录，在验证用户前，则出现"Hello,Welcome to Huawei!"。

```
Hello,Welcome to Huawei!
Login authentication
Password:
<HUAWEI> system-view
[HUAWEI] undo header login                    // 执行相应的 undo header login 命令
```

再次退出设备后重新登录，在验证用户前，则不会出现任何标题信息。

```
Login authentication
Password:
```

7．常见命令错误提示信息

表 3-5 列出了用户在使用 CLI 管理交换机时可能遇到的常见命令错误提示信息。

表 3-5　CLI 常见命令错误提示信息

错 误 信 息	含 义
Error: Unrecognized command foundat '^' position.	没有查找到命令，或没有查找到关键字
Error: Wrong parameter found at '^' position.	参数类型错，或参数值越界
Error: Incomplete command found at'^' position	输入命令不完整
Error: Too many parameters found at'^' position.	输入参数太多
Error: Ambiguous command found at'^' position.	输入命令不明确
Error: The Specified IP address is invalid	无效的 IP 地址，IP 地址或子网掩码错误

3.2.3　交换机基本配置

1．配置交换机系统的时区、日期和时间

（1）配置系统所在时区

视图：用户视图或系统视图。

命令：

```
clock timezone time-zone-name {add | minus} offset
```

说明：华为交换机出厂时默认采用国际协调时间（Universal Time Coordinated，UTC），在使用时必须先对交换机所在地的时区进行配置。

time-zone-name 指定时区名称，为 1～32 个字符，区分大小写，不支持空格。add | minus 表示在系统默认 UTC 时区基础上增加或减去配置时区与 UTC 的时间差 *offset*，就可以得到 *time-zone-name* 标识的时区时间。*offset* 为配置时区与 UTC 的时间差，格式是 *HH:MM:SS*。*HH* 表示小时，如果本地时间快于 UTC 时间，取值范围为 0～14 的整数，如果本地时间慢于 UTC 时间，取值范围为 0～12 的整数。*MM* 和 *SS* 分别为分和秒，取值范围为 0～59，当 *HH* 为最大值时，*MM* 和 *SS* 只能取值为 0。

（2）配置系统的当前时间和日期

视图：用户视图或系统视图。

命令：

```
clock datetime HH:MM:SS YYYY-MM-DD
```

说明：*HH:MM:SS* 为时、分、秒，*YYYY-MM-DD* 为年、月、日。**注意**：当未配置时区时，本命令设置的时间将被认为是 UTC 时间，所以，在设置当前时间前务必设置正确的时区。

（3）显示系统的时间信息

视图：用户视图或系统视图。

命令：

```
display clock
```

【例 3-1】　假设交换机安装在中国，相对 UTC 时区来说，时差增加 8 个小时。

① 设置系统时区，其名称为 BJ。

② 设置系统当前时间为 2020 年 5 月 1 日 0 时 0 分 0 秒。

③ 将本地时区恢复为默认的 UTC 时区。

```
<HUAWEI>clock timezone BJ add 08:00:00
```

```
<HUAWEI>clock datetime 0:0:0 2020-05-01
<HUAWEI>undo clock timezone
```

2. 配置交换机的名称

交换机的名称（又称为主机名）用于标识交换机，通常作为提示符的一部分显示在命令提示符的前面。华为交换机的默认名称是"HUAWEI"，用户可以用命令重新设置交换机的名称。

（1）配置交换机名称

视图：系统视图。

命令：

```
sysname host-name
```

说明：host-name 是要设置的交换机名称，必须由可打印字符组成，长度不能超过 255 个字符，交换机名称显示时最多显示 22 个字符。

（2）删除配置的主机名，恢复默认值

视图：系统视图。

命令：

```
undo sysname
```

3. 配置交换机的管理 IP 地址

当用户需要远程管理交换机时，必须配置交换机的管理 IP 地址，才能通过管理 IP 地址远程登录到交换机进行配置管理。具有管理端口的交换机可直接在管理端口上配置管理 IP 地址，没有管理端口的交换机一般借助配置 VLANIF 接口 IP 地址作为交换机的管理 IP 地址。默认情况下，VLAN 1 是交换机的管理 VLAN 并已创建，配置 VLANIF1 的 IP 地址即可。

视图：接口视图。

命令：

```
ip address ip-address {mask | mask-length} [sub]
```

说明：*ip-address* 表示管理 IP 地址；*mask* 表示子网掩码；*mask-length* 表示掩码长度，即无分类 IP 地址中网络地址的位数；sub 为可选项，用于指定配置的 IP 地址为从管理 IP 地址。

【例 3-2】 在交换机管理端口 Meth 上配置管理 IP 地址：192.168.4.1/24。

```
<HUAWEI> system-view
[HUAWEI] interface Meth 0/0/1                        // 进入 Meth 接口视图
[HUAWEI-MEth0/0/1] ip address 192.168.4.1 255.255.255.0   // 子网掩码为 255.255.255.0
```

【例 3-3】 在 VLANIF1 接口上配置管理 IP 地址 211.69.10.3/24。

```
<HUAWEI> system-view
[HUAWEI] vlan 1                                      // 进入 VLAN 1 视图
[HUAWEI-vlan1] interface vlanif1                     // 进入 VLANIF 1 接口视图
[HUAWEI-vlanif1] ip address 211.69.10.3 24           // 配置 VLANIF 1 接口的 IP 地址
```

说明：① VLANIF 接口 Up 的必要条件是 VLANIF 接口对应的 VLAN 必须已经创建，必须有 Up 的物理接口或 Eth-Trunk 接口已经加入 VLANIF 对应的 VLAN；② 在接口视图下，可以使用 undo ip address 命令删除管理 IP 和子网掩码。

4．查看交换机的配置信息

在对交换机进行配置的过程中，可以在任意视图下执行相应的 display 命令查看交换机的配置信息和运行信息。表 3-6 中是一些常用的 display 命令。

表 3-6 常用的交换机配置信息查看命令

命　令	功　能
display version	查看交换机的系统信息和各部件的版本信息
display device	查看设备信息
display stratup	查看本次及下次启动将要加载的系统软件和配置文件信息
display current-configuration	查看系统当前配置的信息
display saved-configuration	查看系统保存的配置文件信息
display this	查看当前视图下生效的配置信息
display this include-default	查看当前视图下未被修改的默认配置信息
display interface [interface-type interface-number]	查看所有接口或指定接口的端口号、状态与配置信息
display vlan [vlan-id]	查看所有 VLAN 或指定 VLAN 的状态与配置信息

5．配置用户登录认证方式

由于 VRP 系统是基于用户界面的网络操作系统，为了系统的安全，需要对用户界面下的用户登录进行认证，VRP 系统提供三种认证方式：AAA 认证、Password 认证和 None 认证。其中，AAA 是 Authentication（认证）、Authorization（授权）、Accounting（计费）的简称。

视图：用户界面视图。

命令：

```
authentication-mode {aaa | password | none}
```

说明：默认情况下，用户登录认证方式为 AAA 认证方式。

配置参数的意义如下。

① aaa：表示采用 AAA 认证方式，需要同时进行用户名验证和密码验证，所以需要创建 AAA 用户名、配置用户密码和用户优先级。

② password：表示采用密码认证方式，只需进行用户密码验证，不需要进行用户名验证。所以，只需配置用户密码，而不需要创建本地用户。

③ none：表示采用 None 认证方式，即不进行认证，不需要输入任何认证信息，可直接登录设备。

6．配置登录用户名和密码

（1）配置密码认证方式的本地认证密码

视图：用户界面视图。

命令：

```
set authentication password [cipher password]
```

说明：若选择 cipher password 项，则 password 可以是明文密码也可以是密文密码（明文密码为 6~16 个字母、数字或特殊字符，字母区分大小写，特殊字符不能包含"?"和空格；密文密码长度为 32 个字符），否则采用交互方式输入明文密码。

（2）配置 AAA 认证方式的本地用户名、密码和用户级别

视图：AAA 视图。

命令：

```
local-user user-name {password cipher password|privilege level level}*
```

说明：*user-name* 表示 AAA 本地用户名，为 1~64 个字符，不支持空格，不区分大小写，若包含字符@，则认为@的前面部分是用户名，后面部分是域名；*password* 表示用户的登录密码，可以是明文密码或密文密码；*level* 表示用户级别，为 0~15 的整数。

（3）配置 AAA 本地用户所属的用户类型

视图：AAA 视图。

命令：

```
local-user user-name service-type service-type
```

说明：*service-type* 是指用户类型。常用的用户类型有：terminal，为 Console 用户；telnet，为 Telnet 用户；ssh，为 SSH 用户；http，为 HTTP 用户；web，为 Web 认证用户。

注意： 在 local-user 配置的所有用户中至少要有一个 Console 用户，否则将无法使用 Console 用户界面登录，这时只能将交换机复位了。

（4）删除配置的 AAA 本地用户

视图：AAA 视图。

命令：

```
undo local-user user-name
```

说明：在当前用户界面下，不能删除当前登录的 AAA 本地用户。

7. 配置用户级别与命令级别

为了增加交换机的安全性，VRP 系统对登录用户的权限实行分级管理，并称为用户级别或用户优先级；同样，所有命令划分为不同级别，称为命令级别。用户级别与命令级别相对应，用户登录交换机后，只能使用等于或低于自己级别的命令，所以只需配置用户级别。VRP 系统把用户分为 16 个级别，标识号为 0~15，把所有命令分为 4 个级别，标识号为 0~3，标识号越高，则级别越高。当采用密码认证方式或不认证方式时，用户可访问的命令级别由其在用户界面下配置的用户级别确定；当采用 AAA 认证方式时，若用户界面下配置的用户级别与在 AAA 视图下为用户名本身所配置的用户级别相冲突，则以用户名本身配置的用户级别为准。默认情况下，用户级别与可访问的命令级别对应关系如表 3-7 所示。

表 3-7　用户级别与可访问的命令级别对应关系

用户级别	可访问的命令级别	级别名称	可用命令说明
0	0	访问级	网络诊断工具命令（ping、tracert）、从本交换机出发访问外部交换机的命令（也就是作为 Telnet 客户端）、部分 display 命令等
1	0、1	监控级	用于系统维护，包括 display 等命令。但并不是所有 display 命令都是监控级，如 display current-configuration 命令和 display saved-configuration 命令是 3 级管理级
2	0、1、2	配置级	业务配置命令，包括路由、各网络层次的命令，向用户提供直接网络服务
3~15	0、1、2、3	管理级	用于系统基本运行的命令，对业务提供支撑作用，包括文件系统、FTP、TFTP 下载、用户管理命令、命令级别设置命令、系统内部参数设置命令，以及用于业务故障诊断的 debugging 命令等。可以通过划分不同的用户级别，为不同管理人员授权使用不同的命令

（1）配置用户级别

视图：用户界面视图。

命令：

```
user privilege level level
```

说明：该命令仅对采用密码认证方式或不认证方式时配置用户级别，*level* 表示用户的级别，取值范围为 0~15 的整数。默认情况下，Console 用户界面下，S2700 和 S3700 系列交换机的用户级别为 15，其他系列交换机的为 3；VTY 用户界面下的用户级别为 0。

（2）设置用户级别的密码

为了防止低级别用户私自提高自身的级别而非法入侵，可以为每个用户级别设置保护密码。

视图：系统视图。

命令：

```
super password [level user-level] [cipher password]    // 设置密码
undo super password [level user-level]                 // 取消密码
```

说明：*user-level* 指定要设置保护密码的用户级别，取值范围为 1~15 的整数，默认用户级别是 3；*password* 表示要设置的保护密码，可以是 1~16 位明文密码或 32 位密文密码，不选此项，则密码采用交互式输入。默认情况下，所有用户级别都没有设置密码。

（3）切换用户级别

视图：系统视图。

命令：

```
super [level]
```

说明：*level* 指定要切换的高用户级别，取值范围为 1~15 的整数，默认级别为 3。

8. Console 用户界面配置与管理

当用户通过 Console 端口登录交换机实现本地管理与维护时，可以根据用户使用需求和安全性考虑，在 Console 用户界面视图下，有选择性地配置相应的 Console 用户界面属性。

（1）进入 Console 用户界面

视图：系统视图。

命令：

```
user-interface console 0
```

（2）配置 Console 用户界面的物理属性

Console 用户界面的物理属性是指 Console 端口与计算机终端连接的通信参数，包括传输速率（即波特率）、数据位、奇偶校验、停止位和流控方式，其默认值分别为 9600、8、无、1、无。如果没有特殊要求，一般不要改变这些默认值，否则一旦忘记，将无法登录交换机。

① 设置 Console 用户界面的传输速率。命令为：

```
speed speed-value
```

说明：*speed-value* 表示 Console 用户界面的传输速率，单位为 bps，取值范围为 300、600、1200、4800、9600、19200、38400、57600、115200。

② 设置 Console 用户界面的数据位。命令为：

```
databits {5 | 6 | 7 | 8}
```

说明：数据位的设置取决于传送的信息编码类型。若传输的是扩展的 ASCII，则需要将数据位设置为 8。

③ 设置 Console 用户界面的奇偶校验。命令为：

```
parity {even | mark | odd | space | none}
```

说明：even 表示采用偶校验，mark 表示采用 Mark 校验，odd 表示采用奇校验，space 表示采用 Space 校验，none 表示不进行校验，即无校验。

④ 设置 Console 用户界面的停止位。命令为：

```
stopbits {1 | 1.5 | 2}
```

说明：停止位用来表示不同字符数据间隔的时隙长度。

⑤ 设置 Console 用户界面的流量控制方式。命令为：

```
flow-control {hardware | software | none}
```

说明：hardware 表示采用硬件流控方式，software 表示采用软件流控方式，none 表示不进行流量控制，即无流控方式。

（3）配置 Console 用户界面的终端属性

Console 用户界面的终端属性是指用于配置管理交换机的计算机终端控制台窗口界面显示相关参数，包括用户连接的超时时间、屏幕显示的行数和列数、历史命令缓存区大小等。

① 设置用户连接的超时时间。命令为：

```
idle-timeout minutes [seconds]
```

说明：用户连接的超时时间是指允许用户连接后连续休闲的最长时间，若在设定的时间内用户不进行任何操作，系统将自动断开该连接。minutes 表示分钟，取值范围为 0～35791 的整数，默认为 10；seconds 表示秒数，取值范围为 0～59 的整数。

② 设置终端屏显的行数。命令为：

```
screen-length screen-length [temporary]
```

说明：screen-length 表示终端屏幕每屏显示的行数，取值范围为 0～512 的整数，默认值为 24 行；temporary 表示本次设置的屏显行数是临时的，下次登录后即恢复默认值。

③ 设置当前终端屏显的列数。命令为：

```
screen-width screen-width
```

说明：screen-width 表示终端屏幕显示的列数，默认值为 80，每个字符为一列。

④ 设置历史命令缓存区大小。命令为：

```
history-command max-size size-value
```

说明：size-value 表示系统保存历史命令的条数，取值范围为 0～256 的整数，默认值为 10。

（4）配置 Console 用户界面的用户登录认证方式、用户名与密码、用户优先级别

Console 用户界面的用户登录认证方式、用户名与密码、用户优先级别的配置方法和配置命令详见 3.2.3 节的相关介绍。

（5）Console 用户界面管理

在交换机管理中，对用户界面和用户的管理是一项非常重要的工作，Console 用户界

面配置完成后，可在任意视图下执行表 3-8 中的相关命令对 Console 用户界面进行管理。

表 3-8　Console 用户界面管理命令

命　令	功　能
display user-interface console 0 [summary]	查看 Console 用户界面的信息
kill user-interface console 0	断开用户与 Console 用户界面的连接，但不可对当前用户进行操作
display user [all]	查看所有通过用户界面登录过的用户信息，
display local-user	查看用户界面下已配置的所有本地用户信息

【例 3-4】　设置 Console 用户界面登录认证方式为 AAA 方式，并创建 AAA 认证用户名为 admin123，密码为 Huawei123，用户级别为 15。配置命令如下：

```
<HUAWEI> system-view
[HUAWEI] sysname Switch
[Switch] user-interface console 0                    // 进入 Console 用户界面视图
[Switch-ui-console0] authentication-mode aaa         // 设置登录认证方式为 AAA 方式
[Switch-ui-console0] quit
[Switch] aaa                                          // 进入 AAA 视图
[Switch-aaa] local-user admin123 password cipher Huawei123  // 设置 AAA 认证的用户名和密码
[Switch-aaa] local-user admin123 privilege level 15  // 配置用户优先级别为 15
[Switch-aaa] local-user admin123 service-type terminal // 配置用户的接入类型为 Console 用户
```

9. VTY 用户界面配置与管理

当用户通过 Telnet 或 SSH 方式登录交换机实现本地或远程管理与维护时，可根据用户使用需求和对交换机的安全性考虑，在 VTY 用户界面视图下配置 VTY 用户界面属性。

（1）配置 VTY 用户界面的最大个数

VTY 是一个虚拟界面，同一时间可以打开多个 VTY 用户界面，实现多个用户同时连接在交换机上（Console 用户界面同一时间只能允许一个用户连接）。通过配置同时登录到交换机的 VTY 用户界面的最大个数，可以实现对同时登录交换机用户数的限制。

视图：系统视图。

命令：

```
user-interface maximum-vty number
```

说明：*number* 表示最大用户数，取值范围为 0～15，默认值为 5。**注意：取值为 0 时，任何用户（包括网管用户）都无法通过 VTY 登录交换机。**

（2）进入 VTY 用户界面

视图：系统视图。

命令：

```
user-interface vty first-uj-number {last-uj-number}
```

说明：*first-uj-number* 是要配置的第一个 VTY 用户界面编号，取值范围为 0 至配置的最大 VTY 用户界面编号；*last-uj-number* 是要配置的最后一个 VTY 用户界面编号，选择此参数，表示同时进入到第一个至最后一个的多个 VTY 用户界面。

（3）配置 VTY 用户界面的终端属性

VTY 用户界面的终端属性包括用户连接的超时时间、屏幕显示的行数和列数、历史命令缓存区大小等，配置命令与 Console 用户界面相同，这里主要介绍 VTY 终端属性的配置方法步骤。

① 进入 VTY 用户界面视图。

② 开启 VTY 终端服务功能。命令为：

```
shell                                    // 开启终端服务，允许用户通过 VTY 界面输入命令
```

③ 配置用户连接的超时时间、屏幕显示的行数和列数、历史命令缓存区大小。

④ 配置 VTY 用户界面支持接入连接协议。命令为：

```
protocol inbound {all | ssh | telnet}
```

说明：all 表示 VTY 用户界面支持所有协议，包括 Telnet 和 SSH；ssh 表示 VTY 用户界面支持 SSH 协议；telnet 表示 VTY 用户界面支持 Telnet 协议，此为默认值。

（4）配置 VTY 用户界面基于 ACL 的登录限制

如果要限制 VTY 用户界面的登录用户，就可以通过访问控制列表（Access Control List, ACL）来实现。VTY 用户界面既支持基本 ACL 来限制源 IP 地址，即登录用户的主机或网段的 IP 地址；也支持高级 ACL 来限制源 IP 地址和目的 IP 地址（即要登录的网段 IP 地址）以及源端口和目的端口等。

通过 ACL 限制 VTY 用户界面登录用户的配置方法步骤如下。

① 创建 ACL，配置访问控制列表的规则。

视图：系统视图。

命令：

```
ACL acl-number                           // 创建一个访问控制列表并进入 ACL 视图
rule permit source source-address 0      // 在 ACL 视图下，配置 ACL 的允许规则
```

说明：acl-number 表示 ACL 表号，基本 ACL 取值范围为 2000～2999，高级 ACL 取值范围为 3000～3999；source-address 表示允许的 IP 地址，即限制 source-address 以外的 IP 地址。

② 配置 ACL 作用于 VTY 用户界面。

视图：VTY 用户视图。

命令：

```
acl acl-number {inbound | outbound}
```

说明：inbound 表示将表号为 acl-number 的 ACL 作用于 VTY 用户界面的呼入方向，即限制某个地址或地址段的用户登录到本交换机；outbound 表示将 ACL 作用于 VTY 用户界面的呼出方向，即限制已登录到本交换机的用户再登录其他交换机。默认情况是都没有限制。

（5）配置 VTY 用户界面的用户登录认证方式、用户名与密码、用户优先级别

VTY 用户界面的用户登录认证方式、用户名与密码、用户优先级别的配置方法和配置命令详见 3.3.3 节的相关介绍。

（6）VTY 用户界面管理

VTY 用户界面配置完成后，可执行表 3-9 中的相关命令对 VTY 用户界面进行管理。

10. 配置远程登录交换机的方式

交换机的 Telnet、STelnet 和 Web 登录方式是通过网络传输来实现的，一般用于支持用户远程登录交换机。Telnet 方式基于 Telnet 协议；STelnet 方式又称为 SSH（Secure Shell,

表 3-9　VTY 用户界面管理命令

命　令	功　能
display user-interface maximum-vty	查看当前配置的 VTY 用户界面的最大个数
display user-interface vty *uj-number* [summary]	查看指定的 VTY 用户界面的信息
display user [all]	查看每个 VTY 用户界面下的用户登录信息
display local-user	查看用户界面下已配置的所有本地用户信息

安全外壳）登录方式，基于 SSH 协议；Web 方式基于 HTTP 和 HTTPS 协议。在实际应用中，用户可以根据需要通过配置开启或关闭交换机的 Telnet Server、STelnet Server、HTTP Server 和 HTTPS Server 功能，来分别启用或禁用相应的登录方式。本节主要介绍配置上述登录方式服务功能及监听端口号的方法，详细配置步骤请参考实验 9.1，各登录方式主要服务功能参数的默认值如表 3-10 所示。

表 3-10　主要服务功能参数的默认值

参　数	Telnet	STelnet	HTTP	HTTPS
服务器功能状态	开启	关闭	关闭	关闭
服务器监听端口号	23	22	80	443
VTY 用户界面的验证方式	无	无	/	/
VTY 用户界面的用户级别	0	0	/	/
会话超时时间	/	/	20min	20min

（1）开启、关闭 Telnet、STelnet 和 Web 登录方式的服务功能

视图：系统视图。

命令：

```
server-type enable                    // 开启相应登录方式的服务功能
undo server-type enable               // 关闭相应登录方式的服务功能
```

说明：*server-type* 是指 Telnet、STelnet、HTTP 和 HTTPS 登录方式的服务功能，其值分别为 telnet server、stelnet server、http server 和 http secure-server。

（2）配置 Telnet、STelnet、HTTP 和 HTTPS 服务器监听端口号

视图：系统视图。

命令：

```
server-type port port-number
```

说明：*server-type* 是指 Telnet、STelnet、HTTP 和 HTTPS 登录方式的服务器，其值分别为 telnet server、ssh server、http server 和 http secure-server；*port-number* 是要配置的服务器监听端口号，取值为 1025～55535，也可以是登录方式各自的服务器监听端口默认值。通过配置登录方式服务器监听端口号，可以使攻击者无法获知更改后的监听端口号，从而有效防止非法登录，增加交换机的安全性。

【例 3-5】　网络拓扑结构如图 3-13 所示，交换机 SW 所在网段为 10.137.217.177/24，PC 的 IP 地址为 10.1.1.1/32，且 PC 与交换机 SW 之间路由可达。现要求在交换机上配置 Telnet 用户，以 AAA 认证方式登录到 VRP 系统，并配置安全策略，保证只有当前管理员使用的 PC 才能通过指定的 VTY 用户界面登录到交换机。

具体配置步骤如下。

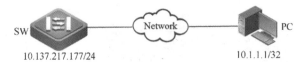

图 3-13 Telnet 登录交换机网络拓扑

① 配置 Telnet 登录 VTY 用户界面的属性，指定 VTY 0～VTY 7 用于 Telnet 用户登录、连接超时时间为 20min、终端屏幕的显示行数为 30、历史命令缓冲区大小为 20。

```
<HUAWEI> system-view
[HUAWEI] sysname Telnet_Server
[Telnet_Server] user-interface maximum-vty 8
[Telnet_Server] user-interface vty 0 7
[Telnet_Server-ui-vty0-7] protocol inbound telnet
[Telnet_Server-ui-vty0-7] shell
[Telnet_Server-ui-vty0-7] idle-timeout 20
[Telnet_Server-ui-vty0-7] screen-length 30
[Telnet_Server-ui-vty0-7] history-command max-size 20
```

② 配置 Telnet 登录 VTY 用户界面为 AAA 认证方式，创建 AAA 认证的用户名为 huawei、密码为 huawei123，用户级别为 15，并支持 Telnet 服务。

```
[Telnet_Server-ui-vty0-7] authentication-mode aaa
[Telnet_Server-ui-vty0-7] quit
[Telnet_Server] aaa
[Telnet_Server-aaa] local-user huawei password cipher huawei123
[Telnet_Server-aaa] local-user huawei privilege level 15
[Telnet_Server-aaa] local-user huawei service-type telnet
[Telnet_Server-aaa] quit
```

③ 配置 ACL 策略，只允许 PC 通过 Telnet 登录交换机。

```
[Telnet_Server] acl 2001
[Telnet_Server-acl-basic-2001] rule permit source 10.1.1.1 0
[Telnet_Server-acl-basic-2001] quit
[Telnet_Server] user-interface vty 0 7
[Telnet_Server-ui-vty0-7] acl 2001 inbound
[Telnet_Server-ui-vty0-7] quit
```

④ 开启 Telnet 服务器功能，并配置 Telnet 服务器监听端口号为 1025。

```
[Telnet_Server] telnet server enable
[Telnet_Server] telnet server port 1025
[Telnet_Server] quit
```

3.2.4 交换机配置文件管理

交换机配置文件是 VRP 系统配置命令行的集合，有"配置文件"和"当前配置"两种。"当前配置"是指系统正在运行、生效的配置，临时存放在 RAM 内存中，如果不以文件的形式保存，交换机断电后，所有配置全部丢失。"配置文件"是指以文件的形式保存在 Flash 中的配置，交换机断电后，文件内容不会丢失。在系统启动时，系统对"配置文件"中的配置命令逐条解释执行，同时将其复制到"当前配置"中。在系统运行期间，这两种类型配置的内容可以不一样，用户可以随时登录交换机，修改“当前配置”中的配置，并在调试完成后将“当前配置”保存到“配置文件”中，以使交换机下次重启时这些配置仍然有效。另外，通过配置文件，用户可以非常方便地查阅配置信息，也可以将配置文件上传到别的交换机，来实现设备的批量配置。

启动配置文件必须以“.cfg”或“.zip”作为扩展名，而且必须存储在交换机存储器的根目录下；默认启动配置文件是“vrpcfg.zip”，是“vrpcfg.cfg”的压缩文件，初始状态是空配置。

1. 保存配置文件

（1）自动保存配置

视图：系统视图。

命令：

```
set save-configuration [interval interval | cpu-limit cpu-usage | delay delay-interval]*
```

说明：*interval* 表示定时自动保存配置的时间间隔，取值范围为 30～43200 的整数，默认值是 30 min；*cpu-usage* 表示定时自动保存配置的 CPU 占用率阈值，高于这个值，则取消当前进行的自动保存操作，取值范围为 1%～60%，默认值为 50%；*delay-interval* 表示在发生配置文件更改后多长时间自动进行保存配置操作，取值范围为 1～60 的整数，该值必须小于同时设置的 interval 参数值，默认值是 5。

该命令是配置系统在本地定时保存配置，默认情况下，系统不启动定时保存配置的功能，但会定时查看配置文件情况。当发生如下情况时，会触发定时保存：

❖ 配置文件与上次保存的不同。

❖ 配置文件与上次保存的相同，但是期间有过改动。例如，执行某条命令后又删除了该命令，配置文件虽然与之前相同，但是也会触发定时保存。

当出现如下情况时，系统会取消定时保存配置文件的操作：

❖ 当前存在写配置文件操作。

❖ 设备正在进行配置恢复。

❖ CPU 利用率较高。

（2）手动保存配置

视图：用户视图。

命令：

```
save [all] [configuration-file]
```

说明：手动保存当前配置有如下三种方式。

① 执行命令 save。将当前配置直接保存到当前启动配置文件中，即直接替换相应内容。在第一次保存配置文件时，交换机将提示是否将文件名保存为“vrpcfg.zip”。

② 执行命令 save all，则将当前所有的配置（包括不在位的板卡的配置）保存到当前启动配置文件中，直接替换相应内容。

③ 执行命令 save [all] *configuration-file*，则将当前所有配置保存到指定的 *configuration-file* 文件中。*configuration-file* 为文件名，包括存储路径，扩展名必须是“.zip”或“.cfg”，长度为 5～64 个字符。若 *configuration-file* 与启动配置文件名不同，则该操作不影响系统当前的启动配置文件；若将保存的配置文件作为系统下次启动的配置文件，

则必须存放在存储器的根目录下。在用户视图下，可用 pwd 命令查看系统当前存储路径，可用 cd 命令更改系统当前存储路径。

2. 比较配置文件

视图：系统视图。

命令：

```
compare configuration [configuration-file] [current-line-number save-line-number]
```

说明：比较当前配置与下次启动的配置文件或者指定的配置文件的内容是否一致。

configuration-file 表示要与当前配置进行比较的配置文件名，默认值为下次启动的配置文件；*current-line-number* 表示当前配置从该指定行开始进行比较，默认值是从首行开始比较；*save-line-number* 表示配置文件从该指定行开始进行比较，默认值是从首行开始比较。

3. 备份配置文件

为了防止交换机或配置文件意外损坏而导致配置文件无法恢复，在完成交换机配置调试后，一定要将配置文件进行备份。其备份方法较多，这里主要介绍三种常用的方法。

(1) 直接复制屏幕备份配置文件到配置终端的硬盘

先在命令行界面执行 display current-configuration 命令，在屏幕上显示配置文件的所有信息，再将屏幕上的所有信息复制到 TXT 文本文件中，并保存在配置终端的硬盘上。

注意： ① 对于较长的配置命令行，屏幕上显示可能出现换行的情况，复制到 TXT 文件后，需要删除换行，保证一条配置命令只处在一行中，否则当使用备份的 TXT 文件恢复配置时，换行的配置将无法恢复；② 配置文件的扩展名一定为 ".cfg"。

(2) 备份配置文件到存储器 Flash

交换机启动后，使用如下命令将当前配置文件备份在交换机当前 Flash 的根目录中。

```
<HUAWEI> save config.cfg
<HUAWEI> copy config.cfg backup.cfg
```

(3) 通过 FTP 服务备份配置文件

通过 FTP 服务备份配置文件，一般是把交换机作为 FTP 服务器，把用来保存备份配置文件的 PC 作为 FTP 客户端，通过 PC 输入 FTP 命令向交换机发起 FTP 连接，然后在 PC 上通过 FTP 服务的 get 命令从交换机上备份出配置文件。备份操作的方法步骤如下：

① 将交换机作为 FTP 服务器，启动 FTP 服务器功能，并创建 FTP 用户名为 huawei123，密码为 Huawei@6789，授权此用户可访问的目录是 "flash:"。

```
<HUAWEI> system-view
[HUAWEI] ftp server enable
Warning: FTP is not a secure protocol, and it is recommended to use SFTP.
Info: Succeeded in starting the FTP server.
[HUAWEI] aaa
[HUAWEI-aaa] local-user huawei123 password cipher Huawei@6789
[HUAWEI-aaa] local-user huawei123 ftp-directory flash:
[HUAWEI-aaa] local-user huawei123 service-type ftp
[HUAWEI-aaa] local-user huawei123 privilege level 15
```

② 在 PC 向交换机发起 FTP 连接。假设交换机的管理 IP 地址为 10.110.24.254。

```
C:\Documents and Setting\Administrator> ftp 10.110.24.254
Connected to 10.110.24.254.
220 FTP service ready.
User (10.110.24.254:(none)): huawei123
331 Password required for huawei123.
Password:
230 User logged in.
```

③ 设置传输参数。FTP 用户验证通过后,FTP 客户端显示提示符"ftp>",输入 binary (二进制传输模式),并设置 FTP 客户端存放下载文件的目录（假设为 C:\temp）。

```
ftp> binary
200 Type set to I.
ftp> lcd c:\temp
Local directory now C:\temp.
```

④ 传输配置文件。在 FTP 客户端 PC 上,使用 get 命令将配置文件下载至本地指定目录中,并保存为 backup.cfg。若文件大小一致,则认为备份成功。

```
ftp> get flash:/config.cfg backup.cfg      // 将配置文件下载到 PC 上, 并保存为 backup.cfg
```

4. 恢复配置文件

如果用户对配置文件进行了错误的配置或配置文件损坏,可以采用以下方法恢复配置文件。

（1）从存储器恢复配置文件

若配置文件备份在存储器 Flash 的根目录下,则可以用如下方法恢复配置文件。

视图：用户视图。

命令：

```
copy flash:/backup-file flash:/configuration-file      // 将备份配置文件恢复为配置文件
startup saved-configuration configuration-file // 指定恢复的配置文件为下次启动时的配置文件
```

说明：backup-file 为备份配置文件名,configuration-file 为恢复后的配置文件名,扩展名均为 ".cfg"。在系统视图下,可用 undo startup saved-configuration 命令取消指定的配置文件。

（2）通过 FTP 恢复备份在计算机上的配置文件

恢复操作的步骤与上面"通过 FTP 服务备份配置文件"的操作方法步骤基本相同,只是把第④步的 get 命令改为 put 命令,将配置文件上传到交换机指定目录中。命令：

```
ftp>put flash:/config.cfg backup.cfg  // 将配置文件上传到交换机 Flash 根目录, 并改名为 config.cfg
```

5. 清除配置文件

用户可以根据不同的需要,选择不同的方式清除交换机的配置。

（1）清除配置文件内容

当交换机软件系统升级后原配置文件与当前软件不匹配、配置文件遭到破坏或者加载了错误的配置文件时,用户可以清除原有的配置文件,再重新指定一个配置文件。

视图：系统视图。

命令：

```
reset saved-configuration
```

说明：系统在清除配置文件之前会比较当前启动与下次启动的配置文件，并按如下执行。

① 如果一致，执行该命令将同时清除这两个配置文件。执行该命令后，若不重新使用命令 startup saved-configuration *configuration-file* 指定系统下次启动的配置文件，或者不使用 save 命令保存当前配置，则系统下次启动时将采用默认的配置参数进行初始化。

② 如果不一致，执行该命令将清除当前启动的配置文件。

③ 如果交换机当前启动的配置文件为空，系统将提示配置文件不存在。

（2）清除设备上的非激活配置信息

当交换机上的插卡不在位时，插卡上原来的配置会保留在交换机上。比如，当堆叠环境中的备/从交换机不在位时，这些交换机上的配置会保留在主交换机上，这些无效的配置均称为非激活配置，或称为离线配置。用户可以清除设备上所有的非激活配置信息，增加设备的可用空间。

视图：系统视图。

命令：

```
clear inactive-configuration all
```

6. 重新启动交换机

视图：用户视图。

命令：

```
reboot [fast | save diagnostic-information]
```

说明：fast 表示快速重启设备，不会提示是否保存配置文件；save diagnostic-information 表示系统在重新启动前会将诊断信息保存到交换机存储器的根目录下。

3.3 交换机互连技术

单独一台交换机的端口数量是有限的，不足以满足网络终端设备接入网络的需要，因此一个局域网是由多台交换机通过不同类型的接口相互连接而组成的网络。本节主要介绍交换机的接口管理与配置、交换机链路聚合、交换机级联等技术。

3.3.1 交换机接口管理

1. 交换机接口分类

交换机接口是网络设备之间交换数据并相互作用的部件，分为物理接口和逻辑接口两类。物理接口就是前面介绍的交换机端口，也称为以太网接口，承担业务传输和设备管理。逻辑接口是指能够实现数据交换功能但物理上不存在、需要通过配置命令创建的虚拟接口，承担业务传输，华为交换机支持的主要逻辑接口及其特性如表 3-11 所示。

为了适应不同的网络连接和组网需求，根据接口处理报文的转发方式，将交换机接口分为二层接口（L2 interface）和三层接口（L3 interface）两种。

表 3-11　华为交换机支持的主要逻辑接口及其特性

逻辑接口	功能描述
Eth-Trunk 接口	一种具有二层和三层特性、能把多个以太网接口聚合为一个的逻辑接口，比以太网接口具有更大的带宽和更高的可靠性，又称为链路聚合（Link Aggregation）接口
Tunnel 接口	一种具有三层特性的逻辑接口，隧道两端的设备利用 Tunnel 接口发送报文、识别并处理来自隧道的报文
VLANIF 接口	一种具有三层特性的逻辑接口，通过配置 VLANIF 接口的 IP 地址，不仅可以实现 VLAN 之间互访，还可以部署三层业务
子接口	在一个物理以太网接口（主接口）上划分的多个虚拟接口，是一种具有三层特性的逻辑接口，主要用于实现与多个远端进行通信。子接口共用主接口物理层参数，又可以分别配置各自的链路层和网络层参数。目前，S5700HI、S5710EI 系列支持子接口配置但不能配置 IP 地址，S7700/S9300/S9700E 系列和 F 系列支持子接口配置且可以配置 IP 地址
Loopback 接口	一种具有三层特性的逻辑接口，其接口状态永远是开启的，且可以配置 32 位子网掩码。当用户需要一个接口状态永远是开启接口的 IP 地址时，可以选择 Loopback 接口的 IP 地址
NULL 接口	任何送到该接口的网络数据报文都会被丢弃，主要用于路由过滤等

（1）二层接口

二层接口由单个物理接口构成，工作在数据链路层，不能配置 IP 地址，只能对接收到的报文进行二层交换转发，但可以加入 VLAN，通过 VLANIF 接口对接收到的报文进行三层路由转发。按工作模式，二层接口可配置为 4 种接口配置类型：Access Port、Trunk Port、Hybrid Port 和 QinQ Port。

① Access Port（访问接口）：主要用于连接用户主机、服务器、Hub 或傻瓜交换机等。每个 Access Port 只能属于一个 VLAN，且只允许该 VLAN 的帧通过。

② Trunk Port（干道接口）：主要用于交换机、路由器、无线 AC/AP 等设备之间的连接。每个 Trunk Port 可以属于多个 VLAN，允许多个 VLAN 的帧通过。默认情况下，Trunk Port 能够传输所有 VLAN 的帧。

③ Hybrid Port（混合接口）：既可以连接用户主机、服务器、Hub 或傻瓜交换机，也可连接其他交换机、路由器、无线 AC/AP 等设备，且允许一个或多个 VLAN 数据帧通过。

④ QinQ（802.1Q-in-802.1Q）Port：专用于 QinQ 协议的接口，主要用于私网与公网之间的连接，支持多达 4094×4094 个 VLAN，可满足企业网络对 VLAN 数量的需求。

（2）三层接口

三层接口工作在网络层，可以配置 IP 地址，可以对接收到的报文进行三层路由转发，即可以收发源 IP 和目的 IP 处于不同网段的报文，主要有逻辑接口和路由接口两种。

① 逻辑接口（Logic Port）：指物理上不存在、需要通过配置建立的接口，具有三层特性，能够实现三层路由数据交换。如 Eth-Trunk 接口可实现链路聚合通信，VLANIF 接口和子接口可实现 VLAN 之间的通信。

② 路由接口（Routed Port）：由三层交换机的单个物理端口构成的路由（网关）接口，可以配置 IP 地址，不具备二层交换的功能。路由接口与 VLANIF 接口的区别是：VLANIF 是虚拟的逻辑接口，主要用于 VLAN 间的路由，实现不同 VLAN 间的通信；路由接口是物理以太网端口，用于点对点的链路连接与路由，实现三层交换机之间的三层路由转发。

2．交换机接口的应用

根据上述对交换机接口的描述，实际网络中各类接口的应用位置如图 3-14 所示。

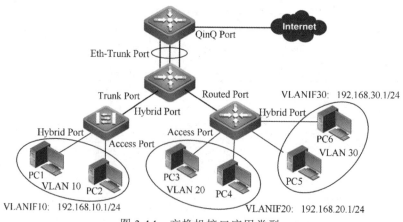

图 3-14　交换机接口应用类型

3.3.2　交换机接口配置

交换机接口在网络互连与通信中具有重要位置,因此对交换机接口的配置相当重要。

1. 接口基本配置

(1) 配置一个接口

视图:系统视图或接口视图。

命令:

```
interface interface-type interface-number          // 指定一个接口并进入该接口视图
```

说明:*interface-type* 表示接口类型,*interface-number* 表示接口编号。

该命令可以在系统视图下执行,也可以在接口视图下执行,所以配置完一个接口后,可直接用 interface 命令进入下一个接口。

(2) 配置端口组

当用户需要对多个以太网接口进行相同的配置时,若对每个接口逐一进行配置,很容易出错,并且造成大量重复工作。这时可以采用端口组功能,将那些基本属性配置相同和以太网接口加入一个端口组,然后直接在端口组视图下配置这些共同属性,用户只需输入一次配置命令,就可以全面应用到该端口组内的所有成员以太网接口上。

端口组分为临时端口组和永久端口组两种。临时端口组是在退出端口组视图后,该端口组将被系统自动删除;而永久端口组是在退出端口组视图后,该端口组及对应的端口成员仍然存在,便于下次批量下发配置。若用户需要临时批量下发配置到指定的多个接口,则可选用配置临时端口组。若用户需要多次进行批量下发配置命令,则可选用配置永久端口组。

① 配置永久端口组

视图:系统视图。

命令:

```
port-group port-group-name                    // 创建并进入永久端口组视图
group-member {interface-type interface-number1 [to interface-typeinterface-number2] }
&<1-10>                                        // 将以太网接口添加到指定永久端口组中
```

说明:*port-group-name* 表示永久端口组名称,由 1~32 个字符组成,不支持空格,不区分大小写,不能为"group";*interface-type interface-number1* [to *interface-type interface-number2*]表示连续的端口,关键字 to 前后两个接口必须在同一个接口板上、类型必须相同且具有同一属性。若省略 to *interface-type interface-number2*,则指单个端口。

② 配置临时端口组

视图:系统视图。

命令:

```
port-group group-member {interface-type interface-number1
[to interface-type interface-number2 ] } &<1-10>          // 创建并进入临时端口组视图
或  interface range{interface-type interface-number1 [to interface-type interface-number2]} &<1-10>
```

③ 删除永久端口组或端口

在配置永久端口组命令前加 undo,可删除永久端口组或从永久端口组中删除端口。

④ 查看端口组的接口信息

视图:用户视图。

命令:

```
display port-group [all | port-group-name]
```

(3) 配置接口描述信息

为了方便管理和维护设备,可以配置接口的描述信息,如接口所属的设备、接口类型等。

视图:接口视图。

命令:

```
description description
```

说明:*description* 表示接口的描述信息,为 1~242 个字符,支持空格,区分大小写。可以使用命令 undo description 删除一个接口的描述信息。

(4) 关闭或开启接口

交换机接口有开启(Up)和关闭(Down)两种状态,接口的默认状态为开启。

视图:接口视图。

命令:

```
shutdown                                    // 关闭指定的接口
undo shutdown                               // 开启指定的接口
```

说明:如果修改了接口的参数配置,新的配置不能立即生效,这时可以依次执行 shutdown 和 undo shutdown 命令(即相当于执行 restart 命令),关闭和重启接口,使新的配置生效。

(5) 配置以太网接口的类型

视图:接口视图。

命令:

```
port link-type {access | trunk | hybrid | dot1q-tunnel}
```

说明:access 表示 Access 接口类型,trunk 表示 Trunk 接口类型,hybrid 表示 Hybrid 接口类型,dot1q-tunnel 表示 QinQ 接口类型。默认情况下,华为 S 系统交换机的以太网接口为 Hybrid 接口类型。若在同一接口多次执行本命令,则生效的是最后一次配置。

(6) 配置以太网接口二/三层模式转换

视图:接口视图。

命令：

```
undo portswitch                              // 将接口 shutdown 并转换为三层模式
portswitch                                   // 将接口 shutdown 并转换为二层模式
```

说明：默认情况下，以太网接口工作在二层模式。当接口转换为三层模式时，该接口的二层特性被删除。在华为 S 系列交换机中，工作在三层模式的以太网接口也不能配置 IP 地址。

【例 3-6】 将 GigabitEthernet 0/0/1 设置为 Trunk 接口类型，再设置为三层模式。

```
<HUAWEI> system-view                                    // 进入系统视图
[HUAWEI] interface GigabitEthernet 0/0/1                // 选定接口 GE 0/0/1 并进入接口视图
[HUAWEI-GigabitEthernet0/0/1] port link-type trunk      // 配置接口为 trunk 类型
[HUAWEI-GigabitEthernet0/0/1] undo portswitch           // 将接口转换为三层模式
[HUAWEI-GigabitEthernet0/0/1] undo shutdown             // 重新开启接口
[HUAWEI-GigabitEthernet0/0/1] quit                      // 退回系统视图
```

（7）配置 Routed 接口

在接口视图下,将一个三层接口转换为三层模式,再配置 IP 地址即可创建一个 Routed 接口。**注意**：只有部分型号的交换机支持工作在三层模式的以太网接口配置 IP 地址。

视图：接口视图。

命令：

```
interface interface-type interface-number        // 选择接口并进入接口视图
undo switchport                                  // 将该接口关闭并转换为三层接口
ip address ip-address {mask | mask-length}       // 配置接口的 IP 地址和子网掩码
undo shutdown                                    // 重新开启接口
```

说明：*ip-address* 为接口的 IP 地址，*mask* 为子网掩码，*mask-length* 为掩码长度。

【例 3-7】 在业务端口 GigabitEthernet 0/0/1 上配置管理 IP 地址 211.69.10.2/24。

```
<HUAWEI> system-view                                          // 进入系统视图
[HUAWEI] interface GigabitEthernet 0/0/1                      // 选定接口 GE 0/0/1 并进入接口视图
[HUAWEI-GigabitEthernet0/0/1] undo portswitch                // 将接口切换到三层模式
[HUAWEI-GigabitEthernet0/0/1] ip address 211.69.10.2 24      // 配置接口的 IP 地址
[HUAWEI-GigabitEthernet0/0/1] undo shutdown                  // 重新开启接口
[HUAWEI-GigabitEthernet0/0/1] quit                           // 退回系统视图
```

（8）查看接口配置与状态信息

在交换机日常管理与维护中，经常需要查看接口上的各种配置信息和状态信息，这时可在用户视图下执行表 3-12 中的相关命令。

（9）清除接口的配置

当用户需要将交换机的某个接口用作其他用途时，需要删除原有的配置，如果逐条删除，工件量较大，这时可以采用以下命令一键式清除接口的配置。

① 清除指定接口的配置信息或将配置恢复到默认值

视图：系统视图。

命令：

```
clear configuration interface interface-type interface-number
```

说明：选择该操作时，一定要清楚被清除配置的接口类型和编号，否则其他接口配置可能被清除，从而导致业务中断。

表 3-12　华为交换机接口信息常用查询命令

命　令	功　能
display interface [*interface-type* [*interface-number*]]	查看所有接口或指定接口的端口号、状态与配置信息
display interface brief	查看各接口状态和配置的简要信息
display ip interface [*interface-type* [*interface-number*]]	查看接口与 IP 相关的配置与统计信息
display ip interface brief [*interface-type* [*interface-number*]]	查看接口与 IP 相关的简要信息
display interface description [*interface-type* [*interface-number*]]	查看所有接口或指定接口的描述信息
display counters [inbound │ outbound] [interface *interface-type* [*interface-number*]]	按接口类型或编号查看接口入方向或出方向的流量统计信息，以便进行故障的定位与排查
display counters rate [inbound │ outbound] [interface *interface-type* [*interface-number*]]	按接口类型或编号查看接口入方向或出方向的流量速率，以便进行故障的定位与排查

② 清除当前接口的配置信息或将配置恢复到默认值

视图：接口视图。

命令：

```
clear configuration this
```

③ 清除指定接口的流量统计信息

视图：系统视图。

命令：

```
reset counters interface [interface-type [interface-number]]
```

说明：若需要统计接口在某时段内的流量信息，则必须在统计开始前使用此命令清除它原有的统计信息，使它重新进行统计。

2．接口属性配置

交换机以太网接口的基本属性包括 Combo 接口工作模式、XGE（万兆）接口工作模式、接口速率、双工模式、流量控制、网线类型等，其默认配置如表 3-13 所示。

表 3-13　华为交换机接口属性的默认配置

参　数	默认值
Combo 接口工作模式	auto，即自动切换光口模式或电口模式
XGE（万兆）接口工作模式	LAN 模式
接口速率	自协商模式下，接口的速率是与对端协商得到的；非自协商模式下，接口的速率为接口支持的最大速率
双工模式	自协商模式下，接口的双工模式是与对端协商得到的；非自协商模式下，接口的双工模式全为全双工
流量控制	没有配置接口流量控制功能和流量控制自协商功能
MDI（Media Dependent Interface）类型	auto，即自动识别所连接网线的类型

可以在接口视图下配置单个接口的属性，也可以在端口组视图下进行批量配置。

（1）配置 Combo 接口工作模式

命令：

```
combo-port {auto │ copper │ fiber}
```

说明：auto 表示自动选择接口模式，若有光信号，则选择光口模式，否则选择电口模式；copper 表示强制选择电口模式；fiber 表示强制选择光口模式。

（2）配置 XGE 接口工作模式

命令：

```
set port-work-mode {lan | wan}
```

说明：lan 表示 XGE 接口工作在 LAN 模式；wan 表示 XGE 接口工作在 WAN 模式。

（3）配置接口速率

交换机一般具有多种速率的自适应接口，FastEthernet 接口有 10 Mbps 和 100 Mbps 两种，GigabitEthernet 接口有 10 Mbps、100 Mbps、1000 Mbps 三种。默认情况下，以太网接口处于自协商模式。利用配置命令，可指定自协商的速率范围，或非自协商下使用的某个固定速率。

① 自协商模式。

命令：

```
negotiation auto                          // 设置接口工作在自协商模式
auto speed {10 | 100 | 1000}*             // 设定接口自协商的速率范围
```

② 非自协商模式。

命令：

```
undo negotiation auto                     // 设置接口工作在非自协商模式
speed {10 | 100 | 1000}                   // 设定接口的接口速率
```

（4）配置接口双工模式

交换机的电接口可工作于全双工模式或半双工模式，默认情况下，它们用自协商方式确定其双工模式。利用配置命令可指定它们只使用某一种双工模式。

命令：

```
auto duplex {full | half}*                // 设置电接口工作在自协商模式下的双工模式
duplex {full | half}                      // 设置电接口工作在非自协商模式下的双工模式
```

说明：full 表示全双工模式，half 表示半双工模式。在非自协商模式下，要求与该接口相连的设备必须支持所配置的双工模式。

（5）配置接口流量控制

命令：

```
flow-control                              // 配置接口的流量控制功能
negotiation auto                          // 配置接口工作在自协商模式
flow-control negotiation                  // 配置接口的流量控制自协商功能
```

（6）配置接口 MDI 类型

MDI（Medium Dependent Interface，介质相关接口）类型是指连接两台交换机电接口采用的是交叉线还是直通线，或者是自动识别网线。

命令：

```
mdi {normal | across | auto}
```

说明：normal 表示接口采用直通网线连接；across 表示接口采用交叉网线连接；auto 表示接口自动识别连接网线，即接口自动识别线序，并协商收发的顺序，使得不管使用何种网线，也不管对端设备接口是否为同种类型，都可以正常通信，从而不用考虑连接网线的类型，也不用考虑对端设备接口是否支持 MDI。

3．逻辑接口配置

交换机逻辑接口主要有 Eth-Trunk 接口、Tunnel 接口、VLANIF 接口、子接口、Loopback 接口和 NULL 接口。Eth-Trunk 接口和 VLANIF 接口的配置在相应章节介绍，本节主要介绍如何配置以太网子接口，实现不同网段、不同 VLAN 间的三层互通，即通常所说的单臂路由。

（1）进入系统视图，创建子接口并进入子接口视图

命令：

```
interface interface-type interface-number.subinterface-number
```

说明：*interface-type interface-number* 表示要划分子接口的物理以太网接口；*subinterface-number* 表示要创建的子接口编号，取值范围 1~4096 的整数。

注意：只有 S5700HI/5710EI/5720EI 系列、S7700/9300/9700E 系列和 F 系列支持子接口。

（2）配置子接口的 IP 地址

命令：

```
ip address ip-address {mask | mask-length} [sub]
```

说明：*ip-address* 为子接口的 IP 地址，*mask* 为子网掩码，*mask-length* 为子网掩码长度，sub 表示配置的 IP 地址为从 IP 地址。此命令只有 S7700/9300/9700E 系列和 F 系列支持。

（3）配置子接口终结功能

根据 VLAN 报文携带的 Tag 层数，VLAN 报文可以分为 Dot1q 报文（带有一层 VLANTag）和 QinQ 报文（带有两层 VLAN Tag）。相应地，有两种如下配置子接口终结功能命令。

命令：

```
dot1q termination vid low-pe-vid [to high-pe-vid]      // 对一层 Tag 报文的终结功能
qinq termination pe-vid pe-vid ce-vid ce-vid1 [to ce-vid2]  // 对两层 Tag 报文的终结功能
```

说明：*low-pe-vid* 和 *high-pe-vid* 表示用户报文中的 VLAN 标签的取值下限和上限，为 2~4094 的整数；*pe-vid* 表示 PE（Provider Edge，运营商边缘路由器）的 VLAN ID，即允许通过的外层 VLAN 的标签值，为 2~4094 的整数；*ce-vid* 表示 CE（Customer Edge，用户边缘路由器）的 VLAN ID，即允许通过的内层 VLAN 的标签值；*ce-vid1* 为取值下限，为 1~4094 的整数；*ce-vid2* 为取值上限，为 2~4094 的整数。

（4）开启子接口的 ARP 广播功能

命令：

```
arp broadcast enable
```

3.3.3　以太网链路聚合

随着网络规模不断扩大，用户对骨干链路的带宽和可靠性提出越来越高的要求。传统技术通过更换高速率交换机的方式来增加带宽，但需要付出高额的费用，而且不够灵活。链路聚合技术可以在不进行硬件升级的条件下，达到用户的实际需求。

1．链路聚合的概念

以太网链路聚合 Eth-Trunk 简称链路聚合（Link Aggregation），是将一组相同类型的

物理以太网接口捆绑在一起，成为一个逻辑接口 Eth-Trunk，如图 3-15 所示。

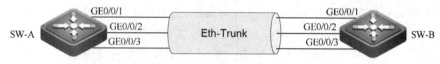

图 3-15　以太网链路聚合

（1）链路聚合组和链路聚合接口

链路聚合组（Link Aggregation Group，LAG）是指将若干条以太链路捆绑在一起所形成的逻辑链路。每个聚合组唯一对应一个逻辑接口 Eth-Trunk，称为链路聚合接口。逻辑接口可以作为普通的以太网接口来使用，可以配置为 Access、Trunk、Hybrid 或 Tunnel 接口类型，将其加入一个或多个 VLAN。它与普通以太网接口的区别在于：转发的时候，链路聚合组需要从成员接口中选择一个或多个接口来进行数据转发。

（2）成员接口和成员链路

组成 Eth-Trunk 接口的各物理接口称为成员接口，成员接口对应的链路称为成员链路。Eth-Trunk 接口中的成员接口必须是同一类型，且最多只能包含 8 个。一个以太网接口最多只能属于一个 Eth-Trunk 接口，如果需要加入其他 Eth-Trunk 接口，必须先退出原来的 Eth-Trunk 接口。成员接口在加入 Eth-Trunk 接口时，必须为默认的 Hybrid 类型，且不能配置任何业务和静态 MAC 地址。

（3）活动接口和非活动接口、活动链路和非活动链路

为了提高链路聚合接口的可靠性，链路聚合组的成员接口分为活动接口和非活动接口两种。转发数据的接口称为活动接口，不转发数据的接口称为非活动接口，又称为备份接口。活动接口对应的链路称为活动链路，非活动接口对应的链路称为非活动链路，又称为备份链路。当某条活动链路出现故障时，流量可以切换到其他备份的成员链路上。这种机制同时实现了在各成员活动链路上的负载分担。

（4）活动接口数下限阈值和上限阈值

Eth-Trunk 接口的最大带宽可达各成员接口带宽之和。设置活动接口数下限阈值是为了保证 Eth-Trunk 接口的最小带宽，当前活动链路数目小于下限阈值时，Eth-Trunk 接口的状态转为 Down。设置活动接口数目上限阈值的目的是在保证带宽的情况下提高网络的可靠性。当前活动链路数目达到上限阈值时，再向 Eth-Trunk 接口中添加成员接口，不会增加 Eth-Trunk 接口的数目，超过上限阈值的链路状态将被置为 Down，作为备份链路。

例如，Eth-Trunk 接口中有 8 条无故障链路，每条链路都能提供 1 Gbps 的带宽，现在最小需要 2 Gbps 的带宽，最多需要 5 Gbps 的带宽，那么活动接口数下限阈值必须大于等于 2，上限阈值可以设为 5 或者更大的值。其他链路自动进入备份状态，以提高网络的可靠性。

Eth-Trunk 接口链路两端必须同时创建 Eth-Trunk 接口，且各成员接口的数量、速率、双工模式、超大帧支持、流量控制等属性配置必须一致。

2. 链路聚合的模式

交换机链路聚合有两种模式：手工负载分担模式和链路聚合控制协议（Link Aggregation Control Protocol，LACP）模式。本节主要介绍手工负载分担模式链路聚合配置方法。

（1）手工负载分担模式链路聚合

手工负载分担模式是一种最基本的链路聚合方式，创建 Eth-Trunk 接口、成员接口加入、哪些接口作为活动接口等完全由手工配置，没有 LACP 协议参与。链路聚合组中的所有链路都是活动链路，均参与数据转发。如果某条活动链路出现故障，链路聚合组自动将其流量分担到剩余的活动链路中。

该模式只能检测到同一聚合组内的成员链路是否断路，而无法检测到链路故障、链路错连等。如果交换机不支持 LACP，那么通常采用该模式配置链路聚合。

（2）LACP 模式链路聚合

LACP 模式是一种利用 LACP 协议进行聚合参数协商、确定活动接口与备份接口的高级链路聚合方式。在 LACP 模式下，部分链路是活动链路，所有活动链路均参与数据转发。如果某条活动链路出现故障，那么链路聚合组自动在备份链路中选择一条链路作为活动链路，参与数据转发的链路数目不变。

该模式不仅能够检测到同一聚合组内的成员链路是否断路，还可以检测到链路故障、链路错连等。该模式需要链路两端交换机均支持 LACP 协议。

3. 手工负载分担模式链路聚合配置

（1）创建 Eth-Trunk 接口，并进入 Eth-Trunk 接口视图

视图：系统视图。

命令：

```
interface eth-trunk trunk-id                           // 创建 Eth-Trunk 接口
undo interface eth-trunk trunk-id                      // 删除 Eth-Trunk 接口
```

说明：*trunk-id* 表示要创建的 Eth-Trunk 接口编号，取值范围根据交换机的不同型号有所不同，如 S2700EI 系列为 0～13、S2700SI 系列为 0～2、S3700 系列 0～19、S5700SI 系列为 0～31、S5700LI/EI/HI/6700 系列为 0～63、S7700/9300/9300E/9700 系列为 0～27。

注意：在删除 Eth-Trunk 接口前，必须先删除其中的所有成员接口。

（2）配置 Eth-Trunk 的工作模式为手工负载分担模式

视图：Eth-Trunk 接口视图。

命令：

```
mode manual load-balance
```

说明：Eth-Trunk 接口的工作模式为手工负载分担模式，若已配置为 LACP 模式，则可用 undo mode 命令恢复该默认值。

（3）将成员接口加入 Eth-Trunk 接口

① 在 Eth-Trunk 接口视图下，将成员接口加入其中

命令：

```
trunkport interface-type {interface-number1 [to interface-number2]}&<1-8>
    [mode {active | passive}]
```

说明：*interface-type* 表示要加入的成员接口的类型；*interface-number1* 表示要加入的第一个成员接口编号；*interface-number2* 若选择，则表示要加入一组连续成员接口且是最后一个成员接口编号；active | passive 指定加入的成员接口是活动接口还是备份接口。

② 在成员接口视图下向 Eth-Trunk 接口中加入成员接口

命令：

```
interface interface-type interface-number        // 进入要加入的成员接口视图
eth-trunk trunk-id [mode {active | passive}]      // 将当前接口加入 Eth-Trunk 接口
```

说明：*trunk-id* 表示 Eth-Trunk 接口编号。

③ 从 Eth-Trunk 接口中删除指定的成员接口

视图：Eth-Trunk 接口视图。

命令：

```
undo trunkport interface-type {interface-number1 [to interface-number2]} &<1-8>
```

（4）配置 Eth-Trunk 接口活动接口数下限阈值（本项配置为可选）

视图：Eth-Trunk 接口视图。

命令：

```
least active-linknumber link-number
```

说明：*link-number* 表示活动接口数下限阈值，取值范围为：S2700SI 系列为 1～4，其他 Sx700 系列为 1～4，默认值为 1。

注意：手工负载分担模式不支持活动接口数上限的配置。

（5）配置 Eth-Trunk 接口普通负载分担方式（本项配置为可选）

视图：Eth-Trunk 接口视图。

命令：

```
load-balance {dst-ip | dst-mac | src-ip | src-mac | src-dst-ip | src-dstmac}
```

说明：dst-ip 表示根据目的 IP 地址进行负载分担；dst-mac 表示根据目的 MAC 地址进行负载分担；src-ip 表示根据源 IP 地址进行负载分担；src-mac 表示根据源 MAC 地址进行负载分担；src-dst-ip 表示根据源 IP 异或目的 IP 地址的结果进行负载分担；src-dst-mac 表示根据源 MAC 异或目的 MAC 地址的结果进行负载分担。

默认情况下，负载分担模式为 src-dst-ip。

【例 3-8】 手工负载分担模式链路聚合配置。

请扫描二维码
进行自主学习

3.3.4 交换机级联

交换机级联是采用双绞线或光纤，将交换机连接在一起的互连技术。网络工程实际组网中一般采用级联方式将核心交换机、汇聚交换机和接入交换机互连，如图 3-16 所示。

采用交换机级联技术组建的网络系统，对交换机的配置任务主要如下。

① 配置每个连接接口的类型和相应的参数等。

② 划分 VLAN，配置所属接口、属性、参数及 VLAN 之间的通信与隔离等。

③ 配置生成树协议，能够部署冗余链路又不产生广播风暴等。

采用交换机级联技术组建的结构化网络有利于综合布线，易理解，易安装，可以方便地实现大量端口的接入，通过统一的网管平台可以实现对全网络设备的统一管理。但是交换机不能无限制级联，不同品牌不同型号的交换机都有各自的最大级联数，否则会引起网络广播风暴，导致网络性能严重下降甚至瘫痪。

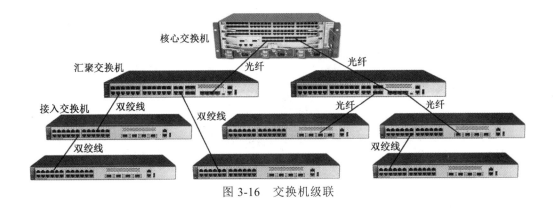

图 3-16　交换机级联

3.4　交换机 VLAN 技术

交换机在以太网中的应用解决了集线器不能解决的冲突域问题，但传统的交换技术并不能有效地抑制广播帧，当网络上某台设备向与之相连的交换机发送了广播帧后，交换机将把收到的广播帧转发到所有与交换机其他端口相连的设备，造成网络上通信流量剧增，占用非常多的带宽资源。另外，在传统的局域网中，用户能够访问广播域内所有的设备，用户安全性得不到保障。由此，IEEE 委员会于 1999 年 6 月发布 IEEE 803.1q 标准，交换机 VLAN 技术正式诞生。本节主要介绍 VLAN 的基本概念、基本配置和 VLAN 之间的通信。VLAN 聚合、VLAN 内用户隔离、VLAN 映射、VLAN 多标签封装等扩展特性的配置与管理在本章"知识拓展空间"中介绍。

3.4.1　VLAN 技术基础

1. VLAN 概述

VLAN（Virtual Local Area Network，虚拟局域网）是将一个物理 LAN 在逻辑上划分成多个逻辑网络的以太网技术。VLAN 主要用来解决如何将大型网络划分为多个小型网络，隔离原本在同一个物理 LAN 中不同主机间的二层通信，具有如下特征：

① VLAN 与由物理位置决定的传统 LAN 有着本质不同，不受网络物理位置的限制，可跨越多个物理网络、多台交换机。按功能，网络用户可以分成多个逻辑工作组，每组为一个 VLAN。

② 每个 VLAN 为一个广播域，VLAN 中的广播只有同 VLAN 中的成员才能听到，而不会传播到其他 VLAN 中。因此，VLAN 可隔离广播信息，用户可以通过划分 VLAN 的方法来限制缩小广播域，从而防止广播风暴的发生。

③ 不同 VLAN 之间的主机是不可以直接通过第二层进行通信的，必须是第三层，即网络层。

④ 划分 VLAN 可有效提升带宽，我们可以将网络上的用户按业务功能划分成多个 VLAN，这样日常的通信交流绝大部分被限制在一个 VLAN 内部，使带宽得到有效利用。

⑤ VLAN 均由软件实现定义与划分，使得建立与重组 VLAN 十分灵活，当一个 VLAN 中增加、删除或修改用户时，不必从物理位置上调整网络。

2. VLAN 标签

传统的以太网数据帧不能对 VLAN 或子网进行标识，要使交换机能够分辨不同 VLAN 的报文，需要在报文中添加标识 VLAN 信息的字段。IEEE 802.1q 标准规定，在以太网数据帧的源 MAC 地址字段后、协议类型字段前加入 4 字节的 VLAN 标签（又称 VLAN Tag，简称 Tag），用以标识 VLAN 信息，如图 3-17 所示。

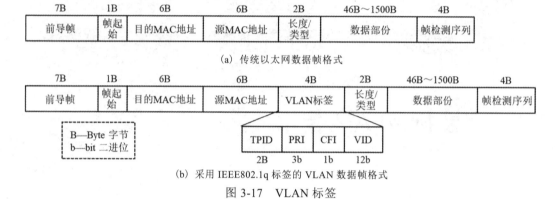

(a) 传统以太网数据帧格式

(b) 采用 IEEE802.1q 标签的 VLAN 数据帧格式

图 3-17   VLAN 标签

VLAN 标签包含 4 个字段，各字段含义如表 3-14 所示。

表 3-14   VLAN 标签各字段的含义

字段	长度	含 义	取 值
TPID	2Byte	Tag Protocol Identifier（标签协议标识符），表示数据帧类型	交换机厂商可自定义该字段的值。当取值为 0x8100 时，表示为 IEEE 802.1q 的 VLAN 数据帧。若不支持 IEEE 802.1q 的交换机收到这样的帧，会将其丢弃。当邻居交换机的 TPID 值配置为非 0x8100 时，为识别这样的报文，实现互通，必须在本交换机上修改 TPID 值，确保与邻居交换机的 TPID 值配置一致
PRI	3bit	Priority（优先级），表示数据帧的 802.1p 优先级	取值范围为 0～7，值越大优先级越高。当网络阻塞时，交换机优先发送优先级高的数据帧
CFI	1bit	Canonical Format Indicator（标准格式指示位），表示 MAC 地址在传输介质中是否以标准格式进行封装	取值为 0 时，表示 MAC 地址以标准格式进行封装；取值为 1 时，表示以非标准格式封装。默认值为 0，在以太网中，CFI 的值总为 0
VID	12bit	即 VLAN ID，表示该数据帧所属 VLAN 的编号，交换机利用 VID 来识别数据帧所属的 VLAN	取值范围是 0～4095。0 和 4095 为协议保留取值，所以 VLAN ID 的有效取值范围是 1～4094。默认值是 VLAN 1，若没有对交换机进行配置，则所有端口都属于 VLAN 1

在一个 VLAN 交换网络中，以太网数据帧主要有以下两种形式。

❖ Tagged 帧：称为有标记帧，是加入了 4 字节 VLAN 标签的数据帧。

❖ Untagged 帧：称为无标记帧，是未加入 4 字节 VLAN 标签的传统以太网数据帧。

以太网中的常用设备在收发数据帧时，对 VLAN 标签处理情况如下：

❖ 用户主机、服务器、Hub、傻瓜交换机只能收发 Untagged 帧。

❖ 交换机、路由器和无线控制器 AC 既能收发 Tagged 帧，也能收发 Untagged 帧。

❖ 语音终端、AP 等设备可以同时收发一个 Tagged 帧和一个 Untagged 帧。

❖ 在交换机内部传输、处理的数据帧都是 Tagged 帧。

3. 默认 VLAN

交换机每个接口都有一个默认 VLAN，对应的 VLAN ID 称为 PVID（Port Default VLAN ID，接口默认 VLAN ID），由于交换机内部处理的数据帧都带 Tag，当交换机收到

Untagged 帧时，需要给该帧添加 Tag，添加什么 Tag，就由接口上的 PVID 决定。PVID 的具体作用如下。

- ❖ 当接口接收数据帧时：若接口收到一个 Untagged 帧，交换机则给此数据帧添加该接口上 PVID 的 Tag，再交给交换机内部处理；若接口收到一个 Tagged 帧，交换机则不会再给该帧添加接口上 PVID 的 Tag。
- ❖ 当接口发送数据帧时：若发现此数据帧的 Tag 的 VID 值与 PVID 相同，则交换机会将 Tag 去掉，再从此接口发送出去。

默认情况下，所有接口的 VLAN 均为 VLAN1。但用户可以根据实际需要给接口配置一个默认 VLAN，对于 Access 接口，由于它只能属于一个 VLAN，则默认 VLAN 就是它加入的 VLAN；对于 Trunk 接口和 Hybrid 接口，它们都相当于加入了多个 VLAN，则需要通过配置命令指定默认 VLAN。

4．管理 VLAN

管理 VLAN 是一种特殊的 VLAN，专门用于用户对交换机进行远程管理。在管理 VLAN 对应的 VLANIF 接口上配置交换机的管理 IP 地址，用户即可通过 Telnet 等方式远程登录交换机，对交换机进行远程管理和维护。

一般情况下，任意 VLAN 都可以成为管理 VLAN，但为了提高交换机的安全性，防止非授权用户对交换机进行非法管理，在某 VLAN 被配置为管理 VLAN 后，就不允许 Dot1q-tunnel 类型和 Access 类型接口加入该管理 VLAN，因为 Dot1q-tunnel 类型和 Access 类型通常用于连接用户。

5．VLAN 的接口和链路

华为交换机对二层接口定义了 4 种配置类型：Access、Trunk、Hybrid 和 QinQ。对 Access、Trunk 和 Hybrid 接口形成的链路，根据允许通过 VLAN 数据帧的数量分为接入链路（Access Link）和干道链路（Trunk Link）两种。它们对 VLAN 帧的处理如下。

① Access 接口：只允许一个 VLAN 的帧通过，发送的以太网帧永远是 Untagged 帧。

② Trunk 接口：允许多个 VLAN 的帧通过，发送的以太网帧除了 VLAN ID 与 PVID 一致的 VLAN 帧，都是 Tagged 帧。

③ Hybrid（混合）接口：允许一个或多个 VLAN 的数据帧通过，发送的以太网帧可以根据需要配置某些 VLAN 的帧带 Tag（即不剥除 Tag）、某些 VLAN 的帧不带 Tag（即剥除 Tag）。

④ QinQ 接口：可以给帧加上双层 Tag，即在原 Tag 的基础上给帧加上新的 Tag。外层 Tag 称为公网 Tag，用来标识公网 VLAN；内层 Tag 称为私网 Tag，用来标识私网 VLAN。

⑤ 接入链路：交换机直接连接用户的链路。用户主机不能识别 Tagged 帧，所以在接入链路传输的数据帧都是 Untagged 帧。**注意**：接入链路不一定只允许来自一个 VLAN 的数据帧通过，只是 Access 接口连接的接入链路才只允许一个 VLAN 的数据帧通过，在 Hybrid 接口连接的接入链路上，同样允许多个 VLAN 的帧通过。

⑥ 干道链路：用于交换机间的互连或交换机与路由器之间连接的链路，可以承载多个不同 VLAN 的数据帧。由于干道链路两端的设备需要识别数据帧属于哪个 VLAN，因此除了该链路的 PVID 的帧，在干道链路上传输的都是 Tagged 帧。

Access、Trunk 和 Hybrid 接口在接收和发送数据帧时，对帧的处理规则是不同的，这些规则直接影响用户对接口类型的定义和数据通信的成败，如表 3-15 所示。

表 3-15　各类型接口对数据帧的处理规则

接口类型	收到 Untagged 帧的处理规则	收到 Tagged 帧的处理规则	发送帧时的处理规则
Access 接口	接收该帧并打上该接口加入的 VLAN 的 VLAN 标签，即该接口默认 VLAN 标签	当帧中的 VLAN ID 与该接口的 PVID 相同时，接收该帧，否则丢弃该帧	当帧中的 VLAN ID 与该接口的 PVID 相同时，则剥离帧的标签，然后发送该帧，否则丢弃该帧
Trunk 接口	在帧中打上该接口的默认 VLAN 标签。当默认 VLAN ID 在允许通过的 VLAN ID 列表里时，接收该帧，否则丢弃该帧	当帧中的 VLAN ID 在该接口允许通过的 VLAN ID 列表里时，接收该帧，否则丢弃该帧	当帧中的 VLAN ID 与该接口的 PVID 相同且是该接口允许通过的 VLAN ID 时，则先去掉帧中的标签，再发送该帧　当帧中的 VLAN ID 与该接口的 PVID 不同且仍是该接口允许通过的 VLAN ID 时，保持原有的标签，并发送该帧
Hybrid 接口			当帧中的 VLAN ID 是该接口允许通过的 VLAN ID 时，则发送该帧。可以通过命令配置发送时是否携带原有的标签　当帧中的 VLAN ID 不是该接口允许通过的 VLAN ID 时，则丢弃该帧

3.4.2　VLAN 划分方式

华为交换机支持以下 VLAN 划分方式。

1. 基于端口划分 VLAN

基于端口划分 VLAN 是把交换机二层以太网端口静态地划分到某个或多个具体的 VLAN 中。除非重新配置，否则这些端口将一直属于该 VLAN，因此也被称为静态 VLAN 划分方式。

该方式的优点是配置过程简单，只要将交换机的端口划分到相应的 VLAN 即可，这就完全解决了将位于不同物理位置、连接在不同交换机中的用户划为同一 VLAN 的难题，适用于规模大、安全要求不高的网络。其缺点是配置不够灵活，当用户所连接的端口发生变化时，需要重新配置 VLAN。

2. 基于 MAC 地址划分 VLAN

基于 MAC 地址划分 VLAN 是指根据用户主机网卡 MAC 地址来动态地划分 VLAN，网管员需要先配置"MAC 地址与 VLAN ID 映射表"，若交换机收到的是 Untagged 帧，则依据该映射表在帧中添加对应的 VLAN ID，即将该端口划入某 VLAN。

该方式的优点是当用户改变物理连接位置时，不需要重新配置 VLAN；同时由于 MAC 地址具有全球唯一性，因此安全性较高。其缺点是网管员需要配置 MAC 地址与 VLAN 的映射表，当用户较多时，工作量较大，故适用于安全和移动性需求较高的小型局域网。

3. 基于子网划分 VLAN

基于子网划分 VALN 是指根据用户主机网卡 IP 地址所在 IP 网段来动态地划分 VLAN，网管员需要先配置"IP 地址与 VLAN ID 映射表"，若交换机收到的是 Untagged 帧，则依据该映射表在帧中添加对应的 VLAN ID，即将该端口划入某 VLAN。

该方式的优点是当某一用户主机的 IP 地址改变时，交换机能够自动识别，重新定义

VLAN，不需要管理员干预，不但大大减少了人工配置 VLAN 的工作量，而且可以自由增加、移动和修改。其缺点是，由于 IP 地址可以人为地、不受约束地自由设置，从而带来安全隐患；交换机需要解析源 IP 地址并进行转换，导致效率降低。

4．基于协议划分 VLAN

基于协议划分 VLAN 是指按用户主机运行的网络层协议类型来划分 VLAN，网管员需要先配置"以太网帧中的'协议'字段与 VLAN ID 映射表"，若交换机收到的是 Untagged 帧，则依据该映射表在帧中添加对应的 VLAN ID，即将该端口划入某 VLAN。目前，支持 IPv4、IPv6、IPX 和 AppleTalk 等网络层协议划分 VLAN。

该方式的优点与基于子网划分 VLAN 的相同，缺点是交换机需要分析各种协议的地址格式并进行相应转换，导致效率降低。

5．基于策略划分 VLAN

基于策略划分 VLAN 是指根据用户安全策略来划分 VLAN，主要包括基于 MAC 地址+IP 地址组合策略和基于 MAC 地址+IP 地址+端口组合策略两种。只有符合策略的终端才能加入指定 VLAN，加入指定 VLAN 后，严禁修改 IP 地址或 MAC 地址，否则会导致终端从指定 VLAN 中退出。

该方式的优点是安全性非常高，是优先级最高的 VLAN 划分方式。但针对每条策略都需要手工配置，在 VLAN 较多时工作量很大。

3.4.3　VLAN 的基本配置

本节主要介绍基于端口划分 VLAN 的配置方法，其他方式的配置在"知识拓展空间"中介绍。

1．创建一个 VLAN

视图：系统视图。

命令：

```
vlan vlan-id                                        // 创建一个 VLAN 并进入 VLAN 视图
vlan batch {vlan-id1 [to vlan-id2]} &<1-10>         // 创建一段 VLAN 并进入 VLAN 视图
```

说明：*vlan-id* 表示要创建的 VLAN ID，范围为 1～4094 的整数，其中 VLAN 1 是系统默认配置，不需要创建，所有端口都属于 VLAN 1。若 VLAN 已经创建，则直接进入对应的 VLAN 视图。*vlan-id1* 表示 VLAN 段第一个 VLAN ID，*vlan-id2* 表示 VLAN 段最后一个 VLAN ID。

2．配置接口的类型

视图：接口视图

命令：

```
port link-type {access | trunk | hybrid}
```

说明：access、trunk、hybrid 分别表示接口的三种配置类型，默认类型是 Hybrid。

注意：在改变接口的类型前，一定要退出原配置的 VLAN。若在同一接口视图下多次使用该命令配置接口类型，则按最后一次配置生效。

3. 将 Access 接口加入 VLAN

视图：接口视图

命令：

```
port default vlan vlan-id
```

说明：*vlan-id* 表示要加入的 VLAN ID，为 1～4094 之间的整数。Access 接口只能属于一个 VLAN，所以该命令同时配置了该 Access 接口的默认 VLAN。默认情况下，交换机所有端口都是以不带标签方式的 Hybrid 接口类型加入 VLAN 1。

若将一组 Access 接口批量加入 VLAN，则可在 VLAN 视图下执行下列命令：

```
port interface-type {interface-number1 [to interface-number2]} &<1-10>
```

4. 将 Trunk 接口加入 VLAN

（1）将 Trunk 接口加入指定的 VLAN，即配置 Trunk 接口的 VLAN 许可列表

视图：接口视图。

命令：

```
port trunk allow-pass vlan {{vlan-id1 [to vlan-id2]} &<1-10>| all}
```

说明：*vlan-id1* 表示 VLAN 段第一个 VLAN ID，*vlan-id2* 表示 VLAN 段最后一个 VLAN ID，均为 1～4094 之间的整数；all 表示将 Trunk 接口加入所有已创建的 VLAN。

该命令实际上是配置 Trunk 接口允许通过的 VLAN 列表，称为 VLAN 许可列表。

（2）配置 Trunk 接口的默认 VLAN

命令：

```
port trunk pvid vlan vlan-id
```

说明：*vlan-id* 表示默认 VLAN ID，为 1～4094 之间的整数。在配置 Trunk 接口的默认 VLAN 前，该 VLAN 必须已创建，但默认 VLAN 可以不在 VLAN 许可列表中。

5. 将 Hybrid 接口加入 VLAN

（1）将连接用户主机的 Hybrid 接口加入指定的 VLAN

命令：

```
port hybrid untagged vlan {{vlan-id1 [ to vlan-id2]} &<1-10>| all }
```

说明：参数的意义同上。Hybrid 接口是以 Untagged 方式加入 VLAN 的。

（2）将连接网络设备的 Hybrid 接口加入指定的 VLAN，并配置默认 VLAN

命令：

```
port hybrid tagged vlan {{vlan-id1 [to vlan-id2]} &<1-10>| all}
```

说明：参数的意义同上。Hybrid 接口是以 Tagged 方式加入指定的 VLAN，即指定的这些 VLAN 帧将保留帧中原来的 VLAN 标签，通过接口向对端交换机发送（不是向本地交换机内部发送）。默认情况下，Hybrid 接口是以不带标签方式加入 VLAN 1。

（3）配置 Hybrid 接口的默认 VLAN

命令：

```
port t hybrid pvid vlan vlan-id
```

【例 3-9】 将接口 GE0/0/10 配置为 Trunk 类型，允许 VLAN 10～VLAN 30 通过，并配置其默认 VLAN 为 VLAN 10。

```
<HUAWEI> system-view
[HUAWEI] interface gigabitethernet 0/0/10
[HUAWEI-GigabitEthernet0/0/10] port link-type trunk
[HUAWEI-GigabitEthernet0/0/10] port trunk allow-pass vlan 10 to 30
[HUAWEI-GigabitEthernet0/0/10] port trunk pvid vlan 10
```

【例 3-10】 小型企业局域网配置。

6. 删除 VLAN 中的接口

从 VLAN 中删除接口就是将接口从 VLAN 中退出，一般方法是在接口视图下执行命令：undo "上述 Access、Trunk 和 Hybrid 接口加入 VLAN 的命令"。

7. 删除 VLAN

视图：系统视图。

命令：

```
undo vlan vlan-id
```

说明：*vlan-id* 表示要删除的 VLAN ID。**注意**：VLAN 1 是不可删除的系统默认 VLAN。

8. 显示 VLAN 信息

在任意视图下，可以通过 display 命令查看 VLAN 的配置、状态等信息。例如：

```
display vlan [vlan-id]                              // 查看所有或指定 VLAN 的信息
reset vlan vlan-id statistics                       // 清除指定 VLAN 的报文统计信息
```

3.4.4 VLAN 间通信

划分 VLAN 的目的是隔离同一网段中各用户间的直接二层通信，缩小广播域，使得只有在同一个 VLAN 内的用户可以相互访问。但是在大多数情况下，不同 VLAN 的用户常有互访的需求，此时需要实现不同 VLAN 的用户互访，简称 VLAN 间通信。

1. VLAN 间通信技术

在 VLAN 划分后，VLAN 间通信就划分为相同 VLAN 内用户之间的通信和不同 VLAN 用户之间的通信两种。实际应用中主要有以下三种情形（如图 3-18 所示）：① 不同交换机相同 VLAN 间通信；② 相同交换机不同 VLAN 间通信；③ 不同交换机不同 VLAN 间通信。

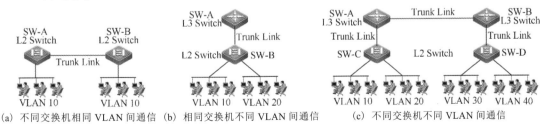

(a) 不同交换机相同 VLAN 间通信 (b) 相同交换机不同 VLAN 间通信   (c) 不同交换机不同 VLAN 间通信

图 3-18 VLAN 间通信示意

第①种情形实际上是交换机之间的二层通信，主要是配置交换机互连的 Trunk 接口，具体配置方法步骤详见第 9 章的实验 9.3。第②、③种情形则需要借助三层交换机，利用三层路由技术来实现。为此华为交换机提供了三种技术，即通过配置三层 VLANIF 接口、三层以太网子接口和 VLAN Switch 实现 VLAN 间通信。本节主要介绍第一种技术的配置方法。

2. 配置 VLANIF 接口

配置 VLANIF 接口的方法步骤如下。

① 进入系统视图，划分 VLAN，完成后退回系统视图。

② 进入 VLANIF 接口视图。命令：

```
interface vlanif vlan-id
```

说明：*vlan-id* 表示 VLANIF 接口的编号，即要配置 VLANIF 接口的 VLAN ID，为 1～4094 之间的整数。**注意**：VLANIF 接口对应的 VLAN 必须已创建；只有当 VLAN 内至少存在一个 Up 状态的物理端口时，其对应的 VLANIF 接口状态才会 Up。

③ 配置 VLANIF 接口的 IP 地址。命令：

```
ip address ip-address {mask | mask-length} [sub]
```

说明：*ip-address* 表示 VLANIF 接口的 IP 地址；*mask* 表示子网掩码；*mask-length* 表示掩码长度，即无分类 IP 地址中网络地址的位数；sub 为可选项，用于指定配置的 IP 地址为从 IP 地址，若不选，则配置的是主 IP 地址。主 IP 地址只能配置一个，从 IP 地址可以配置多个。配置主 IP 地址时，若接口上已有主 IP 地址，则原主 IP 地址被删除。

④ 配置 VLAN Damping 功能的抑制时间（可选）。当 VLAN 中接口状态变为 Down 而引起 VLAN 状态变为 Down 时，VLAN 会向 VLANIF 接口上报 Down 事件，从而引起 VLANIF 接口状态变化。为避免由于 VLANIF 接口状态变化引起的网络震荡，可以在 VLANIF 接口上启动 VLAN Damping 功能，当 VLAN 中最后一个处于 Up 状态的成员接口变为 Down 后，VLAN 会抑制设定的时间后再上报给 VLANIF 接口。若在抑制的时间内 VLAN 中有成员口状态变为 Up，则 VLANIF 接口状态保持 Up 不变。命令：

```
damping time delay-time
```

说明：*delay-time* 表示抑制时间，为 0～20 秒，默认为 0 秒，表示关闭 VLAN Damping 功能。VLANIF 接口只有在 Up 状态时才能进行三层转发。

⑤ 配置 VLANIF 接口的 MTU（可选）。命令：

```
mtu mtu
```

说明：mtu 表示 VLANIF 接口的最大传输单元（Maximum Transmission Unit，MTU），为 128～9216 的整数字节，默认为 1500 字节。MTU 的大小决定了发送端一次能够发送报文的最大字节数。

⑥ 配置 VLANIF 接口的带宽（可选）。命令：

```
bandwidth bandwidth
```

说明：*bandwidth* 表示要配置的 VLANIF 接口的带宽，取值范围为 1～1000000 Mbps。配置 VLANIF 接口的带宽主要用于网管获取带宽，便于监控流量。

3. 相同交换机不同 VLAN 间通信

如图 3-18(b)所示，VLAN 10 和 VLAN 20 在同一台二层交换机 SW-B 上，SW-B 与三层交换机 SW-A 通过 Trunk Link（亦即 Trunk 接口）进行连接，若实现 VLAN 10 与

VLAN 20 之间的通信，只需在交换机 SW-A 上划分 VLAN 10 和 VLAN 20，并配置相应 VLANIF 接口的 IP 地址（要求在不同 IP 子网中）即可。因为在华为交换机中 IP 路由功能是一直启用的，加上这些 VLAN 是直接连接在同一台三层交换机上的，相当于直连路由，所以不需其他额外配置就可以实现同一台交换机上不同 VLAN 之间的三层互通。

【例 3-11】 相同交换机上不同 VLAN 之间的通信。

4．不同交换机不同 VLAN 间通信

如图 3-18(c) 所示，VLAN 10 和 VLAN 20 在二层交换机 SW-C 上，VLAN 30 和 VLAN 40 在二层交换机 SW-D 上，分别通过 Trunk Link（即 Trunk 接口）与三层交换机 SW-A 和 SW-B 互连，SW-A 和 SW-B 同样通过 Trunk Link 互连。若需要通信的不同 VLAN 位于不同的三层交换机上，则不仅要为各 VLAN 配置 VLANIF 接口 IP 地址，还要在三层交换机上配置到达各 VLANIF 接口所在网段的可达路由（可以是静态路由，也可以是各种动态路由，详见第 4 章）。

【例 3-12】 不同交换机上不同 VLAN 之间的通信。

请扫描二维码
进行自主学习

【例 3-13】 通过 VLANIF 实现相同 VLAN 不同网段的通信。

请扫描二维码
进行自主学习

3.5 交换机生成树技术

3.5.1 网络环路问题

在以太网交换网络中，为了提高网络可靠性，通常在一些关键交换机之间冗余链路进行链路备份，如图 3-19(a) 所示，两台核心交换机 SW-A 和 SW-B 使用了冗余连接。但是使用冗余链路会在交换网络上产生环路，如 SW-A 和 SW-B 的 GE0/0/1、GE0/0/2 端口就形成了一个物理封闭环路，这种环路的产生将导致广播风暴、MAC 地址表不稳定等故障现象，从而致使用户通信质量变差，甚至网络通信瘫痪。

有些网络中存在交换机间的封闭环形结构（如图 3-19(b) 所示），交换机 SW-A、SW-B、SW-C 和 LAN 形成了一个封闭环形网络，这种结构同样会形成广播风暴，导致网络全部堵塞。

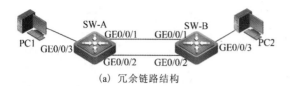 

(a) 冗余链路结构　　　　　　　　(b) 环形网络结构

图 3-19　以太网中的环路问题

解决网络环路问题最有效的方法是在相关交换机上配置生成树协议（Spanning Tree Protocol，STP）。STP 是根据 IEEE 802.1d 标准建立的、用于局域网中消除环路的协议。运行该协议的交换机通过彼此交互信息而发现网络中的环路，并有选择地对某些端口进行阻塞，以最终实现将环路网络结构修剪成无环路的树形网络结构。

3.5.2　生成树技术简介

目前，在网络中普遍使用的生成树协议有 STP、RSTP（Rapid Spanning-Tree Protocol，快速生成树协议）和 MSTP（Multiple Spanning Tree Protocol，多生成树协议），它们遵循的标准分别是 IEEE 802.1d、IEEE 802.1w 和 IEEE 802.1s。STP 是一种二层管理协议，通过有选择性地阻塞网络冗余链路来达到消除网络环路的目的，同时具备链路冗余备份的功能。RSTP 是 STP 的扩展，其主要特点是增加了端口状态快速切换机制，能够实现树形拓扑网络快速生成。MSTP 把一个交换网络划分成多个域，每个域内形成多棵生成树，生成树之间彼此独立，从而实现不同 VLAN 流量的分离。本节主要介绍 STP/RSTP 的基本概念与配置方法，MSTP 技术在本章"知识拓展空间"中介绍。

1. STP 的基本概念

STP 涉及许多基本概念，如桥、根桥、桥 ID、桥优先级、根端口、指定端口、端口 ID、端口状态、端口优先级等。这些基本概念可以用"一台根桥、二种度量、三个选举要素、四项比较原则、五种端口状态"来概括。

（1）一台根桥

STP 的目标是生成一个稳定的树形拓扑网络。在 STP 树形拓扑结构网络中，链路为树枝，交换机为树的节点，称为桥或网桥，每台交换机（桥）都有唯一的标识，称为桥 ID（Bridge Identifie，BID）；树根是树形网络中具有最小 BID 的交换机，称为根桥（Root Bridge，RB），习惯上也被称为根交换机。根桥在全网中只有一个，它是整个网络的逻辑中心，但不一定是物理中心。根桥会根据网络拓扑结构的变化而动态变化，即选举出不同的交换机作为根桥。

（2）二种度量

生成树的生成计算主要依据两大基本度量：ID 和路径开销。ID 又分为 BID 和 PID。

① BID：STP 中交换机的唯一标识，由交换机的桥优先级（Bridge Priority）和 MAC 地址组成，共 8 字节。后 6 字节是 MAC 地址，前 2 字节是桥优先级，如表 3-16 所示。

表 3-16　BID 中桥优先级的结构

	优先级的值				System ID										
位	16	15	14	13	12	11	10	9	8	7	6	5	4	3	2	1
值	32768	16384	8192	4096	2048	1024	512	256	128	64	32	16	8	4	2	1

其中，前 4 位是优先级的值，后 12 位是 System ID，为以后扩展协议而用，在 STP/RSTP 中该值为 0。因此，给交换机配置优先级必须是 4096 的倍数，取值范围为 0~61440，设定的值越小，优先级越高。

② PID（Port ID，端口 ID）：2 字节，由两部分构成，高 4 位是端口优先级，为 0~255，值越小，优先级越高；低 12 位是端口号。PID 只在某些情况下对选择"指定端口"有作用。

③ 路径开销（Path Cost，PC）：一个端口变量，一般由端口的距离或链路速率决定，是 STP 用于选择链路的参考值。某端口到根桥的路径开销就是所经过的各桥上的各端口的路径开销之和，这个值被称为根路径开销（Root Path Cost，RPC）。

（3）三个选举要素

由环形网络拓扑结构修剪为树形结构，需要使用 STP 的三个选举要素：根桥、根端口和指定端口，如图 3-20(a) 所示。其中，blocked port 为阻塞端口。

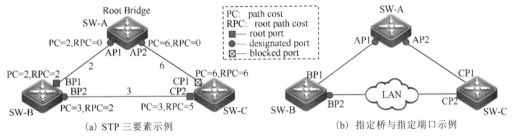

（a）STP 三要素示例　　　　（b）指定桥与指定端口示例

图 3-20　STP 网络结构

根桥（Root Bridge，RB）：在运行 STP 的交换机（桥）中 BID 最小的桥，交换机通过交换配置 BPDU（Bridge Protocol Data Unit，网桥协议数据单元）选出最小的 BID。根桥以外的交换机被称为非根桥。

根端口（Root Port，RP）：当前交换机上去往根桥的根路径开销最小的端口，负责向根桥方向转发数据。显然，只在非根桥上才有一个根端口，根桥上没有根端口。

指定端口（Designated Port，DP）：指定端口与指定桥（Designated Bridge，DB）密切相关，但两者不是一一对应。指定桥与指定端口的定义描述分为如下两种情况。

❖ 对于一台交换机：与本交换机直接相连且负责向本交换机转发配置 BPDU 的交换机就是指定桥，指定桥中向本交换机转发配置 BPDU 的端口就是指定端口。

❖ 对于一个局域网：与本局域网直接相连且负责向本局域网转发配置 BPDU 的交换机就是指定桥，指定桥中向本局域网转发配置 BPDU 的端口就是指定端口。

如图 3-20(b) 所示，AP1、AP2、BP1、BP2、CP1、CP2 分别表示交换机 SW-A、SW-B、SW-C 的端口。SW-A 通过端口 AP1 向 SW-B 转发配置 BPDU，则 SW-B 的指定桥就是 SW-A，指定端口就是 SW-A 的端口 AP1。与局域网 LAN 相连的有两台交换机 SW-B 和 SW-C，若 SW-B 负责向 LAN 转发配置 BPDU，则 LAN 的指定桥就是 SW-B，指定端口就是 SW-B 的 BP2。

（4）四项比较原则

STP 在进行生成计算中，为了确定以上三个选举要素，主要有以下四项原则。

① 最小 BID 原则：用于在运行 STP 的交换机之间选举根桥。选举原则是：比较各交换机发送的配置 BPDU 中 BID 的值（即发送交换机 BID），选举 BID 最小的交换机作

为根桥。比较过程是：先比较 BID 中的桥优先级，其值最小（优先级最高）的将成为根桥；若桥优先级相同，则再比较桥 MAC 地址，MAC 地址最小的将成为根桥。

② 最小根路径开销原则：用于在非根桥上选举根端口。STP 通过计算各端口的根路径开销，选举其值最小的端口为根端口。显然，在根桥上，每个端口到根桥的根路径开销都是 0，所以根端口都是在指定桥上，而不是在根桥上。

③ 最小发送者 BID 原则：用于在非根桥上选举指定桥、指定端口和根端口。当一台运行 STP 的交换机要在两个以上根路径开销相等的非根桥中选举指定桥、在接收配置 BPDU 的多个端口之中选举根端口时，将选举接收到的配置 BPDU 中发送者 BID 较小的那个桥作为自己的指定桥，其发送端口为指定端口，接收该配置 BPDU 的端口作为自己的根端口。

④ 最小 PID 原则：用于在根路径开销和发送者 BID 都相同的情况下，阻塞 PID 值较大的端口，PID 值最小的端口选举为该桥上的指定端口。

（5）五种端口状态

运行 STP 的交换机上有五种端口状态（port state），如表 3-17 所示。

表 3-17 STP 端口状态

端口状态	端口含义	端口工作
Forwarding	转发状态，只有根端口或指定端口才能进入	端口既转发用户流量，也处理 BPDU 报文
Learning	学习状态，一种过渡状态，防止临时二层环路	交换机会根据收到的用户流量构建 MAC 地址表，但不转发用户流量
Listening	监听状态，一种过渡状态	交换机正在确定端口角色，将选举出根桥、根端口和指定端口
Blocking	阻塞状态，阻塞端口的最终状态	端口仅可接收并处理 BPDU，不转发用户流量
Disabled	禁用状态，端口状态为 Down	端口不能转发 BPDU 报文，也不能转发用户流量

2．STP 定时器

在 STP 中有 3 个定时器影响端口状态、端口收敛和整个生成树的性能。

① Hello Time（Hello 定时）：交换机发送相邻配置 BPDU 的时间间隔，即每隔 Hello Time 时间会向周围的交换机发送配置 BPDU，以确认链路是否存在故障。默认值为 2 秒。

② Forward Delay（转发延时）：交换机进行状态迁移的延迟时间，是指一个端口处于 Listening 和 Learning 状态的各自持续时间。默认值为 15 秒，即 Listening 状态持续 15 秒，随后 Learning 状态再持续 15 秒后才能进入 Forwarding 状态。在这个延时时间内，交换机端口会处于 Blocking（堵塞）状态，从而保证新的配置消息传遍整个网络，防止临时环路的产生。

③ Max Age（最大生存时间）：指端口的 BPDU 报文的老化时间，默认值为 20 秒。

Max Age 通过配置 BPDU 报文的传输，可保证 Max Age 在整网中一致。运行 STP 的非根桥交换机在收到配置 BPDU 报文后，会对报文中的 Message Age（消息生成时间）和 Max Age 进行比较：若 Message Age ≤ Max Age，则该非根桥交换机继续转发配置 BPDU 报文，否则该非根桥交换机认为该配置 BPDU 报文将被老化，直接丢弃。

3．STP BPDU 报文

STP 采用的是 BPDU 类型报文，也称为配置消息。交换机之间通过交换 BPDU 来获得建立最佳树形拓扑结构所需要的信息。BPDU 分为配置 BPDU（Configuration BPDU）

和 TCN（Topology Change Notification，拓扑变化通知）BPDU 两类。

配置 BPDU 是用来进行生成树计算和维护生成树拓扑结构的报文，是初始阶段中各交换机发送的 BPDU 消息。TCN BPDU 则是当网络拓扑结构发生变化时，下游交换机通知上游交换机网络拓扑结构发生变化的报文。在 STP 中，通常所说的 BPDU 报文一般是指配置 BPDU。

配置 BPDU 报文的长度至少为 35 字节，其格式如图 3-21 所示，数字表示字节数。

2	1	1	1	8	4	8	2	2	2	2	2
Protocol Identifier	Version	Message Type	Flag	Root ID	Root Path Cost	Bridge ID	Port ID	Message Age	Max Age	Hello Time	Forward Delay

图 3-21　配置 BPDU 报文格式

Protocol Identifier：协议标识，其值总是为 0。

Version：协议版本，0—STP，2—RSTP，3—MSTP。

Message Type：消息类型，表示 BPDU 的类型，0x00—配置 BPDU，0x80—TCN BPDU。

Flag：标志位，用于网络拓扑变化标志。STP 配置 BPDU 中只用了最高位和最低位：最低位=TC（Topology Change，拓扑变化）标志；最高位=TCA（Topology Change Acknowledgment，拓扑变化确认）标志。

Root ID：根 ID，当前根桥的 BID。

Root Path Cost：根路径开销，表示当前发送该配置 BPDU 报文的端口到根桥的开销。

Bridge ID：桥 ID，表示发送该配置 BPDU 报文的桥的 ID，即发送者 BID。

Port ID：端口 ID，表示发送该配置 BPDU 报文的端口 ID，即发送端口 ID。

Message Age：消息生存时间，表示端口保存配置 BPDU 的最长时间，要在这个时间内转发才有效，过期将删除。若配置 BPDU 是根桥发出的，则 Message Age 为 0，否则 Message Age 是从根桥发出配置 BPDU 到当前桥接收到的总时间，包括传输延时等。实际应用中，配置 BPDU 报文每经过一个桥，Message Age 的值就增加 1。

Max Age：最大生存时间，指示当前配置 BPDU 的老化时间。

Hello time：Hello 定时器，指示根桥发送两个相邻配置 BPDU 的时间间隔。

Forward delay：转发延时，指示控制 Listening 和 Learning 状态的持续时间，表示在拓扑改变后，交换机在发送数据包前维持在 Listening 和 Learning 状态的持续时间。

4．STP 生成树形成过程

网络中的交换机在运行 STP 后都认为自己是根桥，此时都只能收发配置 BPDU，而不能转发用户流量，所有端口处于 Listening 状态。所有交换机通过交换配置 BPDU 开始进行根桥、根端口和指定端口的选举工作，选举过程如下。

（1）选举根桥

根桥的选举要经历两个主要过程：一是确定桥自己的配置 BPDU；二是确定整个网络的根桥。

① 确定桥自己的配置 BPDU。一开始每个桥都认为自己是根桥，所以在每个端口发出的配置 BPDU 中，Root ID 字段都是用各自的 BID，Root Path Cost 字段值均为 0，Bridge ID 字段是自己的 BID，Port ID 是发送该 BPDU 端口的端口 ID。开始交换配置 BPDU 后，每个桥在向外发送自己的配置 BPDU 的同时也会收到其他桥发来的配置 BPDU，但桥端

口不会将收到的所有配置 BPDU 都用来更新自己的配置 BPDU，而是进行配置 BPDU 优先级比较，若收到的配置 BPDU 的优先级高于本端口配置 BPDU 的优先级，就将收到的配置 BPDU 作为该端口的配置 BPDU，否则仍保留自己原来的配置 BPDU。然后，桥将自己所有端口的配置 BPDU 进行比较，选出最优的 BPDU 作为本桥的配置 BPDU。

② 确定整个网络的根桥。在每个桥的最优配置 BPDU 确定后，以后各桥间交换的配置 BPDU 都是各自最优的配置 BPDU 了，从而可以按前述的比较原则确定根桥。

（2）非根桥选举根端口

在根桥选举确定后，STP 根据各段链路的路径开销计算出非根桥上各端口的根路径开销，然后可以按前述的比较原则选举出根端口。

（3）每个线路选举指定端口

按前述的比较原则选举指定桥和指定端口。

（4）阻塞非根、非指定端口

STP 在根桥、根端口、指定端口选举成功后，选择根路径开销最小的链路，堵塞非根、非指定端口的链路，将网络修剪成无环路的树形拓扑网络。在拓扑稳定后，根端口和指定端口进入 Farwarding 状态，开始转发用户流量，其他非根非指定端口都处于 Blocking 状态，它们只接收 STP 报文而不转发用户流量。

【例 3-14】 STP 生成树形成过程。

请扫描二维码
进行自主学习

3.5.3 RSTP 对 STP 的改进

基于 STP，RSTP 对原有的 STP 进行了较为细致的修改和补充，增加了增强特性和保护措施，实现了网络的稳定和快速收敛。本节主要介绍 RSTP 在端口角色、端口状态和配置 BPDU 格式等方面的改进，其他特性在"知识拓展空间"中介绍。

1. 新增三种端口角色

RSTP 在 STP 端口的基础上增加了 3 种端口，共 5 种：根（Root）端口、指定（Designated）端口、替代（Alternate）端口、备份（Backup）端口和边缘（Edge）端口。前 4 种端口的角色如图 3-22 所示。

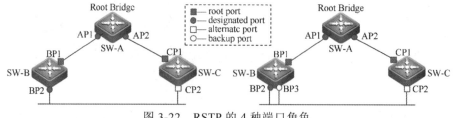

图 3-22 RSTP 的 4 种端口角色

根端口和指定端口的作用与 STP 中对应的端口角色一样，其他端口的含义如下。

❖ 替代端口：根端口的备份端口，提供了另一条从指定桥到根桥的备份通路，是通过学习其他桥发送的配置 BPDU 报文而阻塞的端口。

❖ 备份端口：指定端口的备份端口，提供了另一条从根桥到相应网段的备份通路，是通过学习自己发送的配置 BPDU 报文而阻塞的端口。

❖ 边缘端口：由网管员根据实际需要配置的一种指定端口，用以连接 PC 或不需要运行 STP 的下游交换机。网管员必须保证该端口下游不存在环路，边缘端口可直接进入 Farwarding 状态。

2．重新划分端口状态

在端口状态上，RSTP 把 STP 的 5 种状态缩减为 3 种，并根据端口是否转发用户流量和学习 MAC 地址分为转发、学习和阻塞三种状态。

❖ 转发（Forwarding）状态：既转发用户流量也学习 MAC 地址，处理 BPDU 报文。
❖ 学习（Learning）状态：不转发用户流量，但学习 MAC 地址，处理 BPDU 报文。
❖ 阻塞（Discarding）状态：既不转发用户流量，也不学习 MAC 地址，只接收 BPDU 报文。

对一个已经稳定的网络拓扑，只有根端口和指定端口才会进入转发状态，其他端口只能处于阻塞状态。

3．配置 BPDU 格式的改变

RSTP 也是使用 BPDU 进行各桥间的拓扑信息交换，但只有配置 BPDU，没有 TCN BPDU。RSTP 的配置 BPDU 称为 RST BPDU，在格式上对 STP 配置 BPDU 的两个字段做了适当修改。

（1）Message Type 字段

RST BPDU 的类型不再是 0,而是 2,所以运行 STP 的交换机收到 RSTP 的配置 BPDU 时会丢弃。

（2）Flag 字段

RST BPDU 使用了在 STP 配置 BPDU 中该字段保留的中间 6 位，最高位仍为 TCA，最低位仍为 TC（如图 3-23 所示），中间 6 位的作用如下。

bit7	bit6	bit5	bit4	bit3	bit2	bit1	bit0
TCA	Agreement	Forwarding	Learning	Port role		Proposal	TC

图 3-23　RSTP BPDU 中的 Flag 字段结构

❖ Agreement：确认标志位。若为 1，则表示该 BPDU 为快速收敛机制中的确认报文，是对收到的 Proposal BPDU 的提议进行确认。
❖ Forwarding：转发状态标志位。若为 1，则表示发送该 BPDU 报文的端口处于转发状态。
❖ Leaning：学习状态标志位。若为 1，则表示发送该 BPDU 报文的端口处于学习状态。
❖ Port role：端口角色标志位，占 2 位。Port role =00：表示发送该 BPDU 的端口角色未知；Port role =01，表示该端口为备用端口或备份端口；Port role =10，表示该端口为根端口；Port role =11，表示该端口为指定端口。
❖ Proposal：提议标志位。若为 1，则表示该 BPDU 为快速收敛机制中的提议报文。对端在收到该报文后，若同意，则需要发送确认报文。

从以上介绍可知，RSTP 的 Flag 字段增加了端口属性和状态，其中 bit1 和 bit6 用于点到点链路端口快速收敛中的消息报文。

3.5.4　STP/RSTP 基本配置

在实际应用中，可以根据不同的需求对交换机配置 STP/RSTP 的相应功能和参数。

① 配置 STP/RSTP 基本功能，可将网络修剪成树形拓扑结构，达到消除环路的目的。

② 配置影响 STP/RSTP 拓扑收敛的参数，可加快交换机的收敛速度。

③ 配置 RSTP 拓扑收敛反馈机制及保护功能，可满足特殊场合的应用和功能扩展。

④ 配置支持与其他厂商设备互通的参数，可实现华为交换机与其他厂商设备互连互通。

虽然 RSTP 对 STP 有了重大改进，但在配置方法方面区别不大，所以本节将 STP 和 RSTP 基本功能的配置方法合并在一起介绍，其他功能与参数的配置方法在"知识拓展空间"中介绍。

STP/RSTP 基本功能配置包括 STP/RSTP 工作模式配置、根桥和备份桥配置、桥优先级配置、端口路径开销配置、端口优先级配置、STP 或 RSTP 功能启用等。在实际应用中，可以根据网络拓扑需要进行选配。STP/RSTP 的默认配置如表 3-18 所示。

表 3-18　STP/RSTP 的默认配置

项　　目	默认值	项　　目	默认值
生成树协议工作模式	MSTP 模式	STP/RSTP 功能	全局和端口均开启
交换机的优先级（Priority）	32768	端口的优先级（Priority）	128
路径开销的计算方法	Dot1t，即 IEEE802.1t 标准	Hello Time	2 秒
Forward-Delay Time	15 秒	Max-age Time	20 秒

1. 配置 STP/RSTP 工作模式

视图：系统视图。

命令：

```
stp mode {stp | rstp | mstp}
```

说明：stp、rstp、mstp 分别表示工作在 STP、RSTP 或 MSTP 模式。默认情况下，S2700SI 系列为 STP 模式，其他系列均为 MSTP 模式。MSTP 模式兼容 STP 和 RSTP 模式。

2. 配置根桥和备份根桥

STP/RSTP 一般是通过计算自动确定生成树的根桥,用户也可以通过配置命令配置交换机为指定生成树的根桥或备份根桥。在一棵生成树中，生效的根桥只有一个，若两台或两台以上的交换机被指定为同一棵生成树的根桥，则系统选择 MAC 地址最小的交换机作为根桥；若配置了多个备份根桥，则 MAC 地址最小的备份根桥将成为指定生成树的根桥。

视图：系统视图。

命令：

```
stp root {primary | secondary}
```

说明：primary 表示将当前交换机配置为根桥，secondary 表示将当前交换机配置为备份根桥。若当前交换机配置为根桥，则其 BID 中的优先级值自动为 0，且不能更改；若当前交换机配置为备份根桥，则其 BID 中的优先级值自动为 4096，且不能更改。默认情况下，交换机不作为任何生成树的根桥或备份根桥。

3. 配置交换机优先级

在运行 STP/RSTP 的网络中，由于根桥是整棵生成树的逻辑中心，在进行根桥的选择时，一般希望选择性能高、网络层次高的交换机作为根桥，但是性能高、网络层次高的交换机其优先级不一定高，因此需要配置优先级以保证该设备成为根桥。另外，网络中部分性能低、网络层次低的交换机不适合作为根桥，也需要配置其优先级以保证该设备不会成为根桥。

视图：系统视图。

命令：

```
stp priority priority
```

说明：*priority* 表示交换机的优先级别，取值范围为 0~61440，取 4096 的倍数，默认值为 32768。若要改变已配置为根桥或备份根桥交换机的优先级，则必须先取消根桥或备份根桥资格。

4. 配置端口路径花费

端口路径开销值取值范围由路径开销计算方法决定，所以配置方法分为两个步骤。

（1）配置端口路径开销计算方法

视图：系统视图。

命令：

```
stp pathcost-standard {dot1d-1998 | dot1t | legacy}
```

说明：dot1d-1998 表示采用 IEEE 802.1d 标准计算方法，dot1t 表示采用 IEEE 802.1t 计算方法，legacy 表示采用华为的私有计算方法，默认计算方法为 dot1t。

注意：同一网络内所有交换机的端口路径开销应使用相同的计算方法。

（2）配置端口的路径开销值

视图：接口视图。

命令：

```
stp cost cost
```

说明：*cost* 是指端口的路径开销，取值范围为 1~200 000 000，如表 3-19 所示。

表 3-19　端口对应的链路速率与端口路径开销值对应表

链路速率	路径开销取值范围	路径开销推荐取值范围	路径开销默认值
10Mbps	1~200000	200~20000	2000
100Mbps	1~200000	20~2000	200
1Gbps	1~200000	2~200	20
10Gbps	1~200000	2~20	2
10Gbps 以上	1~200000	1~2	1

端口所处链路的速率越高，路径开销值越小。在一个存在环路的网络环境中，对于链路速率值相对较小的端口，建议将其路径开销值配置相对较大，使其在生成树算法中被选举成为阻塞端口，阻塞其所在链路，从而使速率更高的端口成为指定端口或根端口。

5. 配置端口优先级

在参与 STP/RSTP 生成树计算时，处在环路中的交换机端口优先级会影响到是否被选举为指定端口。若希望将环路中的某交换机的端口阻塞从而破除环路，则可将其端口优先级值设置比默认值大，使得在选举过程中成为被阻塞的端口。

视图：接口视图。

命令：

```
stp port priority priority
```

说明：*priority* 表示当前端口的优先级值，取值范围为 0～240，取 16 的倍数，默认值为 128。

6. 启用 STP/RSTP

在环形网络中一旦启用 STP/RSTP，STP/RSTP 便立即开始进行生成树计算。而且，诸如交换机优先级、端口优先级等参数都会影响到生成树的计算，在计算过程中这些参数的变动可能导致网络震荡。为了保证生成树计算过程快速且稳定，必须在配置好交换机优先级、端口优先级等参数后再启用 STP/RSTP。其配置方法可分为两个步骤。

（1）启用端口上传 BPDU 报文到 CPU 处理的功能

视图：系统视图。

命令：

```
bpdu enable            // S2700/3700/5700/6700 系列交换机中启用
bpdu bridge enable     // S7700/9300/9700 系列交换机中启用
```

说明：STP/RSTP 需要通过 BPDU 报文交换来完成生成树的计算，因此需要启用端口上传 BPDU 报文到 CPU 处理的功能。默认情况下，S2700/3700/5700/6700 系列交换机中该功能是启用的，但 S7700/9300/9700 系列交换机中该功能是关闭的。可以用命令 bpdu disable 或命令 bpdu bridge disable 关闭此功能。S5720EI、S5720HI、S6720EI 和 S6720S-EI 不支持 bpdu 命令。

（2）启用交换机的 STP/RSTP 功能

视图：系统视图。

命令：

```
stp enable                       // 启用 STP/RSTP/MSTP 功能
stp disable (或 undo stp enable)  // 关闭 STP/RSTP/MSTP 功能
```

说明：本命令既可以在系统视图下全局启用交换机上各端口的 STP/RSTP 功能，也可以在具体接口视图下只启用对应端口的 STP/RSTP。默认情况下，STP/RSTP 功能处于启用状态。

7. 配置端口收敛方式

视图：系统视图。

命令：

```
stp converge {fast | normal}
```

说明：fast 表示采用快速收敛方式，normal 表示采用普通收敛方式。默认情况下，端口的 STP/RSTP 收敛方式为 normal（建议选择）。若选择 fast 方式，交换机会频繁地删除 ARP 表项，从而可能使 CPU 占用率高达 100%，报文处理超时导致网络震荡。

8. 查看生成树的状态信息与统计信息

视图：系统视图。

命令：

```
display stp [interface interface-type interface-number | slot slot-id] [brief]
```

说明：*interface-type* 和 *interface-number* 分别表示端口类型和端口号，*slot-id* 表示插槽号，brief 表示显示统计信息。

【例3-15】 STP生成树配置。

【例3-16】 RSTP生成树配置。

请扫描二维码
进行自主学习

请扫描二维码
进行自主学习

3.6 交换机虚拟化技术

3.6.1 交换机虚拟化概述

交换机虚拟化是网络虚拟化技术之一，同样分为一虚多和多虚一两大类。前面介绍的 VLAN 技术实际上是把一台交换机逻辑上虚拟为多台交换机的一虚多技术。本节主要介绍交换机的多虚一技术，包括交换机堆叠技术、集群技术和超级虚拟交换技术。

1. 交换机堆叠技术 iStack

交换机堆叠是指将多台支持堆叠特性的交换机组合在一起，从逻辑上虚拟成一台整体交换机，从而实现一个命令行界面、一个 IP 地址集中管理多台交换机，提高单台交换机的转发性能和可靠性。在华为交换机中，交换机堆叠称为 iStack（Intelligent Stack，智能堆叠），如图 3-24 所示。

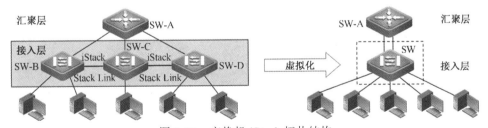

图 3-24 交换机 iStack 拓扑结构

交换机 SW-B、SW-C 和 SW-D 在建立堆叠之前是接入层中单独的交换机，通过组建堆叠，它们被虚拟化为一台整体交换机 SW，对上层和下游设备来说相当于一台交换机。

交换机堆叠技术主要应用于接入层或汇聚层中低端交换机，如 S2700、S3700、S5700、S6700 系列交换机，最多可以支持 8～9 台交换机堆叠。交换机堆叠技术具有如下特性：

① 扩展网络能力。堆叠系统建立后，端口数是各成员交换机的端口之和，从而提高

了端口可用背板带宽。堆叠系统的成员交换机可热插拔，从而可以轻松地扩展或减少端口数量。

② 提高网络性能。堆叠系统既支持成员交换机之间的冗余备份，提高交换机的转发性能和可靠性，又支持跨设备的链路聚合功能，实现跨设备的链路冗余备份及各成员交换机间的负载均衡。

③ 简化网络管理。堆叠系统建立后，一方面，用户可以将多台交换机作为一个逻辑对象进行管理，不需要配置 MSTP 和 VRRP 等协议，简化了网络配置；另一方面，用户可以通过任何一台成员交换机登录堆叠系统，对堆叠系统所有成员交换机进行统一配置和管理。

2. 交换机集群技术 CSS

交换机集群是指将两台支持集群特性的交换机组合在一起，从逻辑上虚拟成一台交换设备，从而达到提高单台交换机的转发性能和可靠性、实现大数据量转发的目的。在华为交换机中，交换机集群被称为 CSS（Cluster Switch System，集群交换系统），如图 3-25 所示。

图 3-25 交换机 CSS 示意

交换机 SW-A 和 SW-B 为核心层两台高性能核心交换机，在传统网络技术中，它们一般是采用互备份架构进行部署，来提高核心交换机的可靠性。采用集群技术后，它们被虚拟化为一台高性能高可靠的逻辑交换设备，对上游和下层设备来说相当于一台交换机 SW。

交换机集群技术一般仅应用于高端交换机系统（如 S7700 和 S9700 系列），且目前只能支持两台交换机集群，因此主要用于核心层交换机虚拟化；根据实际需要，也可应用到汇聚层交换机。

3. 交换机超级虚拟交换网技术 SVF

交换机超级虚拟交换网是指将汇聚层与接入层交换机设备虚拟成一台交换设备，由汇聚层交换机统一管理和配置接入层交换设备，从而达到简化管理与配置的目的。在华为交换机中，交换机超级虚拟交换网被称为 SVF（Super Virtual Fabric，超级虚拟交换网），如图 3-26 所示。

SVF 技术可以有效地简化接入层设备的管理与配置。相对于传统配置管理技术，SVF技术具有以下特性：

❖ 统一设备管理。汇聚层和接入层设备虚拟成一台设备，由汇聚层设备统一管理。
❖ 统一设备配置。通过模板化配置实现对接入层设备的批量配置，不再需要逐一配置每台接入层设备。
❖ 统一用户管理。对有线接入和无线接入的用户进行统一管理。

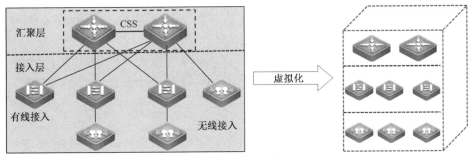

图 3-26　SVF 示意

3.6.2　iStack 配置与管理

由以上叙述可知，交换机 iStack 技术和 CSS 技术是将核心层或汇聚层或接入层的同层次多台交换机虚拟化为一台交换设备，所以被称为交换机横向虚拟化；而 SVF 技术是将汇聚层和接入层的跨层次交换设备虚拟化为一台交换设备，所以被称为纵向虚拟化。本节主要介绍交换机 iStack 技术的配置与管理，CSS 和 SVF 的配置与管理方法在"知识拓展空间"中介绍。

1．堆叠连接方式

根据堆叠连接介质的不同，交换机堆叠分为堆叠卡堆叠和业务口堆叠两种连接方式，每种连接方式都可以组成链形和环形两种连接拓扑结构。

（1）堆叠卡堆叠连接方式

堆叠卡堆叠连接方式是各成员交换机之间通过专用堆叠模块（卡）和专用堆叠线缆相连接。华为不同型号的交换机配置的堆叠卡和堆叠线缆也不完全相同，如图 3-27 所示。

（a）S5700EI/S5700SI专用堆叠模块与连接线缆　　　（b）S5720EI专用堆叠模块与连接线缆

图 3-27　华为部分交换机堆叠模块与连接线缆

堆叠卡堆叠连接方式有环形和链形两种，连接方法如图 3-28 和图 3-29 所示。

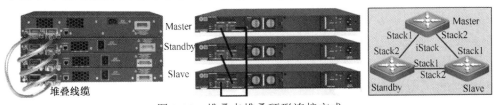

图 3-28　堆叠卡堆叠环形连接方式

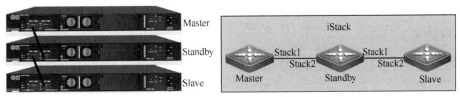

图 3-29　堆叠卡堆叠链形连接方式

Master 表示主交换机，Standby 表示备交换机，Slave 表示从交换机，Stack1/2 表示堆叠端口。环形连接和链形连接的连接方法类似，即：采用专用堆叠线缆将一台成员交换机堆叠卡的 Stack1（或 Stack2）与另一台成员交换机堆叠卡的 Stack2（或 Stack1）相连接。其区别是：环形拓扑中需要将第一台交换机与最后一台交换机首尾相连，而链形拓扑不需要。

（2）业务端口堆叠连接方式

业务端口堆叠连接方式是各成员交换机之间通过逻辑堆叠端口绑定的物理成员端口和 SPF+堆叠高速线缆相连接，不需要专用堆叠卡。其连接方法如图 3-30 所示。

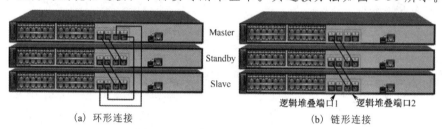

图 3-30　业务端口堆叠连接方式

逻辑堆叠端口是指专用于堆叠的逻辑端口，需要与物理成员端口绑定（即向逻辑堆叠端口中添加物理成员端口）。堆叠的每台成员交换机支持两个逻辑堆叠端口，分别为 stack-port n/1 和 stack-port n/2，其中 n 为成员交换机的堆叠 ID。物理成员端口是指各成员交换机上用于堆叠连接的物理业务端口，主要转发跨成员交换机的业务报文或成员交换机之间的堆叠协议报文。

2．堆叠基本概念

（1）交换机角色

在 iStack 堆叠中，单台交换机都被称为成员交换机，按照功能可以分为 3 种角色。

❖ 主交换机（Master）：负责管理整个堆叠系统，一个堆叠中只有一台主交换机。

❖ 备交换机（Standby）：主交换机的备用交换机，用于当主交换机出现故障时接替主交换机的工作，管理整个堆叠系统。一个堆叠中只有一台备交换机。

❖ 从交换机（Slave）：用于业务转发，数量越多，堆叠系统的转发能力越强。除了主交换机和备交换机，堆叠中其他成员交换机都是从交换机。

（2）堆叠 ID

堆叠 ID 是成员交换机在堆叠系统中的槽位号（Slot ID），又被称为成员编号（Member ID），用来标识和管理成员交换机。每个成员交换机的堆叠 ID 都是唯一的。

（3）堆叠优先级

堆叠优先级是成员交换机的一个属性，主要用于交换机角色选举过程中确定主交换机和备交换机角色，优先级值越大表示优先级越高，优先级越高当选为主交换机和备交换机的可能性越大。

3．堆叠建立过程

堆叠建立的过程包括以下 4 个阶段。

① 物理连接：根据网络需求，确定堆叠的连接方式和连接拓扑，并完成成员交换机之间的物理连接，然后所有成员交换机上电。此时，堆叠系统开始进行主交换机的选举。

② 主交换机选举：成员交换机之间相互发送堆叠竞争报文，并根据选举原则，选出堆叠系统主交换机。

主交换机的选举原则如下：

❖ 首先进行运行状态比较，最先处于启动状态的交换机选举为主交换机。因此，若希望某成员交换机成为主交换机，可以先上电，待其启动后再给其他成员交换机上电。

❖ 若有多台成员交换机都已处于启动状态，则堆叠优先级最高的交换机选举为主交换机。若以上这些交换机的堆叠优先级也相同，则 MAC 地址小的交换机选举为主交换机。

③ 拓扑收集和备交换机选举：主交换机被选出后，它开始收集所有成员交换机的拓扑信息，向所有成员交换机分配堆叠 ID，再进行备交换机选举。

备交换机的选举原则如下：

❖ 除了主交换机，其他成员交换机中最先处于启动状态的交换机选举为备交换机。

❖ 若多台非主交换机已处于启动状态，则堆叠优先级最高的交换机选举为备交换机。

❖ 若以上这些交换机的堆叠优先级也相同，则 MAC 地址小的交换机选举为备交换机。

④ 稳定运行：主交换机和备交换机选举完成后，其他成员交换机均作为从交换机加入堆叠。主交换机将整个堆叠系统的拓扑信息同步给所有成员交换机，成员交换机同步主交换机的系统软件和配置文件，再进入稳定运行状态。

4．堆叠登录访问

堆叠系统建立后，所有成员交换机均以一台虚拟交换机存在于网络中，其接口编号规则和登录访问的方式都发生了变化。

（1）堆叠成员交换机接口编号规则

堆叠系统所有成员交换机的接口编号由原来的"槽位号/子卡号/端口号"改为"堆叠 ID/子卡号/端口号"。对于管理网口，接口的编号均为 Meth 0/0/1，但只有一台成员交换机的管理网口生效，称为主用管理网口。堆叠系统启动后，默认选取主交换机的管理网口为主用管理网口，若主交换机的管理网口异常或不可用，则选取其他成员交换机的管理网口为主用管理网口。若通过 PC 直连到非主用管理网口，则无法正常登录堆叠系统。若交换机曾加入过堆叠，在退出堆叠后，仍然使用组成堆叠时的堆叠 ID 作为接口槽位号。

（2）堆叠系统登录访问方式

① 本地登录：通过任意成员交换机的 Console 口登录，实际上登录的都是主交换机。

② 远程登录：通过任意成员交换机的管理网口或其他三层接口登录。只要保证到堆叠系统的路由可达，即可采用主交换机的 IP 地址，通过 Telnet、STelnet 或 Web 等方式进行远程登录。

5．堆叠卡方式配置 iStack

（1）启用 iStack 功能

视图：系统视图。

命令：

```
stack enable
```

说明：交换机在建立堆叠系统之前必须启用堆叠功能，本命令仅适用于支持堆叠卡堆叠的交换机，如 S2700/3700/5700EI/5700SI 系列。默认情况下，交换机的堆叠功能处于开启状态。

（2）配置交换机堆叠 ID

堆叠系统建立时由主交换机对各成员交换机的堆叠 ID 进行管理和分配，当有新成员加入时，主交换机从 0 至最大的堆叠 ID 进行遍历，找到第一个空闲的 ID 后，分配给该新成员。新建堆叠或堆叠成员变化时，由于启动顺序等原因，最终堆叠系统中各成员的堆叠 ID 是随机的。因此，建议先规划好各成员交换机的堆叠 ID，再用配置命令配置各成员交换机的堆叠 ID。

视图：系统视图。

命令：

```
stack slot slot-id renumber new-slot-id
```

说明：slot-id 表示需要修改堆叠 ID 的成员交换机的堆叠 ID，取值范围为 0~8 的整数；new-slot-id 表示修改后的堆叠 ID，取值范围为 0~8 的整数。堆叠 ID 修改后需要重启交换机配置才能生效，执行本命令前必须开启堆叠功能。默认情况下，交换机堆叠 ID 值为 0。

（3）配置交换机堆叠优先级

视图：系统视图。

命令：

```
stack slot slot-id priority priority
```

说明：slot-id 表示需要修改堆叠优先级的成员交换机的堆叠 ID，取值范围为 0~8 的整数；priority 表示修改后的堆叠优先级，范围为 1~255 的整数，默认值为 100，值越大，优先级越高。优先级修改后需要重启交换机配置才能生效，执行本命令前必须开启堆叠功能。

（4）查看堆叠信息

视图：任意视图。

命令：

```
display stack                              // 查看堆叠成员交换机堆叠信息
display stack peers                        // 查看成员交换机各堆叠端口相连的邻居信息
display stack configuration [slot slot-id]  // 查看所有或指定成员交换机的堆叠配置信息
```

（5）重新启动交换机

视图：系统视图。

命令：

```
reboot
```

说明：在使用本命令重新启动交换机前，一定要使用 save 命令保存配置。

6. 业务端口方式配置 iStack

当堆叠成员交换机之间以业务端口方式连接时，需要将普通业务端口配置为堆叠物理成员端口，并将其加入逻辑堆叠端口，即将逻辑堆叠端口与堆叠物理成员端口绑定。一个逻辑堆叠端口中可以加入多个堆叠物理成员端口，以提高堆叠链路的带宽和可靠性。

（1）配置业务端口为堆叠物理成员端口

视图：系统视图。

命令：

```
stack port interface interface-type interface-number enable
stack port interface interface-type interface-number1 to interface-number2 enable
```

说明：*interface-type* 和 *interface-number* 分别表示需要配置为堆叠物理成员端口的业务端口类型、接口号。默认情况下，业务端口未配置为堆叠物理成员端口。

第一条命令仅适用于 S5700LI 和 S5710EI 系列交换机的最后 4 个业务端口，但 S5710EI 还可通过子卡扩展 4 个堆叠物理成员端口。第二条命令仅适用于 S6700 系列，最多可以配置 8 个业务端口为堆叠物理成员端口，接口号不固定，但必须是 4 的倍数个连续端口的一组端口同时配置。

（2）堆叠物理成员端口加入逻辑堆叠端口

视图：逻辑堆叠端口视图。

命令：

```
interface stack-port member-id/port-id          // 进入逻辑堆叠端口视图
port member-group interface interface-type interface-number // 将物理成员端口加入堆叠端口
```

说明：*member-id* 表示堆叠成员交换机的堆叠 ID，取值范围为 0～8 的整数；*port-id* 表示逻辑堆叠端口编号，取值范围为 0～8 的整数。iStack 堆叠的每台成员交换机上有两个逻辑堆叠端口，分别为 stack-port n/1 和 stack-port n/2，其中 n 为成员交换机的堆叠 ID。

本命令仅适用于 S5700LI、S5710EI 和 S6700 系列交换机，其配置也有所不同，请读者参考相关技术文档。

【例 3-17】 iStack 堆叠配置。

请扫描二维码，进行自主学习

扫描二维码
进入"课程学习空间"

扫描二维码
进入"工程案例空间"

扫描二维码
进入"知识拓展空间"

思考与练习 3

1. 比较集线器与交换机的异同。

2．交换机级联与交换机堆叠的区别是什么？

3．问题分析与解决。

（1）通过 RJ-45-to-DB9 配置线缆连接到 Console 端口后，无法连接到交换机。

（2）通过 DB9-to-DB9 配置线缆连接到交换机的 Console 端口后，用超级终端无法登录交换机。

（3）将原来测试用的 VLAN 删除后，通过 display vlan 命令验证已无 VLAN 存在。

4．怎样将同一个 VLAN 内的用户进行二层隔离？

5．为什么在具有环路的网络中需要配置生成树协议？分析 STP、RSTP、MSTP 的特点。

6．对二层交换机的 VLANIF 接口配置 IP 地址有什么作用？如果对其配置不同的 IP 地址，结果会怎样？为什么？

7．在交换机 SW-A 上创建 Eth-Trunk1 接口，为手工负载分担模式，并加入成员端口 GE0/0/1 至 GE0/0/3。写出相应的配置命令。

8．配置交换机 SW-A 的 Eth-Trunk1 接口为 Trunk 类型，并允许 VLAN 10 和 VLAN 20 通过。

9．配置交换机 SW-A 的端口 GE0/0/1 为 Hybrid 类型，以带标签方式加入 VLAN 10～VLAN 30，并配置默认 VLAN 为 VLAN10。

10．配置交换机 SW-A 的端口 GE0/0/1 为 Hybrid 类型，以不带标签方式加入 VLAN 10～VLAN 30，并配置默认 VLAN 为 VLAN 10。

11．某公司有 4 个部门：销售部、技术部、财务部和人力资源部，各部门员工的计算机都连接在一台 S5720-28P-LI-AC 交换机上。公司要将各部门之间的通信完全隔离，请通过配置交换机，实现此任务。

12．如图 3-31 所示，用户 PC1 和 PC2 属于同一部门，但分别连接在办公楼一楼与三楼的接入交换机 SW-A 与 SW-B 上，现需要对交换机进行配置，实现两台主机间能够正常通信。

图 3-31　网络连接拓扑结构

第 4 章　路由器技术与应用

随着 Internet 的快速发展，不同网络之间通信的需求越来越大，路由器技术就是解决这一问题的主要技术，路由器也随之成为重要的网络设备。本章以华为路由器为平台，主要介绍路由器的接口类型与配置管理、路由协议的基本概念、常用路由协议的配置方法、访问控制列表技术、网络地址转换技术等。这些知识与技术既是路由器的基础知识，也是在网络工程中最常用的路由器应用技术，为读者进阶学习路由器技术与应用打下基础。

为了使读者扩展和加深路由器应用技术的学习，本章"知识拓展空间"中介绍了网络工程中应用较深、较广的路由器应用技术资料，也包括第 3 版的原第 4 章以锐捷路由器为平台的"路由器技术与应用"。读者可以通过扫描书中相应的二维码进入"知识拓展空间"自主学习。

4.1　路由器基础

路由器（Router）是一种连接多个网络或网段、工作在 OSI 网络层的网络设备，其主要任务是进行网络互连，负责在网络或网段之间选择最佳路径、转发数据分组。路由器能够实现负载分担与链路备份，也能够与其他类型的网络互连，将不同协议格式的数据分组进行转换，使不同类型网络之间相互通信，从而构成一个更大的网络。

4.1.1　路由器的分类与结构

1. 路由器的分类

路由器的分类方式较多，按外形结构划分，可分为机架式、机箱式和桌面型三种，如图 4-1 所示；按端口结构划分，可分为固定端口和模块化两种。

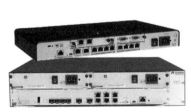

(a) 机架式路由器　　　　(b) 机箱式路由器　　　　(c) 桌面型路由器

图 4-1　路由器的分类

2．路由器的硬件结构

路由器的硬件结构与交换机类似。固定端口路由器主要由主控板、功能模块、电源模块和风扇模块组成。主控板是路由器控制和管理的核心，提供整个系统的控制、管理和业务交换。功能模块又称为接口卡或单板，是一种插在主控板上、用于实现某种功能的电路板。模块化路由器由主控板、槽位、电源模块和风扇模块组成，各种接口卡都插在槽位上。一台路由器一般只有一个主控板，但在一些高端路由器上最多可以安装两个主控板。

3．路由器的体系结构

路由器由路由处理器、内存、端口和交换开关四部分组成，如图 4-2 所示。

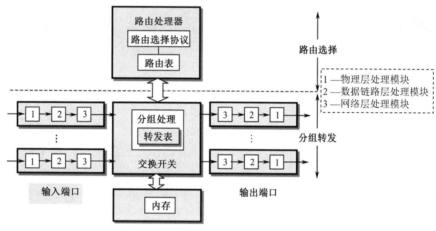

图 4-2　路由器的结构

（1）路由处理器

与计算机一样，路由器也包含中央处理器，即路由处理器。路由处理器是路由器的心脏，其任务是根据选定的路由选择协议构造出路由表，同时经常或定期地与相邻路由器交换路由信息，不断更新和维护路由表。路由处理器的能力直接影响路由器的吞吐量（路由表查找时间）和路由计算能力（影响网络路由收敛时间）。

（2）路由器内存

路由器内存用于存储路由器的配置、路由器操作系统、路由协议软件和路由表表项等内容。路由器采用了以下几种内存，每种内存以不同方式协助路由器工作。

① BootROM：只读存储器，存放路由器自举程序的系统文件，主要用于路由器系统初始化等操作。BootROM 中主要包含：

❖ 系统加电自检程序（POST），用于检测路由器中各硬件部分是否完好。

❖ 系统引导区程序（BootStrap），用于启动路由器并载入操作系统。

❖ 备份的操作系统，在原有操作系统被删除或破坏时使用。

② Flash：快速闪存，是可读写存储器，在系统重新启动或关机后仍能保存数据。Flash 中存放当前使用的操作系统。事实上，如果 Flash 容量足够大，甚至可以存放多个操作系统，这在进行操作系统升级时十分有用。当不知道新版操作系统是否稳定时，可在升级后仍保留旧版操作系统，出现问题后可迅速退回到旧版操作系统，从而避免长时间的网络故障。

③ NVRAM：即 NonVolatile RAM（非易失性存储器），是可读写存储器，在系统重新启动或关机后仍能保存数据。由于 NVRAM 仅用于保存启动配置文件，故其容量较小，通常路由器的 NVRAM 只有 32~128 KB，但速度较快。

④ SDRAM：可读写主存储器，在系统重新启动或关机后其中的数据全部丢失。SDRAM 用于路由器运行期间暂时存放路由表项目、ARP 缓冲项目、日志项目和队列中排队等待发送的分组，还包括运行配置文件、正在执行的代码、操作系统和一些临时数据信息。

（3）路由器端口

路由器的输入端口和输出端口做在路由器的线路接口卡上，一般支持 4、8 或 16 个端口。

① 输入端口。输入端口处理数据分组的过程如图 4-3 所示：物理层从线路接收数据分组，然后送入数据链路层，数据链路层按照链路层协议，将分组的首部和尾部剥去后，送入网络层的处理模块。若收到的分组是路由器之间交换路由信息的分组（如 RIP 或 OSPF 分组等），则送交路由器的路由选择部分的路由选择处理机；若收到的是数据分组，则按照分组首部的目的地址查找转发表。根据查找到的结果，分组通过交换开关传输到合适的输出端口。

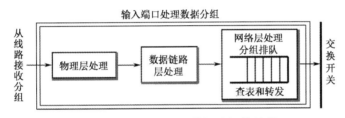

图 4-3　输入端口处理数据分组的过程

② 输出端口。输出端口从交换开关接收分组，首先放入缓存进行分组排队，然后将它们发送到路由器外面的线路上，如图 4-4 所示。

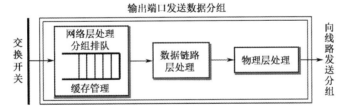

图 4-4　输出端口发送数据分组的过程

（4）交换开关

交换开关，又称为交换结构（Switching Fabric），其作用是根据转发表（Forwarding Table）对分组进行处理，将从输入端口接收的数据分组从合适的输出端口转发出去。

4.1.2　路由器的功能原理

1. 路由器的数据交换方式

路由器有 3 种数据交换方式：通过存储器、通过总线、通过交换矩阵，如图 4-5 所示。

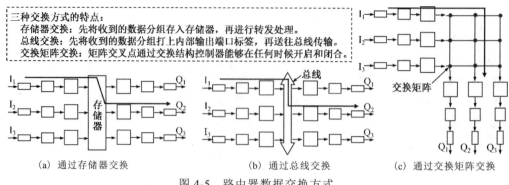

图 4-5　路由器数据交换方式

（1）通过存储器交换

一个分组到达输入端口时，该端口先通过中断方式向路由选择处理器发出信号，同时将分组存入存储器；路由选择处理器从分组首部中提取目的地址，在转发表中查找输出端口，并将该分组转发到输出端口的缓存中。

（2）通过总线交换

输入端口在接收分组后，为其添加内部标签（首部），指示转发的输出端口，再将分组传到总线。该分组能被所有输出端口收到，但只有与该标签匹配的端口才能保存该分组，在除去标签后，经该输出端口将分组转发。

（3）通过交换矩阵交换

每条垂直总线和水平总线的交叉点通过交换结构控制器能够在任何时候开启和闭合。若来自两个不同输入端口的两个分组其目的地为相同的输出端口，则一个分组必须在输入端等待，因为在某时刻经给定总线仅有一个分组能够发送。

2．路由器的功能

（1）协议转换

由于路由器可以实现不同协议、不同体系结构网络之间的互连互通，因此必然存在不同协议之间的转换问题。路由器作为三层网络设备，对输入端口接收的入口网络协议数据分组进行下三层的解封装，然后根据输出端口协议栈对接收的数据进行再封装，最后发送到出口网络。例如，图 4-6 中表示的是 IP 网络与 IPX 网络的互连。

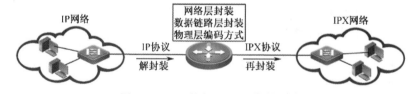

图 4-6　IP 网络与 IPX 网络的互连

（2）寻址

路由器的寻址动作与主机的类似，区别在于路由器不止一个出口，所以不能通过简单配置一条默认网关解决所有数据分组的转发，必须根据目的网络的不同，选择对应的出口路径。

例如，图 4-7 所示的网络中，若 R1 没有配置路由，则从 172.16.1.2 发送到 172.16.2.2 的数据分组到达 R1 时，R1 在路由表中查不到到达 172.16.2.0/24 网络的路径，因此会丢

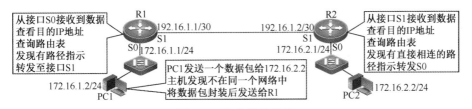

图 4-7　路由器的寻址

掉数据分组。同理，若 R2 没有配置路由、Rl 配置了正确的路由，则从 172.16.1.2 发到 172.16.2.2 的数据分组可以经过 R1 发送给 R2 并经过 R2 的本地路由表发送 172.16.2.2，但从 172.16.2.2 返回的数据分组将由于 R2 中没有到达 172.16.1.0/24 网络的路由而被丢弃，因此也不能够通信。

（3）分组转发

分组转发就是将数据分组转发到目的网络。

3．路由器的工作原理

路由器的工作过程如下：从某端口收到一个数据分组，首先把链路层的包头去掉（拆包），读取目的 IP 地址；然后查找路由表，若能确定下一步往哪里送，则再加上链路层的包头（打包），把该数据分组转发出去，否则向源地址返回一个信息，并把这个数据分组丢掉。下面通过一个例子来说明路由器的工作原理。

【例 4-1】 网络的拓扑结构如图 4-8 所示，工作站 PC1 需要向工作站 PC2 发送信息，并假定 PC2 的 IP 地址为 10.120.0.5，信息的发送过程及路由器的工作原理如下：

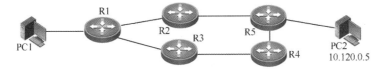

图 4-8　路由器工作原理

① PC1 将 PC2 的地址 10.120.0.5 连同数据信息以数据帧的形式发给路由器 R1。

② 路由器 R1 收到 PC1 的数据帧后，先从报头中取出地址 10.120.0.5，根据路由表计算出发往 PC2 的最佳下一跳路径：R1→R2→R5→PC2，并将数据帧发往路由器 R2。

③ 路由器 R2 重复路由器 R1 的工作，并将数据帧转发给路由器 R5。

④ 路由器 R5 同样取出目的地址，发现 10.120.0.5 在该路由器所连接的网段上，于是将该数据帧直接交给 PC2。

⑤ PC2 收到 PC1 的数据帧，一次通信过程宣告结束。

4.1.3　路由器的性能和选型

要选择合适的路由器产品，首先要根据用户网络的实际需求，确定是选择接入级、企业级还是骨干级路由器，再从以下 6 方面来确定路由器的品牌、类型与规格。

1．性能参数

路由器的性能参数决定了它的数据转发能力，也决定了网络的承载数据量、安全性能、应用层次和范围，在选择时需要考虑的主要性能参数如下。

- ❖ 背板带宽：路由器的背板容量或总线能力。
- ❖ 吞吐量：路由器的分组转发能力。
- ❖ 丢分组率：路由器因资源缺少在应该转发的数据分组中不能转发的数据分组所占比例。
- ❖ 转发时延：需转发的数据分组最后一位进入路由器端口到该数据分组第一位出现在输出端口链路上的时间间隔。
- ❖ 路由表容量：指路由器运行中可以存储路由表项的数量。
- ❖ 可靠性：指路由器可用性、无故障工作时间和故障恢复时间等指标。

2．路由方式

路由器有软件转发和硬件转发两种路由方式。软件转发方式一般采用的是集中式路由。硬件转发方式可分为集中式和分布式两种，后者是新一代网络的代表。硬件转发方式可以有效地改善数据传输中的延迟，提高网络的效能。

3．端口类型与数量

路由器的端口类型较多，各种类型的端口配置数量需要根据路由器连接的网络类型和数量、网络扩展等方面进行综合考虑。固定端口路由器需要多考察不同品牌、不同型号、不同规格的路由器来选择最合适的；模块化路由器则主要考虑接口模块上端口的类型和数量。

4．支持的标准和协议

路由器支持的标准和协议决定了路由器的路由功能，也决定了设计的灵活性和高效性。通常在考虑常规 IP 路由的同时，考虑是否支持完全的组播路由协议、是否支持 MPLS、是否支持冗余路由协议 VRRP、是否支持 IPX 和 AppleTalk 路由协议等。

5．可靠性和可扩展性

随着企业规模的不断扩大，处于成长期的企业业务不断拓展，具有高可靠性和可扩展性的网络是必需的。因此，在选购路由器时必须考虑路由器稳定运行和可扩充的能力，如路由器的软件稳定性和硬件冗余性，所支持的模块种类与端口类型等。

6．可管理性

路由器的管理特别重要，如果不具备良好的可管理性，今后的网络管理和维护工作难度会加大，网络管理和维护成本会不断攀升。因此，在选择时务必考虑路由器的监管和配置能力是否足够强大，是否提供统计信息和深层故障诊断等功能。

4.1.4　路由器与三层交换机

1．三层交换机

三层交换机是为 IP 设计的，接口类型简单，既有很强的第二层数据处理能力和交换速率，又可以具有第三层替代或部分完成路由器的功能，加快网络内部的数据交换，做到一次路由、多次转发，即当三层交换机第一次收到一个数据分组时，通过路由功能寻找转发端口，并记录目标 MAC 地址、源 MAC 地址和其他有关信息，当再次收到目标地址和源地址相同的分组时，就直接进行交换，不再调用路由功能。

出于安全和管理方面的考虑，为了减小广播风暴，大型局域网一般分为多个 VLAN，不同 VLAN 间的通信都要经过路由器来转发。随着网络互访的不断增加，单纯使用路由器来实现网络访问，不但端口数量有限，而且路由速率较慢，从而限制了网络的规模和访问速率。基于这种情况，三层交换机应运而生。

三层交换机非常适合大型局域网内的数据路由与交换，在实际网络工程应用中，一般将三层交换机部署在网络的核心层和汇聚层，处于同一局域网的各子网或 VLAN 间的路由全部由三层交换机来完成。只有局域网与公网互连或要实现跨地域的网络互访时才部署专业路由器。但是，三层交换机的路由功能没有专业路由器强，在安全、协议支持等方面还有欠缺，并不能完全取代路由器工作。

2．三层交换接口

三层交换机支持多种类型的二层或三层接口，所以必须指定所需的接口类型和模式。

华为三层交换机 V200R003C00 及先前版本，仅 S5700HI、S5710EI、S5710HI 支持二层模式与三层模式切换，接口切换到三层模式后，不支持配置 IP 地址。

华为三层交换机 V200R005C00 及后续版本，仅 S5700EI、S5700HI、S5710EI、S5710HI、S5720EI、S5720HI、S6700EI、S6720EI 和 S6720S-EI 支持二层模式与三层模式切换，接口切换到三层模式后，支持配置 IP 地址。

3．路由器与三层交换机的区别

路由器与三层交换机的主要区别如下：

① 数据转发的依据不同。三层交换机是依据 MAC 地址来确定转发数据的目的地址，而路由器依据 IP 地址来确定数据转发的地址。

② 路由器提供了防火墙等较多的服务功能，可以有效维护网络安全。

③ 三层交换机现在还不能提供完整的路由选择协议，而路由器具备同时处理多个路由协议的能力。当连接不同协议类型的网络时，依靠三层交换机是不可能完成网络之间的数据传输的。

④ 三层交换机适合大型局域网内部的数据路由与交换。而路由器端口类型多，支持的路由协议多，路由能力强，所以适合大型网络之间互连及数据路由与交换。

在网络流量很大的情况下，如果三层交换机既做网内的交换又做网间的路由，会加重它的负担，影响速率。这时可由三层交换机做网内的交换，由路由器专门负责网间的路由，可以充分发挥不同设备的优势，是个理想选择。

4.1.5　路由器的基本配置

与华为交换机一样，华为路由器同样具有功能强大的 VRP 系统，在路由器的管理方式、登录路由器的方法、配置命令的格式与编辑方法、命令行视图、用户界面配置与管理、基本配置方法与配置命令、配置文件的管理方法等方面与华为交换机完全相同，本章不再重复介绍，可以参见第 3 章的相关内容。

【例 4-2】 路由器 Telnet 管理方式的配置。

如图 4-9 所示，PC1 通过 Console 端口与路由器 RouterA 连接并登录路由器。现要求

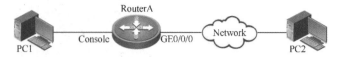

图 4-9 路由器 Telnet 管理方式网络拓扑

对路由器进行如下配置，实现 Telnet 远程登录：

❖ 设置系统的时区、日期与时间。

❖ 配置路由器的名称为 RouterA、路由器管理 IP 地址为 10.137.217.177/24。

❖ 配置通过 VTY0~VTY4 实现 Telnet 远程登录，认证方式为 AAA 认证，用户名为 admin123，用户密码为 Huawei@456，用户级别为 15 级。

① 设置系统的日期、时间和时区。

```
<Huawei> clock timezone BJ add 08:00:00
<Huawei> clock datetime 20:10:00 2015-03-26
```

② 设置设备名称和管理 IP 地址。

```
<Huawei> system-view
[Huawei] sysname RouterA
[RouterA] interface gigabitethernet 0/0/0
[RouterA-GigabitEthernet0/0/0] ip address 10.137.217.177 24
[RouterA-GigabitEthernet0/0/0] quit
```

③ 设置 Telnet 用户的级别和认证方式。

```
[RouterA] telnet server enable
[RouterA] user-interface vty 0 4
[RouterA-ui-vty0-4] user privilege level 15
[RouterA-ui-vty0-4] authentication-mode aaa
[RouterA-ui-vty0-4] quit
[RouterA] aaa
[RouterA-aaa] local-user admin1234 password irreversible-cipher Huawei@456
[RouterA-aaa] local-user admin1234 privilege level 15
[RouterA-aaa] local-user admin1234 service-type telnet
[RouterA-aaa] quit
```

④ 验证配置结果。

完成以上配置后，在 PC2 上进入 Windows 系统的命令行提示符，执行下列命令，以 Telnet 方式远程登录路由器。

```
C:\Documents and Settings\Administrator> telnet 10.137.217.177
<显示信息>
Username:admin1234
Password:
<RouterA>
```

4.2 路由器接口配置与管理

路由器具有非常强大的网络连接和路由功能，可以与不同类型的网络进行物理连接，其接口相对于交换机接口来说最大的特点是接口类型繁多，不仅包括各种局域网接口，还包括用于各种广域网接入/互连的接口。由于这些接口基本上都是专线接入，因此配置更复杂。本节主要介绍局域网接口和主要广域网互连接口的配置与管理方法。

4.2.1 路由器接口类型

路由器接口接其结构可分为物理接口和逻辑接口两大类。物理接口是真实存在的、由器件支持的接口，通常被称为端口，按功能，又分为管理接口和业务接口两种，如图4-10所示。逻辑接口是指能够实现数据交换功能但物理上不存在、需要通过配置建立的虚拟接口。为了方便学习，我们将路由器的接口分为管理接口、物理接口（业务接口）和逻辑接口三种。

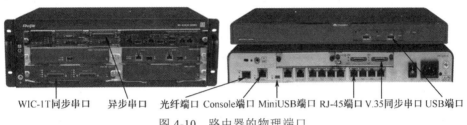

WIC-1T同步串口　异步串口　光纤端口 Console端口 MiniUSB端口 RJ-45端口 V.35同步串口 USB端口

图 4-10　路由器的物理端口

1. 管理接口

管理接口主要为用户提供配置管理支持，但不承担业务传输。用户通过此类接口可以登录到路由器，并进行配置和管理操作。如图4-11所示，华为 AR1220 系列路由器的管理接口主要有 Console 端口、MiniUSB 端口和管理网口（标注为"Management"或"MGMT"字样）。其中，Console 端口、MiniUSB 端口的功能和使用方法与交换机相同，管理网口 Management 与千兆电口 GE1 复用（不同型号路由器不完全相同），其默认 IP 地址为 192.168.1.1/24。

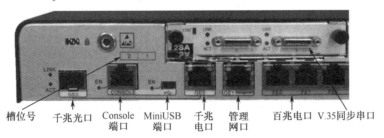

槽位号　千兆光口　Console　MiniUSB　千兆　管理　百兆电口 V.35同步串口
　　　　　　　　　端口　　端口　　电口　网口

图 4-11　路由器的管理端口

2. 物理接口

物理接口是指路由器的业务物理端口，需要承担业务传输，分为 LAN 接口和 WAN 接口。LAN 接口：让路由器与局域网中的网络设备交换数据。WAN 接口：让路由器与局域网外的远距离外部网络设备交换数据。

（1）物理接口类型

华为 AR 系列路由器所支持的主要物理接口类型如表 4-1 所示。

（2）Serial 接口

Serial 接口是最常用的广域网的接口之一，包括 EIA/TIA-232、EIA/TIA-449、EIA/EIA-530、X.21、V.35、WIC-1T 等。目前，路由器应用较多的是 WIC-1T 和 V.35，如图 4-12

表 4-1　AR 系列路由器支持的主要物理接口

接口种类	接口类型	特性说明
LAN 接口	FE/GE 以太网接口	工作在数据链路层，不能配置 IP 地址，处理二层协议，实现二层快速转发，支持电接口和光接口。FE、GE 接口支持的最大速率分别为 100Mbps、1000Mbps
WAN 接口	FE/GE 以太网接口	工作在网络层，可以配置 IP 地址，处理三层协议，提供三层路由转发功能，支持电接口和光接口。FE、GE 接口支持的最大速率分别为 100Mbps、1000Mbps
	Serial 接口	可以工作在同步或异步方式，因此通常被称为同步/异步串口。同步方式支持配置 PPP、FR 等链路层协议和 IP 地址；异步方式支持配置相关工作参数
	Async 接口	异步专线串口，支持配置 PPP 链路层协议，支持配置异步串口相关工作参数
	CE1/CT1 接口	通道化 E1/T1 接口，可以配置 IP 地址，处理三层协议，逻辑特性与同步串口相同，可以配置接口工作在不同的工作模式下，以支持 PPP、FR、ISDN 等应用
	E1-F/T1-F 接口	指部分通道化 E1/T1 接口，分别是 CE1/PRI 或 CT1/PRI 接口的简化版本。用户可以利用 E1-F/T1-F 接口满足简单的 E1/T1 接入需求
	ADSL 接口	利用普通电话线中未使用的高频段，在一对普通铜双绞线上提供不对称的上下行速率，实现数据的高速传输
	CE3 接口	E3 系统的物理接口，可以进行语音、数据和图像信号的传输
	G.SHDSL 接口	利用普通电话线中未使用的高频段，在一对普通铜双绞线上提供对称的上下行速率，实现数据的高速传输
	VDSL 接口	在 DSL 的基础上集成各种接口协议，通过复用上传和下载管道获取更高的传输速率
	E1-IMA 接口	将 ATM 信元分接到 E1-IMA 链路上直接传输
	3G Cellular 接口	支持 3G 技术的物理接口，为用户提供企业级的无线广域网接入服务
	LTE Cellular 接口	支持 LTE（Long Term Evolution，长期演进）技术的物理接口。相比 3G 技术，LTE 技术可以为企业提供更大带宽的无线广域接入服务
	ISDN BRI 接口	基本速率接口 BRI 的带宽为 2B+D，包括 2 个 64kbps 的 B 信道和 1 个 16kbps 的 D 信道。可以配置 IP 地址，支持配置 PPP、FR 等链路层协议
	POS 接口	使用 SONET/SDH 物理层传输标准，提供高速、可靠、点到点的 IP 数据连接
	CPOS 接口	通道化的 POS 接口，充分利用 SDH 体制的特点，主要用于提高路由器对低速接入的汇聚能力
	PON 接口	包括 EPON 接口和 GPON 接口，可以提供高速率的数据传输
	VPORT（Virtual Port，虚拟接口）	用来连接虚拟化环境提供的 OVS（Open Virtual Switch，虚拟交换机），接口名称是 GigabitEthernet0/0/x。通过命令 display interface brief 可以查看接口编号 x 的取值，最大时，该接口为 VPORT
	语音接口	① FXS（外部交换站）端口：用于与模拟电话连接。为了使 FXS 端口传输效果达到最优，设备提供 FXS 端口参数配置，包括物理属性、电器属性 ② FXO（外部交换局）端口：主要用于与 PSTN 网络互连。为了使 FXO 端口传输效果达到最优，设备提供 FX0 端口参数配置，包括增益、阻抗、铃流、馈电 ③ BRA（基准速率）端口：主要用于连接 ISDN 话机，提供 BRA 端口参数配置，包括 BRA 端口 L2 监视功能、端口工作模式、远供功能、自动去激活功能、端口 L1 激活方式、故障告警功能 ④ VE1（高密度语音）端口：通常用于与 PBX 或 PSTN 网络互连，提供 VE1 端口参数配置，包括 CRC4 校验、CRC 告警门限、E1 端口 L2 监视、E1 端口 PCM 告警、E1 端口的信令模式

所示。华为 AR 系列路由器中，Serial 接口由 1SA（1 端口 SA）或 2SA 接口卡提供，但只有部分型号支持配置 Serial 接口，如 AR1200 系列、AR1220F 系列等。

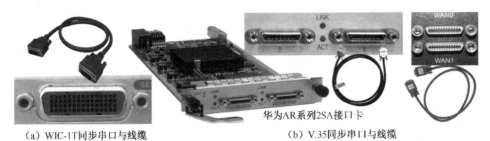

(a) WIC-1T同步串口与线缆 (b) V.35同步串口与线缆

图 4-12 路由器 Serial 接口

（3）Async 接口

Async 接口主要应用于 Modem 或 Modem 池的连接，实现远程计算机通过公用电话网接入网络，其结构如图 4-13 所示。

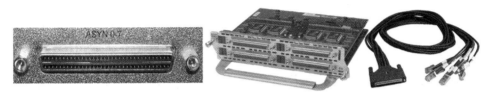

图 4-13 路由器 Async 接口

3. 逻辑接口

逻辑接口需要承担业务传输。例如，华为 AR 系列路由器支持的主要逻辑接口如表 4-2 所示。

表 4-2 AR 系列路由器支持的主要逻辑接口

接口类型	特性说明
Eth-Trunk 接口	具有二层特性和三层特性，把多个以太网接口在逻辑上等同于一个逻辑接口，比以太网接口具有更大的带宽和更高的可靠性
Tunnel 接口	具有三层特性，隧道两端设备利用 Tunnel 接口发送报文、识别并处理来自隧道的报文
VLANIF 接口	具有三层特性，通过配置 VLANIF 接口的 IP 地址，实现 VLAN 间通信
子接口	在一个主接口上配置出来的虚拟接口，主要用于实现与多个远端进行通信
Loopback 接口	主要用于配置 32 位子网掩码的特性
NULL 接口	因为任何送到该接口的网络数据报文都会被丢弃，主要用于路由过滤等特性
VT 接口	虚拟模板（Virtual-Template）接口，实现 PPP 承载其他链路层协议
VE 接口	虚拟以太网（Virtual-Ethernet）接口，主要用于以太网协议承载其他数据链路层协议
MP-Group 接口	MP 专用接口，实现多条 PPP 链路的捆绑，应用在那些具有动态带宽需求的场合
Dialer 接口	配置 DCC 参数而设置的逻辑接口，物理接口可以绑定到 Dialer 接口以继承配置信息
MFR 接口	当一条物理链路的带宽不能满足需求时，可以将多条物理链路（包括通道化的串口）捆绑成一条链路，形成一个 MFR 接口，以提供更大的带宽
Bridge 接口	具有三层特性，通过配置其 IP 地址，实现透明网桥中不同网段间用户的互访
IMA 组	由一条或多条 E1-IMA 链路组成的逻辑链路，提供更高带宽（近似等于所有成员链路的带宽之和），复用多个低速链路，支持高速 ATM 信元流
WLAN-Radio 接口	可以进行射频的相关配置
WLAN-BSS 接口	虚拟的二层接口，类似 Access 类型的二层以太网接口，具有二层属性，并可配置多种二层协议

4. 物理接口编号规则

AR 系列路由器物理接口采用"槽位号/子卡号/接口序号"格式定义接口编号。

① 槽位号：表示接口单板所在的槽位号。主控板物理槽位号统一取值为 0。遇到槽位合并时，物理槽位号取较大槽位编号，如槽位 1 和槽位 2 合并后，新槽位号为 2。

② 子卡号：表示各单板上所插入的子卡编号，由于 AR 系列路由器各单板都不支持子卡，因此统一取值为 0。

③ 接口序号：表示各主控板或单板上各接口的编排顺序号，如图 4-14 所示。

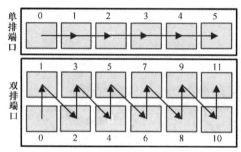
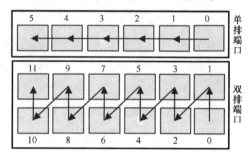

(a) AR160-S、AR1200-S、AR3200-S 和 AR2200-S 系列   (b) AR120-S、AR150-S、AR200-S 系列

图 4-14 路由器物理接口序号编排规则

4.2.2 接口基本配置和以太网接口配置

路由器接口配置包括接口基本配置、以太网接口配置、Serial 接口配置、逻辑接口配置、其他 WAN 接口配置等。

接口基本配置包括配置接口描述信息、配置流量统计时间间隔、配置关闭或开启接口、查看接口状态信息等，其配置方法和配置命令与交换机相应内容相同，见 3.3.2 节。

以太网接口配置包括配置端口组、以太网接口二/三层模式转换配置、配置接口的 IP 地址、接口属性配置等，其配置方法和配置命令与交换机相应内容相同，见 3.3.2 节。

Serial 接口配置、逻辑接口配置分别见 4.2.3 节和 4.2.4 节。

4.2.3 Serial 接口配置

Serial 接口的工作方式可以是同步方式或异步方式，接口名称为 Serial，默认工作方式为同步方式。

（1）Serial 接口工作在同步方式

当 Serial 接口作为 DDN 专线连接或与 Serial 接口对连时，需要将 Serial 接口配置为同步方式，主要应用于企业分支机构与总部间通过 PPP 链路实现园区网间的互连。在同步方式下，Serial 接口具有以下特性：

① 支持 IP 网络层协议，也就是可以配置 IP 地址。

② 支持多种链路层协议，包括 PPP、帧中继（FR）、HDLC、X.25 和 LAPB 等。

③ 可以工作在数据终端设备（Data Terminal Equipment, DTE）和数据通信设备（Data Circuit-terminating Equipment, DCE）两种模式。在 Serial 接口插入 DTE 线缆的设备称为 DTE 设备，如用户端的路由器。在 Serial 接口插入 DCE 线缆的设备称为 DCE 设备，如

各种服务器主机或运营商的路由器。一般情况下，路由器作为 DTE 设备，接受 DCE 设备提供的时钟。

在用户局域网或网络实验室中，可以根据需要随意指定串行链路的任意一端路由器作为 DTE，另一端路由器作为 DCE。但必须注意如下两点：

① 串行链路的连接线缆 DTE 端接头与 DCE 端接头必须与对应的路由器 Serial 接口连接。

② 作为 DCE 的路由器需要向 DTE 设备提供时钟，所以要配置波特率。作为 DTE 的路由器接受 DCE 设备提供的时钟，需要配置与 DCE 端波特率相等的虚拟波特率。

（2）Serial 接口工作在异步方式

当 Serial 接口作为异步专线连接，或使用 Serial 接口进行 Modem 拨号、数据备份和接入终端时，需要将 Serial 接口配置为异步方式。异步方式下，Serial 接口可以工作在协议模式或流模式下。

① 协议模式：指 Serial 接口的物理连接建立后，接口直接采用已有的链路层协议配置参数，然后建立链路。在协议模式下，链路层协议类型为 PPP，并支持网络层协议。

② 流模式：指 Serial 接口两端的设备进入交互阶段后，链路一端的设备可以向对端设备发送配置信息，设置对端设备的物理层参数，然后建立链路。流模式不支持链路层协议，也不支持网络层协议。

1. Serial 接口基本配置

（1）进入指定的 Serial 接口

视图：系统视图。

命令：

```
interface serial interface-number
```

说明：*interface-number* 表示 Serial 接口编号，要注意 Serial 接口卡所在的槽位。

（2）配置 Serial 接口工作方式

视图：Serial 接口视图。

命令：

```
physical-mode {sync | async}
```

说明：sync 表示同步方式，async 表示异步方式。默认值为同步方式，链路两端路由器必须配置为相同的工作模式。

2. 同步方式下 Serial 接口配置

同步方式下，可以配置 Serial 接口（DTE 或 DCE 模式）的物理属性和链路层属性，这些属性都有默认值，一般不需配置。下面介绍主要的属性配置，它们都在 Serial 接口视图下操作。

（1）配置 DCE 端 Serial 接口波特率

命令：

```
baudrate baudrate
```

说明：*baudrate* 表示 DCE 端 Serial 接口的波特率，取值范围为 1200、2400、4800、9600、19200、38400、56000、57600、64000、72000、115200、128000、192000、256000、384000、512000、768000、1024000 和 2048000，单位是 bps。默认是 64000 bps。

（2）配置 DTE 端 Serial 接口虚拟波特率

命令：

```
virtualbaudrate baudrate
```

说明：*baudrate* 表示 DTE 端 Serial 接口的虚拟波特率，必须与 DCE 端的波特率相同。默认值是 64000 bps。

（3）配置 DTE 端 Serial 接口的时钟模式

命令：

```
clock {rc | tc}
```

说明：rc 表示 Serial 接口采用接收 DCE 设备的时钟模式，tc 表示 Serial 接口采用自己的内部时钟模式，默认值是 tc。因为在通信过程中，为了保证通信双方能够准确无误地进行数据交换，需要通信双方工作在时钟同步状态，所以通常选择 rc 模式。

（4）配置 Serial 接口封装的链路层协议

命令：

```
link-protocol {ppp|fr [ietf | nonstandard]|hdlc}
```

说明：ppp 表示 PPP 协议；fr 表示帧中继协议，其中 ietf 指定帧中继封装格式为 IETF 标准格式，nonstandard 为非标准格式；hdlc 表示 HDLC 协议。

3. 异步方式下 Serial 接口配置

（1）配置异步方式下 Serial 接口的工作模式

命令：

```
async mode {flow | protocol}
```

说明：flow 表示工作在流模式，protocol 表示工作在协议模式。默认为协议模式。

（2）开启 Serial 接口的 DSR 和 DTR 信号检测功能

命令：

```
detect dsr-dtr
```

说明：Serial 接口的 DSR（Data Set Ready，数据装置就绪）和 DTR（Data Terminal Ready，数据终端就绪）信号检测功能可用于判断同步方式下 Serial 接口和异步方式下 Serial 接口的工作状态，DSR 信号用于 DCE 设备通知 DTE 设备自己是否已进入工作状态，DTR 信号用于 DTE 设备通知 DCE 设备自己是否已进入工作状态。

4. 显示 Serial 接口的状态信息

视图：任意视图。

命令：

```
display interface serial        // 显示 Serial 接
口的基本配置信息和统计信息
display interface brief          // 显示 Serial 接
口的状态简要信息
display ip interface brief       // 显示 Serial 接
口的物理状态和 IP 地址等信息
```

【例 4-3】 同步方式下 Serial 接口网络连接配置。

请扫描二维码
进行自主学习

4.2.4 逻辑接口配置

路由器逻辑接口主要有 Eth-Trunk 接口、Tunnel 接口、VLANIF 接口、子接口等，其配置和 VLAN 划分方法与交换机相应接口配置相同，见 3.3.2 节、3.4.3 节、3.4.4 节。

【例 4-4】 单臂路由的配置。

请扫描二维码
进行自主学习

4.3 路由协议及其配置

4.3.1 路由的基本概念

1. 路由及其分类

路由器的基本功能是路由。路由是将从一个接口接收到的数据分组，选择另一个接口转发出去的过程。该过程类似交换机的交换功能，只不过在链路层被称为交换，而在网络层被称为路由。对于一个网络来说，路由就是将数据分组从源节点（主机）传输到目标节点（主机）的路径。

路由的完成离不开两个基本步骤：一是选径，路由器根据数据分组到达的目标地址和路由表的内容，进行路径选择；二是数据分组转发，根据选择的路径，将数据分组从某个接口转发出去。

根据路由信息的来源不同，路由可以分为直连路由、静态路由和动态路由三类。

① 直连路由（Direct）：路由器接口直接连接的网段，通过链路层协议发现的路由。只要该接口处于活动状态，路由器就会把通向该网段的路由信息填写到路由表中，不需要配置。

② 静态路由（Static）：由网络管理员手工配置的路由，除非网络管理员干预，否则静态路由不会发生变化。由于静态路由不能对网络拓扑的改变做出反应，一般用于网络规模不大、拓扑结构固定、节点数目不多的小规模网络中，或作为大中型网络中动态路由的补充。

③ 动态路由（Dynamic）：由动态路由协议在路由器之间相互传递路由信息时学习到的路由，能够根据用户配置自动生成对应的路由表项，且能够主动实时地适应网络拓扑的变化。一般用于网络规模较大、网络拓扑复杂的网络。

根据路由 IP 地址类型不同，路由又可以分为有类路由和无类路由两类。

① 有类路由（Classfull-routing）：在进行路由信息传递时，不包含子网掩码信息，路由器按照标准的 A、B、C、D、E 五类 IP 地址进行汇总处理。

② 无类路由（Classless-routing）：在进行路由信息传递时，包含子网掩码信息，路由器支持可变长子网掩码 VLSM，按照无分类 IP 地址（如 100.0.0.0/24）进行汇总处理。

2. 分层路由结构

随着网络规模的增长，路由器的路由表也会成比例地增长，计算、存储和交换路由表所花费的代价将会变得越来越大，为此必须按照网络区域的不同，将路由器划分为不同层次，分层次进行路由，这就是分层路由结构。

采用分层路由结构后，一组处于相同的路由策略管理与控制下的路由器的集合被称为一个自治系统（Autonomous System，AS）。AS 内部路由器只运行同一种路由协议，且必须彼此相互连接进行路由；AS 之间采用另一种路由协议进行数据分组交换。当 AS 的规模较大时，按其功能、结构和需要，可以分割成若干区域（Area）。区域之间通过一个主干区域互连，每个非主干区域都需要直接与主干区域连接，如图 4-15 所示。区域内部路由器仅与同区域的路由器交换信息，从而极大地减少了数据分组交换数量及链路状态信息库表项，收敛速度得到提高。

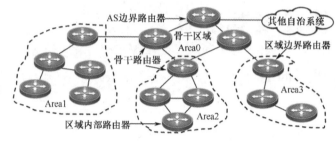

图 4-15　自治系统与区域

根据路由器在自治系统中的位置，可分为 4 类：① 区域内部路由器（Internal Router，IR），所有接口都在同一个区域内；② 区域边界路由器（Area Border Router，ABR），其接口至少属于两个区域，其中一个必须为骨干区域；③ 骨干路由器（Backbone Router，BR），至少有一个接口属于骨干区域，ABR 和骨干区域内的路由器都是 BR；④ 自治系统边界路由器（Autonomous System Boundary Router，ASBR），至少连接了另一个自治系统，是自治系统之间进行路由交换的必经之路。

3. 路由算法

在路由表中的动态路由是通过路由算法和协议来实现的，路由算法要解决的关键问题是如何确保选择出一条最佳路径将数据分组送到目标节点。目前，常用的路由算法有距离向量（Distance Vector）路由算法和链路状态（Link State）路由算法两种。

距离向量路由算法的基本思想是：路由器只向相邻的路由器发送路由表中更新的路由信息，每当收到相邻路由器发来的更新路由信息时，重新计算到每个目标节点的距离，并且更新路由表。这里的距离可以是时间、物理距离、经过的路由器个数等。距离向量路由算法简单，基于该算法的路由协议容易配置、维护和使用，但最大的问题是收敛速度慢，并且可能产生路由循环。

链接状态路由算法的基本思想是：路由器将其路由表中描述自己链接状态的更新信息发送到网络的每一台路由器，路由器接收到链路状态更新信息时，将复制一份到本地链路状态数据库，再传播给其他路由器，在每台路由器都有一份完整的链路状态数据库后，再应用 Dijkstra 算法针对所有目标节点计算最短路径树。链接状态路由算法收敛速度较快，不容易产生路由循环，但占用较多的 CPU 和内存资源，其实现和支持比较复杂。

4. 路由协议

路由协议是指实现路由算法的协议。路由协议作为 TCP/IP 协议族的重要成员之一，其选路过程实现得好坏会影响整个网络的效率。路由协议分为静态路由协议和动态路由协议两大类。

① 静态路由协议：由管理员在路由器中手动配置的固定路由协议，路由明确地指定了数据分组到达目的地必须经过的路径，不需要路由算法，也不会自动更新。静态路由协议具有允许对路由的行为进行精确控制、减少网络流量、单向传输和配置简单等特点。

② 动态路由协议：根据路由器之间相互传递的路由信息、自动学习网络拓扑的动态变化，自动更新路由表的路由协议。动态路由协议一般有相应的路由算法，不需管理员手工维护。

根据是否在一个自治系统内部使用，动态路由协议又分为内部网关协议（Interior Gateway Protocol，IGP）和外部网关协议（Exterior Gateway Protocol，EGP）。自治系统内部采用的路由协议称为内部网关协议，常用的有 RIP（Routing Information Protocol，路由信息）协议、OSPF（Open Shortest Path First，开放最短路径优先）协议、IS-IS（Intermediate System to Intermediate System，中间系统到中间系统）协议、IGRP（Interior Gateway Routing Protocol，内部网关路由协议）和 EIGRP（Enhanced Interior Gateway Routing Protocol，增强型内部网关路由协议）等。自治系统之间采用的路由协议称为外部网关协议，常用的有 BGP-4（Border Gateway Protocol 4，边界网关协议第 4 版本），如图 4-16 所示。

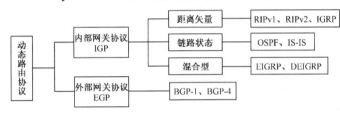

图 4-16 动态路由协议分类

5. 路由表和转发表

路由器在进行数据分组转发过程中需要两种表——路由表（Routing Table 或 Routing Information Base，RIB）和转发表（Forwarding Table 或 Forwarding Information Base，FIB），路由器通过路由表选择数据分组的转发路径，再通过转发表指导数据分组进行转发。

（1）路由表

每台运行动态路由协议的路由器中都至少有两张路由表，一张是保存所有最优路由表项的本地核心路由表（即通常所说的 IP 路由表），另一张是保存对应路由协议路由表项的协议路由表。

① 本地核心路由表：保存本地路由器到达各目的地的当前最优路由，即依据到达同一目的地的各种路由协议的优先级和度量值来选取的最佳优选路由（包括直连路由、静态路由和各种动态路由），并负责把这些最优路由下发到 FIB，生成对应的 FIB 表项。

② 协议路由表：保存该路由协议已学习发现到的所有路由信息，但这些路由不一定是最优路由。

（2）路由表信息的组成

路由表中的一行称为一条路由表项，执行 display ip routing-table 命令，可以查看 IP 路由表中各条路由表项的组成信息，如下所示：

```
<Huawei> display ip routing-table
 Proto: Protocol   Pre: Preference
 Route Flags: R-relay, D-download to fib, T-to vpn-instance
--------------------------------------------------------------------
```

```
        Routing Table: _public_
        Destinations : 5      Routes : 5
Destination/Mask        Proto     Pre     Cost     Flags     NextHop         Interface
0.0.0.0/0               Static    60      0        D         192.168.0.2     GigabitEthernet0/0/1
10.8.0.0/16             Static    60      3        D         192.168.0.2     GigabitEthernet0/0/1
10.9.0.0/16             Static    60      50       D         172.16.0.2      GigabitEthernet0/0/3
10.9.1.0/24             Static    60      4        D         192.168.0.2     GigabitEthernet0/0/2
10.20.0.0/16            Direct    0       0        D         172.16.0.1      GigabitEthernet0/0/4
```

表中各字段的意义如下。

① Destination：表示此路由的目的地址，用来标识 IP 包的目的地址或目的网络。

② Mask：表示此目的地址的子网掩码长度，与目的地址一起标识目的主机或路由器所在网段的地址。即将目的地址和子网掩码"逻辑与"后可得到目的主机或路由器所在网段的地址。

③ Proto：表示学习此路由的路由协议。

④ Pre（即 Preference）：表示此路由的路由协议优先级。针对同一目的地，可能存在不同下一跳、出接口等多条路由，这些不同的路由可能是由不同的路由协议发现的，也可以是手工配置的静态路由。Pre 用于不同路由协议之间的不同路由的比较，优先级高（数值小）者将成为当前的最优路由。

⑤ Cost：路由开销。当到达同一目的地的多条路由具有相同的路由优先级时，路由开销最小的将成为当前的最优路由。Pre 用于不同路由协议间路由优先级的比较，Cost 用于同一种路由协议内部不同路由的优先级的比较。

⑥ Flags：路由表项的标志，可以是 G、H、U、S、D、B、L 中一个或多个字母的组合。

❖ G：Gateway 网关路由，表示下一跳是网关。

❖ H：Host 主机路由，表示该路由为主机路由。

❖ U：Up 可用路由，表示该路由状态是开启的。

❖ S：Static 静态路由，表示该路由为手工配置路由。

❖ D：Dynamic 动态路由，表示该路由为动态路由协议自动学习生成的路由。

❖ B：Black Hole 黑洞路由，表示下一跳是空接口。

❖ L：Vlink Route 虚拟链路路由，表示为 Vlink 类型路由。

⑦ NextHop：表示此路由的下一跳地址，指明数据转发的下一个路由器。

⑧ Interface：表示此路由的出接口，指明数据将从本地路由器哪个接口转发。

（3）FIB 的组成与匹配原则

路由表在选择出最优路由后，会将这些路由表项下发到 FIB，以生成 FIB 的转发表项。FIB 中的每条转发表项都指明到达某网段或某主机的数据分组应通过路由器的哪个物理接口或逻辑接口发送，当分组到达路由器时，会通过查找 FIB 中与目的地址对应的转发表项，从指定的接口转发，然后就可到达该路径的下一个路由器，或者传送到直接相连的目的主机。

FIB 中的表项与 IP 路由表中的表项是有对应关系的。例如，一台路由器的路由表如上所述，则该路由器 FIB 的表项信息可用命令 display fib 显示如下：

```
<Huawei> display fib
FIB Table:
Total number of Routes : 5
```

Destination/Mask	NextHop	Flag	TimeStamp	Interface	TunnelID
0.0.0.0/0	192.168.0.2	SU	t[37]	GigabitEthernet0/0/1	0x0
10.8.0.0/16	192.168.0.2	DU	t[37]	GigabitEthernet0/0/1	0x0
10.9.0.0/16	172.16.0.2	DU	t[9992]	GigabitEthernet0/0/3	0x0
10.9.1.0/24	192.168.0.2	DU	t[9992]	GigabitEthernet0/0/2	0x0
10.20.0.0/16	172.16.0.1	U	t[9992]	GigabitEthernet0/0/4	0x0

FIB 中包括 Destination、Mask、NextHop、Flag、TimeStamp、Interface 和 TunnelID 字段，其中 Destination、Mask、NextHop、Interface 字段与 IP 路由表中对应字段一样，其他 3 个字段的意义如下。

① Flag：转发表项的标志，其含义与路由表的相同。

② TimeStamp：转发表项的时间戳，表示该表项已存在的时间，单位为秒（s）。

③ TunnelID：表示转发表项索引。该值不为 0 时，表示匹配该表项的分组通过对应的隧道转发，否则表示分组不通过对应的隧道进行转发。

FIB 表在匹配转发表项时，采用"最长掩码"匹配原则，具体方法是：在查找 FIB 表时，先将数据分组的目的地址与 FIB 中各表项的掩码按位进行"逻辑与"运算，得到匹配的网络地址（可能多个），然后在这些对应的 FIB 表项中选择一个最长掩码 FIB 表项转发数据分组。

【例 4-5】 假设路由器上当前的 FIB 如上所示，现有一个目的地址是 10.9.1.2 的数据分组进入路由器，分析 FIB 匹配过程。

首先，目的地址 10.9.1.2 与 FIB 表中各表项的掩码 0、16、24 作"逻辑与"运算，得到网段地址：0.0.0.0/0、10.9.0.0/16、10.9.1.0/24。这三个结果可以匹配到 FIB 中对应的三个表项。最终，路由器会选择最长匹配 10.9.1.0/24 表项，从接口 GE0/0/2 转发这条目的地址是 10.9.1.2 的数据分组。

6. 路由协议的优先级

对于相同的目的地，不同的路由协议（包括静态路由）可能发现不同的路由，但这些路由并不一定都是最优的。事实上，在某时刻，到某目的地的当前路由只能由唯一的路由协议来决定。为了判断最优路由，各路由协议（包括静态路由）都被赋予了一个优先级，当存在多个路由信息源时，具有较高优先级（取值较小）的路由协议发现的路由将成为最优路由，并被放入本地核心路由表。

路由协议的优先级分为外部优先级和内部优先级两种。外部优先级是指用户可以手工为各路由协议配置的优先级；内部优先级则是不能被用户手工修改的优先级。通常所说的路由协议优先级就是指外部优先级，优先级数值越小，优先级别越高。各种路由协议优先级默认值如表 4-3 所示，其中 0 表示直接连接的路由，255 表示任何来自不可信源端的路由。

表 4-3　路由协议的优先级

路由协议类型	外部优先级	内部优先级	路由协议类型	外部优先级	内部优先级
Direct	0	0	RIP	100	100
OSPF	10	10	OSPF ASE	150	150
IS-IS Level-1	15	15	OSPF NSSA	150	150
IS-IS Level-2	15	18	IBGP	255	200
Static	60	60	EBGP	255	20

选择路由时，先比较路由协议的外部优先级，如果不同的路由协议配置了相同的外部优先级，就比较其内部优先级，决定内部优先级别最高的路由协议所发现的路由成为最优路由。

7. 路由的度量

路由的度量标示了这条路由到达指定的目的地址的代价，一般有以下 4 种度量方法。

（1）路径长度

路径长度是最常见的路由度量方法。链路状态路由协议可以为每条链路设置一个链路开销，来标示此链路的路径长度。在这种情况下，路径长度是指经过的所有链路的链路开销的总和。距离矢量路由协议使用跳数来标示路径长度。跳数是指数据从源端到目的端所经过的设备数量。例如，路由器到与它直接相连网络的跳数为 0，通过一台路由器可达的网络的跳数为 1，其余以此类推。

（2）网络带宽

网络带宽是一个链路实际的传输能力。例如，千兆链路要比百兆链路更优越。虽然带宽是指一个链路能达到的最大传输速率，但这不能说明在高带宽链路上路由要比低带宽链路上更优越。

（3）负载

负载是一个网络资源的使用程度。通过网络负载（包括 CPU 的利用率和它每秒处理数据包的数量）、持续监测参数，网管员可以及时了解网络的使用情况。

（4）通信开销

通信开销衡量了一条链路的运营成本。尤其是只注重运营成本而不在乎网络性能的时候，通信开销就成了一个重要的指标。

8. 路由收敛

路由收敛是指网络的拓扑结构发生变化后，路由表重新建立到发送再到学习直至稳定，并通告网络中所有相关路由器都得知该变化的过程。也就是网络拓扑变化引起的通过重新计算路由而发现替代路由的行为。随着网络的融合，区分服务的需求越来越强烈，某些路由可能指导关键业务的转发，如 VoIP、视频会议、组播等，这些关键的业务路由需要尽快收敛，而非关键路由可以相对慢一点收敛。因此，系统需要对不同路由按不同的收敛优先级处理，来提高网络可靠性。

4.3.2 静态路由协议

1. 静态路由配置

视图：系统视图。

命令：

```
ip route-static ip-address {mask | mask-length} {nexthop-address | interface-type
    interface-number [nexthop-address]} [preference preference | tag tag]*
```

说明：静态路由命令参数包括 3 部分，主要参数如下。

① *ip-address* {*mask*｜*mask-length*}：目的 IP 地址和子网掩码，一般是一个网络地址。

② {*nexthop-address*｜*interface-type interface-number* [*nexthop-address*]}：下一跳地址

（即与出接口相连的对端路由器连接接口的 IP 地址）或本路由器的出接口，可同时指定。

❖ 对于点到点类型接口，如 PPP 链路接口，只需指定出接口。

❖ 对于 NBMA（Non Broadcast Multiple Access，非广播多路访问）类型接口，如 FR、ATM 接口，只需指定下一跳 IP 地址。

❖ 对于广播类型接口，如以太网接口和 VT 接口，必须指定下一跳 IP 地址。在此情况下，还需要同时指定出接口。

③ [preference *preference* | tag *tag*]：静态路由优先级或静态路由的 tag 属性值。优先级的取值范围为 1～255 的整数；tag 的取范围为 1～4 294 967 295 的整数。不同的静态路由可以配置不同的优先级。配置到达相同目的地的多条静态路由，若指定相同优先级，则可实现负载分担；如果指定不同优先级，则可实现路由备份。

【例4-6】 网络拓扑如图 4-17 所示，配置 RouterA 访问网络 172.16.1.0/24 的静态路由。

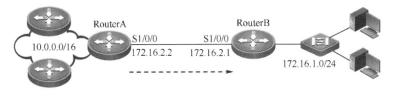

图 4-17　静态路由配置网络拓扑

```
<Huawei>system-view
[Huawei]sysname RouterA
[RouterA]ip route-static 172.16.1.0 255.255.255.0 172.16.2.1      // 指定下一跳 IP 地址
[RouterA]ip route-static 172.16.1.0 24 serial 0/0/0              // 指定本路由器出接口
```
或

2. 默认静态路由配置

默认路由是在路由表中没有找到匹配的路由表项时才使用的候补路由。如果数据分组的目的地址不能与路由表的任何路由表项相匹配，那么该分组选取默认路由进行转发。如果没有默认路由且数据分组的目的地址不在路由表中，那么该分组被丢弃，并向源端返回 ICMP（Internet Control Message Protocol）报文，报告该目的地址或网络不可达。

当目的 IP 地址和掩码均为 0.0.0.0 时，配置的路由称为默认路由。

视图：系统视图。

命令：

```
ip route-static 0.0.0.0 0.0.0.0 {nexthop-address |
  interface-type interface-number}
```

说明：0.0.0.0 0.0.0.0 表示任意地址。

【例4-7】 路由器连接与静态路由配置。

请扫描二维码
进行自主学习

4.3.3　RIP 路由协议

RIP 是一种较为简单的内部网关动态路由协议，包括 RIPv1 和 RIPv2 两个版本。RIPv1 是有类路由协议，在路由更新信息中不携带子网掩码；RIPv2 对 RIPv1 进行了扩充，是无类路由协议，在路由更新信息中携带子网掩码，支持 CIDR 和 VLSM 技术，支持认证、密钥管理、路由汇聚等。

RIP 的实现较为简单，在配置和维护管理方面远比 OSPF 和 IS-IS 容易，因此主要应用于规模较小的网络。

1. RIP 的度量机制

RIP 采用距离向量路由算法，使用跳数（Hop Count）作为度量来衡量到达目的网络的距离。路由器到与它直接相连网络的跳数为 0，然后每经过一台三层设备，跳数增 1，以此类推。为了限制收敛时间，RIP 规定度量值取 0～15 之间的整数，大于或等于 16 的跳数被定义为无穷大，即目的网络或者主机不可达。

2. RIP 基本原理

RIP 要求相邻路由器之间周期性地通过 UDP 报文来交换整个路由表的路由信息，使用的端口号为 520。在通常情况下，RIPv1 报文为广播报文，而 RIPv2 报文为组播报文，组播地址为 224.0.0.9。

RIP 每隔 30 s 向与它相邻的路由器发送含有自己整个路由表信息的更新报文，一是向邻居路由器提供路由更新，同时向邻居路由器证明自己的存在。接到更新报文的路由器将收到的信息更新自身的路由表，以适应网络拓扑的变化，这个过程称为更新周期。

若路由器从收到某邻居路由器发来的一条路由更新报文并添加到 RIP 路由表开始，经过 180 s（即 6 个更新周期）没有收到这个邻居路由器发来的路由更新报文，则该路由器就会标记这个邻居路由器为不可达路由器，使这个邻居路由器进入抑制状态，这个过程称为老化周期。路由器处于抑制状态的时间称为抑制周期，在抑制周期内，为了防止路由振荡，即使再收到这个邻居路由器发来的度量值小于 16 的路由更新报文，也不接受，直到抑制周期结束，将重新接受这个邻居路由器的路由更新报文。

若在连续的 300 s（即 10 个更新周期）内仍未收到这个邻居路由器的路由更新报文，则该路由器就在路由表中彻底删除与这个邻居路由器相关的路由表项，这个过程称为删除周期（或垃圾收集周期）。

上面的更新周期、老化周期、抑制周期和删除周期分别由路由器的 4 个定时器控制，分别被称为更新定时器（Update Timer）、老化定时器（Age Timer）、抑制定时器（Suppress Timer）和垃圾收集定时器（Garbage-collect Timer），其时间可以通过相应命令进行设置。

3. RIP 路由收敛机制

距离向量类的路由算法容易产生路由循环，即路由器把从其邻居路由器学到的路由信息再回送给那些邻居路由器。如果网络上有路由循环，信息就会循环传递，造成收敛速度慢。为了避免这个问题，RIP 运用了下面 4 个机制。

（1）水平分割（Split Horizon）

RIP 从某接口学到的路由，不会从该接口再发回给邻居路由器，即路由器从某接口发送的路由更新信息中不再包含从该接口学到的路由信息。

（2）毒性逆转（Poison Reverse）

RIP 从某接口学到路由后，从原接口发回邻居路由器，并将该路由的跳数设置为 16（即指明该路由不可达），可以清除对方路由表中的无用路由。

（3）触发更新（Trigger Update）

一旦路由器检测到网络故障，立即将相应路由中的跳数改为 16，并广播给相邻的所有路由器，而不必等待 30s 的更新周期。这样，网络拓扑的变化会最快地在网络上传播开，减少了路由循环产生的可能性。同样，当一个路由器刚启动 RIP 时，广播请求报文，收到此广播的相邻路由器立即应答一个更新报文，而不必等到下一个更新周期。

（4）抑制计时（Holddown Timer）

当一条路径信息变为无效后，路由器并不立即将它从路由表中删除，而是将相应路由中的跳数改为 16，标记该路由不可达；同时，启动一个抑制定时器，进入抑制状态，不再接收关于同一目的地址的路由更新信息。如果在抑制定时器超时之前，该路由器从同一个邻居路由器接收到指示该网络又可达的路由更新报文，那么该路由器标识这个网络可达，并且删除抑制定时器。当一条链路频繁启停时，抑制计时减少了路由的浮动，增加了网络的稳定性。

4．RIP 基本配置

在路由器上要配置 RIP，首先要做的基本配置是启动 RIP 路由进程，并定义与 RIP 路由进程关联的网络，然后根据自身的要求进行其他参数配置，如 RIP 分组单播配置、RIP 认证配置、RIP 时钟调整等。

（1）启动 RIP 进程

视图：系统视图。

命令：

```
rip [process-id] [vpn-instance vpn-instance-name]                // 启动 RIP 并进入 RIP 视图
```

说明：*process-id* 表示要启动的 RIP 进程号，取值范围为 1～65535 的整数，默认值为 1；*vpn-instance-name* 表示启动进程号为 *process-id* 的 RIP 进程的 VPN 实例名，1～31 个字符，不支持空格，区分大小写。

（2）配置 RIP 进程描述信息

一旦 RIP 被启动，路由器就具有了 RIP 功能，即可配置与本路由器关联的网络了。

视图：RIP 视图。

命令：

```
description text
```

说明：*text* 表示 RIP 进程的描述信息，1～80 个字符，不支持空格，区分大小写。

（3）在指定网段启用 RIP 路由

视图：RIP 视图。

命令：

```
network network-address
```

说明：该命令就是指定路由器接口直连的网段。*network-address* 表示需要启用 RIP 路由的网段地址，不带子网掩码，因为该地址必须是自然网段的网络地址，不能是子网地址。

（4）配置 RIP 的版本号

① 配置全局 RIP 版本号

视图：RIP 视图。

命令：

```
version {1 | 2}
```

说明：默认情况下，接口只发送 RIPv1 报文，但可以接收 RIPv1 和 RIPv2 的报文。

② 配置接口的 RIP 版本号

视图：接口视图。

命令：

```
interface interface-type interface-number        // 进入需要配置的接口
rip version {1 | 2 [ broadcast | multicast]}      // 指定接口的 RIP 版本
```

说明：如果没有配置接口的 RIP 版本号，就以全局版本为准，接口下配置的版本号优先级高于全局版本号。

（5）配置接口的水平分割和毒性逆转特性

视图：接口视图。

命令：

```
rip split-horizon        // 启动 RIP 水平分割功能
rip poison-reverse       // 启动 RIP 毒性逆转功能
```

说明：如果在一个接口上同时配置水平分割和毒性逆转，就只有毒性逆转生效。

（6）查看 RIP 路由与状态信息

视图：任意视图。

命令：

```
display rip [process-id | vpn-instance vpn-instance-name]  // 查看 RIP 的当前运行状态及配置信息
display rip process-id route                 // 查看所有从其他设备学习到的 RIP 路由
display default-parameter rip           // 查看 RIP 的默认配置信息
display rip process-id statistics interface {all | interface-type interface-number
    [verbose | neighbor neighbor-ip-address]}        // 查看 RIP 接口的统计信息
```

【例 4-8】 配置 RIP 路由实现网络互连互通。

请扫描二维码
进行自主学习

4.3.4 OSPF 路由协议

OSPF 是 IETF OSPF 工作组开发的链路状态的内部网关动态路由协议，采用链路状态路由算法建立和计算到每个目标网络的最短路径，主要应用于大中型网络。目前，华为 AR 系列路由器主要支持 OSPFv2 和 OSPFv3，OSPFv2 仅支持 IPv4，而 OSPFv3 同时支持 IPv4 和 IPv6。本节主要介绍基于 IPv4 的 OSPFv2 版本。

1. OSPF 的基本概念

（1）自治系统或路由域

OSPF 是一种基于分层路由结构的路由协议，将一组运行 OSPF 路由协议的路由器组成一个 OSPF 自治系统（Autonomous System，AS），又称为 OSPF 路由域。在一个自治系统内，每台运行 OSPF 协议路由器中的每个 OSPF 进程必须指定一个用于标识本地路由器的 Router ID（路由器 ID），且每台路由器 ID 必须唯一，但同一路由器的不同进程中的路由器 ID 可以相同。Router ID 是 32 位二进制无符号整数，用点分十进制表示，即为 IP 地址格式。在 OSPF 网络中，一个自治系统内的路由器通过 LSA（Link State Advertisement，链路状态通告）相互交换链路状态信息，维护同一个自治系统的链路状态数据库。

（2）区域

OSPF 将一个路由域划分为一个或多个 OSPF 区域（Area），且必须有一个骨干区域。骨干区域负责各区域之间的路由，非骨干区域之间的路由信息必须通过骨干区域转发。每个区域采用唯一的 32 位二进制数作为区域标识（Area ID），用点分十进制表示，骨干区域号固定为 0.0.0.0。OSPF 区域的边界是路由器接口，而不是链路，即路由器之间直接相连的链路两端接口必须属于同一个区域。每个 OSPF 路由器只能在所属区域内部学习到完整的链路状态信息。

（3）路由器类型

在 OSPF 自治系统中，根据路由器的不同位置，将路由器划分为区域内部路由器(IR)、区域边界路由器（ABR）、骨干路由器（BR）和自治系统边界路由器（ASBR）4 种。各种路由器的定义见 4.3.1 节。

（4）路由类型

在 OSPF 中，将路由划分为以下 4 种。

- ❖ 区域内路由（Intra Area）：区域内 IR 之间的路由，用于 IR 间的互连，不向区域外通告。
- ❖ 区域间路由（Inter Area）：区域间 ABR 之间的路由，用于骨干区域与其他区域相互通告路由信息。
- ❖ 第一类外部路由（Type1 External）：经由 ASBR 引入的路由，通常是 IGP 类型。
- ❖ 第二类外部路由（Type2 External）：经由 ASBR 引入的路由，通常是 EGP 类型。

2. OSPF 网络设计要点

在进行 OSPF 配置前一般要先设计相关的 OSPF 网络，其设计要点如下。

（1）确定需要运行 OSPF 协议的路由器

在设计 OSPF 网络时，首先确定哪些路由器的接口要启用 OSPF 路由进程。一般，在一个自治系统内的所有路由器都要运行 OSPF 协议。

（2）合理划分 OSPF 区域

OSPF 网络不同区域的划分不是随意的，一般要遵循以下原则：

- ❖ 区域内路由器的数量。在一个区域内，路由器的数量一般不超过 50 台，最多 200 台。若网络中路由器的台数少于 20 台，则只划分一个区域，即骨干区域。
- ❖ 按照地理区域或行政管理单位划分。
- ❖ 按照网络中路由器的性能划分。一般可以按路由器所在的接入层、汇聚层和核心层三个层次来划分，也可以将一台高端路由器及其连接的中、低端路由器划在一个区域。
- ❖ 按照 IP 网段划分。在实际的 OSPF，整个网络的 IP 地址被划分成不同的子网，这时可以根据不同的网段划分 OSPF 区域。
- ❖ 骨干区域通常划分在网络的中央位置，便于与其他区域的直接连接。若有某区域因多种因素确实不能与骨干区域直接连接，则需要采用虚连接解决与骨干区域的互连问题。

（3）充分论证 ABR 和 ASBR 的性能需求

在 OSPF 网络中的 ABR 和 ASBR 都要负责两个或多个区域或自治系统之间的路由信息交换，并且需要保存所在区域或自治系统的链路状态数据库（LSDB），负担都非常重，所以对性能要求较高。

3. OSPF 基本配置

通过 OSPF 基本功能的配置，可以组建起基本的 OSPF 网络，但在配置 OSPF 的基本功能前需要配置相关接口的网络层地址，使各相邻节点网络层可达。

（1）创建 OSPF 进程

视图：系统视图。

命令：

```
ospf [process-id | router-id router-id | vpn-instance vpn-instance-name]*
```

说明：*process-id* 表示要启动的 OSPF 进程编号，取值范围为 1～65535 的整数，默认值为 1；*router-id* 表示本地路由器的 Router ID；*vpn-instance-name* 表示启动的 OSPF 进程所属的 VPN 实例名称。默认情况下，系统没有运行 OSPF 进程。"*" 表示一台路由器上可以同时启用多个 OSPF 进程。

（2）创建路由器 ID

视图：系统视图。

命令：

```
router-id router-id
```

（3）创建 OSPF 区域

视图：OSPF 视图。

命令：

```
area area-id                                        // 创建并进入 OSPF 区域视图
```

说明：*area-id* 表示区域的标识号，可以采用十进制整数，取值范围为 1～4 294 967 295，0 固定为骨干区域号，在显示时仍使用 IPv4 地址形式。默认情况下，系统未创建 OSPF 区域。

（4）在指定网段启用 OSPF 路由

创建 OSPF 进程后，还需要配置区域所包含的网段，也就是将 OSPF 进程应用到所连接的网段。一个网段只能属于一个区域，或者说每个运行 OSPF 协议的接口必须指明属于某个特定的区域。该处的网段是指运行 OSPF 协议接口的 IP 地址所在的网段。

在指定网段启用 OSPF 路由时，既可以在具体 OSPF 区域下一次性对一个或多个接口进行配置，也可以在具体的 OSPF 接口下对一个接口进行配置。

① 在 OSPF 区域中启用 OSPF 路由

视图：OSPF 区域视图。

命令：

```
network ip-address wildcard-mask                    // 配置区域所包含的网段
```

说明：该命令对指定网段范围内所有 OSPF 接口一次性启用 OSPF 路由，并指定所属的 OSPF 区域。只有满足下面两个条件时，接口上才能正常运行 OSPF 协议，并启用 OSPF 路由：接口的 IP 地址掩码长度≥network 命令指定的掩码长度；接口的主 IP 地址必须在 network 命令指定的网段范围内。

ip-address 表示要启用 OSPF 路由的网段 IP 地址。

wildcard-mask 表示 IP 地址的反码（即相当于将 IP 地址的子网掩码反转，0 变 1，1

变 0），用来与参数一起确定要启用 OSPF 路由的网段范围。其中，"1"表示忽略 IP 地址中对应的位，"0"表示必须匹配的位，这样就可以在一个区域内配置一个或多个接口。默认情况下，接口不属于任何区域。

② 在指定接口上启用 OSPF 路由

视图：接口视图。

命令：

```
ospf enable [process-id] area area-id
```

说明：*process-id* 表示要启用的 OSPF 进程号，*area-id* 表示要加入的 OSPF 区域号。此命令只对进行的当前接口启用 OSPF 路由。

（5）创建虚连接

在划分 OSPF 区域后，非骨干区域之间都是通过骨干区域交换 OSPF 路由更新信息，因此 OSPF 要求所有非骨干区域必须与骨干区域保持连通。但在实际应用中，因为各方面条件的限制，有某非骨干区域不能与骨干区域直接连接时，则需要配置 OSPF 虚连接。

视图：系统视图。

命令：

```
ospf [process-id]                                        // 进入 OSPF 进程视图
area area-id                                             // 进入 OSPF 区域视图
vlink-peer router-id [smart-discover | hello hello-interval | retransmit retransmit-interval
| trans-delay trans-delay-interval | dead dead-interval | [simple [plain plain-text
| [cipher] cipher-text] | {md5 | hmac-md5 | hmac-sha256} [key-id {plain plain-text
| [cipher] cipher-text}] | authentication-null | keychain keychain-name]]*
                                                         // 创建并配置虚连接
```

说明：在虚连接的两端都要使用此配置命令进行配置。各参数的意义如下：

router-id：指定建立虚连接的对端路由器的 ID。

smart-discover：设置主动发送"Hello"报文。

hello-interval：指定接口发送"Hello"报文的时间间隔，取值范围为 1~65535 的整数秒，默认为 10s。但该值必须与建立虚连接路由器上 *hello-interval* 值相等。

retransmit-interval：指定接口重传原来发送的 LSA 报文的时间间隔，取值范围为 1~3600 的整数，默认为 5（单位为秒）。

trans-delay-interval：指定接口延迟发送 LSA 的时间间隔，取值范围为 1~3600 的整数，默认为 1（单位为秒）。这是为了避免频繁发送 LSA 而造成 CPU 负担过重。

dead-interval：指定在多长时间内没有收到对方发来的"Hello"报文，即宣告对方路由器失效，取值范围为 1~235926000 的整数，默认为 40（单位为秒）。该值必须与对端路由器设置相同，且至少为 *hello-interval* 参数和的 4 倍。

simple 及后面的参数项都是设置不同的验证模式，一般不需要设置。

【例 4-9】设 Area2 区域一端连接骨干区域 Area0，另一端连接一个普通区域 Area10，在 Area2 的两端 ABR 上创建虚连接，实现 Area10 与 Area0 互通，对端路由器 ID 为 1.1.1.1。

```
<Huawei> system-view
[Huawei] ospf 100
[Huawei -ospf-100] area 2
[Huawei -ospf-100- area 0.0.0.2] vlink-peer 1.1.1.1
```

（6）查看 OSPF 路由与状态信息

视图：任意视图。

命令：

```
display ospf [process-id] peer        // 查看 OSPF 邻居的信息
display ospf [process-id] interface   // 查看 OSPF 接口的信息
display ospf [process-id] routing     // 查看 OSPF 路由表的信息
display ospf [process-id] lsdb        // 查看 OSPF 的 LSDB 信息
```

【例 4-10】 配置 OSPF 路由实现网络互连互通。

请扫描二维码
进行自主学习

4.3.5 PPPoE 协议

PPP（Point-to-Point Protocol，点到点协议）是由 IETF 开发、为点到点串行线路（拨号或专线）上传输网络层报文而设计的数据链路层协议。PPP 是目前广域网上应用最广泛的协议之一，其优点是协议简单、具备用户认证能力、支持动态 IP 地址分配等。大部分家庭拨号上网就是通过 PPP 在用户端和运营商的接入服务器之间建立通信链路。在宽带接入技术日新月异的今天，PPP 也衍生出新的应用。典型应用是在 ADSL（Asymmetrical Digital Subscriber Loop，非对称数据用户环线）接入方式中采用 PPPoE（PPP over Ethernet，基于以太网的 PPP）协议接入。本节主要介绍如何在路由器上配置 PPPoE 接入方式。

1．PPPoE 概述

PPPoE 是一种在以太网链路上运行 PPP，把 PPP 帧封装到以太网帧中的链路层协议。PPPoE 采用 C/S 模式，提供一种在以太网中多台主机连接到远端的宽带接入 PPPoE 服务器的标准。PPPoE 客户端（PPPoE Client）向 PPPoE 服务器（PPPoE Server）发起连接请求，会话协商通过后，PPPoE 服务器为 PPPoE 客户端提供接入控制、认证等功能。

2．PPPoE 组网模式

根据 PPP 会话的起止点所在位置的不同，PPPoE 组网部署模式有以下两种。

第一种部署模式是将路由器作为 PPPoE 客户端，与位于运营商中担任 PPPoE 服务器的路由器之间建立 PPPoE 会话。图 4-18 是 PPPoE 客户端部署模式，是一种小型企业网接入互联网的模式，Router A 作为 PPPoE Client 下行连接局域网用户，Router B 是运营商的 PPPoE Server 路由器。局域网内的所有主机不需要安装 PPPoE Client 拨号软件，而是共享一个账号，通过 RouterA 与 RouterB 建立 PPPoE 会话，再接入 Internet。

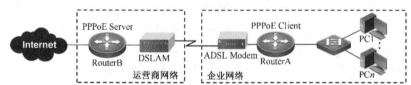

图 4-18　PPPoE 客户端部署模式

第二种部署模式是将路由器作为 PPPoE Server，在内网主机与运营商的路由器之间建立 PPPoE 会话。图 4-19 是一种小区网络接入互联网的模式，RouterA 作为 PPPoE Server，支持动态分配 IP 地址，提供多种认证方式等。内网中的每台主机上安装 PPPoE Client 拨号软件，单独使用一个账号，都是一个 PPPoE Client，分别与 RouterA 建立一个 PPPoE

会话，再通过运营商路由器 RouterB 接入 Internet。

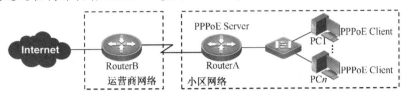

图 4-19　PPPoE 服务器部署模式

3. PPPoE 客户端模式配置

PPPoE 会话支持的接口有以太网接口、PON 接口和 ATM 接口，路由器作为 PPPoE 客户端时，其配置任务和方法如下。

（1）配置 Dialer 接口

因为在 AR 系列路由器中无论采用哪种 ADSL 连接方式，ADSL PPPoE 拨号都是通过 DCC（Dial Control Center，拨号控制中心）控制的，所以在配置 PPPoE Client 前，需要先配置一个 Dialer 接口，并在接口上配置 Dialer Bundle（拨号捆绑）。共享 DCC 中一个物理接口可以属于多个 Dialer Bundle，服务于多个 Dialer 接口；一个 Dialer Bundle 中可以包含多个物理接口，每个物理接口具有不同的优先级；一个 Dialer 接口只对应一个目的地址，只能使用一个 Dialer Bundle。

① 配置 Dialer Bundle

视图：系统视图。

命令：

```
interface interface-type interface-number          // 进入要绑定到 Dialer Bundle 的物理接口
dialer bundle number number [priority priority]// 以上物理拨号接口加入指定的 Dialer Bundle
```

说明：number 用于指定以上物理拨号接口要加入的 Dialer Bundle 编号，取值范围为 1～255 的整数；priority 用于指定物理拨号接口在这个 Dialer Bundle 中的优先级，取值范围为 1～255 的整数，数值越大，优先级越高，拨号过程中优先选择优先级高的物理接口。支持共享 DCC 的物理接口有 ADSL 接口、WAN 以太网接口、VDSL 接口、G.SHDSL 接口、E1-IMA 接口等。

② 创建 Dialer 接口并指定 Dialer Bundle

视图：系统视图。

命令：

```
interface dialer interface-number               // 创建 Dialer 接口并进入 Dialer 接口视图
dialer user user-name                           // 启用共享 DCC 功能
dialer bundle number                            // 指定 Dialer 接口使用的 Dialer Bundle
ip address ip-address {mask | mask-length}      // 配置 Dialer 接口的 IP 地址
```

说明：user-name 指定对端用户名，为 1～32 个字符，不支持空格，区分大小写。但该用户名必须与对端配置的 PPP 用户名一致。number 表示 Dialer Bundle 的编号。

（2）在以太网接口上启用 PPPoE 客户端协议，建立 PPPoE 会话

视图：系统视图。

命令：

```
interface interface-type interface-number                // 进入要建立 PPPoE 会话的以太网接口
pppoe-client dial-bundle-number number [on-demand] [no-hostuniq] [pppmax-payload value]
```

说明：该配置是在一个以太网接口上建立 PPPoE 会话，并指定对应的 Dialer Bundle。*number* 表示与 PPPoE 会话相对应的 Dialer Bundle 编号，可以唯一标识一个 PPPoE 会话，也可以作为 PPPoE 会话的编号，必须与 Dialer 接口配置的 Dialer Bundle 编号一致。on-demand 表示 PPPoE 客户端采用按需拨号方式。若不选择，则采用永久在线方式。no-hostuniq 表示 PPPoE 客户端发起的呼叫中不携带"Host-Uniq"字段，默认为携带。pppmax-payload *value* 表示 PPPoE 会话建立过程中 PPP 协商的 MTU 的最大值，取值为 64～1976 之间的整数，默认为 1492 字节。

（3）配置到 PPPoE Server 的静态路由

视图：系统视图。

命令：

```
ip route-static 0.0.0.0 0 {nexthop-address | interface-type interface-number}[preference preference]
```

4. PPPoE 服务器端模式配置

路由器的 PPPoE 服务器功能可以配置在物理以太网接口或 PON 接口上，也可以配置在由 ADSL 接口生成的虚拟以太网接口上，其配置任务和方法如下。

（1）创建虚拟模板接口

虚拟模板接口 VT 是一种实现 PPP 协议承载其他链路层协议的逻辑接口。

视图：系统视图。

命令：

```
interface virtual-template vt-number        // 创建虚拟模板接口并进入虚拟模板接口视图
ppp keepalive in-traffic check              // 配置入方向的流量就不发送心跳报文
```

说明：*vt-number* 表示虚拟模板接口的编号，取值为 0～1023 的整数。默认情况下，路由器作为 PPPoE Server 会定时发送心跳报文。由于 PPPoE Server 要接入大量用户，为了减少心跳报文对网络资源的占用，一般配置 PPPoE Server 不发送心跳报文。

（2）配置为 PPPoE Client 分配 IP 地址

作为 PPPoE Server，路由器可以动态为 PPPoE Client 分配 IP 地址，方法是：先配置全局 IP 地址池，确定地址池的地址范围，再配置虚拟模板接口使用地址池分配 IP 地址。

① 配置全局 IP 地址池

视图：系统视图。

命令：

```
ip pool ip-pool-name                          // 创建全局地址池并进入全局地址池视图
network ip-address [mask{mask | mask-length}] // 配置地址池下的 IP 地址范围
gateway-list ip-address &<1-8>                // 配置地址池的出口网关地址
```

说明：*ip-pool-name* 表示全局地址池的名称，1～64 个字符，不支持空格，区分大小写。*ip-address* [mask{*mask* | *mask-length*}]表示地址池中的网段地址和子网掩码。一个地址池中只能配置一个地址段，通过设定掩码长度可控制地址范围的大小。

ip-address &<1-8>表示客户端的网关 IP 地址，最多可配置 8 个，用空格分隔。

② 配置虚拟模板接口的 IP 地址

视图：虚拟模板接口视图。

命令：

```
ip address ip-address {mask | mask-length}
```

说明：虚拟模板接口的 IP 地址必须与地址池的地址在同一网段，否则会造成用户无法上线。

③ 配置虚拟模板接口，使用地址池为 PPPoE Client 分配 IP 地址

视图：虚拟模板接口视图。

命令：

remote address pool *pool-name*	// 指定为 PPPoE Client 分配 IP 地址的地址池
或 remote address *ip-address*	// 为所连接的单个 PPPoE Client 分配 IP 地址

说明：*pool-name* 表示为 PPPoE Client 分配 IP 地址的地址池。

（3）配置为 PPPoE Client 指定 DNS 服务器地址

作为 PPPoE Server 时，路由器可以在 PPPoE Server 上为 PPPoE Client 指定主、从 DNS 服务器的 IP 地址，这样 PPPoE Client 可以通过 PPPoE Server 获取 DNS 服务器地址，进而通过 DNS 服务器提供的域名服务直接访问 Internet。

视图：虚拟模板接口视图。

命令：

```
ppp ipcp dns primary-dns-address [secondary-dns-address]
```

说明：*primary-dns-address* 表示主 DNS 服务器 IP 地址，*secondary-dns-address* 表示从 DNS 服务器 IP 地址。默认情况下，PPPoE Server 不为 PPPoE Client 指定 DNS 服务器地址。

（4）配置对 PPPoE Client 的认证方式

在 PPP 链路上，为了提高安全性，需要对 PPPoE Client 进行认证。

PPP 有两种认证方式。

❖ PAP 认证方式：PAP 为两次握手认证，口令为明文。若安全性要求不高，则采用 PAP 认证建立 PPP 连接。

❖ CHAP 认证方式：CHAP 为三次握手认证，口令为密文。若安全性要求较高，则采用 CHAP 认证建立 PPP 连接。实际配置时一般采用 CHAP 认证。

视图：虚拟模板接口视图。

命令：

```
ppp authentication-mode {chap | pap} [[call-in] domain domain-name]
```

说明：chap 表示 CHAP 认证方式；pap 表示 PAP 认证方式；call-in 表示只在远端用户呼入时才认证对方；*domain-name* 表示用户认证采用的域名，1~64 个字符，不支持空格，区分大小写，不能包含 "*" """ "?" 等符号。默认不对 PPPoE Client 进行认证。

（5）配置接口上启用 PPPoE Server 协议

用户需要将虚拟模板接口绑定到路由器的接口上，才可以实现 PPPoE Server 功能，这个接口可以是物理以太网接口、PON 接口或由 ADSL 接口生成的虚拟以太网接口。

视图：接口视图。

命令：

```
pppoe-server bind virtual-template vt-number
```

说明：该命令将 *vt-number* 指定的虚拟模板接口绑定到当前接口视图对应的接口上，并在该接口启用 PPPoE Server 功能。*vt-number* 参数值要与创建的 VT 接口编号一致。

（6）配置 PPPoE Server 会话数

视图：系统视图。

命令：

```
pppoe-server max-sessions total number      // 配置所有接口上总共能创建的最大会话数
pppoe-server max-sessions local-mac number  // 配置每个接口上能创建的最大会话数目
```

5. 查看 PPPoE 配置与状态信息

（1）查看当前在线用户信息

命令：

```
display access-user
```

（2）查看 PPPoE Client 上的 PPPoE 会话状态和统计信息

命令：

```
display pppoe-client session {packet | summary} [dial-bundle-number number]
```

（3）查看 PPPoE Server 上的 PPPoE 会话状态和统计信息

命令：

```
display pppoe-server session {all | packet}
```

【例 4-11】 配置路由器作为 PPPoE 客户端实现局域网接入 Internet。

请扫描二维码
进行自主学习

【例 4-12】 配置路由器作为 PPPoE 服务器实现局域网接入 Internet。

请扫描二维码
进行自主学习

4.4　访问控制列表

4.4.1　访问控制列表的基本概念

访问控制列表（Access Control List，ACL），也称为访问列表（Access List），是一组报文过滤规则的集合，以允许或阻止符合特定条件的报文通过。ACL 的应用非常广泛且非常灵活，在很多领域都可以见到它的身影，如内/外网用户访问控制、路由信息过滤、QoS 流策略、IPSec 报文加密过滤、策略路由等。ACL 可以实现对网络中报文流的精确识别和控制，达到控制网络访问行为、防止网络攻击和提高网络带宽利用率的目的，从而切实保障网络环境的安全性和网络服务质量的可靠性。

1. ACL 的组成

ACL 由一条 ACL 标识和若干 ACL 规则组成，每条规则由规则编号、动作和匹配项三部分组成，如图 4-20 所示。

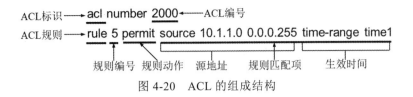

图 4-20　ACL 的组成结构

（1）ACL 标识

ACL 标识可采用数字编号和字符名称两种标识方式,称为数字型 ACL 和命名型 ACL。

① 数字型 ACL:在创建 ACL 时为其指定一个数字编号,代表 ACL 的类型,因此不能随意指定,必须在 ACL 对应类型的编号取值范围内。

② 命名型 ACL:为了方便对具体 ACL 用途的识别和记忆,在创建 ACL 时为其指定一个字符名称。这个名称全局唯一,每个 ACL 只能有一个名称。在 ACL 创建后,不允许用户修改或者删除 ACL 名称,也不允许为未命名的 ACL 添加名称。在配置命名型 ACL 时,也可以同时配置对应编号,如果没有配置对应编号,系统在记录此命令型 ACL 时会自动为其分配一个数字编号。

（2）ACL 规则编号

ACL 中的每条规则都有编号,该编号是系统进行规则匹配的默认匹配顺序,在 ACL 中是唯一的。在创建 ACL 规则时,有自动分配规则编号和人工编排规则编号两种方式。

① 自动分配规则编号:在系统自动分配规则编号时,为了方便后续在已有规则之前插入新的规则,系统会在相邻编号之间留下一定的空间,即相邻编号之间的差值,这个差值称为 ACL 的步长。在定义一条规则时,如果用户不指定规则编号,系统就会从现有规则中最大的 ACL 规则编号开始,按照设置的步长自动为当前添加的新规则分配一个大于现有最大规则编号的最小编号。例如,现有最大规则编号为 25,步长为 5,则系统分配给新定义的规则的编号将是 30。

② 人工编排规则编号:一般是在配置前尽量将规则考虑全面,并编排编号,相邻编号之间同样要设计步长,以便插入新的规则。如果在已有规则中插入新的规则,那么这条新规则的编号只能手工指定,且其编号必须位于原相邻两条规则编号之间。

规则编号步长:ACL 规则编号的步长默认值是 5,根据需要用户可以通过配置命令手工设置步长,但华为 S 系列交换机中的基本 ACL6 和高级 ACL6 不支持。当步长改变后,ACL 中的规则编号会自动以新的步长值重新排列。

（3）ACL 规则动作

ACL 规则动作是一条规则的具体操作,包括 permit 和 deny,分别表示允许和拒绝。

（4）ACL 规则匹配项

ACL 规则匹配项用于指导一个规则动作如何进行,即过滤条件。ACL 定义了极其丰富的匹配项,最常用的有生效时间段、IP 承载的协议类型、源/目的 IP 地址及其通配符掩码、源/目的 MAC 地址及其通配符掩码、VLAN 编号及其掩码、TCP/UDP 端口号、TCP 标志信息、IP 分片信息等,各匹配项的具体配置方法参见本章"知识拓展空间"内容。

2. ACL 的分类

ACL 根据不同的划分规则可以有不同的类型。按照 ACL 标识方式,ACL 可分为数字型 ACL 和命名型 ACL;按照 ACL 规则定义方式,可以分为基于接口的 ACL、基本 ACL、基本 ACL6、高级 ACL、高级 ACL6、二层 ACL 和用户自定义 ACL 等类型。它们的主要区别是支持的过滤条件不同，如表 4-4 所示。本节主要介绍基本 ACL 和高级 ACL 的配置与管理方法。

表 4-4　ACL 的类型说明

ACL 类型	编号范围	适用 IP 版本	规则过滤条件
基于接口的 ACL	1000～1999	IPv4&IPv6	根据 IP 报文的入接口定义规则，实现对报文的匹配过滤
基本 ACL	2000～2999	IPv4	根据 IPv4 报文的源地址、分片标记和时间段信息定义规则
基本 ACL6		IPv6	根据 IPv6 报文的源地址、分片标记和时间段信息定义规则
高级 ACL	3000～3999	IPv4	根据 IPv4 报文的源/目标地址、IP 协议类型、IP 优先级、TCP/UDP 源端口或目标端口号、分片信息和生效时间段等信息来定义规则
高级 ACL6		IPv6	根据 IPv6 报文的源/目标地址、IP 协议类型、IP 优先级、TCP/UDP 源端口或目标端口号、分片信息和生效时间段等信息来定义规则
二层 ACL	4000～4999	IPv4&IPv6	根据 IP 报文的以太网帧头信息定义规则。如源/目标 MAC 地址
用户自定义 ACL	5000～5999	IPv4&IPv6	根据偏移位置和偏移量从 IP 报文中提取出一段内容进行匹配过滤，应用于一些特定环境和需求

3. ACL 的匹配顺序

ACL 可以由多条"deny | permit"语句组成，每条语句描述一条规则，这些规则可能存在重复或矛盾的地方。例如，在一个 ACL 中先后配置以下两条规则：

```
rule deny ip destination 10.1.0.0 0.0.255.255
                    // 表示拒绝目的 IP 地址为 10.1.0.0/16 网段地址的报文通过
rule permit ip destination 10.1.1.0 0.0.0.255
                    // 表示允许目的 IP 地址为 10.1.1.0/24 网段地址的报文通过
```

其中，permit 规则与 deny 规则是相互矛盾的。对于目的 IP 地址为 10.1.1.1 的报文，若系统先将 deny 规则与其匹配，则该报文会被拒绝通过；相反，若系统先将 permit 规则与其匹配，则该报文会得到允许通过。

因此，在将报文与 ACL 的各条规则进行匹配时，报文的匹配结果与 ACL 的匹配顺序密切相关，从而需要有明确的匹配顺序来确定规则执行的优先级。ACL 的匹配顺序主要有配置顺序（config 模式，默认）和自动排序（auto 模式）两种。

（1）配置顺序

配置顺序是系统按照 ACL 规则编号从小到大的顺序进行报文匹配，规则编号越小越容易被匹配。用户在配置规则时要特别注意规则的先后顺序，即规则编号的大小。

（2）自动排序

自动排序是系统按照"深度优先"原则，将规则按照精确度从高到低进行排序，并按照精确度从高到低的顺序进行报文匹配。规则中定义的匹配项限制越严格，规则的精确度越高，即优先级越高，系统越先匹配，如表 4-5 所示。

在自动排序的 ACL 中配置规则时，不允许自行指定规则编号。系统能自动识别出该规则在这条 ACL 中对应的优先级，并为其分配一个适当的规则编号。

【例 4-13】　在自动排序模式的高级 ACL 3001 中先后配置以下两条规则：

```
rule deny ip destination 10.1.0.0 0.0.255.255
                    // 表示拒绝目的 IP 地址为 10.1.0.0/16 网段地址的报文通过
rule permit ip destination 10.1.1.0 0.0.0.255
                    // 表示允许目的 IP 地址为 10.1.1.0/24 网段地址的报文通过
```

表 4-5 ACL "深度优先" 排序原则

ACL 类型	规则过滤条件
基于接口的 ACL	配置了 any 的规则排在后面，其他规则根据规则编号大小的顺序，小的优先
基本 ACL 基本 ACL6	① 看规则中是否带 VPN 实例，带 VPN 实例的规则优先 ② 比较源 IP 地址范围，源 IP 地址范围小（IP 地址通配符掩码中 "0" 位的数量多）的规则优先 ③ 若源 IP 地址范围相同，则规则编号小的优先
高级 ACL 高级 ACL6	① 看规则中是否带 VPN 实例，带 VPN 实例的规则优先 ② 比较所指定的协议范围，指定了 IP 协议承载的协议类型的规则优先 ③ 若协议范围相同，则比较源 IP 地址范围，源 IP 地址范围小（IP 地址通配符掩码中 "0" 位的数量多，即子网掩码中 "1" 位的数量）的规则优先 ④ 若协议范围、源 IP 地址范围相同，则比较目的 IP 地址范围，目的 IP 地址范围小（IP 地址通配符掩码中 "0" 位的数量多）的规则优先 ⑤ 若协议范围、源 IP 地址范围、目的 IP 地址范围相同，则比较四层端口号（TCP/UDP 端口号）范围，四层端口号范围小的规则优先 ⑥ 若上述范围都相同，则规则编号小的优先
二层 ACL	① 比较二层协议类型通配符掩码，通配符掩码大（协议类型通配符掩码中 "1" 位的数量多）的规则优先 ② 若二层协议类型通配符掩码相同，则比较源 MAC 地址范围，源 MAC 地址范围小（MAC 地址通配符掩码中 "1" 位的数量多）的规则优先 ③ 若源 MAC 地址范围相同，则比较目的 MAC 地址范围，目的 MAC 地址范围小（MAC 地址通配符掩码中 "1" 位的数量多）的规则优先 ④ 若源 MAC 地址范围、目的 MAC 地址范围相同，则规则编号小的优先
用户自定义 ACL	用户自定义 ACL 规则的匹配顺序只支持配置顺序，即按规则编号从小到大的顺序进行匹配

两条规则均没有带 VPN 实例，且协议范围、源 IP 地址范围相同，所以根据表 4-5 中高级 ACL 的深度优先匹配原则，需要进一步比较规则的目的 IP 地址范围。由于 permit 规则指定的目的地址范围小于 deny 规则，因此 permit 规则的精确度更高，系统为其分配的规则编号更小。通过自动排序配置完上述两条规则后，ACL 3001 的规则排序显示如下：

```
acl number 3001 match-order auto
rule 5 permit ip destination 10.1.1.0 0.0.0.255
rule 10 deny ip destination 10.1.0.0 0.0.255.255
```

注意： 以上无论是哪一种匹配顺序，当报文与各类规则进行匹配时，一旦匹配某条规则，就不会再继续匹配，系统将依据该规则对该报文执行相应的操作。所以，每个报文实际匹配的规则只有一条。一般，在 ACL 最后都加一条规则：permit any any，即允许所有报文通过，当前面所有规则都不匹配时，将直接采用最后这条规则，允许通过。

4.4.2　访问控制列表的配置

1. 配置基本 ACL

基本 ACL 的配置主要包括以下 3 个任务。

（1）配置 ACL 生效时间段

通过定义生效时间段，并将时间段与 ACL 规则关联，可以使 ACL 规则在某段时间范围内生效，从而达到使用基于时间的 ACL 来控制业务的目的。例如，在上班时间禁止员工访问短视频网站，避免影响工作；在网络流量高峰期，限制 P2P/下载类业务的带宽，避免网络拥塞等。

视图：系统视图。

命令：

```
time-range time-name {start-time to end-time {days} &<1-7> |
    from time1 date1[to time2 date2]}
```

说明：*time-name* 定义时间段的名称，作为一个引用时间段的标识，为 1～32 个字符的字符串，区分大小写，必须以英文字母开头，但不允许使用 "all"。默认情况下，没有配置时间段。

start-time to *end-time* {*days*}指定周期时间段的起始时间和结束时间，且从一周的哪一天开始，时间的格式为 hh:mm（小时:分），取值范围为 hh：0～23，mm：0～59。*days* 的格式为：

❖ 0～6 数字：表示星期日～星期六，支持输入多个参数，之间用空格分隔。

❖ Sun、Mon、Tue、Wed、Thu、Fri、Sat 英文：表示星期日～星期六，支持输入多个参数。

❖ daily：表示所有日子，即星期日～星期六每一天。

❖ off-day：表示休息日，包括星期六和星期日。

❖ working-day：表示工作日，包括星期一到星期五。

from *time1 date1* [to *time2 date2*]表示绝对时间段的开始日期和结束日期，即从某天某时间开始到某天某时间结束，格式为 hh:mm YYYY/MM/DD 或 hh:mm MM/DD/YYYY。

注意：若要删除生效时间段，需先删除关联生效时间段的 ACL 规则或者整个 ACL。

【例 4-14】 在 ACL 2001 中配置了 rule 5，该规则关联时间段 time1，配置命令如下：

```
time-range time1 from 00:00 2014/1/1 to 23:59 2014/12/31
acl number 2001
rule 5 permit time-range time1
```

若删除时间段 time1，则需先删除 rule 5 或者先删除 ACL 2001。

先删除 rule 5，再删除 time1。

```
<HUAWEI> system-view
[HUAWEI] acl 2001
[HUAWEI-acl-basic-2001] undo rule 5
[HUAWEI-acl-basic-2001] quit
[HUAWEI] undo time-range time1
```

先删除 ACL 2001，再删除 time1。

```
<HUAWEI> system-view
[HUAWEI] undo acl 2001
[HUAWEI] undo time-range time1
```

（2）创建基本 ACL

视图：系统视图。

① 使用编号创建一个数字型基本 ACL，并进入基本 ACL 视图。

命令：

```
acl [number] acl-number [match-order {auto | config}]
```

说明：number 表示数字型 ACL，默认是数字型，可以省略；*acl-number* 表示基本 ACL 的编号，取值范围为 2000～2999；match-order {auto | config}表示规则的匹配顺序。

② 使用名称创建一个命名型基本 ACL，并进入基本 ACL 视图。

命令：

```
acl name acl-name {basic | acl-number} [match-order {auto | config}]
```

说明：*acl-name* 表示基本 ACL 的名称，为 1～32 个字符的字符串，区分大小写，必须以英文字母开头；basic 表示 ACL 的类型为基本 ACL，此时设备自动为其分配一个 ACL 编号，是 2000～2999 范围内可用编号的最大值；*acl-number* 指定基本 ACL 的编号。

③ 定义 ACL 的描述信息

视图：基本 ACL 视图。

命令：

```
description text
```

（3）配置基本 ACL 规则

视图：基本 ACL 视图。

① 配置 ACL 规则编号步长

命令：

```
step step
```

② 配置基本 ACL 规则

命令：

```
rule [rule-id] {deny | permit} [source {source-address source-wildcard | any}
    | fragment | logging | time-range time-name | vpn-instance vpn-instance-name]*
```

说明：*rule-id* 为指定的规则编号，取值范围为 0～4 294 967 294 的整数，若该规则号的规则已存在，则该命令是编辑修改原有的规则，否则增加一条新规则。若不指定此参数，系统会为这条规则自动分配一个规则编号，规则编号按从小到大排序。

deny | permit 为拒绝/允许操作，表示拒绝或允许符合匹配条件的报文通过。

source-address source-wildcard | any 表示源 IP 地址与通配符，通配符即子网掩码的反码，用来确定对应位是否要匹配，"0" 的位表示要匹配，"1" 的位表示不匹配。当全为 0 时，表示源 IP 地址为主机 IP 地址。any 表示任意源 IP 地址。

fragment 表示该规则仅对非首片分片报文有效，若不指定，则对非分片和分片报文均有效。

logging 指定将该规则匹配的报文的 IP 信息进行日志记录。

time-name 指定该规则生效的时间段。

③ 定义基本 ACL 规则的描述信息

命令：

```
rule rule-id description description
```

说明：*rule-id* 表示要描述的规则编号；*description* 表示描述信息，为 1～127 个字符。

（4）查看基本 ACL 信息

命令：

```
display acl {acl-number | name acl-name | all}        // 查看 ACL 的配置信息
display time-range {all | time-name}                  // 查看时间段信息
```

【例 4-15】 在 ACL 2001 中配置规则，仅允许源 IP 地址是 192.168.1.3 主机地址的报文通过，拒绝源 IP 地址是 192.168.1.0/24 网段其他地址的报文通过，并配置 ACL 描述信息为 permit only 192.168.1.3 through。

```
<HUAWEI> system-view
[HUAWEI] acl 2001
[HUAWEI-acl-basic-2001] rule permit source 192.168.1.3 0
[HUAWEI-acl-basic-2001] rule deny source 192.168.1.0 0.0.0.255
[HUAWEI-acl-basic-2001] rule Permit any any
[HUAWEI-acl-basic-2001] description Permit only 192.168.1.3 through
```

2. 配置高级 ACL

与配置基本 ACL 相比，配置高级 ACL 只是创建高级 ACL 和配置高级 ACL 规则有所不同。

（1）创建高级 ACL

视图：系统视图。

① 使用编号创建一个数字型高级 ACL，并进入高级 ACL 视图。

命令：

```
acl [number] acl-number [match-order {auto | config}]
```

说明：*acl-number* 的取值范围是 3000～3999。

② 使用名称创建一个命名型高级 ACL，并进入基本 ACL 视图。

命令：

```
acl name acl-name {advance | acl-number} [match-order {auto | config}]
```

说明：advance 表示 ACL 的类型为高级 ACL，自动分配或由 *acl-number* 指定 ACL 的编号，范围是 3000～3999。

（2）配置高级 ACL 规则

视图：高级 ACL 视图。

① 配置过滤 ICMP 协议报文。

命令：

```
rule [rule-id] {deny | permit} {protocol-number | icmp} [ destination
{destination-address destination-wildcard | any} | {{precedence precedence | tos tos}*
| dscp dscp} | fragment | logging | icmp-type {icmp-name | icmp-type [icmpcode]}
| source {source-address source-wildcard | any} | time-range time-name | ttlexpired] *
```

说明：这里只解释与前面配置命令不同的参数，其他参考前面配置命令。

protocol-number 表示报文中封装的协议类型编号，取值为 1～255 的整数。常用的协议编号为：ICMP—1，IGMP—2，IPINIP—4，TCP—6，UDP—17，GRE—47，OSPF—89。

precedence 表示 IP 优先级，可用数字或名称表示，取值如下：routine—0，priority—1，immediate—2，flash—3，flash-override—4，critical—5，inyernet control—6，network control—7。

tos 表示 IP 服务等级，可用数字或名称表示，取值如下：normal—0，min-monetary-cost—1，max-reliability—2，max-throughput—4，min-delay—8。

dscp 表示依据 IP 包中的 DSCP 优先级字段进行过滤，可用数字或名称表示，取值如下：af11—10，af12—12，af13—14，af21—18，af22—20，af23—22，af31—26，af32—28，af33—30，af41—34，af42—36，af43—38，cs1—8，cs2—16，cs3—24，cs4—32，cd5—40，cs6—48，cs7—56，default—0，ef—46。

② 配置过滤 TCP 报文。

命令：

```
rule [rule-id] {deny | permit} {protocol-number | tcp} [destination {destinationaddress
    destination-wildcard | any} | destination-port {eq port |gt port | lt port |
    range port-start port-end} |{{precedence precedence | tos tos}* | dscp dscp} |
    fragment | logging | source {source-address source-wildcard | any} | source-port
    {eq port| gt port | lt port | range port-start port-end} |tcp-flag {ack | fin |psh
    | rst | syn | urg }* | time-range time-name | ttl-expired]*
```

说明：destination-port {eq port |gt port | lt port |range port-start port-end}指定匹配 TCP
报文的目标端口。eq port 表示等于目标端口，gt port 表示大于目标端口，lt port 表示小
于目标端口，range port-start port-end 表示目标端口的范围。port 表示 TCP 端口号，可用
数字或名称表示，取值如下：chargen—19、bgp—179、cmd—514、daytime—13、discard—
9、domain—53、ech0—7、exec—512、finger—79、ftp—21、fip-data—20、gopher—70、
hostname—101、irc—194、klogin—543、kshell—544、login—513、lpd—515、nntp—119、
pop2—109、pop3—110、smtp—25、sunrpc—111、tacacs—49、talk—517、telnet—23、time—
37、uucp—540、whois—43、www—80。

③ 配置过滤 UDP 报文

命令：

```
rule [rule-id] {deny | permit} {protocol-number | udp} [destination {destinationaddress
    destination-wildcard | any} | destination-port {eq port | gt port | lt port |
    range port-start port-end} | {{precedence precedence | tos tos} * | dscp dscp} |
    fragment | logging | source {source-address source-wildcard | any} | source-port
    {eq port | gt port | lt port | range port-start port-end} | time-range time-name
    | ttl-expired] *
```

说明：port 表示 UDP 端口号，可用数字或名称表示，取值如下：biff—512、bootpc—
68、bootps—67、discard—9、dns—53、dnsix—90、echo—7、mobilip-ag—434、mobilip-
mn—435、nameserver—42、netbois-dgm—138、netbois-ns—137、netbois-ssn—139、ntp—
123、rip—520、snmp—161、snmptrap—162、sunrpc—111、syslog—514、tasacs-ds—65、
talk—517、tftp—69、time—37、who—513、xdmcp—177。

④ 配置过滤 GRE、IGMP、IP、IPINIP、OSPF 等协议报文

命令：

```
rule [rule-id] {deny | permit} {protocol-number | gre | igmp | ip | ipinip | ospf}
    [destination {destination-address destination-wildcard | any} | {{precedence
    precedence | tos tos} * | dscp dscp} | fragment | logging | source {source-address
    source-wildcard | any} | time-range time-name | ttl-expired] *
```

4.4.3　访问控制列表的应用

配置完 ACL 后，必须在具体的业务模块中应用 ACL，才能使 ACL 正常下发和生效。
在实际网络工程中，基本 ACL 和高级 ACL 主要有以下几方面的应用。

（1）对转发的报文进行过滤

基于全局、接口和 VLAN，对转发的报文进行过滤，使设备能够进一步对过滤出的
报文进行丢弃、修改优先级、重定向等处理。例如，利用 ACL 可以降低 P2P 下载、网络
视频等消耗大量带宽的数据流的服务等级，在网络拥塞时优先丢弃这类流量，减少它们

对其他重要流量的影响。

（2）对上送 CPU 处理的报文进行过滤

对上送 CPU 的报文进行必要的限制，可以避免 CPU 处理过多的协议报文造成占用率过高、性能下降。例如，当发现某用户向设备发送大量的 ARP 攻击报文，造成设备 CPU 繁忙，引发系统中断时，可以在本机防攻击策略的黑名单中应用 ACL，将该用户加入黑名单，使 CPU 丢弃该用户发送的报文。

（3）登录控制

对设备的登录权限进行控制，允许合法用户登录，拒绝非法用户登录，从而有效防止未经授权用户的非法接入，保证网络安全性，如 Telnet、STelnet、FTP、SFTP 和 HTTP 登录控制。

（4）路由过滤

ACL 可以应用在各种动态路由协议中，对路由协议发布、接收的路由信息和组播组进行过滤。例如，可以将 ACL 和路由策略配合使用，禁止设备将某网段路由发给邻居路由器。

【例 4-16】 在接入路由器防止病毒传播和黑客攻击。

请扫描二维码
进行自主学习

【例 4-17】 在 OSPF 中使用基本 ACL 过滤路由信息。

请扫描二维码
进行自主学习

【例 4-18】 使用高级 ACL 限制不同网段的用户互访。

请扫描二维码
进行自主学习

4.5 网络地址转换技术

随着因特网的广泛深入应用，内部局域网在实现内部事务处理信息化的同时，又与因特网实现了互连。由于 IP 地址的缺乏，在局域网内部都是使用私有 IP 地址进行通信，而只申请少数几个公有 IP 地址，怎样保证内部网络中的主机都能接入因特网。IETF 于 1994 年提出的网络地址转换技术就是主要解决技术之一。

网络地址转换（Network Address Transform，NAT）是将 IP 数据报文头中的 IP 地址转换为另一个 IP 地址的过程，主要用于实现内部网络用户（私有 IP 地址）与公网用户（公有 IP 地址）之间的互访。目前，NAT 功能已被集成到三层交换机、路由器、防火墙等网络设备中。

4.5.1 NAT 的概念与分类

根据报文中 IP 地址的转换过程和 NAT 技术的主要应用，NAT 分为静态 NAT、动态 NAT 和 NAT 服务器（NAT Server）三大类。在实际应用中，它们分别对应配置动态地址转换、配置静态地址转换和配置内部服务器。

1. 静态 NAT

静态 NAT 就是在公网 IP 地址和私网 IP 地址之间建立固定的一对一静态绑定，私网 IP 地址与公网 IP 地址一对一替换，需要在 NAT 设备上手工配置静态 NAT 转换映射表。静态 NAT 可以保证内网主机使用固定的公网 IP 地址访问外网，但在实际应用中需要采用固定公网 IP 地址的通常是内网服务器，而内网服务器主要是用于外网用户访问，这时就需要采用 NAT Server。

2. 动态 NAT

动态 NAT 在公网 IP 地址和私网 IP 地址之间建立的不是固定的映射，而是将多个公网 IP 地址组建成一个地址池，当内网的主机访问外网时，从地址池中取出一个空闲的 IP 地址与私网 IP 地址建立临时的映射关系，并创建动态 NAT 转换映射表记录，再将报文中的私网 IP 地址进行对应替换；待返回报文到达设备时，再根据映射表"反向"把公网 IP 地址替换回对应的私网 IP 地址，再转发给主机，从而实现内网用户与外网用户互访。动态 NAT 映射关系是临时的，如果过了一定的时间没有使用，映射关系就会被删除。

动态 NAT 的实现方式有基本网络地址转换（Basic Network Address Transform，Basic NAT）和网络地址端口转换（Network Address Port Transform，NAPT）两种。

（1）Basic NAT 方式

Basic NAT 方式属于一对一的动态地址转换，即一个私网 IP 地址与地址池中的一个公网 IP 地址进行映射，一个公网 IP 地址不能同时被多个私网用户使用。这种一对一关系不是固定的，而是动态变化的，所以 Basic NAT 不是静态 NAT。

（2）NAPT 方式

NAPT 方式属于多对一的动态地址转换，即多个私网 IP 地址与地址池中的一个公网 IP 地址进行映射。它通过引入"端口"变量，采用"IP 地址+端口号"形式，将多个"私网 IP 地址+端口"与"同一个公网 IP 地址+端口"一对一建立映射关系，从而可以使多个私网用户共用一个公网 IP 地址访问外网。NAPT 方式又称为 IP 地址复用技术，一个 IP 地址最多可以提供 64512 个端口复用。

NAPT 也分为静态 NAPT 和动态 NAPT。静态 NAPT 是指"私网 IP 地址+端口"与"公网 IP 地址+端口"建立一对一静态绑定映射关系，与静态 NAT 一样，静态 NAPT 也需要在 NAT 设备上手工配置静态 NAPT 转换映射表。

另外，Easy IP 是 NAPT 的特例，主要用于中小企业接入 Internet 时的 NAPT 地址转换，在本章"知识拓展空间"中介绍。

3. NAT Server

静态 NAT 和动态 NAT 的特点都是由内网向外网发起访问，一方面实现了多个内网用户共用一个或多个公网 IP 地址访问外网，另一方面由于私网 IP 地址都经过了地址转换，对外网用户来说，看不到私网 IP 地址，即私网 IP 地址被"屏蔽"了。但是，对于部署在内网的服务器，如 Web 服务器、FTP 服务器和邮件服务器等，就需要随时向外网用户提供访问服务，这时服务器的 IP 地址就不能被"屏蔽"。NAT Server 就是一种解决外网用户访问采用私网 IP 地址的内网服务器的 NAT 转换方案。

4．NAT 扩展技术

（1）NAT ALG

NAT 和 NAPT 只能对 IP 报文的头部地址和 TCP/UDP 头部的端口信息进行转换。对于一些特殊协议，如 FTP、DNS 等，它们报文的数据部分可能包含 IP 地址信息或者端口信息，这些内容不能被 NAT 有效地转换。当数据到达对方应用层后，看到的仍是没有经过转换的应用层私网地址和端口信息，从而无法发送响应报文。解决这些特殊协议的 NAT 转换问题的方法就是在 NAT 实现中使用应用层网关（Application Level Gateway，ALG）功能。ALG 能够对特定的应用层协议进行转换，在对这些特定的应用层协议进行 NAT 转换过程中，利用形成的 NAT 映射表信息来同时改变封装在 IP 报文数据部分中的地址和端口信息，使应用层协议可以跨越不同网络运行。NAT ALG 可全面应用于静态 NAT、动态 NAT 和 NAT Server 中。

（2）DNS Mapping（映射）

企业内如果没有内网的 DNS 服务器，又有使用域名访问内网服务器的需求，那么企业内网用户必须使用外网的 DNS 服务器来实现域名访问。内网用户可以通过 NAT 使用外网的 DNS 服务器访问外网的服务器，但当内网用户通过外网的 DNS 服务器访问内网服务器时就会失败。因为来自外网的 DNS 解析结果是内网服务器对外宣称的 IP 地址，并非内网服务器真实的私网 IP 地址。在 NAT 中，DNS Mapping 就可以解决这个问题。

当 DNS 解析报文到达 NAT 设备时，NAT 设备根据公网域名对应的公网 IP 地址，查找在配置 DNS Mapping 时建立的"域名—公网 IP 地址—公网端口—协议类型"映射表项，得到公网 IP 地址对应的私网 IP 地址，再用该私网地址替换 DNS 的解析报文数据部分的内部服务器公网 IP 地址并转发给用户。DNS Mapping 仅可应用于静态 NAT 和 NAT Server 中，不能用于动态 NAT。

4.5.2 NAT 的实现原理

要实现内网主机与公网主机通信，关键是要解决好两个问题。一是对于内网主机发往公网主机（即 outbound 方向）的报文，在互连路由设备转发时要将报文中的源 IP 地址替换为出接口上的公网 IP 地址，以便公网主机发回报文。二是对于公网主机发往内网主机（即 inbound 方向）的报文，在到达互连路由设备时，又需要将目标 IP 地址替换为内网主机的 IP 地址。

1．Basic NAT 实现原理

下面以图 4-21 所示的网络拓扑为例，简要叙述 Basic NAT 的实现过程。

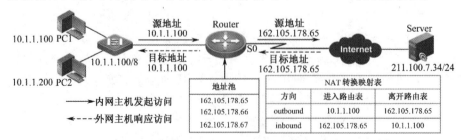

图 4-21　Basic NAT 实现原理

① 内部主机 PC1 要访问公网上的服务器 Server 时，向路由器 Router 发送一个请求报文（即 outbound 方向），报文的源 IP 地址为 10.1.1.100，目标 IP 地址为 211.100.7.34。

② 当路由器 Router 接收到 PC1 的请求报文后，检查静态 NAT 转换映射表，若有静态 NAT 映射，则按静态 NAT 执行。若没有静态 NAT 映射，则执行动态 NAT，从配置好的地址池中选择一个空闲的公网 IP 地址 162.105.178.65，并在动态 NAT 转换映射表中创建 NAT 转换记录。

③ 路由器 Router 用公网 IP 地址 162.105.178.65 替换报文中的源 IP 地址 10.1.1.100，目标 IP 地址不变，然后将报文转发到 Internet。

④ 公网服务器 Server 在接收到路由器 Router 转发来的报文后，将报文中的源 IP 地址与目标 IP 地址对调，然后向 162.105.178.65 发送一个响应报文。

⑤ 路由器 Router 在接收到服务器 Server 发来的响应报文后（即 inbound 方向），以报文中的目标 IP 地址 162.105.178.65 为关键字查找动态 NAT 转换映射表，找出对应的私网 IP 地址 10.1.1.100，并将其替换报文中的目标 IP 地址，再发给 10.1.1.100 主机 PC1。

⑥ PC1 接收到应答报文，并继续保持会话，重复第①～⑤步，直到会话结束。

2. NAPT 的实现原理

NAPT 是通过将内网主机向外部网络发出的报文的源 IP 地址转换为 NAPT 公有 IP 地址、源端口转为该公网 IP 地址的一个端口、目的 IP 地址和端口不变，来实现内外网互访的。下面以图 4-22 所示的网络拓扑为例，简要叙述 NAPT 的实现过程。

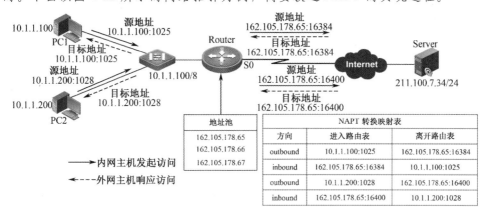

图 4-22　NAPT 实现原理

① 内部主机 PC1 要访问公网上的服务器 Server 时，向路由器 Router 发送一个请求报文（即 outbound 方向），报文的源 IP 地址为 10.1.1.100，端口号为 1025，目标 IP 地址为 211.100.7.34。

② 当路由器 Router 收到 PC1 的请求报文后，检查静态 NAPT 转换映射表，若有静态 NAPT 映射，则按静态 NAPT 执行。若没有静态 NAPT 映射，则执行动态 NAPT，从配置好的地址池中选择一个空闲的公网 IP 地址 162.105.178.65，并生成一个空闲的端口号 16384，然后在动态 NAPT 转换映射表中创建 NAPT 转换记录。

③ 路由器 Router 用"公网 IP 地址:端口号"162.105.178.65:16384 替换报文中的"源 IP 地址:端口号"10.1.1.100:1025，目标 IP 地址与端口号不变，然后将报文转发到 Internet。

④ 公网服务器 Server 在接收到路由器 Router 转发来的报文后，将报文中的"源 IP

地址:端口号"与"目标 IP 地址:端口号"对调,然后向 162.105.178.65:16384 发送一个响应报文。

⑤ 路由器 Router 在接收到服务器 Server 发来的响应报文后（即 inbound 方向），以报文中的 162.105.178.65:16384 为关键字查找动态 NAPT 转换映射表，找出对应的"私网IP 地址:端口号"10.1.1.100:1025，并将其替换报文中的"目标 IP 地址:端口号"，然后转发给 10.1.1.100 主机 PC1。

⑥ PC1 接收到应答报文，并继续保持会话，重复第①～⑤步，直到会话结束。在此期间，如果同时有主机 PC2 也要与外网服务器 Server 进行通信，就同时复用公网地址162.105.178.65，只不过它对应的端口号不再是 16384，而是另生成的 16400，重复第①～⑤步即可通信。

3. NAT Server 的实现原理

NAT Server 用于外网用户访问内网服务器的情形，需要使用固定公网 IP 地址，通过事先配置好的"公网 IP 地址+端口号"与"私网 IP 地址+端口号"间的映射关系，将服务器的"公网 IP 地址+端口号"根据映射关系替换成对应的"私网 IP 地址+端口号"。下面以图 4-23 所示的网络拓扑为例，简要叙述 NAT Server 的实现原理。

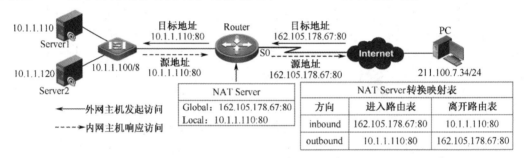

图 4-23 NAT Server 的实现原理

① 公网主机 PC 要访问内网上的服务器 Server1 时，向路由器 Router 发送一个请求报文（即 inbound 方向），报文的源 IP 地址为 211.100.7.34:80，目标 IP 地址为 162.105.178.67:80。

② 当路由器 Router 接收到公网主机 PC 的请求报文后，以报文中的"目标 IP 地址:端口号"162.105.178.67:80 为关键字查找 NAT Server 转换映射表，找出对应的"私网 IP 地址:端口号"10.1.1.110:80，并将其替换报文中的"目标 IP 地址:端口号"162.105.178.67:80，源 IP 地址与端口号不变，然后将报文转发到内网。

③ 内网服务器 Server1 在接收到由路由器 Router 转发来的报文后，将报文中的"源IP 地址:端口号"与"目标 IP 地址:端口号"对调，然后向路由器发送一个响应报文（即outbound 方向）。

④ 路由器 Router 在接收到内网服务器 Server1 发来的响应报文后，又会以报文中的"源 IP 地址:端口号"10.1.1.100:80 为关键字查找 NAT Server 转换映射表，找出对应的"公网 IP 地址:端口号"162.105.178.67:80，并将其替换报文的"源 IP 地址:端口号"，然后将响应报文转发 Internet。

⑤ PC 接收到应答报文，并继续保持会话，重复第①～④步，直到会话结束。

4.5.3 配置静态 NAT

1. 配置静态 NAT/NAPT 地址映射

配置静态 NAT 地址映射是配置私网 IP 地址与公网 IP 地址的一对一映射表项。可以在系统视图下为所有 NAT 出口全局配置，也可以在 NAT 出接口视图下仅为该接口配置。

（1）在系统视图下配置全局静态映射

① 配置从私网 IP 地址到公网 IP 地址的一对一映射

命令：

```
   nat static protocol {tcp | udp} global global-address global-port [global-port2]
      inside host-address [host-address2] [host-port] [vpn-instance vpn-instance name]
      [netmask mask] [description description]
或  nat static protocol {tcp | udp} global interface loopback interface-number
      global-port [vpn-instance vpn-instance-name] inside host-address [host-port]
      [vpn-instance vpn-instance-name] [netmask mask] [description description]
或  nat static [protocol {protocol-number | icmp | tcp | udp}] global {global-address
      | interface loopback interface-number} inside host-address[vpninstance vpn-instance-name]
      [netmask mask] [description description]
或  nat static protocol {tcp | udp} global global-address global-port global-port2
      inside host-address host-port host-port2 [vpn-instance vpn-instance-name]
      [netmask mask] [description description]
```

说明：*global-address* 和 *global-port* 分别表示公网 IP 地址和提供外部访问服务的端口号，为 0～65535 的整数。若不配置端口号，则表示端口号为 0，即提供所有服务。

host-address 和 *host-port* 分别表示私网 IP 地址和内部主机提供的服务端口号。

mask 表示静态 NAT 网络掩码，用来指定可建立的地址映射表项的数量，取值范围为 255.255.255.0～255.255.255.255，即最多 255 个。若是一个子网（一定是 24 位子网掩码）的全部映射，则取值为 255.255.255.0；若只有一个 IP 地址之间的映射，则取值为 255.255.255.255。

description 表示静态 NAT 的描述信息。

interface-number 指定公网 IP 地址为对应编号的 Loopback 接口 IP 地址。

protocol-number 表示地址映射所作用的通信协议号，为 1～255 之间的整数。

icmp | tcp | udp 表示地址映射所作用的通信协议名称。

② 进入 NAT 出接口或子接口

命令：

```
interface interface-type interface-number [.subnumber]
```

说明：NAT 出接口或子接口必须是三层接口，但不能是 Loopback 和 NULL 接口。

③ 在以上 NAT 出接口上启用静态 NAT 功能

命令：

```
nat static enable
```

（2）在接口视图下配置静态映射

① 进入 NAT 出接口。

② 配置从私网 IP 地址到公网 IP 地址的一对一映射。

命令：

```
    nat static protocol {tcp | udp} global {global-address | current-interface}
        global-port inside host-address [host-port] [vpninstance vpn-instance-name]
        [netmask mask] [acl acl-number] [global-to-inside | inside-to-global]
        [description description]
或  nat static protocol {tcp | udp} global interface interface-type interface-number
        global-port inside host-address [host-port] [vpn-instance vpninstance-name]
        [netmask mask] [acl acl-number] [description description]
或  nat static [protocol {protocol-number | icmp | tcp | udp}] global {global-address
        | current-interface | interface interface-type interface-number [.subnumber]}
        inside host-address [vpn-instance vpn-instancename] [netmask mask]
        [acl acl-number] [global-to-inside | inside-to-global] [description description]
```

说明：*acl-number* 表示在出接口下，应用于静态 NAT 的 ACL 编号，取值范围为 2000～3999，即可以是基本 ACL，也可以是高级 ACL；*interface-type interface-number* 指定接口的 IP 地址作为公网 IP 地址。

2. 配置 DNS Mapping

配置 DNS Mapping 后，必须与 NAT ALG 结合使用，才可以使 DNS 应答报文正常穿越 NAT，否则内部主机无法使用域名访问内网服务器。

（1）配置域名到公网 IP 地址、端口号、协议类型的映射

视图：系统视图。

命令：

```
nat dns-map domain-name global-address global-port {tcp | udp}
```

说明：*domain-name* 表示内网服务器的域名，该域名必须是能够被公网 DNS 服务器正确解析的合法域名；*global-address* 和 *global-port* 分别表示内网服务器提供给公网访问的 IP 地址和端口号。

（2）启用 DNS ALG 功能

视图：系统视图。

命令：

```
nat alg dns enable
```

说明：若配置了 NAT DNS ALG 任务，则不需要再配置本命令。

3. 查看静态 NAT/NAPT 配置信息

在任意视图下，可以使用下列命令查看静态 NAT/NAPT 的配置与状态信息。

```
display nat mapping table {all | number}          // 查看 NAT 映射表所有表项信息或个数
display nat static interface enable               // 查看接口下静态 NAT 功能的启用情况
display nat alg                                   // 查看 NAT ALG 的配置信息
display nat dns-map [domain-name]                 // 查看 DNS Mapping 信息
display firewall-nat session aging-time           // 查看 NAT 表项老化时间的相关信息
display nat filter-mode                           // 查看当前的 NAT 过滤方式
display nat mapping-mode                          // 查看 NAT 映射模式
display nat static [global global-address | inside host-address [vpn-instance
    vpn-instance-name] | interface interface-type interface-name [.subnumber]
    | acl acl-number]                             // 查看 NAT Static 的配置信息
```

【例 4-19】 配置静态一对一 NAT。

某公司局域网拓扑结构如图 4-24 所示，采用 192.168.0.0/24 网段地址，路由器 LAN 侧接口为 GE0/0/1，网关地址为 192.168.0.1/24，WAN 侧出接口 GE0/0/2 的 IP 地址为 202.10.1.2/24，对端运营商 ISP 侧地址为 202.10.1.1/24。现要求在路由器 Router 上配置静态 NAT，实现内网 IP 地址为 192.168.0.2 的主机使用固定公网地址 202.10.1.3/24 接入 Internet。

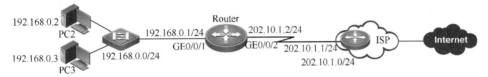

图 4-24　静态 NAT 配置

配置步骤如下。

① 配置 Router 上各接口的 IP 地址。

```
<Huawei> system-view
[Huawei] sysname Router
[Router] interface gigabitethernet 0/0/2
[Router-GigabitEthernet0/0/2] ip address 202.10.1.2 24
[Router-GigabitEthernet0/0/2] quit
[Router] interface gigabitethernet 0/0/1
[Router-GigabitEthernet0/0/1] ip address 192.168.0.1 24
[Router-GigabitEthernet0/0/1] quit
```

② 配置 Router 出接口 GE0/0/2 一对一的静态 NAT 映射。

```
[Router] interface gigabitethernet 0/0/2
[Router-GigabitEthernet 0/0/2] nat static global 202.10.1.3 inside 192.168.0.2
[Router-GigabitEthernet 0/0/2] quit
```

③ 配置 Router 到达 Internet 的默认路由，下一跳为运营商侧 IP 地址 202.10.1.1。

```
[Router] ip route-static 0.0.0.0 0.0.0.0 202.10.1.1
```

【例 4-20】 配置静态 NAPT。

请扫描二维码
进行自主学习

4.5.4　配置动态 NAT

动态 NAT 的基本配置方法如下：首先通过 ACL 指定允许使用 NAT 进行 IP 地址转换的用户私网 IP 地址范围，然后创建用于动态 NAT 地址转换的公网地址池，最后在 NAT 的出接口上应用前面配置的 ACL 和公网地址池。

1. 配置地址转换 ACL

这是一项必选配置任务，可根据实际情况选择配置基本 ACL 或高级 ACL。

（1）创建基本 ACL 或高级 ACL

视图：系统视图。

命令：

```
acl [number] acl-number [match-order {auto | config}]
```

（2）配置基本 ACL 或高级 ACL 的规则

配置方法见 4.4.2 节，但要注意：① 仅当 ACL 的 rule 配置为 permit 时，NAT 设备才允许匹配该规则中指定的源 IP 地址使用地址池进行地址转换；② 当 ACL 的 rule 没有配置为 permit 时，应用该 ACL 的 NAT 功能不生效，即不允许使用地址池进行地址转换，NAT 设备会根据目的地址查找路由表转发报文。

2. 配置 NAT 地址池

NAT 地址池是用于对报文中的私网 IP 地址进行转换的公网 IP 地址的集合，在实际应用中，根据用户申请到的公网 IP 地址规划情况，有两种配置方式：① 若用户在配置了 NAT 设备静态 NAT 和其他应用后，还有空闲的公网 IP 地址，则可以配置单独的 NAT 地址池（具体配置方法如下）；② 若没有空闲的公网 IP 地址，则可以选择 Easy IP 方式，具体参见本章"知识拓展空间"。

视图：系统视图。

命令：

```
nat address-group group-index start-address end-address
```

说明：*group-index* 表示地址池索引号，取值范围：AR150 系列为 0～3 的整数，AR200 和 AR1200 系列为 0～7 的整数，AR2200 系列为 0～15 的整数，AR3200 系列为 0～31 的整数；*start-address* 表示地址池中的起始公网 IP 地址；*end-address* 表示地址池中的结束公网 IP 地址。

3. 配置出接口地址关联

出接口地址关联就是把所配置好公网地址池与地址转换 ACL 在 NAT 出接口上进行关联。

视图：接口视图。

命令：

```
nat outbound acl-number {address-group group-index [no-pat]
    | interface interface-type interface-number}
```

说明：*acl-number* 表示地址转换 ACL 的编号；*group-index* 指定要与 ACL 关联的地址池索引号；no-pat 表示使用一对一的地址转换，只转换数据报文的地址，而不转换端口信息；*interface-type interface-number* 表示指定使用某接口（一般就是出接口）的 IP 地址作为转换用的公网 IP 地址。在同一个接口上可以配置不同的地址转换关联。

【例 4-21】 配置动态 NAT。

某公司局域网拓扑结构如图 4-25 所示，采用 192.168.1.0/24 网段地址，路由器 LAN 侧接口为 GE0/0/1，网关地址为 192.168.1.1/24，WAN 侧出接口 GE0/0/2 的 IP 地址为 202.10.1.2/24，对端运营商 ISP 侧地址为 202.10.1.1/24。现已申请到一组公有地址 202.10.1.2～202.10.1.6，要求配置动态 NAT，实现内网主机接入 Internet。

配置步骤如下。

① 配置 Router 上各接口的 IP 地址。

```
<Huawei> system-view
[Huawei] sysname Router
```

图 4-25 动态 NAT 配置

```
[Router] interface gigabitethernet 0/0/2
[Router-GigabitEthernet0/0/2] ip address 202.10.1.2 24
[Router-GigabitEthernet0/0/2] quit
[Router] interface gigabitethernet 0/0/1
[Router-GigabitEthernet0/0/1] ip address 192.168.1.1 24
[Router-GigabitEthernet0/0/1] quit
```

② 配置地址转换基本 ACL。

```
[Router] acl 2001
[Router-acl-basic-2001] rule 5 permit source 192.168.1.0 0.0.0.255
[Router-acl-basic-2001]quit
```

③ 配置公网地址池。

```
[Router] nat address-group 2 202.10.1.4 202.10.1.6
```

④ 配置出接口 GE0/0/2 的地址关联。

```
nat outbound 2001 address-group 2
```

请扫描二维码
进行自主学习

【例 4-22】 配置动态 NAPT。

4.5.5 配置 NAT Server

NAT Server 的基本配置思想就是在外网主机访问内网服务器的接口上, 为内网服务器配置全局公网 IP 地址到内部私网 IP 地址之间的一对一静态映射表项。

1. 配置 NAT Server 地址映射表

(1) 进入外网主机访问内网服务器的接口
命令:

```
interface interface-type interface-number
```

说明: 该接口必须是三层接口, 但不是 Loopback 和 NULL 接口, 也可以不是 NAT 出接口。

(2) 定义内部服务器的映射表, 外部用户可以通过地址和端口转换访问内部服务器
命令:

```
nat server protocol {tcp | udp} global {global-address | current-interface}
    global-port inside host-address [host-port] [vpn-instance vpninstance-name]
    [acl acl-number] [description description]
```

或
```
nat server protocol {tcp | udp} global interface interface-type interface-number
    global-port [vpn-instance vpninstance-name] inside host-address [host-port]
    [vpn-instance vpninstance-name] [acl acl-number] [description description]
```

```
或    nat server [protocol {protocol-number | icmp | tcp | udp}] global {global-address |
      current-interface | interface interface-type interface-number} inside host-address
      [vpn-instance vpn-instance-name] [acl acl-number] [description description]
```

说明：*global-address* 表示内部服务器提供给外网用户访问的公网 IP 地址。

current-interface 表示指定当前 NAT 出接口的 IP 地址为内部服务器的公网 IP 地址。

interface-type interface-number 表示以指定接口的 IP 地址为内部服务器的公网 IP 地址。

global-port 表示内部服务器提供给外网用户访问的公网端口号，要通信协议类型对应，可以用协议关键字代替。例如，FTP 服务器端口号为 21，关键字为 ftp。如果不选择此参数项，则表示是 any 的情形，端口号为 0，可以提供任何类型的服务。

host-address [*host-port*]表示内部服务器的私网 IP 地址和端口号。

acl-number 表示应用于 NAT Serve 出接口上、内部服务器地址映射表的 ACL 编号，取值范围为 2000～3999，即可以是基本 ACL 或高级 ACL。

注意：配置 NAT Server 映射时，其中的 *global-address* 和 *host-address* 必须保证与设备现有地址没有重复，包括设备接口地址、用户地址池地址等，以避免冲突。如果使用接口地址作为内网服务器地址，就可以使用 current-interface，也可以指定实际存在的 Loopback 接口。NAT Server 和静态 NAT 的区别是 NAT Server 在内网主动访问外网时不做端口替换，仅作地址替换。

2. NAT Server 的应用

在配置 NAT Server 时，经常涉及内网用户访问内部服务器的需求问题，有时在配置 NAT Server 后，可能造成内网用户无法访问外网。下面介绍在实际应用中遇到的几个配置问题。

① 当内网服务器有域名，DNS 服务器在内网侧，内网用户需要通过域名访问内部服务器，或者内网服务器没有域名，内网用户需要通过私网 IP 地址访问内部服务器时，不需另外的配置，只需在 NAT 设备上配置好内部服务器地址映射就可以了。

② 当内网服务器有域名，DNS 服务器在公网侧，内网用户需要通过域名访问内部服务器，这时除了需要配置内部服务器地址映射，还需要配置 DNS Mapping 和 DNS ALG。

③ 内网服务器没有域名，内网用户通过公网 IP 地址访问内部服务器，这时除了需要配置内部服务器地址映射，还需要通过 QoS 流策略重写向下一跳行为，定义内网用户以公网 IP 地址访问内部服务器时的下一跳为 NAT 出接口 IP 地址，并在 NAT 内部接口方向进行应用。

【例 4-23】 NAT Server 地址映射配置。　　　【例 4-24】 NAT 技术的综合应用。

请扫描二维码
进行自主学习

请扫描二维码
进行自主学习

4.6 路由器虚拟化技术

随着网络的快速普及和相关应用的日益深入，IPTV、视频会议等增值业务已在网络上广泛部署，基础网络的可靠性、确保网络传输不中断已成为用户日益关注的焦点。

在一般的网络部署中，同一网段内的所有主机都设置一条相同的网关作为默认路由，与外部网络通信。如果网关发生故障，该网段内所有主机与外部网络通信将被中断。为了提高系统的可靠性，传统的方法是增加出口网关，此时如何在多个出口之间进行选路就成为需要解决的问题。虚拟路由冗余协议（Virtual Router Redundancy Protocol，VRRP）的出现很好地解决了这个问题。

VRRP 是在不改变组网结构的情况下，将多台路由设备（可以是路由器或三层交换机）虚拟成一台虚拟路由器，并在其中指定一台成员路由设备为主用（Master）设备，其他设备作为主用设备不可用时的备用（Backup）设备，然后通过配置虚拟路由器的 IP 地址作为下游设备的默认网关，既实现了与外部网络通信，又实现了路由设备容错，如图4-26 所示。

图 4-26　VRRP 的构成

VRRP 的基本工作原理、基本配置方法和工程应用在本章"知识拓展空间"中进行详细介绍。

扫描二维码　　　　　　扫描二维码　　　　　　扫描二维码
进入"课程学习空间"　　进入"工程案例空间"　　进入"知识拓展空间"

思考与练习 4

1．什么是路由？简述路由的分类。
2．简述分层路由结构的原理和各路由器的角色与作用。
3．什么是路由循环？简述 RIP 路由中所采用的避免路由循环的技术。
4．路由的收敛是指什么？试比较 RIP 和 OSPF 的收敛速度。
5．一般地，一个 ACL 以什么规则结尾？怎样删除一个 ACL？

6．静态 NAT 与动态 NAT 有何区别？NAT 与路由有什么区别？

7．综述 NAPT 中 Easy IP 技术的实现原理和配置方法。

8．在名为 Huawei 的 VPN 实例中启动 OSPF100 进程，进入 OSPF 视图。

9．在主 IP 地址位于网段 192.168.1.0/24 的接口上启用 OSPF 100，并加入 Area 2。

10．在接口 GE0/0/1 上启用 OSPF 1，并将该接口加入 OSPF 1 的骨干区域。

11．配置 ACL 生效时间段，2020 年 7 月 1 日 00:00 至 2025 年 12 月 31 日 23:59 生效。

12．设 ACL 2022 的规则如下，现将步长改为 2，其规则编号将如何变化？

```
acl number 2022
rule 5 deny source 10.1.1.0 0.0.0.255
rule 10 deny source 10.2.2.0 0.0.0.255
rule 15 deny source 10.3.3.0 0.0.0.255
```

13．创建时间段 working-time（周一到周五每天 9:00 到 17:00），并在名称为 work-acl 的 ACL 中配置规则，在 working-time 限定的时间范围内，拒绝源 IP 地址是 192.168.1.0/24 网段地址的报文通过。

14．完成如下配置：① 允许内部网络 192.168.1.0/24 网段用户使用 NAT 地址池进行地址转换；② 允许 192.168.2.0/24 网段用户在进行 TCP 通信时使用 NAT 地址转换。

15．如图 4-27 所示网络拓扑，路由器 RouterA 和 RouterB 为两边的主机提供网络服务，要求 192.168.12.0/24 网段的主机访问远程服务器（192.168.202.219）时，必须先通过 Telnet 登录到路由器 RouterA（192.168.202.1），并采用 AAA 进行身份认证。

图 4-27　网络连接拓扑

第5章　网络安全技术与应用

随着信息技术的高速发展，网络安全技术越来越受到重视，由此推动了防火墙技术、入侵防御技术、虚拟专用网（VPN）技术、上网行为管理技术、Web 应用防护技术和访问控制技术等各种网络安全技术与安全设备的快速发展。本章从网络工程角度介绍目前在组建网络系统时主要采用的防火墙、入侵防御系统、VPN 安全网关、Web 应用防护系统、上网行为管理系统等网络安全设备的功能和应用部署模式。

由于安全设备种类较多，限于篇幅，本章主要以华为下一代防火墙为平台，介绍下一代防火墙的结构原理、基本配置和工程应用。对于网络安全基础理论、其他安全设备的结构原理和详细配置方法等内容，在本章"知识拓展空间"中介绍，读者可以扫描书中相应的二维码进行自主学习。

5.1　网络安全基础

随着计算机网络及 Internet 的应用发展，政府部门、企业、学校均已采用先进的网络技术建立自己的内部办公网或企业管理网。Internet 的开放性使得网络安全受到严重威胁，计算机信息和资源很容易遭到各方面的攻击。一方面来源于 Internet，Internet 给企业网带来成熟的应用技术的同时，也把固有的安全问题带给了企业网；另一方面来源于企业内部，主要针对企业内部的人员和企业内部的信息资源，所以企业网同时面临自身所特有的安全问题。网络的开放性和共享性在方便了人们使用的同时，也使得网络容易受到攻击，造成网络服务中断、数据被窃取等。

5.1.1　网络安全的有关概念

网络安全（Network Security）是指采取必要的技术和设备，使网络系统的硬件、软件及数据受到保护。在信息处理、信息传输、信息存储和信息访问等过程中，各种信息资源不受偶然的或者恶意的原因遭到破坏、篡改和泄露，保证网络系统稳定、可靠地运行，确保网络服务不被中断。网络安全是一门涉及计算机科学、网络技术、通信技术、密码技术、信息安全技术、应用数学、数论、信息论等学科的综合性学科。总体上，网络安全分为网络攻击和网络防御两方面。

1. 网络安全面临的威胁

网络攻击使得网络的硬件（包括网络中的各种设备及传输线缆）、软件（包括网络操作系统、通信软件及应用软件）和数据（包括系统的配置文件、日志文件、用户资料与数据、各种重要的数据库及其机密的通信内容等信息）面临各种安全威胁，网络安全威胁的来源主要有以下四方面。

（1）人为的恶意攻击

人为的恶意攻击是计算机网络面临的最大威胁。根据实际产生的效果，人为的恶意攻击可以分为两种。一种是主动攻击，即以各种方式攻入网络内部，窃取各种重要信息资源，破坏信息的有效性和完整性，或者破坏网络核心设备的配置，向网络发送大量的循环信息来阻塞网络，造成网络瘫痪。另一种是被动攻击，是指在不影响网络正常运行的情况下，进行截获、窃取、破译，以获得重要机密信息。这两种攻击均可对计算机网络造成极大的危害，导致机密数据的泄露。

（2）人员的无意失误

人员的无恶意失误和各种各样的误操作都可能造成严重的不良后果，比如：用户口令不按规定要求设定、口令保护得不严谨、随意将自己的账号借与他人或与他人共享；文件的误删除、输入错误的数据、操作员安全配置不当、防火墙规则设置不全面等，都可能给计算机网络带来威胁。

（3）软件自身的漏洞

计算机软件不可能百分之百的无缺陷和无漏洞，软件系统越庞大，出现漏洞和缺陷的可能性也就越大，而这些漏洞和缺陷恰恰会成为攻击者的首选目标。另外，软件公司的某些程序员为了系统调试方便往往在开发时预设了软件"后门"，这些"后门"一般不为外人所知，但是一旦"后门洞开"，造成的后果将不堪设想。

（4）自然灾害

自然灾害包括洪水、火灾、地震等自然界不可抗拒的力量，它们可以摧毁各种网络设施、网络线路和网络数据，特别重要的是用户的海量数据，如果没有异地容灾备份，一旦被毁，将难以恢复。

2．网络安全体系架构

为了有效地防御网络攻击，保证网络运行和网络信息的安全，在网络工程实践中已逐步形成了较为完整的网络安全体系。该安全体系包括网络安全理论、网络安全技术、网络安全平台、网络安全管理和网络安全目标五方面，如图 5-1 所示。

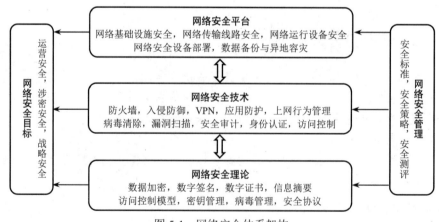

图 5-1　网络安全体系架构

网络安全体系以安全理论为基础，通过采用相应的安全技术，在网络工程中部署与网络需求相应的安全设备，组成一个先进科学的安全平台，严格实行安全管理策略，最终达到运营安全、涉密安全和战略安全的目标。

（1）网络安全理论

网络安全理论是网络安全体系的基础，包括密码理论和安全理论。密码理论的研究重点是算法，包括数据加密算法、数字签名算法、消息摘要算法及相应的密钥管理协议等。这些算法提供两方面的服务：一方面，直接对信息进行运算，保护信息的安全特性，即通过加密变换保护信息的机密性，通过消息摘要变换检测信息的完整性，通过数字签名保护信息的不可否认性；另一方面，提供对身份认证和安全协议等理论的支持。安全理论的研究重点是在网络环境下信息防护的基本理论，这些理论研究成果为网络安全技术提供理论支撑，不断更新和产生网络安全技术。

（2）网络安全技术

网络安全技术是在网络环境下为保护网络信息的安全，采用硬件技术和软件技术，其技术研究与具体的网络安全平台环境关系密切。技术成果一方面直接为网络安全平台防护和监测提供了技术依据，更新或产生网络安全设备，另一方面为网络安全基础理论的研究提出新的问题。

（3）网络安全平台

网络安全平台是指按照用户制定的安全策略建设的保障承载信息产生、存储、传输和处理的安全可控平台，直接为网络系统及其信息资源执行安全保护。网络安全平台由网络基础建设、网络传输建设、网络应用建设和网络安全设备等有机组合而成，形成特定的连接边界。网络基础建设主要是指网络综合布线系统，网络传输建设主要是指网络系统集成，网络应用建设是指网络操作系统、数据库系统和应用软件部署等。

（4）网络安全管理

网络安全管理是网络安全体系的一个重要方面。普遍认为，信息安全三分靠技术七分靠管理，可见管理的分量。管理应该有统一的标准、可行的策略和必要的测评，因此安全管理包括安全标准、安全策略、安全测评等。这些管理措施作用于安全理论、安全技术和安全平台的各方面。其中，安全策略是指一套规则和惯例，详细说明了系统或组织如何提供安全服务去保护敏感的关键系统资源，如基于身份的安全策略、基于规则的安全策略等。

（5）网络安全目标

在网络安全目标中，运营安全是指如何使数据在网络中的可靠传输，涉及传输线路安全、传输设备安全、数据链路安全、电源安全与可靠性、内部电磁干扰（ElectroMagnetic Interference，EMI）、外部电磁干扰和故障恢复时间等方面。涉密安全是指如何使数据传输和数据库中数据不被窃取，涉及非法外联、硬件漏洞、软件漏洞（数据库、应用软件）、电磁泄漏等方面。战略安全则是指在紧急情况下必须保障数据安全传输和有效控制。

3. 网络安全等级保护

《中华人民共和国网络安全法》第二十一条明确指出：国家实行网络安全等级保护制度。网络运营者应当按照网络安全等级保护制度的要求，履行下列安全保护义务，保障网络免受干扰、破坏或者未经授权的访问，防止网络数据泄露或者被窃取、篡改。

网络安全等级保护是指对国家秘密信息、法人或其他组织及公民专有信息以及公开信息和存储、传输、处理这些信息的信息系统分等级实行安全保护，对信息系统中使用的安全产品实行按等级管理，对信息系统中发生的信息安全事件分等级进行响应、处置。

我国《网络安全等级保护 2.0 标准》（简称等保 2.0）于 2019 年 5 月 13 日发布，2019 年 12 月 1 日开始实施。等保 2.0 将网络安全等级保护工作分为定级备案、安全建设、等级测评、安全整改和监督检查五个阶段，将云计算、大数据、物联网、移动互联、工业控制系统等全部列入等级保护对象范围，并将等级保护对象分为五个级别，规定所有等级保护对象都必须做等保。

第一级：一般系统，自主保护级。不需备案，对测评周期无要求。此类信息系统受到破坏后，会对公民、法人和其他组织的合法权益造成一般损害，但不损害国家安全、社会秩序和公共利益。第一级信息系统运营或使用单位应当依据国家有关管理规范和技术标准进行安全等级保护工作。

第二级：一般系统，指导保护级。公安部门备案，建议两年测评一次。此类信息系统受到破坏后，会对公民、法人和其他组织的合法权益造成严重损害，或者会对社会秩序、公共利益造成一般损害，但不损害国家安全。国家信息安全监管部门对第二级信息系统安全等级保护工作进行指导。

第三级：重要系统或关键信息基础设施，监督保护级。公安部门备案，要求每年测评一次。此类信息系统受到破坏后，会对公民、法人和其他组织的合法权益造成特别严重的损害，或者会对社会秩序和公共利益造成严重损害，或者对国家安全造成一般损害。国家信息安全监管部门对第三级信息系统安全等级保护工作进行监督、检查。

第四级：关键信息基础设施，强制保护级。公安部门备案，要求半年测评一次。此类信息系统受到破坏后，会对社会秩序和公共利益造成特别严重损害，或者对国家安全造成严重损害。国家信息安全监管部门对第四级信息系统安全等级保护工作进行强制监督、检查。

第五级：关键信息基础设施，专控保护级。公安部门备案，依据特殊安全需求进行测评。此类信息系统受到破坏后，会对国家安全造成特别严重损害。国家信息安全监管部门对第五级信息系统安全等级保护工作进行专门监督、检查。

5.1.2 网络安全技术

网络安全技术是针对信息系统在各种应用环境下的安全保护、防御不断出现的各种网络攻击、预防各种自然灾害而提出的，是信息安全基础理论的具体应用，目前主要有防火墙技术、入侵检测与防御技术、应用防护技术、虚拟专用网技术、上网行为管理技术、安全审计技术、漏洞扫描技术、防病毒技术、身份认证技术和异地容灾技术等。

1. 防火墙技术

防火墙（Firewall）技术是一种安全隔离技术，通过在两个安全策略不同的网络之间设置防火墙来控制两个网络之间的互访行为。目前，防火墙技术主要有包过滤、代理服务、应用网关和状态检测等技术，可以在 OSI 的多个层次上实现，应用较多的是网络层的包过滤技术和应用层的代理服务技术。包过滤技术通过检查信息流的信源和信宿地址等方式确认是否允许数据包通行，安全代理则通过分析访问协议、代理访问请求来实现访问控制。

防火墙技术的主要研究内容包括防火墙的安全策略、实现模式和强度分析等。

2．入侵检测与防御技术

入侵检测（Intrusion Detection）技术是指通过对网络信息流的提取和分析，发现非正常访问模式的技术，目前主要有基于用户行为模式、系统行为模式和入侵特征的检测等。在实现时可以只检测针对某主机的访问行为，也可以检测针对整个网络的访问行为。前者称为基于主机的入侵检测，后者称为基于网络的入侵检测。

入侵检测技术研究的主要内容包括信息流提取技术、入侵特征分析技术、入侵行为模式分析技术、入侵行为关联分析技术和高超信息流快速分析技术等。

入侵防御（Intrusion Prevention）技术是一种主动的、积极的防御技术，依靠对数据包的检测不仅能检测入侵的发生，还能实时终止入侵行为，即决定是否允许其进入内网。

3．应用防护技术

应用防护技术是随着网络应用的迅速发展，为了防止黑客攻击而产生的安全防护技术。例如，随着计算及业务逐渐向数据中心高度集中发展，Web 业务平台已经在各类政府、企业机构的核心业务区域得到广泛应用，黑客们将注意力从以往对传统网络服务器的攻击逐步转移到了对 Web 业务的攻击上，由此而产生了 Web 应用防护技术。目前，比较成熟的应用防护技术有网页防篡改保护技术和反垃圾邮件网关等。

4．虚拟专用网技术

虚拟专用网（Virtual Private Network，VPN）技术的核心是隧道技术，将内部网络的数据加密封装后，通过虚拟的公众网隧道进行传输，从而防止敏感数据的被窃。VPN 可以在Internet、服务提供商的 IP 网、帧中继网或 ATM 网上建立，网络用户通过 Internet 等公众网建立 VPN，就如同通过自己的专用网建立内部网一样，享有较高的安全性、优先性、可靠性和可管理性，而其建设周期、投入资金和维护费用大大降低，还为远程用户和移动用户提供了安全的网络接入。

5．上网行为管理技术

严格来讲，上网行为管理技术还不是一种专业的网络安全技术，而是一种行政管理的电子化辅助手段，是一种约束和规范企业员工遵守工作纪律、提高工作效率、保护公司隐私的工具。

上网行为管理技术实现方式普遍存在两种：一是通过封锁特定应用的网络服务器 IP，达到应用无法连接到服务器的目的，实现行为封锁；二是通过协议分析识别上网行为身份，进行特定协议的拦截，实现行为封锁。

6．安全审计技术

安全审计是记录用户使用计算机网络系统进行所有活动的过程，不仅能够识别谁正在访问系统，还能指出系统正被怎样使用，可以确定是否有网络攻击的情况、确定攻击源。同时，系统事件的记录能够更迅速和系统地识别问题，并且它是事故处理阶段的重要依据。

另外，通过对安全事件的不断收集与积累并且加以分析，有选择地对其中的某些站点或用户进行审计跟踪，以便对发现或有可能产生的破坏性行为提供有力的证据。

7．漏洞扫描技术

漏洞扫描（Vulnerability Scanning）技术是针对特定信息网络中存在的漏洞而进行的。信息网络中无论是主机还是网络设备都可能存在安全隐患，有些是系统设计时考虑不周而留下的，有些是系统建设时出现的。这些漏洞很容易被攻击，从而危及信息网络的安全。由于安全漏洞大多是非人为的、隐蔽的，因此必须定期扫描检查、修补加固。操作系统经常出现的补丁模块就是为加固发现的漏洞而开发的。由于漏洞扫描技术很难自动分析系统的设计和实现，因此很难发现未知漏洞。目前的漏洞扫描更多的是对已知漏洞进行检查定位。

漏洞扫描技术研究的主要内容包括漏洞的发现、特征分析与定位、扫描方式和协议等。

8. 防病毒技术

计算机病毒（Virus）是一种具有传染性和破坏性的计算机程序。自从 1988 年出现 morris 蠕虫以来，计算机病毒已成为家喻户晓的计算机安全隐患之一。随着网络的普及，计算机病毒的传播速度大大加快，破坏力也在增强，出现了智能病毒、远程控制病毒等。因此，研究和防范计算机病毒也是信息安全的一个重要方面。

病毒防范研究的重点包括病毒的作用机理、病毒的特征、病毒的传播模式、病毒的破坏力、病毒的扫描和清除等。

9. 身份认证技术

身份认证也称为"身份验证"或"身份鉴别"，是指在计算机及计算机网络中确认操作者身份的过程，从而确定该用户是否具有对某资源的访问和使用权限，进而使计算机和网络系统的访问策略能够可靠、有效地执行，防止攻击者假冒合法用户获得资源的访问权限，保证系统和数据的安全，以及授权访问者的合法利益。

目前，常用的身份认证技术有静态密码、短信密码、动态口令、智能卡、USB Key 和生物识别等。

10. 异地容灾技术

随着网络各种应用业务在各行业与领域的广泛部署，用户的各种业务数据每天都在以几何级的速度增长，用户数据安全已成为最大的等级保护范围和最高的级别，由此产生了异地容灾技术。异地容灾技术最主要的目的是防止用户网络设施和数据遭受自然灾害，在异地建立一个数据备份网络系统，实时地将用户的各种数据在异地进行存储备份。

5.2　网络安全设备

5.2.1　网络安全设备分类

目前，网络安全设备的种类很多，根据其安全防护的目标，可以划分为网络边界安全、网络应用安全、网络数据安全、网络终端安全、身份与访问管理和网络安全管理等六类。

（1）网络边界安全

网络边界安全设备主要有下一代防火墙、入侵检测与防御系统、网络隔离和单向导入系统、抗分布式拒绝服务攻击（Anti-Distributed Denial of Service，Anti-DDoS）防御网关、上网行为管理系统、网络安全审计系统、虚拟专用网系统、网络准入系统、防病毒网关等。

（2）网络应用安全

网络应用安全设备主要有 Web 应用防护系统、网页防篡改保护系统、反垃圾邮件网关、黑客追踪系统等。

（3）网络数据安全

网络数据安全设备主要有数据库审计与防护系统、安全数据库系统、数据泄露防护系统、文件管理与加密系统、数据备份与恢复系统等。

（4）网络终端安全

网络终端安全设备主要有防病毒系统、主机检测与审计系统、安全操作系统、主机/服务器加固系统等。

（5）身份与访问管理

身份与访问管理设备主要有运维审计堡垒机、CA 数字证书、身份认证与权限管理系统、硬件认证等。

（6）网络安全管理

网络安全管理类设备主要有安全管理平台、日志分析与审计、脆弱性评估与管理、安全基线与配置管理、威胁分析与管理、终端安全管理系统、服务器安全管理系统、文档安全管理系统、存储介质安全管理系统等。

5.2.2 下一代防火墙

下一代防火墙（Next Generation FireWall，NGFW）是指设置在不同网络（如可信任的内部网络和不可信任的公共外部网络）或同一网络的不同安全域之间的一系列部件的组合。下一代防火墙的目的是在内部、外部两个网络之间建立一个安全控制点，通过允许、拒绝或重新定向经过下一代防火墙的数据流，实现对进、出内部网络的服务和访问的审计和控制（参见国标 GB/T1809—1999）。NGFW 是一款可以全面应对应用层威胁的高性能防火墙，集传统防火墙、VPN、入侵防御、应用防护、防病毒、数据防泄漏、带宽管理、上网行为管理等多种安全功能于一身，为用户提供全面、简单、高效的下一代网络安全防护。

1. NGFW 的端口结构

由于网络安全设备的端口类型与数量都比较简单且相互之间差异也不大，因此本节只以华为 USG6000 系列下一代防火墙为例，介绍端口的结构类型，其他安全设备的端口可以参考了解。防火墙的接口一般包括管理端口、网络端口和辅助端口三种，如图 5-2 所示。

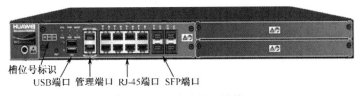

图 5-2　防火墙外形结构

① 管理端口：用于对防火墙进行本地配置，包括配置端口 Console 和管理端口 Meth（有的机型上是 MGMT，即 GE0/0/0 接口），Meth 接口编号为 ME0/0/0。

② 网络端口：防火墙的业务端口，包括 10/100/1000 Mbps 自适应 RJ-45 以太网电口和 SFP 光纤端口，编号为 GE1/0/0～GE1/0/11（由接口的数量确定）。这些端口可以根据网络的

需求定义为内网端口、外网端口或 DMZ（DeMilitarized Zone，非军事区）端口。

内网端口用于连接局域网设备（如核心交换机），外网端口用于连接边界路由器或接入网络运营商边界路由设备。DMZ 端口是防火墙在内部网络与外部网络之间建立的一个屏蔽子网接口，将内部网络和外部网络分开。内部网络和外部网络均可访问 DMZ，但禁止它们穿过 DMZ 通信。实际应用中，一般在 DMZ 中放置一些对外服务的设备，如 Web 服务器、FTP 服务器、邮件服务器等，定义和限制外部访问只能在 DMZ 中进行。

③ 辅助端口：一般是 USB 端口，用于连接存放日志信息或者加载版本文件的 U 盘，或插入管理密钥，或插接 LTE 4G 数据卡实现无线接入互联网。

2. NGFW 的功能

防火墙是一种网络隔离设备，自身具有较强的抗攻击能力，将内部网与公众网分开，在两者之间设置一道屏障，监视网络运行状态，对传输的数据包按照一定的安全策略实施检查、过滤，允许经过授权的人或数据进入网络，最大限度地阻止所有不明入侵者的所有通信，以防更改、复制、破坏网络内部的重要信息，保护内部网络操作环境，如图 5-3 所示。

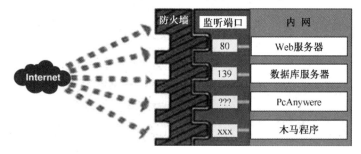

图 5-3　防火墙功能示意

下一代防火墙除了具有传统防火墙的功能，主要增加了应用层级的检测与防御功能，能够提供深度数据包检测功能，通过检查网络数据包中携带的数据，超越简单的端口和协议检查。新增的主要功能有：自动反扫描、反向拍照、防 DDoS 攻击、入侵防御、Web 应用防护、VPN、恶意代码防护、木马防护、监控与审计、双机热备份等。

3. 防火墙的分类

（1）按照防火墙的实现技术划分

防火墙可分为包过滤型、应用代理型、基于状态检测的包过滤。

包过滤（Packet Filtering）型防火墙工作在 OSI/RM 的网络层和传输层，根据数据包头源地址、目的地址、端口号和协议类型等标志确定是否允许通过。只有满足过滤条件的数据包才被转发到相应的目的地，其余数据包则被丢弃。按照包过滤技术，防火墙又分为静态包过滤防火墙和动态包过滤防火墙。包过滤防火墙以以色列的 Checkpoint 防火墙和美国 Cisco 公司的 PIX 防火墙为代表。

应用代理（Application Proxy）型防火墙工作在 OSI/RM 的应用层。其特点是完全阻隔了网络通信流，通过对每种应用服务编制专门的代理程序，实现监视和控制应用层通信流的作用。按照应用代理技术，防火墙又可分为应用网关型防火墙和第二代自适应防火墙。应用代理型防火墙以美国 NAI 公司的 Gauntlet 防火墙为代表。

基于状态检测的包过滤防火墙实现了状态包过滤，而且不打破原有 C/S 模式，克服了前两种防火墙的限制。在状态包过滤防火墙中，数据包被截获后，从中提取连接状态信息（TCP的连接状态信息，如源端口和目的端口、序列号和确认号、6个标志位，以及UDP和ICMP的模拟连接状态信息），并把这些信息放到动态连接表中进行动态维护。当后续数据包到来时，将后续数据包及其状态信息与前一时刻的数据包及其状态信息进行比较，决定后续的数据包是否允许通过，从而达到保护网络安全的目的。状态包过滤提供了一种高安全性、高性能的防火墙机制，且容易升级和扩展，透明性好。

（2）按照防火墙的组成结构划分

防火墙可分为软件级、硬件级和芯片级。

软件防火墙：通常运行于特定的计算机上，需要客户预先安装好计算机操作系统，再安装防火墙软件，并做好配置，才可以使用。一般，这台计算机就是整个网络的网关。

硬件级防火墙：一般基于PC架构，也就是说，它们与普通的PC没有太大区别，是在这些PC架构的计算机上运行一些经过裁剪和简化的操作系统。

芯片级防火墙：基于专用的ASIC芯片的硬件平台，没有操作系统，比其他种类的防火墙速度更快，处理能力更强，性能更高。

（3）按照防火墙的带宽划分

防火墙可为分百兆级、千兆级和万兆级，主要是指防火的通道带宽或吞吐率。当然，通道带宽越宽，性能越高，这样的防火墙因包过滤或应用代理所产生的延时也越小，对整个网络通信性能的影响也就越小。

4. 防火墙的部署模式

防火墙的部署模式也称为工作模式，一般有路由（网关）模式、透明模式和混合模式。

（1）路由模式

防火墙路由模式如图5-4所示，将防火墙部署在内部网络与外部网络之间，既担负防火墙的功能，又担负路由网关的功能。此时，防火墙工作在OSI的网络层，相当于一台路由器，需要将防火墙与内部网络、外部网络和DMZ三个区域相连的接口分别配置成不同网段的IP地址。如果将它加入一个已经形成的网络，就需要重新规划已有的网络拓扑结构。

图5-4 防火墙路由模式

防火墙工作于路由模式时，支持ACL规则检查、ASPF（Application Specific Packet Filter，应用层报文过滤）、NAT转换、防攻击检查、流量监控等功能。但是，如果用户要在现有网络里增加防火墙，就需要对网络拓扑进行修改，网内的主机（或路由器）的网关都要指向防火墙，路由器需要更改路由配置等。如果网络结构非常复杂，那么配置网络的工作量比较大。

（2）透明模式

防火墙透明模式也称为桥模式，如图 5-5 所示，将防火墙部署在内部网络中，只担负防火墙的功能。此时，防火墙工作在 OSI 的第二层（数据链路层），不需要对其接口配置 IP 地址，用户不知道防火墙的 IP 地址，意识不到防火墙的存在，即防火墙对用户和路由器来说是完全透明的（Transparent）。如果将它加入一个已经形成的网络，可以不改变已有的网络拓扑结构，不用修改周边网络设备和所有计算机的设置（包括 IP 地址和网关）。

图 5-5　防火墙透明模式

防火墙工作在透明模式时，支持 ACL 规则检查、ASPF、防攻击检查、流量监控等功能。

（3）混合模式

若防火墙同时具有工作在路由模式和透明模式的接口，即某些接口配置 IP 地址，某些接口不配置 IP 地址，则防火墙工作在混合模式下。

配置 IP 地址的接口所在的安全区域是三层区域，接口上启动 VRRP（Virtual Router Redundancy Protocol，虚拟路由冗余协议）功能，用于双机热备份；而未配置 IP 地址的接口所在的安全区域是二层区域，与二层区域相关接口连接的外部用户同属一个子网。当报文在二层区域的接口间进行转发时，转发过程与透明模式的完全相同。

5．防火墙的性能参数

防火墙的性能参数主要有以下几方面。

① 产品类型：基于路由器的包过滤型，基于通用操作系统型，基于专用安全操作系统型。

② LAN 接口：指防火墙所能保护的网络类型（如以太网、快速以太网、千兆以太网、ATM 网、令牌环及 FDDI 等）和支持的最大 LAN 网络接口数目。

③ 服务器平台：指防火墙所运行的操作系统平台，如 UNIX、Linux、Windows NT、专用安全操作系统等。

④ 协议支持：指支持的非 IP 协议，建立 VPN 通道的协议，在 VPN 中使用的协议等。

⑤ 加密支持：指支持 VPN 的加密标准，除 VPN 之外的其他加密用途，以及硬件加密方法等。

⑥ 认证支持：指支持的认证类型、认证标准和 CA 互操作性等。

⑦ 支持数字证书：指是否支持数字证书。

⑧ 访问控制：指通过防火墙的包内容设置的访问控制，在应用层提供代理支持的访问控制，在传输层提供代理支持的访问控制，是否支持 FTP 文件类型过滤，用户操作的代理类型，是否支持网络地址转换（NAT），是否支持硬件口令、智能卡等。

⑨ 防御功能：指是否支持防病毒和内容过滤功能，是否阻止 ActiveX、Java、Cookies、JavaScript 侵入，能防御的 DoS 攻击类型等。

⑩ 安全特性：指是否支持转发和跟踪 ICMP 协议（ICMP 代理），是否提供入侵实时警告，是否提供实时入侵防范，是否能识别、记录、防止企图进行 IP 地址欺骗等。

⑪ 管理功能：指是否支持本地管理、远程管理、集中管理和带宽管理，是否提供基于时间的访问控制，是否支持 SNMP 监视和配置，负载均衡特性，失败恢复特性（Failover）等。

⑫ 记录和报表功能：指防火墙处理完整日志的方法，是否具有日志的自动分析和扫描功能，是否具有提供自动报表、日志报告和简要报表功能，是否提供告警机制和实时统计，是否能列出获得的国内有关部门许可证类别及号码等。

5.2.3 入侵防御系统

防火墙安全体系可以保护计算机网络系统不受未经授权访问的侵扰，但是它们对专业黑客或恶意的未经授权用户却无能为力。由于性能的限制，防火墙通常不能提供实时的入侵检测与防御能力，对于企业内部人员所做的攻击也无能为力，此时出现了入侵防御系统。

1. IPS 的功能

入侵防御系统（Intrusion Prevention System，IPS）是近年来发展起来的新一代动态安全防范技术，通过对计算机网络或系统中若干关键点的数据收集，并对其进行分析，从而发现是否有违反安全策略的行为和被攻击的迹象。

入侵防御系统具有入侵检测与防御功能，是对防火墙安全体系的有益补充，被认为是防火墙之后的第二道安全闸门。入侵防御系统能在不影响网络性能的情况下对网络进行监听，在黑客的入侵攻击对系统发生危害前，就能检测到入侵攻击行为，并利用报警与在线防护系统驱逐入侵攻击，减少入侵攻击所造成的损失。在被入侵攻击后，IPS 收集入侵攻击的相关信息，作为防范系统的知识，添加到知识库中，增强系统的防范能力，避免系统再次受到入侵，从而提供对内部攻击、外部攻击和误操作的实时保护，大大提高了网络的安全性。

2. IPS 的分类

（1）主机型入侵防御系统

主机型入侵防御系统（Host-based Intrusion Prevention System，HIPS）是早期的入侵防御系统结构，其检测的目标主要是主机系统和系统本地用户，防御原理是根据主机的审计数据和系统日志发现可疑事件，如图 5-6 所示。

（2）网络型入侵防御系统

网络型入侵防御系统（Network-based Intrusion Prevention System，NIPS）是一种实时的网络入侵防御和响应系统，如图 5-7 所示。它能够实时监控网络传输，自动检测可疑行为，分析来自网络外部和内部的入侵信号。在系统受到危害之前发出警告，实时对攻击做出阻断响应，并提供补救措施，最大限度地为网络系统提供安全保障。

3. NIPS 的部署模式

NIPS 提供旁路、透明、路由（网关）、混合接入四种部署模式，适合各种复杂的网络结构。其中，混合模式是应用旁路、透明、路由三种模式的任意组合，可以根据网络的拓扑结构和安全需求灵活选用。下面主要介绍旁路部署模式的 4 种部署方式。

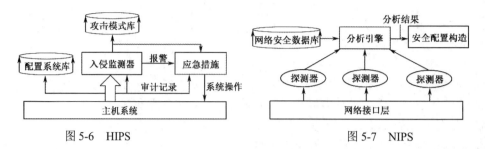

图 5-6　HIPS　　　　　　　　　　　　　　图 5-7　NIPS

① 单核心部署。NIPS 连接核心交换机实时检测核心交换机流量，监控外网与内网的所有通信流量，防御外网对内网的各种攻击、带宽滥用和内网蠕虫病毒传播等，如图 5-8 所示。

② 双核心部署。两台 NIPS 分别接两台核心交换机，双线路冗余互备，实时监控外网与内网的所有通信流量，防御外网对内网的各种攻击、带宽滥用和内网蠕虫病毒传播等，如图 5-9 所示。

③ 双网口备份模式部署。NIPS 通过两个网口同时监测，双网口互为备用，实时监控内外网间的所有通信流量，防御外网对内网的各种攻击、带宽滥用和内网蠕虫病毒传播等，如图 5-10 所示。

④ 汇聚层多台部署。依据汇聚层需要，部署多台 NIPS 连接每台汇聚交换机，实时监控内外网间的所有通信流量，防御外网对内网的各种攻击、带宽滥用和内网蠕虫病毒传播等，如图 5-11 所示。

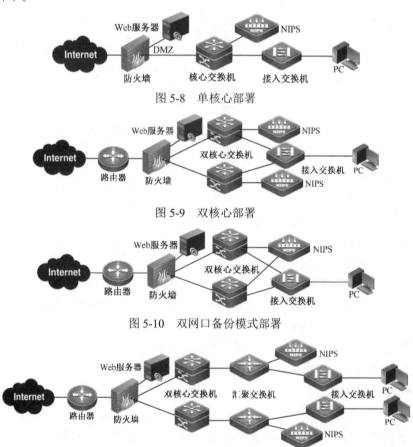

图 5-8　单核心部署

图 5-9　双核心部署

图 5-10　双网口备份模式部署

图 5-11　汇聚层多台部署

5.2.4 VPN 安全网关

传统的 VPN 采用 PPTP、L2TP 等技术来实现简单的网络互联功能，为了保证数据的私密性和完整性，又出现了 IPsec VPN。随着企业信息化程度的深化，远程安全访问、移动安全接入、移动办公、协同工作、分支互联、云端应用安全防护的需求日益明显，企业信息系统对 VPN 也提出了越来越高的要求。新一代 VPN 安全网关采用 SSL（Secure Sockets Layer，安全套接字）协议和 PKI（Public Key Infrastructure，公钥基础设施）技术来实现远程安全接入，通过对网上信息传输进行高强度安全加密和细致的客户端策略检查，采用非对称加密、数字证书等技术手段，为用户远程接入提供多重的安全保障。

1. VPN 的功能原理

VPN 安全网关采用加密、认证、存取控制、数据完整性等措施，对要传输的信息进行加密处理，使得在 Internet 上传输的过程中不会被泄露、截取、篡改或复制，只有到达对端相应的 VPN 安全网关接收后才能被"读懂"，还原为原信息。这相当于在 VPN 设备之间形成一条跨越 Internet 的虚拟通道——"隧道"，将物理上分布在不同地点的两个局域网，通过 Internet 构建成一个逻辑上的专用网络，实现安全可靠、方便快捷的通信。也可以说是"在 Internet 上建立属于自己的私有专用网络"。VPN 连接拓扑如图 5-12 所示。

图 5-12　VPN 连接拓扑

VPN 的基本处理过程如下。

① 局域网内主机发送明文信息到其 VPN 设备。

② VPN 设备根据网络管理员设置的规则，确定是对数据进行加密还是直接传输。

③ 对需要加密的数据，VPN 设备将其整个数据包（包括要传送的数据、源 IP 地址和目的 IP 地址）进行加密并附上数字签名，加上新的数据报头（包括目的地 VPN 设备需要的安全信息和一些初始化参数），重新封装。

④ 将封装后的数据包通过隧道在公共网络（Internet）上传输。

⑤ 数据包到达目的 VPN 设备，将其解封，核对数字签名无误后，对数据包解密。

2. VPN 安全技术

目前，VPN 主要采用 4 项技术来保证安全：隧道技术（Tunneling）、加密技术（Encryption）、认证技术（Authentication）和 QoS（Quality of Service，服务质量）技术。

隧道技术是 VPN 的基本技术，类似点对点连接技术，在公众网建立一条数据通道（隧道），让数据包通过这条隧道传输。

加密技术是数据通信中一项较成熟的技术，包括加密、解密和密钥管理技术。在 VPN 中，对通过公共网络传递的数据使用加密技术进行加密，从而确保网络上未经授权的用户无法读取信息。

认证技术中最常用的是使用者名称和密码或卡片式认证方式。

QoS 表示数据流通过网络时的性能，其目的在于向用户提供端到端的服务质量保证。因此，在 VPN 中设计实现一种 QoS 策略控制方案就显得尤为重要。

3. VPN 的应用类型

VPN 有三种应用类型：远程访问虚拟网（Access VPN）、企业内部虚拟网（Intranet VPN）和企业扩展虚拟网（Extranet VPN）。通常把 Intranet VPN 和 Extranet VPN 统一称为专线 VPN。

（1）Access VPN

Access VPN 又称为拨号 VPN（即 VPDN），是企业员工或企业的小分支机构通过公众网远程访问企业内部网络而构筑的虚拟网，如图 5-13 所示。

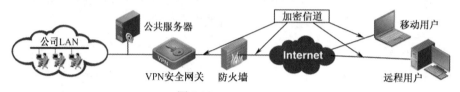

图 5-13　Access VPN

Access VPN 通过一个拥有与专用网络相同策略的共享基础设施，包括模拟、拨号、ISDN、数字用户线路（xDSL）、移动 IP 和电缆技术，提供对企业内部网的远程访问，使用户随时、随地以其所需的方式访问企业资源。Access VPN 能够安全地连接移动用户、远程工作者或分支机构。因远程用户一般是一台计算机，而不是网络，所以 Access VPN 是一种主机到网络的拓扑结构。

如果企业的内部人员有移动或远程办公需要，或者商家要提供安全的 B2C 访问服务，就可以考虑使用 Access VPN。Access VPN 适用于公司内部经常有出差人员远程办公的情况，出差员工利用当地 ISP 提供的 VPN 服务，通过公司的 VPN 安全网关进行验证和授权后，就可以与 VPN 网关建立私有的隧道连接，与在公司的办公室一样自由地访问公司内部网络。

（2）Intranet VPN

Intranet VPN 是企业的总部与分支机构之间通过公众网构筑的虚拟网，如图 5-14 所示。这是一种网络到网络以对等方式连接的拓扑结构。Intranet VPN 通过一个使用专用连接的共享基础设施，连接企业总部、远程办事处和分支机构。企业拥有与专用网络的相同政策，包括安全、QoS、可管理性和可靠性。利用 Internet 的线路保证网络的互连性，而利用隧道、加密等 VPN 特性，可以保证信息在整个 Intranet VPN 上安全传输。

图 5-14　Intranet VPN

如果要实现企业内部各分支机构网络的互连，使用 Intranet VPN 是很好的方式。这种方式的优点如下：可以减少 WAN 带宽的费用；能使用灵活的拓扑结构，包括全网络连接；新的站点能更快、更容易地被连接；通过 WAN 设备供应商的连接冗余，可以延长网络的可用时间；带来的风险也最小，因为公司通常认为他们的分支机构是可信的，并将它作为公司网络的扩展。

（3）Extranet VPN

Extranet VPN 是企业间发生收购、兼并或企业间建立战略联盟后，使不同企业网通过公众网来构筑的虚拟网，如图 5-15 所示。这是一种网络到网络以对等方式连接的拓扑结构。Extranet VPN 通过一个使用专用连接的共享基础设施，将客户、供应商、合作伙伴或兴趣群体连接到企业内部网。企业拥有与专用网络的相同政策，包括安全、QoS、可管理性和可靠性。Extranet VPN 能保证包括 TCP 和 UDP 服务在内的各种应用服务的安全，如 E-mail、HTTP、FTP、Real Audio、数据库的安全以及一些应用程序的安全。

图 5-15　Extranet VPN

如果是提供 B2B 之间的安全访问服务，就可以考虑 Extranet VPN。Extranet VPN 对用户的吸引力在于：容易部署和管理，可以使用与部署 Intranet VPN 和 Access VPN 相同的架构和协议进行部署。主要的不同是接入许可，Extranet VPN 的用户被许可只有一次机会连接到其合作的网络。

4．VPN 的部署模式

在实际网络工程应用中，VPN 有旁路和透明两种部署模式。旁路模式是将 VPN 单独连接在局域网的核心交换机上，透明模式是将 VPN 连接在核心交换机与防火墙之间，如图 5-16 所示。

（a）VPN旁路部署模式　　　　（b）VPN透明部署模式

图 5-16　VPN 的部署模式

5．VPN 的构建步骤

（1）需求分析和设计

① 需要根据实际的业务需求，考虑采用什么类型的 VPN 架构，是实现远程局域网互连，还是提供远程用户访问，或者两者兼有。

② 需要确定采用单向启动还是双向启动的 VPN 隧道连接。如果 VPN 隧道需要 7×24 小时的不间断连接，那么应该考虑单向启动的隧道连接，否则可考虑双向启动连接。

③ 需要确定 VPN 隧道协议。不同的协议有不同的特点，可以参照前面的内容结合自身的需求进行选择。

④ 需要确定采用软件还是硬件 VPN 方案。硬件 VPN 方案可以在硬件中处理加密和解

密，因此具有较好的性能。软件 VPN 方案价格低廉，更具灵活性，但是在性能、安全、可靠性和可管理性方面往往不如硬件方案。当然，也可以实现软硬结合的 VPN 解决方案。

（2）选择 VPN 产品

在确定了方案后，需要选购相关产品。一套完整的 VPN 产品包括 3 部分：① VPN 网关（如路由器），实现局域网与局域网之间的连接；② VPN 客户端，实现客户端到局域网的连接；③ VPN 管理中心，对 VPN 网关和 VPN 客户端的安全策略进行配置和远程管理。

选择 VPN 产品时需要考虑下列问题：首先，产品的定位，需要明确是构建大型应用还是中小型应用；其次，VPN 支持的应用类型，如局域网到局域网，客户到局域网还是客户到客户，并不是所有产品都支持这些应用类型；再次，产品的隧道协议和 VPN 可承载协议、NAT 及路由协议，产品可以支持的最大连接数，可提供的网络接口，是否集成防火墙，可管理性和可扩展性，安全策略等方面。除了从技术角度考虑，还应考虑 VPN 的总体预算。

（3）配置 VPN

需要配置路由器（或防火墙），包括网络连接、网络互连协议、远程访问参数。配置完毕，需要激活 VPN 隧道连接。

（4）部署 VPN 应用

VPN 网络一旦组建成功，就可以像本地局域网一样使用，凡是能够在局域网上开展的业务，都可以考虑在 VPN 上应用。

如果是跨地区的 VPN 网络，因为服务质量难以保证，不太适合实时性很强的业务，如视频业务，但是语音、传真、文件和数据业务都是可行的。如果是在本地网络上组建 VPN，可以利用高速网络通道，实现实时性增值业务，如 IP 电话、IP 传真、视频会议等。

在构建 VPN 的解决方案时，还需要考虑以下问题。

- ❖ VPN 的可用性：建立的网络是否能够满足用户的业务需求。
- ❖ VPN 的安全性：除了数据加密的安全性，还需要上层网络应用的认证系统、用户授权系统等保证。
- ❖ VPN 的可扩展性：包括物理网络可扩展性和功能上的可扩展性。
- ❖ VPN 的可管理性：对于不同业务模式和技术结合的网络需要不同的管理方式。
- ❖ VPN 的建设和运营成本：网络建设初期的设备和初装费用，网络扩展和运营维护的设备成本。

5.2.5 Web 应用防护系统

随着网络应用的广泛普及，特别是 Web 技术迅猛发展，以网站为核心的各种网络应用已经成为必不可少的 IT 设施，人们越来越依赖于通过网络获取各种信息。电子邮件、即时通信、视频影像资料、地图搜索、应用程序等数据资源，通过简单的浏览器操作即可随时获取。然而在 Web 2.0 技术全面发展与应用的今天，相应的各种木马、病毒、钓鱼、僵尸网络、篡改等安全威胁也接踵而来，特别是政府网站因其公信力高、影响大，已成为黑客的攻击目标。尽管大部分政府机构和企业已部署了防火墙、IPS、防毒墙等网络安全防护设备，但由于技术上的限制、自身的产品定位和防护深度的局限，对于 Web 层面的网络流量中普遍存在的恶意软件只能"视而不见"。针对 Web 应用的攻击特征，需要专业的 Web 应用安全防护设备对其进行有效检测与防护。在这种背景下，Web 应用防护系统油然而生。

1. Web 应用防护系统的功能

Web 应用防护系统，也称为 Web 应用防火墙（Web Application Firewall，WAF），是一种具有多种智能分析检测机制，融合云安全等技术，能够针对安全事件发生时序进行安全建模的新一代网络安全设备。其主要功能如下。

（1）网站漏洞扫描

WAF 可随时了解网站漏洞风险状态，及时部署相应的安全保护措施。扫描器可支持的扫描项目包括 SQL 注入漏洞、XSS 脚本漏洞、Web 后门、网页挂马、程序错误信息、内部目录泄露、邮箱地址泄露、无效链接、代码泄露、目录遍历、入侵广告、目录浏览、内部文件泄露、WebDAV 启用、典型登录页面、内部 IP 泄露，并根据系统扫描结果，生成扫描报告，为 Web 应用系统的安全防护提供可靠的数据支撑。

（2）Web 业务可用性监测

WAF 支持对网站主页和指定页面进行页面级可用性实时监测，可根据配置的检测任务，对指定网站的所有 Web 应用页面进行定时测试，检测网站服务的可用性质量，包括检测监控目标的 URL、请求执行时间、结束时间、耗时、状态正常与否等信息，第一时间感知网站的可用性指标，确保 Web 业务系统的连续运营和服务的正常提供。

（3）外联监控

WAF 可以对 Web 服务器向外自动发起连接的可疑行为进行实时监控分析，能根据源 IP 地址、目标 IP 地址进行黑白名单设置，针对指定的端口进行检测，分析和统计受保护服务器对外发起连接的次数并显示目的 IP 地址所在的物理位置，有助于精确判断网站系统是否受到木马或 APT 等攻击。

（4）Web 应用攻击防护

WAF 提供了更为全面的 Web 应用攻击防护功能，监控 HTTP/HTTPS 流量，对数据包内容具有完全的访问控制权限，检查所有经过网络的 HTTP/HTTPS 流量，通过各类防护引擎、策略控制识别黑客 Web 攻击应用行为，有效阻止 SQL 注入攻击、XSS 漏洞攻击、跨站请求伪造（CSRF）攻击、DDoS/CC 攻击、0day 攻击、盗链请求、恶意爬虫、恶意扫描、木马病毒等，以节省网站服务器资源及带宽资源。

（5）网页篡改防护

网页防篡改功能基于文件夹驱动级保护技术、Web 核心内嵌的防篡改技术、事件触发机制，能够监控网页请求的合法性，对网站数据进行监控，实时监控网站目录文件，及时发现对网页进行任何形式的非法添加、修改、删除等操作，实时拦截篡改攻击。

2. Web 应用防护系统的部署模式

Web 应用防火墙的部署主要有透明模式、路由模式、旁路模式和混合模式，以满足用户的不同网络结构的应用需求。

（1）透明部署模式

透明模式是将 WAF 透明串接在 Web 服务器与连接的网络设备之间（如图 5-17 所示）。在透明模式下，WAF 只对流经 OSI 应用层的数据进行分析，而对其他层的流量不进行控制，因此透明模式的最大特点就是快速、方便、简单。

（2）路由部署模式

路由模式是将 WAF 作为路由器或防火墙部署在局域网入口（如图 5-18 所示）。这种模式

图 5-17　WAF 透明部署模式

图 5-18　WAF 路由部署模式

是网络安全防护中保护程度最高的，但是需要对防火墙和 Web 应用服务的路由设置做出一定的调整，对网络管理员的要求较高。

（3）旁路部署模式

旁路模式，又称为反向代理模式，是将 WAF 置于局域网交换机下，需要在路由器通过配置策略路由，将访问 Web 服务器的所有流量先牵引到 WAF，经过 WAF 检测后，再送至 Web 服务器（如图 5-19 所示）。这种模式的优点是对网络的影响较小，但是 Web 服务器无法获取访问者的真实 IP 地址。

图 5-19　WAF 旁路部署模式

（4）混合部署模式

混合部署模式是把 WAF 的网口配置成反向代理模式和透明模式共同工作，可提供多组透明桥，可以针对部分安全域，以透明的方式提供安全保护，其他安全域以反向代理的方式提供安全保护，以适应不同的安全保护需求，用于多个安全域的安全防护，如图 5-20 所示。

图 5-20　WAF 混合部署模式

5.2.6　上网行为管理系统

1. 上网行为管理系统概述

上网行为管理系统是针对单位与企业员工在工作时间从事非工作上网行为，进行管理的，拥有上网行为审计和网络安全防护的双重应用功能，网络安全设备可以完成行为审计、内容审计、流量统计、内容监控、记录状态、系统安全管理、网页内容管理、邮件内容管理、

IM&P2P、审计管理等具体应用。

上网行为管理系统适用于企事业单位、教育领域、宾馆、酒店、IT 型行业、网吧等公共场所对上网行为进行安全审计和管理的需要。

2. 上网行为管理系统的部署模式

在实际应用中，针对用户网络的特点，上网行为管理系统有三种部署模式。

（1）网关模式

网关模式，又称为路由模式，LAN 接口定义为内网，WAN 接口定义为外网，DMZ 接口定义为非军事管理区。根据需要，客户可以定义多个 LAN、多个 WAN、多个 DMZ。对被保护的 LAN、DMZ 进行全面审计，如图 5-21 所示。

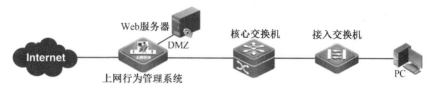

图 5-21 上网行为管理系统的网关模式

（2）网桥模式

网桥模式，又称为透明模式，通常部署在防火墙或者路由器的后面，所有经过上网行为管理的数据被审计。在这种模式下，内网、外网接口的选择可以由用户自由选择。内网口和外网口连接的是同一网段的两部分。管理用户需要为上网行为管理系统配置一个网桥 IP，这个 IP 也属于上网行为管理系统连接的这个网段，如图 5-22 所示。

图 5-22 上网行为管理系统的网桥模式

（3）旁路模式

旁路模式是将上网行为管理系统单独连接在核心交换机上，其实现原理是交换机将所有接口的数据复制给镜像接口，上网行为管理系统的监听口从交换机镜像口获取数据，达到审计的目标。在旁路模式下，上网行为管理系统提供独立的管理接口，如图 5-23 所示。

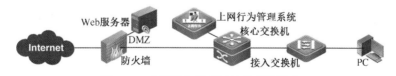

图 5-23 上网行为管理系统的旁路模式

5.3 防火墙的配置和管理

目前，防火墙集成了防火墙功能、路由器功能、NAT 功能，VPN 功能、访问控制功能、DNS 功能、DHCP 功能、入侵检测与防御功能、Web 应用防护功能、防病毒功能、数据防泄漏功能、带宽管理功能和上网行为管理功能等，根据防火墙在网络中的部署位置、扮演的角色以及承担的任务，配置任务和配置过程相对较为复杂。本节以华为 USG6500 系列下一代防火墙为平台，介绍防火墙的基本配置与管理方法。

5.3.1　防火墙配置管理方式

华为 USG6500 系列下一代防火墙有两种配置管理方式：一是命令行（CLI）配置方式，二是 Web 界面配置方式（Web 管理方式）。命令行方式主要用于设置系统的时区、日期、时间，配置管理网口 IP 地址，配置管理员的角色、认证方式及 Web 管理员界面等，配置方法与交换机相同。Web 管理方式主要是对防火墙进行更详细的接口设置、功能配置、安全策略配置和管理配置等。

1．命令行方式连接登录方法

命令行配置方式一般采用 Console 接口连接，进行本地配置，其连接与登录的方法如下：

① 利用随机附带的专用配置线，连接管理主机的串口和防火墙的 Console 接口。

② 启动超级终端工具或其他通信终端软件，设置通信参数为：波特率—9600，数据位—8，奇偶校验—无，停止位—1，流量控制—无。

③ 连接成功以后，提示输入登录用户名和密码，默认为 admin/admin@123。

说明：命令行方式也可采用 MGMT（或 Meth）接口，通过 Telnet 进行本地或远程配置。

2．Web 管理方式连接登录方法

Web 界面配置方式采用 MGMT（或 Meth）接口和网线连接，其连接与登录的方法如下：

① 将网线的一端接入防火墙的 GE0/0/0 或 MEth0/0/0 接口，另一端连接在 PC 的网口。

② 防火墙 MEth0/0/0 或 GE0/0/0 接口默认 IP 地址为 192.168.0.1/24，端口为 8443，所以需要将 PC 的 IP 地址设置在 192.168.0.1/24 网段，如设置为 192.168.0.2/24，如图 5-24 所示。

③ 在管理员的计算机中打开浏览器，在地址栏中输入登录 Meth 或 MGMT 接口的默认 IP 地址 https://192.168.0.1:8443，如图 5-25 所示。

图 5-24　防火墙 Web 配置方式连接方法

图 5-25　浏览器登录防火墙配置

首次登录时，浏览器会出现证书不安全的提示界面，选择"继续浏览此网站"，进入防火墙登录界面，如图 5-26 所示。

图 5-26　防火墙 Web 登录界面

5.3.2　防火墙基本配置命令

华为 USG6500 系列下一代防火墙采用的是与华为交换机/路由器相同的 VRP 平台，因此配置命令的语法格式、功能配置命令等都与交换机/路由器相同；又由于防火墙的所有功能配置基本上都可以在 Web 界面下完成，因此本节只介绍主要的功能配置方法与命令。

1. 配置接口访问管理功能

防火墙可以通过接口访问管理功能允许或者禁止外部设备以各种协议方式（如 HTTP、HTTPS、Telnet、Ping、SSH、NETCONF、SNMP）访问接口。默认情况下，接口访问管理功能处于开启状态，但管理接口和非管理接口的协议开放权限是不同的。

管理接口 MEth0/0/0 或 MGMT（GE0/0/0）的默认 IP 地址为 192.168.0.1，已经加入 Trust 区域，且 HTTP、HTTPS、Ping 权限都已放开，不需要配置任何安全策略，就能访问到设备。对于非管理接口，HTTP、HTTPS、Telnet、Ping、SSH、NETCONF、SNMP 权限都是关闭的，需要通过配置命令启用所需的权限。配置方法如下。

（1）进入需要配置的接口

命令：

```
interface interface-type interface-number
```

（2）开启接口的访问管理功能

命令：

```
service-manage enable
```

（3）设置允许或拒绝访问接口的方式

命令：

```
service-manage {http | https | ping | ssh | snmp | netconf | telnet | all} {permit | deny}
```

说明：

① 在接口上启用访问管理功能后，即使没有开启该接口所在区域和 Local 区域之间的安全策略，管理员也能通过该接口访问设备。

② 当接口访问管理功能无法满足精细化管理时（如需针对源 IP 地址等条件来进行管理控制），需要将接口访问管理功能关闭，然后根据源 IP 地址等条件配置精细的安全策略进行访问管理。

2. 配置接口对

所谓接口对，即一进一出两个接口。将两个同类型接口组成接口对后，从一个接口进入的流量固定从另一个接口转发出去，不需要查询 MAC 地址表。如果进、出接口配置为同一个接口，那么从该接口进入的报文经过设备处理后仍然从该接口转发出去。

视图：系统视图。

命令：

```
pair-interface name name                                // 创建接口对
pair {interface-name1 | interface-type1 interface-number1}
    {interface-name2 | interface-type2 interface-number2}   // 向已创建的接口对中添加成员接口
```

说明：

① 接口对成员接口 interface1 和 interface2 必须为二层接口，且已通过命令 detect-mode inline 配置工作模式为接口对模式。如果接口对工作模式为"同口进出"，即接口对只有一个接口，那么配置 interface1 和 interface2 为同一个接口即可。

② 对于同一条流，若防火墙收到的请求报文和发出的响应报文属于不同的 VLAN，则必须通过命令 vlan obscure enable 开启 VLAN 无关联功能，否则业务不通。

③ 若进、出接口配置为同一个接口，则请勿向接口发送广播流量，否则可能导致对接设备出现自环。

3. 配置安全区域

(1) 安全域

安全区域（Security Zone），简称区域（Zone），是若干接口所连网络的集合，这些网络中的用户具有相同的安全属性。防火墙采用基于安全区域的报文检测机制，大部分安全策略都基于安全区域实施。在同一安全区域内部发生的数据流动是不存在安全风险的，不需要实施任何安全策略。只有当不同安全区域之间发生数据流动时，才会触发设备的安全检查，并实施相应的安全策略。因此，网络管理员可以根据实际组网需要，自行创建安全区域，将具有相同优先级的网络设备划入同一个安全区域，并在安全区域的基础上实施各种特殊的报文检测与安全功能。网络设备的优先级为 1～100 的整数，数字越大表示优先级越高。默认安全区域如表 5-1 所示。

表 5.1　防火墙默认划分的安全区域

区域名称	优先级	说　明
非受信区域（untrust）	5	低安全级别的安全区域，通常用于定义 Internet 等不安全的网络
非军事化区域（dmz）	50	中等安全级别的安全区域，通常用于定义内网服务器所在区域。因为这种设备虽然部署在内网，但是经常需要被外网访问，存在较大安全隐患，同时一般不允许其主动访问外网，所以将其部署一个优先级比 trust 低但是比 untrust 高的安全区域中
受信区域（trust）	85	较高安全级别的安全区域，通常用于定义内网终端用户所在区域
本地区域（local）	100	最高安全级别的安全区域，local 区域定义的是设备本身，包括设备的各接口本身。凡是由设备构造并主动发出的报文均可认为是从 local 区域发出，凡是需要设备响应并处理（而不仅是检测或直接转发）的报文均可认为是由 local 区域接收。用户不能改变 local 区域本身的任何配置，包括向其中添加接口

(2) 安全域间与方向

安全域间（Interzone）是指流量的传输通道，它是两个"区域"之间的唯一"道路"。如果希望对经过这条通道的流量进行检测等，就必须在通道上设立"关卡"，如 ASPF 等功能。

任意两个安全区域都构成一个安全域间，并具有单独的安全域间视图。

安全域间的数据流动具有方向性，包括入方向（Inbound）和出方向（Outbound）。

❖ 入方向：数据由低优先级的安全区域向高优先级的安全区域传输。

❖ 出方向：数据由高优先级的安全区域向低优先级的安全区域传输。

通常情况下，通信双方一定会交互报文，即安全域间的两个方向上都有报文的传输。而判断一条流量的方向应以发起该条流量的第一个报文为准。例如，发起连接的终端位于 trust 区域，它向位于 untrust 区域的 Web 服务器发送了第一个报文，以请求建立 HTTP 连接。由于 untrust 区域的优先级比 trust 区域低，因此防火墙将认为这个报文属于出方向，并根据出方向上的域间配置决定是否匹配并进一步处理该数据流。

（3）配置安全区域

① 创建安全区域，并进入安全区域视图

视图：系统视图。

命令：

```
firewall zone name zone-name [id id]
```

说明：zone-name 表示安全区域的名称，id 表示安全区域的 ID。系统默认安全区域不需创建，也不能删除。

② 为新创建的安全区域配置优先级

视图：安全区域视图。

命令：

```
set priority security-priority
```

说明：security-priority 表示安全区域的优先级。

配置安全区域的优先级时，需要遵循如下原则：一是只能为自定义的安全区域设定优先级；二是组成域间的两个安全区域，必须配置优先级。配置其他业务时，可以选择不配置优先级，两个不配置优先级的安全区域不允许组成域间，组成域间的两个安全区域不允许删除优先级。

③ 将接口加入安全区域

视图：安全区域视图。

命令：

```
add interface interface-type interface-number
```

说明：由于 local 安全区域定义的是设备本身，包括设备的各接口本身，因此向安全区域中添加接口，只是该接口所连的网络属于该安全区域，而接口本身还是属于 local 区域。

将接口加入安全区域时，需要遵循如下原则：除了 local 安全区域，使用其他所有安全区域前，均需手工将接口加入安全区域；加入安全区域的接口可以是物理接口，也可以是逻辑接口。

④ 配置安全区域的描述信息

视图：安全区域视图。

命令：

```
description text
```

⑤ 进入安全域间视图

视图：系统视图。

命令：

```
firewall interzone zone-name1 zone-name2
```

说明：只有当不同安全区域之间发生数据流动时，才会触发设备进行安全策略的检查，若想对跨安全区域的流量进行控制，需要进入安全域间并应用各种安全策略，如 ASPF 等。

在进入安全域间之前，相关的两个安全区域需要已经创建好，当一个新的安全区域创建后，其他区域与该安全区域的域间视图已经自动创建。

⑥ 查看安全区域的配置及流量情况

视图：任意视图。

命令：

```
display zone [zone-name] [interface | priority]    // 查看安全区域及其优先级，加入的接口等信息
display interzone [zone-name1 zone-name2]          // 查看安全域间的域间配置信息
```

【例 5-1】 防火墙的基础配置。

企业购买了华为 USG6507 防火墙作为企业局域网的出口网关。管理员在登录防火墙后，首先需要对防火墙进行网络基础配置，包括设备名称、时钟、接口 IP 地址、安全区域、默认路由及默认包过滤的配置，如图 5-27 所示。

图 5-27 防火墙基本配置拓扑

① 配置设备名称。

```
<FW> system-view
[FW] sysname FW_A
[FW_A] quit
```

② 配置时钟，包括当前时间和时区。

```
<FW_A> clock datetime 18:10:45 2014-01-01
<FW_A> clock timezone BJ add 08:00:00
```

③ 配置接口的 IP 地址。

```
<FW_A> system-view
[FW_A] interface GigabitEthernet 1/0/0
[FW_A-GigabitEthernet0/0/0] ip address 192.168.1.1 24
[FW_A-GigabitEthernet0/0/0] quit
[FW_A] interface GigabitEthernet 1/0/1
[FW_A-GigabitEthernet0/0/1] ip address 10.1.1.1 24
[FW_A-GigabitEthernet0/0/1] quit
[FW_A] interface GigabitEthernet 1/0/2
[FW_A-GigabitEthernet0/0/2] ip address 1.1.1.1 24
[FW_A-GigabitEthernet0/0/2] quit
```

④ 将各业务接口加入安全区域。

```
[FW_A] firewall zone trust
[FW_A-zone-trust] add interface GigabitEthernet 1/0/0
[FW_A-zone-trust] quit
[FW_A] firewall zone dmz
```

```
[FW_A-zone-dmz] add interface GigabitEthernet 1/0/1
[FW_A-zone-dmz] quit
[FW_A] firewall zone untrust
[FW_A-zone-untrust] add interface GigabitEthernet 1/0/2
[FW_A-zone-untrust] quit
```

⑤ 配置默认路由。

```
[FW_A] ip route-static 0.0.0.0 0.0.0.0 1.1.1.254
```

⑥ 打开默认包过滤，保证防火墙能够接入 Internet。

```
[FW_A] security-policy
[FW_A-policy-security] default action permit
```

说明：一般情况下，建议保持默认包过滤关闭，然后配置具体允许哪些数据流通过的安全策略。

5.3.3 防火墙 Web 管理

在 Web 登录界面输入用户名与密码正确后，则进入防火墙的 Web 管理界面，如图 5-28 所示。

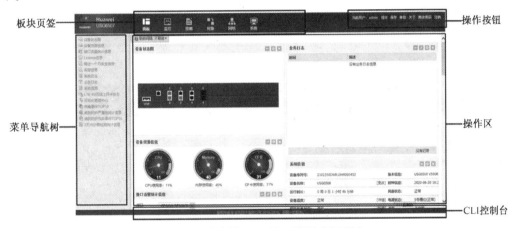

图 5-28 防火墙 Web 管理界面功能区域

Web 管理界面分为板块页签、菜单导航树、操作按钮、操作区和 CLI 控制台五个功能区域。板块页签标明防火墙的功能模块，一般有面板、监控、策略、对象、网络和系统；菜单导航树标明每个功能模块具体的功能菜单；操作区是功能配置的操作空间；CLI 操作台中指示每项功能相应的配置命令。下面以配置 HTTPS 方式登录 Web 界面的管理员为例，介绍 Web 配置方式。

【例 5-2】 配置 HTTPS 方式登录 Web 界面的管理员。

在 Web 界面配置管理方式下，为防火墙 USG6507 配置一个本地认证管理员 webadmin，密码为 Myadmin@123，角色为 service-admin，信任主机 IP 地址为 192.168.20.0/24，要求管理员可以通过 HTTPS 登录到 Web 界面，Web 服务超时时间为 5 分钟。

操作步骤：通过管理接口 Meth 并以系统默认用户名和密码登录 Web 管理界面。

① 配置登录接口。选择"网络 → 接口"，单击 GE1/0/3 接口右侧的编辑按钮，如图 5-29 所示。

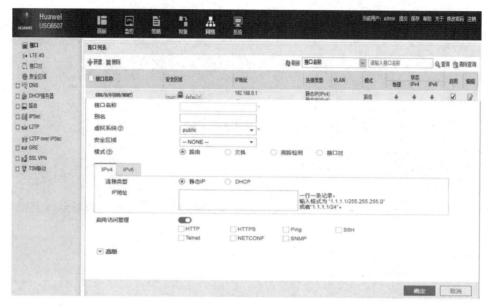

图 5-29　接口配置界面

按如下参数配置：安全区域，trust；连接类型，静态 IP；IP 地址，192.168.20.1/255.255.255.0；启用访问管理；访问方式，HTTPS。然后单击"确定"按钮。

② 创建管理员角色。选择"系统 → 管理员 → 管理员角色"，显示如图 5-30 所示配置界面。

图 5-30　管理员角色配置界面

单击"新建"按钮，按如下参数配置：名称，service-admin；描述，网络监督员；权限控制项，无；策略，对象；网络，读写；面板、监控、系统，无。然后单击"确定"按钮。

③ 创建管理员，并指定认证类型、管理员角色以及信任主机。

选择"系统 → 管理员 → 管理员"，显示如图 5-31 所示配置界面。

单击"新建"按钮，按如下参数配置：用户名，webadmin；认证类型，本地认证；密码，Myadmin@123；角色，service-admin；信任主机，192.168.20.0/24；高级，无；服务类型，Web。然后单击"确定"按钮。

④ 配置 Web 服务超时时间。选择"系统→管理员→设置"，显示如图 5-32 所示配置界面。

在"Web 服务超时时间"输入"5"，然后单击"应用"按钮。

⑤ 单击界面右上角的"保存"按钮，在弹出的对话框中单击"确定"按钮，即完成所有配置。

图 5-31 创建管理员配置界面

图 5-32 Web 服务超时时间配置界面

⑥ 验证管理员 PC 登录 FW。配置管理员 PC 的 IP 地址为 192.168.20.10/24，打开网络浏览器，访问需要登录设备的 IP 地址"https://192.168.20.1:8443"。在登录界面中输入管理员的用户名"webadmin"和密码"Myadmin@123"。单击"登录"按钮，进入 Web 界面，说明管理配置成功。

【例 5-3】 在 CLI 方式下配置通过静态 IPv4 地址接入互联网。

【例 5-4】 在 Web 方式下配置通过 PPPoE 接入互联网。

请扫描二维码
进行自主学习

请扫描二维码
进行自主学习

扫描二维码　　　　　扫描二维码　　　　　扫描二维码
进入"课程学习空间"　　进入"工程案例空间"　　进入"知识拓展空间"

思考与练习5

1．综述计算机网络系统面临的安全威胁有哪些？主要表现形式有哪些？你认为哪种威胁的危害比较大？说明理由。

2．网络系统自身存在哪些不安全因素？人为和环境因素会对网络系统造成哪些威胁？

3．举例说明什么是主动攻击、什么是被动攻击。这两种攻击的主要区别是什么？

4．制定网络安全策略需要考虑哪些方面？怎样设计网络安全技术方案？

5．综述防火墙的发展历程、特征、功能、基本技术和不足。

6．综述下一代防火墙的体系结构和功能特性。

7．叙述入侵防御系统、VPN安全网关、Web应用防护系统和上网行为管理系统的功能特性。

8．VPN中采用的隧道技术主要有哪些？比较各种隧道协议的特点和应用。

9．综述建立无线VPN的解决方案。

10．综述DMZ接口IP地址的配置策略和方法。

11．网络拓扑如图5-33所示，在NFW的接口GE1/0/1下创建GE0/0/1:10和GE0/0/1:20两个子接口，分别对应VLAN 10和VLAN 20，然后将这两个子接口划分到不同的安全区域，而GE1/0/1接口不加入安全区域，从而实现将PC1和PC2划分到不同的安全区域。写出NFW的相关配置。

图5-33　通过子接口划分安全区域

12．网络拓扑见图5-33，在NFW上创建接口VLANIF 10和VLANIF 20，分别对应VLAN 10和VLAN 20，然后配置GE1/0/1工作在二层模式，允许VLAN 10和VLAN 20的报文通过，再将VLANIF 10和VLANIF 20划分到不同安全区域，而接口GE1/0/1不加入安全区域，从而实现将PC1和PC2划分到不同的安全区域。写出NFW的相关配置。

13．按照图5-4、图5-5所示网络拓扑，配置防火墙、路由器和交换机，并写出其配置命令。

第6章　服务器技术与应用

随着计算机网络在企业、学校、政府等各行各业的应用普及和深入，人们对网络的需求已不仅是上网娱乐、购物、QQ、微信、查询下载资料，更多的是各种管理系统、信息系统、办公系统、控制系统和电子商务等在各行各业的应用，给人们的工作和生活带来了极大的便利和快捷，但随之而来的是海量的数据需要处理、存储（备份）、传输，我们已进入大数据时代。大数据的应用产生了云计算、数据中心（云数据中心）、高速以太网等网络新技术，这些新技术的基础是服务器。因此，本章主要介绍服务器系统主要技术、服务器部署方式、服务器存储备份技术和网络存储技术等基础理论与常用技术。

限于篇幅，对于云计算、数据中心、容灾与备份系统的设计与构建等内容在本章"知识拓展空间"中介绍，读者可以扫描书中二维码进行自主学习。

6.1　服务器概述

6.1.1　服务器的功能和分类

1. 服务器的概念

服务器（Server）是指在网络环境下运行相应的应用软件，为客户机提供共享信息资源和各种服务的一种高性能计算机。

服务器作为网络的节点，存储、处理网络上80%的数据和信息，也被称为网络的灵魂。服务器在网络操作系统的控制下，将与其相连的硬盘、磁带、打印机及专用通信设备提供给网络上的客户机共享，也能为网络用户提供集中计算、信息发布及数据管理等服务。服务器的高性能主要体现在高效的运算能力、长时间的可靠运行、强大的外部数据吞吐能力等方面。

服务器的构成与微机基本相似，有处理器、硬盘、内存、系统总线等，是针对具体的网络应用特别制定的，因此服务器与计算机在处理能力、稳定性、可靠性、安全性、可扩展性、可管理性等方面存在的差异很大，安装操作系统的方法也不相同。

2. 服务器分类

服务器技术发展到了今天，其种类也是多种多样，适用于各种功能、不同应用环境下的特定服务器不断涌现。

（1）按应用层次划分

① 入门级服务器。入门级服务器是基础的一类服务器，也是最低档的服务器，与高性能微型计算机的配置差不多，其稳定性、可扩展性和容错冗余性能较差，通常只有一个 CPU，支持 1 GB 以内的 ECC（内存纠错）专用内存（见 6.1.2 节的介绍），采用 SCSI 接口或 SATA 串行接口硬盘；支持基本硬件的冗余和热插拔，如硬盘、电源、风扇等；主要采用 Windows 操作系统，可以充分满足中小型网络用户的文件共享、数据处理、Internet 接入及简单数据库应用的需求。入门级服务器所连的终端一般只有 20 台左右，仅适用于没有大量数据交换、日常工作网络流量不大的小型企业。

② 工作组服务器。工作组服务器较入门级服务器来说性能有所提高，功能有所增强，有一定的可扩展性，但容错和冗余性能仍不完善，也不能满足大型数据库系统的应用，仍在低档服务器之列，一般支持 1~2 个 CPU，采用 SCSI 总线的 I/O 系统，可选装 RAID、热插拔硬盘和热插拔电源等，可支持高达 2 GB 以上容量的 ECC 内存，一般采用 Windows 操作系统。通常，这类服务器只能连接一个工作组（50 台终端），比较适合中小企业、中小学、大企业的分支机构使用。

③ 部门级服务器。部门级服务器是属于中档服务器之列，一般支持 2~4 个 CPU，主板集成双通道 ULTRA160 SCS 控制器，数据传输速率最高达 160 MBps，可连接几乎所有类型的 SCSI 设备；通常标准配置有热插拔硬盘、热插拔电源和 RAID，具有大容量硬盘或磁盘阵列和数据冗余保护；支持高达 4 GB 以上的 ECC 内存；除了具有工作组服务器全部服务器特点，还具有全面的服务器管理能力，通过状态实时监测，并结合标准服务器管理软件，使得管理人员能够及时了解服务器的工作状况。同时，大多数部门级服务器具有优良的系统扩展性，能够满足用户在业务量迅速增大时及时在线升级系统。部门级服务器可连接 100 个左右的计算机用户，适用于对处理速度和系统可靠性要求较高的中小型企业网络。

④ 企业级服务器。企业级服务器属于高档服务器之列，通常支持 4~8 个 CPU，集成双通道 Ultra 160/Ultra 320 SCSI 控制器，数据传输速率最高达 160 Mbps/320 Mbps；可连接所有类型的 SCSI 设备，拥有独立的双 PCI 通道和内存扩展板设计；具有高内存带宽、大容量热插拔硬盘、热插拔电源和热插拔 RAM、PCI、CPU 等；ECC 内存容量高达 8 GB 以上，具有超强的数据处理能力。除了具有部门级服务器全部服务器特性外，企业级服务器最大的特点是具有高度的容错能力、优良的扩展性能、故障预报警和在线诊断等功能。有的企业级服务器还引入了大型计算机的许多优良特性，如 IBM 和 SUN 公司的企业级服务器。企业级服务器采用的芯片是几大服务器开发、生产厂商自己开发的独有 CPU 芯片，采用的操作系统一般是 UNIX（Solaris）或 Linux。企业级服务器适合运行在联网计算机在数百台以上、需要处理大量数据、高处理速度和对可靠性要求与数据安全要求极高的金融、证券、交通、邮电、通信或大型企业中。

（2）按体系架构划分

① CISC 架构服务器。CISC（Complex Instruction Set Computer，复杂指令集计算机）架构服务器又称为 IA32（Intel Architecture，Intel 架构）或 x86 架构服务器，即通常所讲的 PC 服务器。CISC 基于 PC 体系结构，使用 Intel 或其他兼容 x86 指令集的处理器芯片和 Windows 操作系统的服务器，如 IBM 的 System x 系列服务器、HP 的 Proliant 系列服务器等。CISC 服务器价格便宜、兼容性好、稳定性较差、不安全，主要用在中小企业和非关键业务中。

② RISC 架构服务器。RISC（Reduced Instruction Set Computing，精简指令集计算）是

IBM 在 20 世纪 70 年代提出的一种指令系统。RISC 技术大幅度减少指令的数量，用简单指令组合代替复杂指令，通过优化指令系统来提高运行速度。RISC 技术采用更加简单和统一的指令格式、固定的指令长度和优化的寻址方式，使整个计算机体系更加合理；指令系统简化后，可通过硬件逻辑进行指令译码；流水线和常用指令均可用硬件执行；可采用大量的寄存器，使大部分指令操作都在寄存器之间进行，提高了处理速度。RISC 指令系统采用"缓存－主存－外存"三级存储结构，取数与存数指令分开执行，使处理器可以完成尽可能多的工作，且不因从存储器存取信息而放慢处理速度。

目前，大型机、小型机和中高档服务器中绝大多数是采用 RISC 微处理器，并且主要采用 UNIX 或其他专用操作系统。这类服务器价格昂贵，体系封闭，但是稳定性好，性能强，主要用在金融、电信等大型企业的核心系统中。

③ IA64 架构服务器。IA64 架构是 Intel 与 HP 公司联合研发的一种全新体系架构技术，即显式并行指令计算（Explicitly Parallel Instruction Computing，EPIC）。EPIC 技术打破了传统架构的顺序执行限制，能在原有的条件下最大限度地获得并行处理能力。目前，EPIC 处理器主要是安腾（I-tanium）处理器等。基于 IA64 处理器架构的服务器具有 64 位运算能力、64 位寻址空间和 64 位数据通路，突破了传统 IA32 架构的许多限制，在数据的处理能力、系统的稳定性、安全性、可用性、可观理性等方面获得了突破性的提高。

（3）按用途划分

① 通用型服务器。通用型服务器是可以全面提供各种基本服务功能、不为某种特殊服务专门设计的服务器。当前大多数服务器是通用型服务器。因为这类服务器不是专为某一功能而设计的，在设计时就要兼顾多方面的应用需求，所以这类服务器的结构就相对较为复杂，价格也较贵。

② 专用型服务器。专用型（或称为"功能型"）服务器是专门为某一种或某几种功能专门设计的服务器。如 FTP 服务器主要用于网络（包括 Intranet 和 Internet）上的文件传输，这就要求服务器在硬盘稳定性、存取速率、I/O 带宽方面具有明显优势。专用型服务器一般在性能上要求比较低，因为它只需要满足某些需要的功能应用即可，所以结构相对来说简单许多，一般只需要采用单 CPU 结构。专用型服务器在稳定性、扩展性等方面的要求不是很高，当然价格也便宜许多，一般相当于 2 台高性能 PC 的价格。

（4）按机箱结构划分

① 台式服务器。台式服务器也称为"塔式服务器"。有的台式服务器采用大小与普通立式 PC 相当的机箱，有的采用大容量的机箱，像个硕大的柜子。低档服务器由于功能较弱，整个服务器的内部结构比较简单，因此机箱不大，都采用台式机箱结构，如图 6-1 所示。

② 机架式服务器。机架式服务器的外形看来像交换机，其宽度为 19 英寸，高度以 U 为单位（1U=1.75 英寸=44.45mm），通常有 1U、2U、3U、4U、5U、7U 等规格，如图 6-2 所示。机架式服务器安装在标准的 19 英寸机柜中。

图 6-1　台式服务器　　　　　　　　　图 6-2　机架式服务器

③ 机柜式服务器。一些高档企业服务器由于内部结构复杂、内部设备较多,具有许多不同的设备单元,或几个服务器被放在一个机柜中,这就是机柜式服务器,如图 6-3 所示。

④ 刀片式服务器。刀片式服务器是一种 HAHD(High Availability High Density,高可用高密度)的低成本服务器,是专门为特殊应用行业和高密度计算机环境设计的,如图 6-4 所示。其中,每块"刀片"都是一块热插拔的系统母板,类似一个个独立的服务器。在这种模式下,每块母板运行自己的系统,服务于指定的不同用户群,相互之间没有关联。也可以使用系统软件将这些母板集合成一个服务器集群。在集群模式下,所有母板可以连接起来提供高速的网络环境,可以共享资源,为相同的用户群服务。

图 6-3 机柜式服务器

图 6-4 刀片式服务器

6.1.2 服务器系统主要技术

1. 多处理器技术与并行技术

服务器上通常使用专门为服务器开发的 CPU。这类 CPU 的主频较低,发热量不会太大,所以工作很稳定。为了提高服务器的性能,有必要采用多处理器结构,以提高服务器处理速度。建立多处理器系统常见的有 3 种:SMP 模式、MPP 模式和 NUMA 模式。三者的根本区别在于处理器和存储器的结构方式不同。多处理需要多任务操作系统,由操作系统决定怎样在已有的处理器之间分派任务,以获得理想的系统性能。当要求系统运行多项任务或服务多个用户时,多处理器系统能提供最大的好处。

(1) SMP 技术

SMP(Symmetric Multi-Processor,对称多处理器)技术是指在一台计算机上汇集了一组

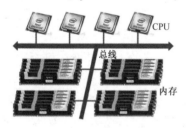
图 6-5 SMP 架构

处理器(多个 CPU),所有 CPU 地位都是对等的,它们之间共享内存子系统和总线结构。虽然同时使用多个 CPU,但是从管理的角度来看,它们的表现就像一台单机一样,这就意味着 SMP 架构只运行操作系统的一个备份,其他为单处理器编写的应用程序可以毫不改变地在 SMP 架构中运行,因此 SMP 架构也被称为一致存储访问(Uniform Memory Access,UMA)结构体系,如图 6-5 所示。

目前,PC 服务器中最常用的 SMP 架构通常采用 2 路、4 路、6 路或 8 路处理器。Windows 2000 Server 支持 4 个 SMP,Windows 2000 Advanced Server 支持 8 个 SMP,Windows 2000 DataCenter Server 支持 32 个 SMP。UNIX 服务器可支持最多 64/128 个 SMP。SMP 架构的关键技术是如何更好地解决多个处理器的相互通信和协调问题。

(2) NUMA 技术

NUMA(Non-Uniform Memory Access,非一致存储访问)技术是指在一台服务器内具有多个 CPU 模块(称为节点),每个 CPU 模块由多个 CPU(如 4 个)组成,并且具有独立的本

地内存、I/O 槽口等,节点之间通过互连模块(又称为 Crossbar Switch)进行连接和信息交互,如图 6-6 所示。

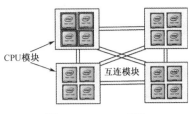

CPU模块　互连模块

图 6-6　NUMA 架构

所有节点中的处理器都可以访问全部的系统物理存储器。然而,每个处理器访问本节点内的存储器需要的时间可能比访问某些远程节点内的存储器需要的时间要少得多。换句话说,访问存储器的时间是不一致的,这也是这种模式被称为非一致存储访问的原因。NUMA 保持了 SMP 单一操作系统备份、简便的应用程序编程模式和易于管理的特点,能有效地扩充系统的规模。为单处理器系统编写的程序可以毫不改变地在 NUMA 系统中运行,尽管应用程序的性能会受到远程访问频度和延迟的影响。采用 NUMA 技术,在一台物理服务器内可以支持上百个 CPU。目前,比较典型的 NUMA 服务器包括 HPSuperdome、SUN15K、IBMp690。

（3）MPP 技术

MPP（Massively Parallel Processing,大规模并行处理）技术是由多台 SMP 服务器（SMP 服务器称为节点）,通过节点互连网络组成一个服务器系统,如图 6-7 所示。每个 SMP 节点可以运行自己的操作系统、数据库等,但只能访问自己的本地内存、存储等,节点之间的信息交互是通过节点互连网络实现的,是一种完全无共享架构。MPP 技术扩展能力强,理论上其扩展无限制,目前可实现 512 个节点互连,连接数千个 CPU。

图 6-7　MPP 架构

2. 高性能存储技术

服务器系统采用的高性能存储技术主要有硬盘接口技术、磁盘阵列技术和网络存储技术。

（1）硬盘接口技术

服务器的主要任务是对大量数据的处理和存取,数据存取速率与硬盘接口密切相关,目前用于服务器硬盘的接口主要有 SCSI、SATA、SAS 和 FC,如图 6-8 所示。

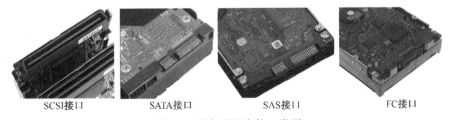

SCSI接口　　　　SATA接口　　　　SAS接口　　　　FC接口

图 6-8　服务器硬盘接口类型

SCSI（Small Computer Systems Interface）接口是一种小型计算机系统接口,支持热插拔,经过多年的改进,已经成为服务器 I/O 系统最主要的标准,几乎所有服务器和外设制造商都在开发与 SCSI 接口连接的相关设备。

SCSI 适配器通常是使用主机的 DMA 通道把数据直接传输到内存,可以降低系统 I/O 操作时的 CPU 占用率。SCSI 接口可以通过专用线缆连接硬盘、光驱、磁带机和扫描仪等外设,且串联成菊花链。SCSI 总线支持数据的快速传输，目前主要采用的是 80 Mbps 和 160 Mbps 数据传输速率的 Ultra2 和 Ultra3 标准。由于采用了低压差分信号传输技术，传输线长度从 3 m 增加到 10 m 以上。当前，SCSI 总线传输速率达 320 Mbps（Ultra4），如表 6.1 所示。在不久的将来，640 Mbps 的 SCSI 总线将被采用。

表 6.1　SCSI 总线的类型与速率

类　型	窄带		宽带	
	接口	传输速率	接口	传输速率
Fast	Fast SCSI	10 MBps	Fast Wide SCSI	20 Mbps
Ultra	Ultra SCSI	20 MBps	Ultra Wide SCSI	40 Mbps
Ultra2	Ultra2 SCSI	40 MBps	Ultra2 Wide SCSI	80 Mbps
Ultra3	/		/	160 Mbps
Ultra4				320 Mbps

SCSI 明显的缺点是对连接设备有物理距离和设备数目的限制，同时总线型结构带来了一些问题，如难以实现在多主机情况下的数据交换和共享。

SATA（Serial Advanced Technology Attachment，串行高级技术附件接口）支持热插拔，其物理设计是以光纤通道作为蓝本，所以采用了四芯的数据线。SATA 接口发展至今主要有 3 种规格，目前普遍使用的是 SATA-2 规格，传输速率可达 3 Gbps。SATA-3 规格采用全新 INCITS ATA8-ACS 标准，传输速率提高到 6 Gbps，还对诸多数据类型提供了读取优化设置。

SAS（Serial Attached SCSI，串行连接 SCSI）接口是 SCSI 接口技术的升级改良，改进了 SCSI 技术的效能、可用性和扩充性。SAS 接口的特点是可以同时连接更多的磁盘设备，减少了线缆的尺寸，更节省服务器内部空间，而且 SAS 硬盘有 2.5 英寸的规格。

FC（Fibre Channel，光纤通道）接口是一种为提高多硬盘存储系统的速率和灵活性而开发的硬盘接口。FC 接口具有低 CPU 占用率、高速带宽、远程连接、连接设备数量大（最多可连接 126 个设备）等特点，传输速率达 2 Gbps、4 Gbps 和 8 Gbps。

（2）磁盘阵列技术

独立磁盘冗余阵列（Redundant Array of Independent Disks，RAID，简称磁盘阵列）技术是将若干独立的硬盘按不同方式组合起来，形成一个硬盘组（逻辑硬盘），并由磁盘阵列控制器管理，从而提供比单个硬盘更高的存储性能和数据冗余。磁盘阵列可以分为软阵列和硬阵列两种。软阵列就是通过软件程序来完成，由计算机的处理器提供运算能力，只能提供最基本的 RAID 容错功能。硬阵列是由独立操作的硬件（阵列卡）提供整个磁盘阵列的控制和计算功能，阵列卡上具备独立的处理器，不依靠系统的 CPU 资源，所有需要的容错功能均可以支持。所以，硬阵列所提供的功能和性能均比软阵列好。

（3）网络存储技术

网络存储系统是由多个网络智能化的服务器、磁盘阵列和存储控制管理系统构成的独立的可伸缩网络数据存储。目前，网络存储技术主要有直接附加存储（Direct Attached Storage，DAS）、网络附加存储（Network Attached Storage，NAS）、存储区域网络（Storage Area Network，SAN）和 iSCSI（SCSI over IP）。

3. 内存技术

服务器内存属于内存的一种，但并不像所使用的普通内存，注重的往往只是内存总线速率、带宽、等待周期等参数。除了考虑上述基本参数，服务器内存还需要引入更强的技术，以保证服务器能够安全、可靠、快速地运行。目前，服务器厂商和内存厂商引入的主流技术有以下 4 种。

（1）ECC 技术

ECC（Error Checking and Correcting，内存纠错）技术是一种数据纠错技术。与奇偶校验技术一样，ECC 也需要额外的空间来存储校验码。ECC 技术将信息进行 8 位编码，采用这种方式可以恢复 1 位的错误。每当数据写入内存的时候，ECC 技术使用一种特殊的算法对数据进行计算，其结果称为校验位（check bit）。将所有校验位加在一起的和是校验和（check sum），校验和与数据一起存放。当这些数据从内存中读出时，采用同一算法再次计算校验和，并与前面的计算结果相比较。出现错误时，ECC 可以从逻辑上分类错误并通知系统，当只出现某位（bit）错误的时候，ECC 可以把错误改正过来而不影响系统运行。

除了能检查并改正单位错误，ECC 技术能检查单个 DRAM 芯片发生的任意两个随机错误，并最多可以检查到 4 位的错误。当有多位错误发生时，ECC 内存会产生 NMI（Non-Maskable Interrupt）中断，这时系统会中止运行，以避免出现由于数据错误而导致的系统故障。

（2）Chipkill 内存技术

Chipkill 内存最初是由 IBM 大型机发展来的，是在 ECC 技术基础上的改进，采用的只是普通的 SD 内存、DDR 内存。Chipkill 内存控制器提供的存储保护在概念上与具有校验功能的磁盘阵列类似，在写数据的时候，把数据写到多个 DIMM 内存芯片上。这样，每块内存芯片所起的作用与存储阵列相同。如果其中任何一块内存芯片失效了，只影响到一个数据字节的某一位，因为其他位存储在其他芯片上。出现错误后，内存控制器能够从失效的芯片重新构造丢失的数据，使得服务器可以继续正常工作。采用 Chipkill 内存技术的内存可同时检查并修复 4 个错误数据位，进一步提高服务器的实用性。

（3）内存保护技术

内存保护技术的工作原理与硬盘的热备份类似。当某存储芯片失效时，内存保护技术能够利用备用的位自动找回数据，从而保证服务器的平稳运行。内存保护技术可以纠正发生在每对内存中多达 4 个连续位的错误。当出现随机性的软内存错误，可以通过使用热备份的位来解决；如果出现永久性的硬件错误，也将利用热备份的位使得内存芯片继续工作，直到被替换为止。

（4）内存镜像技术

内存镜像技术是 IBM 公司独创的一种内存技术，类似磁盘镜像技术，就是把数据一式两份同时写入两个独立的内存卡。在正常工作情况下，内存数据读取只从活动内存卡中进行，只是当活动内存出现故障时，才会从镜像内存中读取数据。与前面介绍的几种内存保护技术相比，其数据保护能力更强。

4．控制与管理技术

（1）Intel 服务器控制（Intel Server Control，ISC）

ISC 是一种网络监控技术，只适用于使用 Intel 架构的带有集成管理功能主板的服务器。采用这种技术后，用户在一台普通的客户机上就可以监测网络上所有使用 Intel 主板的服务器，监控和判断服务器是否"健康"。一旦服务器机箱、电源、风扇、内存、处理器、系统信息、温度、电压或第三方硬件中的任何一项出现错误，管理人员就会得到提示。值得一提的是，监测端与服务器之间的网络可以是局域网，也可以是广域网。管理人员可直接通过网络对服务器进行启动、关闭或重新复位，极大方便了管理和维护工作。

(2) 应急管理端口（Emergency Management Port，EMP）

EMP 是服务器主板所带的用于远程管理服务器的接口。远程控制机可以通过 Modem 与服务器相连，控制软件安装于控制机上。远程控制机通过 EMP Console 控制界面可以对服务器进行下列工作：打开或关闭服务器的电源；重新设置服务器，甚至包括主板 BIOS 和 CMOS 的参数；监测服务器内部情况，如温度、电压、风扇情况等。

以上功能可以使技术支持人员远程通过 Modem 和电话线及时解决服务器的许多硬件故障。这是一种很好的实现快速服务和节省维护费用的技术手段。ISC 和 EMP 这两种技术可以实现对服务器的远程监控管理。

(3) 总线和智能监控管理（Inter-Integrated Circuit，I^{2}C）

I^{2}C 总线是一种由 PHILIPS 公司开发的串行总线，包括一个两端接口。通过一个带有缓冲区的接口，数据可以被 I^{2}C 发送或接收。控制和状态信息则通过一套内存映射寄存器来传输。I^{2}C 总线技术可以对服务器的所有部件进行集中管理，可以随时监控内存、硬盘、网络及系统温度等参数，增加了系统的安全性，方便了管理。

目前的高性能服务器普遍采用专用的服务处理器来对系统的整体运行情况进行监控。系统中的一些关键部件的工作情况都通过 I^{2}C 总线的串行通信接口，传输到服务处理器，并通过专用的监控软件监视各部件的工作状态。服务处理器可以对服务器的所有部件进行集中管理，可随时监控内存、硬盘、网络和系统温度等参数，增加了系统的安全性，方便管理。智能监控管理技术正逐渐由单 CPU 向多 CPU 方向发展，服务器中的重要部件都会由独立的专用监控处理器进行管理。

5. 输入/输出技术

(1) 智能输入/输出技术

随着处理器性能的飞速提高，I/O 数据传输经常会成为整个系统的瓶颈。因此，厂商将 I/O 子系统加入 CPU，负责中断处理、缓冲和数据传输等任务，提高了系统的吞吐能力，解放了服务器的主处理器，使其能腾出空间和时间来处理更重要的任务，这就是智能输入/输出（Intelligent Input Output，I^{2}O）技术。依据 I^{2}O 技术规范实现的服务器在硬件规模不变的情况下能处理更多的任务，提高了服务器的性能。

(2) InfiniBand 技术

InfiniBand 是一种新型的高速总线体系结构，可以消除目前阻碍服务器和存储系统发展的瓶颈问题，是一种将服务器、网络设备和存储设备连接在一起的交换结构的 I/O 技术。InfiniBand 有望广泛取代目前的 PCI 技术，大大提高服务器、网络和存储设备的性能，能够克服基于最新 PCI-X 的服务器的瓶颈。InfiniBand 可以应付 500 Mbps～6 Gbps 的传输速率，并提供高达 2.5 Gbps 的吞吐量。而目前的体系结构仅支持 1 Gbps 的传输速率。

InfiniBand 的设计主要是围绕着点对点及交换结构 I/O 技术。这样，从简单的 I/O 设备到复杂的主机设备都能被堆叠的交换设备连接起来。用 InfiniBand 技术替代总线结构所带来的最重要的变化就是建立了一个灵活、高效的数据中心，省去了服务器复杂的 I/O 部分。

6. 热插拔技术

热插拔（Hot Swap）技术是指在不关闭系统和不停止服务的前提下更换系统中出现故障

的部件，达到提高服务器系统可用性的目的。目前的热插拔技术已经可以支持硬盘、电源、扩展板卡，而系统中更关键的 CPU 和内存的热插拔技术也已日渐成熟。未来热插拔技术的发展会促使服务器系统的结构朝着模块化的方向发展，大量的部件都可以通过热插拔的方式进行在线更换，为系统维护提供了极大的方便。

7. 冗余技术

为提高服务器的可用性，一个普遍做法是采用冗余技术，实现部件或系统的冗余配置，保证系统正常运行。一般，服务器的冗余方案主要是磁盘、电源、网卡、风扇和系统冗余。

（1）磁盘冗余

磁盘冗余实际上是指服务器系统支持 RAID 技术，可通过对多个硬盘进行处理，使得同样的数据均匀地分布在多个磁盘上并加入校验数据，当有硬盘损坏时，系统可利用重建功能，将已损坏硬盘中的数据恢复到更新的硬盘上。

（2）电源冗余

电源冗余一般是指配备两台支持热插拔的电源。这种电源在正常工作时，两台电源各输出一半功率，从而使每台电源都处于半负载状态，这样有利于电源稳定工作，若其中一台发生故障，则另一台就会在没有任何影响的情况下接替服务器的供电，并通过灯光或声音报警。此时，系统管理员可以在不关闭系统的前提下更换损坏的电源。所以，采用热插拔电源冗余可以避免系统因电源损坏而产生的停机现象。

（3）网卡冗余

网卡冗余是指在服务器的插槽上插入两块具有自动控制技术的网卡，并进行相应配置，在系统正常工作时，双网卡将自动分摊网络流量，提高系统通信带宽，而当某块网卡出现故障或网卡通道出现问题时，服务器的全部通信工作将会自动切换到正常运行的网卡或通道上。因此，网卡冗余技术可保证在网络通道故障或网卡故障时不影响正常业务的运转。

（4）风扇冗余

风扇冗余是指在服务器的关键发热部件上配置的降温风扇有主、备两套。这两套风扇具有自动切换功能，支持风扇转速的实时监测，若系统正常，则备用风扇不工作，而当主风扇出现故障或转速低于规定要求时，备用风扇马上自动启动，并自动报警，从而避免由于系统风扇损坏而导致系统内部温度升高，使得服务器工作不稳定或停机。

（5）系统冗余

系统冗余是指在整个服务器系统中采用两台或多台服务器构成双机容错，实现数据永不丢失和系统永不停机。双机容错的基本架构有双机互备援（Dual Active）和双机热备份（Hot Standby）两种模式。

6.1.3 服务器应用模式

任何一个服务器应用系统，从简单的单机系统到复杂的网络计算，都由如下三部分组成。

表示层（Presentation）为显示逻辑部分，其功能是实现与用户的交互，负责用户请求任务的输入和任务处理结果的输出。功能层（Business Logic）为事务处理逻辑部分，其功能是对任务进行具体的运算和数据的处理。数据层（Data Service）为数据处理逻辑部分，其功能是实现对数据库中的数据进行查询、修改、更新等相关工作。

上述三部分如何体现在服务器和客户机上，就构成了服务器系统不同的应用模式。

1. C/S 模式

C/S（Client/Server）模式是基于局域网的应用系统，基本运行关系体现为"请求/响应"的应答模式。每当用户需要访问服务器时，就从客户端发出"请求"，服务器接受"请求"并"响应"，然后执行相应的服务，把执行结果送回客户端，进一步处理后再提交给用户，如图6-9所示。

图6-9　两层C/S模式体系结构

C/S 模式将应用程序分为两大部分。一部分为服务器，是多个用户共享的信息与功能处理逻辑，执行后台服务，如管理共享外设、控制对共享数据库的操纵、接受并应答客户的请求等。另一部分为客户端，执行前台功能，如管理用户接口、数据处理和报告请求等。

这是一种两层 C/S 模式体系结构，显示和事务处理逻辑部分均被放在客户端，数据处理逻辑和数据库放在服务器，从而使客户端变得很"胖"，成为胖客户，相对地，服务器的任务较轻，成为瘦服务器。这种结构的优点是能充分发挥客户端计算机的处理能力，很多工作可以在客户端处理后再提交给服务器。但其缺点如下：

① 客户端需要安装专用的客户端软件。首先涉及安装的工作量，其次任何一台计算机出问题，如病毒、硬件损坏，都需要进行安装或维护。特别是有很多分部或专卖店的情况，不是工作量的问题，而是路程的问题。另外，系统软件升级时，每台客户端需要重新安装，其维护和升级成本非常高。

② 只适用于局域网。随着互联网的飞速发展，移动办公和分布式办公越来越普及，这需要系统具有扩展性，并支持远程访问，从而出现了B/S模式结构。

2. B/S 模式

B/S（Browser/Server）模式是一种以 Web 技术为基础的新型的网络管理信息系统平台模式。它把两层 C/S 结构的事务处理逻辑部分（功能层）从客户端的任务中分离出来，单独组成一层来负担任务，表示层、功能层、数据层被分割成三个相对独立的单元：客户端（Web浏览器）、具有应用程序扩展功能的 Web 服务器和数据库服务器，即三层 B/S 模式体系结构，如图 6-10 所示。

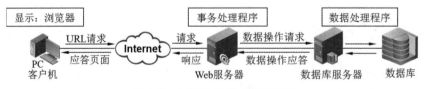

图6-10　三层 B/S 模式体系结构

表示层包含系统的显示逻辑，位于客户端，其任务是由 Web 浏览器通过 URL 向网络上的某个 Web 服务器提出服务请求。功能层包含系统的事务处理逻辑，位于 Web 服务器，其任务是接受客户机用户的请求，通过 ADO 对象调用 ODBC，向数据库服务器提出数据处理申请，并接受数据库服务器提交的数据处理结果，再将处理结果以 HTML 文件的形式传送到浏览器显示。数据层包含系统的数据处理逻辑，位于数据库服务器，其任务是接受 Web 服务器对数据库操纵的申请，实现对数据库查询、修改、更新等操作，并把处理结果提交给 Web 服务器。

在这种三层结构中，层与层之间相互独立，任何一层的改变不会影响到其他层的功能。由于客户端只负责显示部分，成为"零"客户，所以维护人员不再为程序的维护工作奔波于每个客户端之间，而把主要精力放在功能服务器的维护和程序更新工作上。

3．B/A/S 模式

B/A/S（Browser/Application/Server）模式是在三层 B/S 体系结构的基础上，应用微软提出的分布式 Internet 应用结构技术，通过组件对象模型（Component Object Model，COM）的组件对象在中间层进行事务逻辑服务，处理各种复杂的商务逻辑计算和演算规则，进行事务逻辑服务的中间层为应用服务器，这样就将三层 B/S 结构扩展为四层 B/A/S 模式体系结构，如图 6-11 所示。

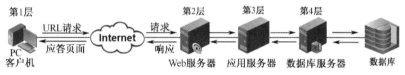

图 6-11　四层 B/A/S 模式体系结构

在这种四层结构中，系统的主要功能和业务逻辑是通过应用组件对象 COM 在应用服务器层进行处理的，组件对象 COM 的可重用性减少了应用系统整体的管理和维护费用。当多个页面需要进行相同的事务处理时，只需调用 COM 组件而不需编写冗长又重复的 ASP 脚本代码；当进行类似的系统开发，需要进行相同的事务处理时，可方便地使用已有的 COM 组件；当事务逻辑变更时，不必改变整个页面源代码，只需调整或替换相应的 COM 组件即可。另外，分布式 Internet 应用结构技术思想使应用开发有了明确的分工，一部分人员专注于应用服务器层 COM 组件的开发和测试工作，另一部分人员的事务处理需要选择和使用 COM 组件，从而显著提高了系统的运行效率和安全性。

6.1.4　服务器的性能与选型

1．服务器的性能

在选择服务器时，一般从以下 8 方面来考虑服务器的性能要求及配置要点。

（1）运算处理能力

服务器的运算处理能力是服务器性能的关键指标，主要体现在 CPU 的主频、CPU 的数量、L2 Cache、CPU 的架构和内存/最大内存扩展能力等 5 方面。

① CPU 主频：CPU 主频与服务器性能有这样一种关系，若 CPU1 的主频为 M1，CPU2 的主频为 M2，两者采用相同的技术，M2>M1，且 M2−M1<200 MHz，则配置 CPU2 较配置 CPU1 性能提升(M2−M1)/M1×50%。通常称之为 CPU 的 50%定律。

② CPU 数量：多个 CPU 一起使用可以增强服务器的可用性及性能。例如，有一款可支持 8 路 SMP Xeon CPU 的高端服务器，系统的内存足够大，网络速率和硬盘速率足够快，从

一颗 Xeon CPU 扩展到 2 颗 Xeon CPU 时性能提升 70%，增加到 4 颗 Xeon CPU 时性能提升 200%，当 CPU 扩展到 8 颗时，系统性能是 1 颗 CPU 的 5 倍，即提升 400%。

一般地，对于标准的不带 ATC 技术的 Xeon CPU，其扩展性能如下：1CPU 为 1，2CPU 为 1.74，4CPU 为 3.0，8CPU 为 5.0；对于具有 ATC 技术的 Xeon CPU，其扩展性能如下：1CPU 为 1，2CPU 为 1.6，3CPU 为 1.9，4CPU 为 2.0。

③ L2 Cache：对系统性能的影响与 CPU 的数量有关，一般有如下特点：

对于 1 或 2 个 CPU 而言，L2 Cache 大小增加 1 倍，系统性能提高 3%～5%。

对于 3 或 4 个 CPU 而言，L2 Cache 大小增加 1 倍，系统性能提高 6%～12%。

对于 8 个 CPU 而言，L2 Cache 大小增加 1 倍，系统性能提高 15%～20%。

④ CPU 架构：服务器的关键性能指标，IA64 和 RISC 的架构性能高。

⑤ 内存/最大内存扩展能力：指在主内存充满数据之前，CPU 能快速地访问信息的能力。当内存充满数据时，CPU 就只能到硬盘（或虚拟内存）读取或写入新的数据，而硬盘的速率约是主内存的 1/10000，因此，服务器的主内存越大，CPU 就越少去硬盘读写数据，从而服务器的运行速率就越快。

（2）硬盘驱动器的性能指标

硬盘驱动器的性能指标主要体现在接口类型、主轴转速、内部传输速率、单碟容量、平均寻道时间和高速缓存等 6 方面。

① 接口类型：有 SCSI、SATA、SAS 和 FC 四种，FC 接口的传输速率最快。

② 主轴转速：决定硬盘内部传输速率和持续传输速率的第一决定因素。硬盘的转速多为 7200 r/m、10000 r/m 和 15000 r/m。目前，服务器硬盘已发展到固态硬盘。

③ 内部传输速率：也称为最大或最小持续传输速率，是指硬盘在盘片上读/写数据的速率，现在的主流硬盘大多为 30～60 Mbps。

④ 单碟容量：因为磁盘的半径是固定的，单碟容量越大，意味着磁道数越多，磁道间的距离就越短，磁头的寻道时间也就越少，硬盘的内部传输率也就越快。

⑤ 平均寻道时间：指磁头移动到数据所在磁道需要的时间，一般为 3～13 ms。

⑥ 高速缓存：因为硬盘内部数据传输速率和外部数据传输速率不同，所以需要缓存来做速率适配器，缓存的大小对于硬盘的持续数据传输速率有着极大的影响。其容量一般有 512 KB、2 MB、4 MB、8 MB 和 16 MB，缓存越大，性能越好。

（3）系统可用性

系统的可用性可用如下公式来表示：

$$系统可用性 = MTBF/(MTBF + MYBR)$$

其中，MTBF（Mean Time Between Failure）是平均无故障工作时间，MTBR（Mean Time Between Repair）是平均修复时间。例如，若系统的可用性达到 99.9%，则每年的停止服务时间将达 8.8 h，而当系统的可用性达到 99.99% 时，年停止服务时间是 53 min，当可用性达到 99.999% 时，年停止服务时间就只有 5 min。

（4）服务器的硬件冗余

硬件冗余技术是最常见、最基本的服务器技术之一，也是应用最广泛的服务器通用技术，可以使服务器保持恒久、不间断运作。

（5）数据吞吐能力

数据吞吐能力是指服务器 CPU 向网卡、硬盘或存储磁盘阵列传输数据的速率和可靠性。

（6）可管理性

可管理性直接影响到中小企业使用服务器的方便程度。良好的可管理性主要包括人性化的管理界面，硬盘、内存、电源、处理器等主要部件便于拆装、维护和升级，具有方便的远程管理、监控功能和具有较强的安全保护措施等。

（7）可扩展性/可伸缩性

可扩展性主要是指处理器、内存、存储设备、外部设备的可扩展能力和应用软件的升级能力，如 CPU 插槽数、内存条插槽数、硬盘的盘位数等。

（8）易用性

易用性是指是否提供详细、全面而又易于查阅的各类文档，是否具有在线查询的用户导航软件，是否容易获得系统运行状态的各种信息，是否预装有可以对整个系统运行状态进行监控和报警的管理软件，是否具有可使用户易于对系统进行维护的详细指导资料等。

2. 服务器产品选型

网络服务器是网络应用系统的核心，如何选择与本单位网络应用系统规模相适应的服务器的型号及配置方案，用户应在投资、可靠性、系统性能等方面综合权衡。在选择服务器产品时，首先应关注设备在高可用性、高可靠性、高稳定性和高 I/O 吞吐能力方面的性能，其次是服务器在系统的维护能力和操作界面等方面的性能。当然，用户还应关注系统软/硬件的网络监控技术、远程管理技术和系统灾难恢复技术等。

要使服务器的性能得到充分发挥，不同应用需求的服务器，其配置是不一样的。

（1）基本应用服务器

文件和打印服务器需要的 CPU 处理能力比数据库服务器少，但是要处理往来于网络客户端的数据，有很高的 I/O 需求。这类服务器的内存和 I/O 插槽的扩展行应具备最高优先权。域控制器需要对域名查找请求做出快速响应。

信息/电子邮件服务器需要高速的存储 I/O。磁盘 I/O 在这些类型的系统中是常见的瓶颈。为了更有效地实现存储和恢复信息数据，根据信息服务器文件类型，选择不同种类的 RAID 存储方案是非常必要的。处理器的能力在信息服务器作为一个网关或"连接器"，连接一个外部邮件系统时应作为一项更重要的考虑因素。

（2）Web 和 Internet 服务器

Web 服务器通常提供商务逻辑和用户鉴定服务，因此需要强大的 CPU 处理能力，并且需要选择支持可扩展多路 CPU。此外，内存容量和扩展性的选择同样是非常重要的因素。

ISP 经常为个别公司提供专用服务器完成电子邮件或 Web 服务。对于这类需要尽可能为每个数据中心机房提供最多数量服务器的 ISP 来说，服务器密度是首要因素，因此应考虑服务器的物理尺寸、I/O 速率及内存容量等。单路或多路处理器通常都可以接受。

防火墙服务器需要选择高速 CPU，代理服务器需要足够的内存来存储并缓存 Web 地址。高速缓存代理服务器额外需要用来存储目录的内存和海量存储器。此外，服务器的尺寸也是一个需要考虑的因素，以便使有限的可用空间容纳最多数量的服务器。

（3）数据库应用服务器

数据库应用服务器专门提供在线事务处理（Online Transaction Processing，OLTP）、企业资源规划（Enterprise Resource Planning，ERP）和数据存储。这种应用需要相当可观的 CPU 处理能力；在数据存储上，需要适合数据高速缓存的巨大内存容量；需要为大量数据进行目录编写、析取和分析而额外增加的 CPU、内存、输入/输出能力。

大中型企业、重要行业、政府关键部门等应用领域，如金融、证券、ISP/ICP 等用户的后端数据库服务器，以及数据中心、企业 ERP 等领域，可选用集群服务器的硬件平台。

6.2 常用网络服务器介绍

1. DNS 服务器

TCP/IP 通信是基于 IP 地址的，但要记住那一串单调的数字是比较困难的，因此在实际应用中，基本上通过访问计算机名字，然后利用某种机制将计算机名字解析为 IP 地址来实现。DNS（Domain Name System，域名系统）是一种标准的名字解析机制，采用分布式数据库的体系结构，它不依赖单个文件或服务器，而是将主机信息分布在网络上多个关键计算机上，实现对整个网络上主机名的管理，这些关键计算机就被称为 DNS 服务器，简称 DNS（Domain Name Server），其功能是将容易记忆的域名（或称为计算机名字）与不容易记忆的 IP 地址进行转换。DNS 通过数据库来记录主机名与 IP 地址的对应关系，采用 C/S 模式为客户机提供 IP 地址解析服务。当网络中的计算机与其他主机通信时，首先用域名向 DNS 查询此主机的 IP 地址，然后才能获得网络资源。

一台 DNS 负责管辖的（或有权限的）范围叫做区（Zone），区中的所有节点是连通的。该 DNS 也被称为这个区的权限域名服务器，保存着该区中所有主机的域名到 IP 地址的映射。根据区的性质，DNS 可分为根域名服务器、顶级域名服务器、权限域名服务器和本地域名服务器 4 种，如图 6-12 所示。

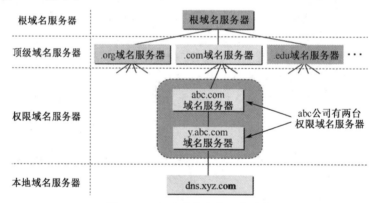

图 6-12 DNS 服务器的层次结构

根域名服务器管理所有顶级域名服务器的域名和 IP 地址。目前，因特网 IPv4 根域名服务器有 13 台。其中，1 台为主根域名服务器，在美国。其余 12 台均为辅根域名服务器，其中美国 9 台、欧洲 2 台（位于英国和瑞典）、亚洲 1 台（位于日本），加上镜像站点，共 123 台。它们的名字是用一个英文字母命名 A～M，对应的域名为 A.ROOT-SERVERS.NET～M.ROOT-SERVERS.NET。IPv4 根域名服务器的分布情况如表 6.2 所示。顶级域名服务器负责管理在该顶级域名服务器注册的所有二级域名；权限域名服务器负责管理一个区的域名服务器；本地域名服务器也称为默认域名服务器，当一个主机发出 DNS 查询请求时，这个查询请求报文就发送给本地域名服务器。每个因特网服务提供者 ISP，或一个企业、一个大学，都可以拥有一台本地域名服务器。

表 6.2　IPv4 根域名服务器分布表

名字	IPv4 地址	管　　理	镜像站数	镜像站地点
A	198.41.0.4	VeriSign Naming and Directory Services	1	Dulles VA
B	128.9.0.107	USC-ISI（Information Sciences Institute）	1	Marina Del Rey CA
C	192.33.4.12	Cogent Communications	4	Herndon VA
D	128.8.10.90	University of Maryland	1	College Park MD
E	192.203.230.10	NASA Ames Research Center	1	Mountain View CA
F	192.5.5.241	Internet Systems Consortium, Inc	40	Ottawa
G	192.112.36.4	U.S. DOD Network Information Center	1	Columbus OH
H	128.63.2.53	U.S. Army Research Lab	1	Aberdeen MD
I	192.36.148.17	Autonomica/NORDUnet	29	Stockholm（SWE）
J	192.58.128.30	VeriSign Naming and Directory Services	22	Dulles VA
K	193.0.14.129	RIPE NCC	17	London（UK）
L	199.7.83.42	ICANN	1	Los Angeles
M	202.12.27.33	WIDE Project	4	Tokyo（JP）

在与现有 IPv4 根域名服务器体系架构充分兼容的基础上，由我国下一代互联网工程中心领衔发起，联合 WIDE 机构（现国际互联网 M 根运营者）、互联网域名工程中心（ZDNS）等共同创立"雪人计划"（基于全新技术架构的全球下一代互联网（IPv6）根域名服务器测试和运营实验项目），在中国、美国、日本、印度、俄罗斯、德国、法国等 16 个国家完成了 25 台 IPv6 根域名服务器的架设，如表 6.3 所示，其中部署在中国的有 1 台主根域名服务器和 3 台辅根域名服务器。这样，事实上形成了 13 台 IPv4 根域名服务器加 25 台 IPv6 根域名服务器的新格局，为建立多边、民主、透明的国际互联网治理体系打下坚实基础，特别是打破了中国过去没有根域名服务器的困境。

表 6.3　IPv6 根域名服务器分布表

运作单位	管理国家	地位	主机名	IPv6 地址
Beijing Internet Institute	中国	主根域名服务器	bii.dns-lab.net	240c:f:1:22::6
TIISF	美国		yeti-ns.tisf.net	2001:4f8:3:1006::1:4
WIDE Project	日本		yeti-ns.wide.ad.jp	2001:200:1d9::35
Yeti-Chengdu	中国	辅根域名服务器	yeti-ns2.dns-lab.net	2001:da8:268:4200::6
Yeti-Guangzhou	中国		yeti-ns3.dns-lab.net	240e:97c:38:201::44
Yeti-Shanghai	中国		yeti-ns1.dns-lab.net	240e:eb:8001:e01::53
CERT Austris	奥地利		yeti.bofh.priv.at	2a01:4f8:161:6106:1::10
Yeti-AU	澳大利亚		3f79bb7b435b05321651daefd374cd.yeti-dns.net	72401:c900:1401:3b:c::6
DATEV	德国		yeti-ns.datev.net	2a00:e50:f15c::1000::1:53
dnsworkshop/informnis	德国		yeti-dns01.dnsworkshop.org	2a03:4000:5:2c3::53
MSK-IX	俄罗斯		yeti-ns.ix.ru	2001:6d0:6d06::53
Aqua Ray SAS	法国		yeti.aquaray.com	2a02:ec0:200::1
Dahu Group	法国		dahu1.yeti.eu.org	2001:4b98:dc2:45:216
Dahu Group	法国		dahu2.yeti.eu.org	2001:67c:217c:6::2
Monshouwer Internet Diensten	荷兰		yeti.mind-dns.nl	2a02:990:100:b01::53:0
dnsworkshop/informnis	美国		yeti-dns02.dnsworkshop.org	2001:19f0:0:1133::53

运作单位	管理国家	地位	主机名	IPv6 地址
JHCLOOS	美国		yeti.jhcloos.net	2001::19f0:5401:1c3::53
Yeti-ZA	南非		ca978112ca1bbdcafac231b 39a23dc.yeti-dns.net	2c0f:f530::6
SWITCH	瑞士		yeti-ns.switch.ch	2001:620:0:ff::29
Bond Intemet Systems	西班牙	辅根 域名服务器	ns-yeti.bonsid..org	2a02:2810:0:405::250
AS59715	意大利		yeti-ns.as59715.net	2a02:cdc5:9715:0:185:5:203:53
ERNET Inda	印度		yeti.ipv6.ernet.in	2001:e301c1e:1::333
ERNET iNDIA	印度		yeti1.ipv6.ernet.in	2001:e30:187d::333
ERNET iNDIA	印度		没有标准英文主机名	2001:e30:1c1e:10::333
CHILENIC	智利		yeti-ns.lab.nic.cl	2001:1398:1:21::8001

为了提高 DNS 服务器的可靠性，一般部署几台域名服务器来保存相同的域名解析数据，其中一台是主域名服务器，其他的是辅助域名服务器，当主域名服务器出故障时，辅助域名服务器可以保证 DNS 的查询工作不会中断。主域名服务器定期把数据复制到辅助域名服务器中，而更改数据只能在主域名服务器中进行，这样就保证了数据的一致性。

2．Web 服务器

WWW（World Wide Web）的中文名为万维网。WWW 服务也称为 Web 服务，是目前 Internet 上最方便和最受欢迎的服务类型。提供 Web 服务的计算机称为 Web 服务器。WWW 最早由位于瑞士日内瓦的欧洲高能物理实验室 CERN 在 1989 年 3 月开始研究开发，属于信息综合系统的一种。通过超链接，用户可以轻易地获取感兴趣的信息。此外，全球信息网是一个多媒体国际网络综合信息系统，它延伸至网络多媒体的方向，文字、图形、声音及影像资料，都可以利用简单一致的接口在网络上立即查询。

如图 6-13 所示，Web 服务器采用 B/S 工作模式，信息资源以页面的形式存储在 Web 服务器中，用户通过客户端的浏览器，向 Web 服务器发出请求，Web 服务器根据客户端请求的内容将保存在服务器中的某个页面返回给客户端，浏览器接收到页面后对其进行解释并显示在客户端上。

图 6-13　WWW 服务工作模式

为了能使客户端程序找到位于网络中的某种信息资源，WWW 系统使用 URL（Uniform Resource Locator，统一资源定位器）作为定义信息资源地址的标准。客户端程序就是凭借 URL 找到相应的服务器并与之建立联系和获得信息的。URL 提供了一种地址寻找的方式，可以唯一标识服务器的信息资源。URL 可以理解为网络信息资源定义的名称，是计算机系统文件名概念在网络环境下的扩充。使用这种方式标识信息资源时，不仅要指明信息文件所在的目录和文件名，还要指明它存在于网络的哪个节点上，以及可以通过何种方式被访问。

URL 由两大部分组成，用"://"分隔，其一般形式如下：

访问协议://主机名[:端口号/路径/文件名]

例如，电子工业出版社首页的 URL 地址为"http://www.phei.com.cn"。其中，访问协议表示对方服务器所能提供的服务，常见的有 HTTP、FTP 等；主机名表示存放资源的主机在因特网中的域名或 IP 地址、页面。

3. DHCP 服务器

在 TCP/IP 网络中，设置计算机的 IP 地址通常采用两种方式：一种方式是手工配置，即以手工填写的方式分配静态的 IP 地址，这种方式很容易出错，从而造成网络中的 IP 地址冲突，导致计算机不能与网络进行正常的通信；另一种方式是自动动态分配，即在网络中部署 DHCP 服务器，给网络中的所有计算机动态分配 IP 地址。

DHCP（Dynamic Host Configure Protocol，动态主机配置协议）服务器是一台安装了 DHCP 服务器软件、运行 DHCP 的计算机。DHCP 客户端是指网络中申请 DHCP 服务的计算机，一般情况下，运行 Windows 操作系统的计算机都可以作为 DHCP 客户端，但需要在 TCP/IP 属性中选择"自动获取 IP 地址"选项和"自动获取 DNS 服务器地址"选项。

DHCP 服务器的工作模式为 C/S 模式，采用地址租约机制，专门为网络中的 DHCP 客户端提供自动分配 IP 地址并传输相关配置参数的服务。IP 地址的分配方式有以下 3 种。

① 自动分配（automatic allocation）：DHCP 服务器为 DHCP 客户端分配一个永久 IP 地址，这种方式也称为永久租用，一般用于给各种服务器分配永久 IP 地址。

② 动态分配（dynamic allocation）：DHCP 服务器为 DHCP 客户端分配一个有租用期的临时 IP 地址。当租用到期或客户端关机时，IP 地址将被 DHCP 服务器收回并重新分配给其他客户端使用。若客户端重新开机，需要重新向 DHCP 服务器租用 IP 地址。这种方式称为限期租用，适用于 IP 地址比较短缺的网络。

③ 人工分配（manual allocation）：DHCP 客户端的 IP 地址由管理员分配好，DHCP 服务器只是负责传达。

4. FTP 服务器

FTP（File Transfer Protocol，文件传输协议）是 TCP/IP 协议族中的一个重要的协议，一般把基于该协议所实现的服务也简称为 FTP，实现 FTP 的服务器称为 FTP 服务器。

在 Internet 中，十分重要的资源就是文件（软件）资源，而各种各样的文件资源大多数放在 FTP 服务器中。FTP 服务允许用户远程登录到 FTP 服务器，把其中的文件传回自己的计算机，或者把自己计算机上的文件传输到远程 FTP 服务器中。

FTP 使用 TCP 提供可靠的文件传输服务，在 C/S 模式下工作。一个 FTP 服务器可以同时为多个客户端提供服务。当客户端向服务器发出建立连接请求时，首先请求连接服务器的 FTP 端口（默认是 21 号端口），然后将自己的端口号同时告诉服务器，服务器则使用自己的 FTP 数据传输端口（20 号端口）与客户端提供的端口建立连接。这时用户通过 FTP 可做以下事情：浏览网络上 FTP 服务器的文件系统，从 FTP 服务器上下载所需要的文件，向 FTP 服务器上传文件等。

FTP 服务是一种实时的联机服务，用户在访问 FTP 服务器之前必须进行登录，登录时要求用户给出用户在 FTP 服务器上的合法账号和口令。只有成功登录的用户才能访问该服务器，并对授权的文件进行查询和传输。FTP 的这种工作方式限制了网络上一些公用文件及资源的发布，为此网络上的多数 FTP 服务器都提供了匿名 FTP 服务，用户可以随时访问匿名服务器。由于匿名服务器的开放式服务，必将导致其安全性的降低，因此，几乎所有的 FTP 匿名服务器只允许用户下载文件，而不允许用户上传文件。

5. E-mail 服务器

E-mail 即电子邮件，是用户或用户组之间利用计算机网络交换电子媒体信件的服务，随计算机网络而出现，依靠网络的通信手段实现邮件信息的传输。电子邮件系统可以为用户提供快捷、廉价的现代通信手段。早期的电子邮件系统只能传输普通文本信息，现在的电子邮件系统不仅可以传输多种格式的文本信息，还可以传输图像、声音、视频等多媒体信息。承担这种电子邮件传递、存储、查询的服务器就被称为 E-mail 服务器。

电子邮件应用程序向邮件服务器发送邮件时使用简单邮件传输协议（Simple Mail Transfer Protocol，SMTP），从邮件服务器接收邮件时使用邮局协议（Post Office Protocol，POP）或交互邮件访问协议（Interactive Mail Access Protocol，IMAP）。目前，大多数邮件服务器是 POP3 服务器。

6. 数据库服务器

运行在局域网中的一台或多台计算机在安装数据库管理系统软件后，就共同构成了数据库服务器。数据库服务器为用户的某方面的应用提供数据高速存储、数据查询、数据更新、索引、事务管理、安全和多用户存取控制等服务。根据所安装的数据库管理系统软件，数据库服务器可分为 Oracle 数据库服务器、SQL Server 数据库服务器、MySQL 数据库服务器和 DB2 数据库服务器等。在实际应用中，用户的大量数据都存储在一台或多台数据库服务器中，甚至是数据库服务器集群中。因此，在局域网设计与建设过程中，根据用户的应用需求设计安全可靠的数据库服务器是十分必要的。

数据库服务器对系统各方面要求都很高，要处理大量的随机 I/O 请求和数据传输，对内存、磁盘和 CPU 的运算能力均有一定的要求。数据库服务器需要高容高速的内存来节省处理器访问硬盘的时间，高速的磁盘子系统也可以提高数据库服务器查询应答的速度。

6.3 服务器部署

在网络工程建设中，服务器的部署是一个很重要的部分，从应用层面，要综合考虑用户的网络运行需求和业务应用需求；从技术层面，涉及服务器与存储设备的架构、选型、连接方式、操作系统安装、应用系统安装等问题，在应用服务器较多时，还需要考虑配置负载均衡设备，以保障服务器系统的稳定运行。本节主要介绍服务器与存储设备的部署方案和系统安装方法，以及负载均衡技术的功能与部署方式等内容。

6.3.1 服务器部署架构

服务器部署架构设计要根据用户的网络结构与运行需求、业务应用需求进行综合考虑，根据应用的层次，可以分为基本应用型、部门级应用型、企业级应用型和数据中心级应用型。

1. 基本应用型

服务器基本应用型一般部署 Web 服务器和 1~2 台业务应用服务器，根据需要，也可以配备磁盘阵列。其架构如图 6-14 所示，采用防火墙直接接入 Internet，Web 服务器与防火墙 DMZ 接口连接，应用服务器直接连接核心交换机，DHCP 服务由防火墙完成，DNS 服务由

图 6-14　服务器基本应用型架构

提供 Internet 接入的运营商（ISP）完成。若配备磁盘阵列，则通过磁盘阵列卡直接与服务器连接，即采用 DAS（直接附加存储）技术。

2．部门级应用型

服务器部门级应用型一般部署 Web 服务器、DNS 服务器、FTP 服务器、DHCP 服务器和多台业务应用服务器，存储设备根据业务的性质与类型配备，一是与应用服务器对应配备磁盘阵列，二是所有应用服务器采用集中存储，配备 1～2 台大容量的磁盘阵列。部署架构如图 6-15 所示，采用路由器接入 Internet，防火墙工作于透明模式，Web 服务器、DNS 服务器、FTP 服务器组成 DMZ，连接到防火墙的 DMZ 接口，DHCP 服务器直接接入核心交换机。所有业务应用服务器和磁盘阵列组成一个单独的汇聚区，单独划分一个 VLAN，通过汇聚交换机与核心交换机相连；磁盘阵列若单独配备，则通过磁盘阵列卡直接与服务器连接；若集中存储，则连接到服务器区域汇聚交换机上，即采用 NAS（网络附加存储）技术，一般采用集中存储较好。若服务器访问量较大，应考虑配置负载均衡设备，负载均衡设备的部署与连接方法见 6.3.2 节。

图 6-15　服务器部门级应用型系统架构

3．企业级应用型

服务器企业级应用型一般部署 Web 服务器、DNS 服务器、FTP 服务器、DHCP 服务器、E-mail 服务器，由于企业级网络各种应用业务多，配备了很多应用服务器甚至小型机用于处理数据，数据的处理与存储量非常大，所以，一般设计采用 SAN（存储区域网络）技术，将多台磁盘阵列和磁带库组成存储区域，并配置负载均衡设备。部署架构如图 6-16 所示，与部门级应用型部署方案不同的是数据处理与存储方式采用 SAN。有些企业级网络采用双核心交换机设计，负责存储区域的汇聚交换机也相应配置两台。

图 6-16　服务器企业级应用型系统架构

4．数据中心级应用型

数据中心级应用型主要面向海量数据处理和存储的需求，建设本地数据中心或云数据中心。数据中心服务器的部署方法在本章"工程案例空间"中介绍，读者可扫描相应的二维码自主学习。

6.3.2 负载均衡技术与部署

1．负载均衡的含义

负载均衡（Load Balance）技术，又称为网络负载均衡（NLB）技术，建立在现有网络结构之上，采用硬件设备或软件，将通信量及信息处理工作智能地分配到一组设备（如服务器）的不同设备上，或将数据流量均衡地分配到多条链路上，从而扩展网络设备和服务器的带宽、增加吞吐量、加强网络数据处理能力、提高网络的灵活性和可用性。

负载均衡主要完成两方面的工作：一是将大量的并发访问或数据流量分配到多台节点设备上分别处理，减少用户等待响应的时间；二是将单个重负载的运算分配到多台节点设备上做并行处理，每个节点设备处理结束后，将结果汇总，返回给用户，系统处理能力得到大幅度提高。

服务器负载均衡有三个基本特性：负载均衡算法、健康检查和会话保持，它们是保证负载均衡正常工作的基本要素。其他功能都是在这三个特性之上的一些深化。

2．负载均衡的工作原理

在没有部署负载均衡设备前，用户是一对一地直接访问服务器地址，中间或许有在防火墙上将服务器地址映射成别的地址，但本质上还是一对一访问。当单台服务器由于性能不足无法处理众多用户的访问时，就要考虑用多台服务器来提供服务，实现的方式是负载均衡。负载均衡设备的实现原理是把多台服务器的地址映射成一个对外的服务 IP 地址，通常称为VIP，可以直接将服务器 IP 映射成 VIP 地址，也可以将服务器 IP:Port 映射成 VIP:Port。不同的映射方式会采取相应的健康检查，在端口映射时，服务器端口与 VIP 端口可以不相同。这个过程对用户端是透明的，用户实际上不知道服务器进行负载均衡，因为访问的还是一个服务器 IP 地址，那么用户的访问到达负载均衡设备后，如何把用户的访问分发到合适的服务器就是负载均衡设备要做的工作了。

3．负载均衡技术分类

目前有许多负载均衡技术，以满足不同的应用需求，下面从 3 方面介绍。

① 按应用的地理结构，可以分为本地负载均衡（Local Load Balance）和全局负载均衡（Global Load Balance，也叫地域负载均衡）。本地负载均衡是指对本地的服务器群做负载均衡，全局负载均衡是指对分别放置在不同的地理位置、有不同网络结构的服务器群进行负载均衡。

② 按应用的网络层次，可以分为第四层负载均衡和第七层负载均衡。第四层负载均衡将一个 Internet 上合法注册的 IP 地址映射为多个内部服务器的 IP 地址，第七层负载均衡控制应用层服务的内容。

③ 按所采用的设备对象，可以分为软件负载均衡和硬件负载均衡。软件负载均衡是指在一台或多台服务器相应的操作系统上安装一个或多个附加软件来实现负载均衡，如 DNS Load

Balance、CheckPoint Firewall-1 Connect Control、LVS（Linux Virtual Server）等。硬件负载均衡是直接在服务器和外部网络间安装负载均衡设备，也称为负载均衡器。

4．服务器负载均衡的部署方式

目前，负载均衡的部署方式主要有路由模式、透明模式和旁路模式三种。

（1）路由模式

在路由模式中，服务器区域、负载均衡、核心交换机连接区域设置不同的网段，服务器区域的网关需要指向负载均衡设备。这种情况下的流量处理最简单，负载均衡只做一次目标地址 NAT（选择服务器时）和一次源地址 NAT（响应客户端报文时），如图 6-17 所示。

图 6-17　负载均衡路由模式架构

（2）透明模式

在透明模式中，服务器和负载均衡设备在同一网段，通过二层透传，服务器的流量需要经过负载均衡设备，如图 6-18 所示。

图 6-18　负载均衡透明模式架构

（3）旁路模式

在旁路模式中，通常服务器网关指向核心交换机，为保证流量能够正常处理，负载均衡设备需要同时做源地址和目标地址 NAT 转换。也就是说，在这种情况下，服务器无法记录真实访问客户端的源地址。如果是 HTTP 流量，就可以通过在报头中插入真实源地址，同时调整服务器日志记录的方式，如图 6-19 所示。

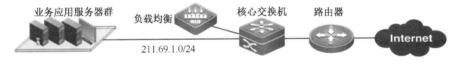

图 6-19　负载均衡单臂模式架构

6.3.3　安装服务器操作系统

服务器操作系统的安装与普通 PC 操作系统的安装方法不完全相同，大部分服务器的安装步骤如下。详细安装过程在本章"知识拓展空间"介绍，读者可扫描相应二维码自主学习。

① 制作驱动程序 U 盘或光盘。制作方法根据服务器的品牌与型号而定，一般有两种：一种是用随机附带的引导光盘启动服务，再按照屏幕提示操作；另一种是开机进入服务器的 BIOS，再按照屏幕提示操作。

② 配置 RAID。方法与制作驱动程序一样，如浪潮 NF5245M3 服务器，开机按 Delete 键进入 Setup 模式，然后按 Ctrl+H 键，进入 WebBIOS，即可配置 RAID。

③ 在 BIOS 中选择要安装的操作系统类型和版本，如 Windows Server 2016。

④ 插入操作系统光盘，启动安装程序。服务器一般检测操作系统是否为正版，若是盗版，则会退出安装程序。

6.4 服务器存储备份技术

随着近年来企业信息化程度的不断提高，企业需要存储的数据量呈几何级数增长，数百 GB 甚至 TB 级的存储容量并不少见。如果银行、电信、医疗等关键领域的数据损坏，那么造成的损失更是无法估计。服务器在信息化企业非常重要，企业生产管理中的所有应用系统和重要数据都是基于存储于服务器的，因此对于服务器的保护是保护企业核心应用和价值的关键所在。要真正保障服务器的安全可靠、持续运行，服务器备份是其保护方案中必不可少的环节。

服务器备份是指对服务器所产生的数据信息进行相应存储备份的过程。虽然备份可以将数据损坏造成的损失降到最低，但也不能恢复到灾难发生前的实时状态，还是会丢失一部分文件和数据，而且在数据恢复期间所有应用系统都不能运行。因此，为了最大限度保障数据安全和应用系统持续稳定运行，必须对服务器采用存储备份与容错技术。目前，主流应用的服务器存储备份与容错技术有三类：单机存储备份技术、双机热备份技术和服务器群集技术。

6.4.1 磁盘阵列

RAID（Redundant Array of Independent Disk，独立磁盘冗余阵列，简称磁盘阵列）是一种常用的单机容错技术，它是在一台服务器上将多个独立的物理硬盘按不同方式进行组合，形成一个逻辑硬盘组，不但提供大容量的存储空间，而且对数据进行备份和冗余容错。组成磁盘阵列的不同方式称为 RAID 的级别（RAID Levels），主要有 0、1、2、3、4、5、6、7 等级别。RAID2、RAID4 和 RAID6 硬盘利用率很低，目前基本不再使用。

1. RAID0

RAID0 采用条带化结构，将多个硬盘并列起来，成为一个大硬盘，在存放数据时，将数据按磁盘的个数进行分段，并写入相应的磁盘中，其存储结构如图 6-20 所示。RAID0 中每个磁盘的容量应相同，总容量为每个磁盘容量之和。RAID0 具有很高的数据传输率，在所有 RAID 级别中，速度是最快的，但没有数据冗余功能，一个物理磁盘的损坏将导致所有的数据都无法使用。因此，RAID0 一般适用于频繁的文件处理、视频编辑、要求最高速度和最大容量的用户，不能应用于数据安全性要求高的场合。

2. RAID1

RAID1 采用镜像结构，将两组相同的独立硬盘互作镜像，实现 100%数据冗余，即在主硬盘上存放数据的同时在镜像硬盘上写一样的数据，如图 6-21 所示。当原始数据繁忙时，可直接从镜像副本中读取数据，当主硬盘失效时，镜像硬盘则代替主硬盘的工作。因为有镜像硬盘做数据备份，所以 RAID1 具有很高的数据安全性和可用性，数据安全性在所有的 RAID 级别中是最好的，但是其磁盘容量的利用率只有 50%，是所有 RAID 级别中磁盘利用率最低

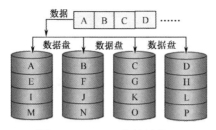

图 6-20　RAID0 存储结构

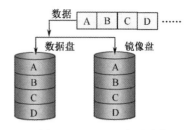

图 6-21　RAID1 存储结构

的。RAID1 最少需要配置 2 个硬盘，一般适用于对数据安全性需要较高的用户。

3. RAID3

RAID3 采用带奇偶校验码的并行传输结构，将数据按字节条块化分段存储于数据硬盘中，并使用单独硬盘作为校验盘存放数据的奇偶校验位，其存储结构如图 6-22 所示。

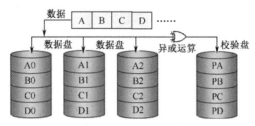

图 6-22　RAID3 存储结构

RAID3 最少需要 3 个硬盘，如果某个数据硬盘损坏，只要将坏硬盘换掉，RAID 控制系统则会根据校验盘的数据校验位和其他数据盘在新盘中重建数据；如果校验盘失效，不影响数据使用，但无法重建数据；如果一个数据硬盘损坏，而数据尚未重建之前又有一个数据盘出现故障，那么阵列中的所有数据将会丢失。RAID3 利用单独的校验盘来保护数据虽然没有镜像的安全性高，但是总容量只减少了一个硬盘的容量，利用率得到了很大的提高。RAID3 对于大量连续数据（连续的大文件）具有较高的传输率，一般适用于追求高性能并要求持续访问数据（如视频编辑）的用户。对于密集使用不连续文件的用户来说，RAID3 并非理想之选，因为专用的奇偶校验盘会影响随机读取性能。

4. RAID5

RAID5 采用分布式奇偶校验独立磁盘结构，也是采用数据的奇偶校验位来保证数据的安全，但不是使用单独硬盘来存放数据的校验位，而是在所有磁盘上交叉地存取数据和奇偶校验信息。这样，任何一个硬盘损坏，都可以根据其他硬盘上的校验位来重建损坏的数据。其硬盘的利用率与 RAID3 相同，如图 6-23 所示，图中 P0～P4 为奇偶校验位。

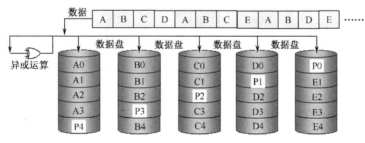

图 6-23　RAID5 存储结构

在 RAID5 上，读/写指针可同时对阵列设备进行操作，提供了更高的数据流量。RAID5 更适合小数据块和随机读写的数据。RAID3 每进行一次数据传输就需涉及所有的阵列盘，而 RAID5 大部分数据传输只对一块磁盘操作，并可进行并行操作。在 RAID5 中有"写损失"，即每次写操作将产生 4 个实际的读/写操作，包括 2 次读旧的数据及奇偶信息，2 次写新的数据及奇偶信息。

5. RAID7

RAID7 采用优化的高速数据传输结构，是一种全新的 RAID 标准。RAID7 不仅是一种技术，实际上是一种存储计算机（Storage Computer），自身带有智能化实时操作系统和存储管理软件工具，可完全独立于主机运行，不占用主机 CPU 资源，如图 6-24 所示。

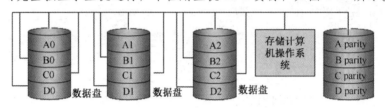

图 6-24　RAID7 存储结构

RAID7 通过使用存储计算机操作系统（Storage Computer Operating System）来初始化和安排磁盘阵列的所有数据传输，可以把数据转换成磁盘阵列需要的模式，传输到相应的存储硬盘上。

RAID7 中的硬盘各有自己的通道，彼此互不干扰，则在读写某一区域数据时，控制器可以迅速定位，而不会因为某个硬盘的性能瓶颈而造成延迟。也就是说，如果 RAID7 有 N 个磁盘，那么除去一个校验盘（用作冗余计算），可同时处理 N-1 个主机系统随机发出的读/写指令，从而显著地改善了 I/O 应用。RAID7 系统内置实时操作系统，还可自动对主机发送过来的读/写指令进行优化处理，以智能化方式将可能被读取的数据预先读入快速缓存中，从而大大减少了磁头的转动次数，提高了 I/O 效率。

6. RAID 组合级别

除了以上 RAID 技术，还可以根据实际需求组合多种 RAID 技术规范来构建所需的 RAID 阵列。例如，RAID10 是将 RAID1 和 RAID0 两级组合的级别，第一级是 RAID1 镜像对，第二级为 RAID0，如图 6-25 所示。

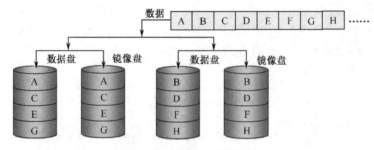

图 6-25　RAID10 存储结构

这种组合提高了读/写速率，并具有容错功能，因此 RAID10 也是一种应用比较广泛的 RAID 阵列。但是 RAID10 与 RAID1 一样只有 1/2 的磁盘利用率，最小硬盘数为 4 个。

7. 磁盘阵列配置举例

【例6-1】 浪潮英信服务器 RAID1 的配置。

以主板集成 LSI SAS 1064E 控制器的浪潮英信服务器为例，配置 RAID1 的方法如下。

（1）进入 SAS BIOS

在系统启动过程中屏幕将提示 "Press Ctrl-C to Start LSI Logic Configuration Utility…"，此时按 Ctrl+C 组合键，进入 SAS 控制器设置界面。

（2）SAS BIOS 设置

进入 SAS BIOS 设置界面后，系统显示该 SAS 控制器的名称、Firmware 等信息。此时按 Enter 键，进入 Adapter Properties 菜单，系统显示 PCI 插槽、PCI 地址等信息，其中大部分是显示信息，无法进行设置，选择其中的 "RAID Properties" 选项

（3）RAID 配置

在 <RAID Properties> 选项中可以进行 RAID 阵列的管理，包括 RAID 阵列的创建、删除、热备的创建等功能。下面以此系统没有创建 RAID 阵列、SAS 控制器外接两块硬盘、RAID1 阵列的删除和创建为例，介绍 RAID 阵列的创建和删除功能。

① 创建 RAID1 阵列。选中 RAID Properties 项，按 Enter 键后，系统显示：

```
Create IM Volume
Create IME Volume
Create IS Volume
```

Create IM Volume：允许两块硬盘做 RAID1 阵列。RAID1 阵列可以保存主盘上的数据，将主盘上的数据移植到从盘上，也可以创建一个全新的阵列。

Create IME Volume：允许 3~4 块硬盘做 RAID1E 阵列。创建 RAID1E 阵列，硬盘上的数据将会全部丢失。

Create IS Volume：允许 2~4 块硬盘做 RAID0 阵列。创建 RAID0 阵列，硬盘上的数据将会全部丢失。

在此选择 Create IM Volume，创建 RAID1 阵列，按 Enter 键后，系统显示硬盘信息。

选中要做主盘的 "RAID Disk" 项，按空格键，将其状态变为 "Yes"，系统提示：

```
M - Keep existing data, migrate to an IM array.
    Synchronization of disk will occur.
D - Overwrite existing data, create a new IM array.
    ALL DATA on ALL disks in the array will be DELETED!!
    No Synchronization performed.
```

若要保存该硬盘上的数据，并将硬盘上的数据移植到阵列上，则按 M 键。若要创建一个全新的 RAID1 阵列，则按 D 键，这样硬盘上的数据将全部丢失。请根据实际情况进行选择，在此按 D 键，创建一个全新的 RAID1 阵列。

再用同样的方法选择另一块要做 RAID1 阵列的硬盘，按 C 键创建阵列，系统提示如下：

```
Create and save new array?
Cancel Exit
Save changes then exit this menu
Discard changes then exit menu
Exit the Configuration Utility and Reboot
```

选择 "Save changes then exit this menu" 项，按 Enter 键后，系统开始阵列初始化。初始化时间会根据硬盘的容量不同有所不同。系统可以进行后台初始化。

重新进入 RAID Properties 选项，可以看到 RAID 阵列信息，包括阵列类型、阵列容量、阵列状态等。

② 删除 RAID1 阵列。选择"RAID Properties → Manage Array"项，可以进行热备的添加、阵列的重新同步、阵列的激活和阵列的删除等操作。选择"Delete Array"项，则删除阵列，系统提示如下：

```
Y - Delete array and to Adapter Properties
N - Abandon array deletion and exit this menu
```

请确认是否要删除阵列，要删除请按 Y 键，阵列会被删除。

6.4.2 服务器双机热备份

服务器双机热备份（Hot Standby）技术就是使用互为备份的两台服务器共同执行同一服务，其中一台主机为工作服务器（Active Server，简称主机），另一台主机为备用服务器（Standby Server，简称备机）。在系统正常情况下，主机为应用系统提供服务，备机监视主机的运行情况（主机同时检测备机是否正常），当主机出现异常不能支持应用系统运营时，备机主动接管主机的工作，继续为应用系统提供服务，保证系统不间断运行。当主机经过维修恢复正常后，会将其先前的工作自动收回，恢复以前正常时的工作状态。

主机/备机方式是传统的双机热备份解决方案，主机运行时，备机处于备用状态，当主机故障时，备机马上启动将服务接替。因备机平时没有其他访问量，所以故障切换后用户访问速度不会有大的影响，这种容错方式主要用于用户只有一种应用、主备机设备配置不太一样且用户访问量大的情况。

1. 方案设计

双机热备份有两种典型的方式：一种是基于共享存储设备的方式，一般称为共享方式；另一种是没有共享存储设备的方式，一般称为纯软件方式或镜像方式（Mirror）。

（1）共享方式

共享方式是一种高标准、高可靠性方案，两台服务器通过一个共享的存储设备（一般是共享的磁盘阵列或存储区域网 SAN），以及双机热备软件，实现双机热备份。

服务器双机热备份共享方式结构如图 6-26 所示，两台服务器通过 SCSI 接口及 SCSI 线与磁盘阵列连接，进行数据传输；通过 RS-232 接口及 RS-232 线缆连接，用于双机热备软件进行"心跳侦测"（心跳侦测链路也可以用网卡和网线代替）；通过网卡及网线与网络连接，进行数据传输与故障服务器的切换；服务器本地硬盘上安装相应的操作系统，应用数据库系统和双机热备软件（如 DataWare、ROSE HA 等），用户数据放在磁盘阵列上。

图 6-26　服务器双机热备份共享方式结构

（2）镜像方式

镜像方式在两台服务器之间没有共享的存储设备，如图 6-27 所示，通过镜像软件，在将

图 6-27 服务器双机热备份镜像方式结构

数据写入主机的同时，通过网络复制到备机上，备机上的写操作完成时，主机的写操作才能完成。因此，同样的数据就在两台服务器上各存在一份且同时更新。如果一台服务器出现故障，可以及时切换到另一台服务器。

2. 工作原理

双机热备份分为三个过程：心跳工作过程、IP 工作过程、应用及网络故障切换过程。

（1）心跳工作过程

双机热备份系统采用"心跳"方法保证主机与备机的联系。所谓"心跳"，是指主机与备机之间相互按照一定的时间间隔发送通信信号（称为"心跳"信号），表明各自系统当前的运行状态。一旦"心跳"信号中断，或者备机无法收到主机的"心跳"信号，表明主机发生故障，双机热备份软件立即令主机停止工作，并将系统资源转移到备机上，备机立刻接替主机的工作，以保证网络服务运行不间断。

（2）IP 工作过程

在工作过程中，主机、备机采用虚拟 IP 地址对外提供服务，如图 6-28 所示。

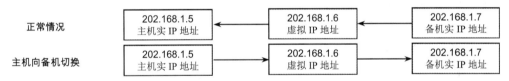

图 6-28 双机热备份的 IP 地址转换

在主机正常的情况下，虚拟 IP 地址指向主机实 IP 地址，用户通过虚拟 IP 地址访问主机，这时双机热备软件将虚拟 IP 地址解析到主机实 IP 地址。

当主机向备机切换时，虚拟 IP 地址通过双机热备软件自动指向备机实 IP 地址，并将虚拟 IP 地址解析到备机实 IP 地址。对用户来说，访问的仍然是虚拟 IP 地址，只是在切换的过程中发现有短暂的通信中断，然后就可以恢复通信。

（3）应用及网络故障切换过程

通过安装在两台服务器中的双机热备软件，系统具有在线容错的能力，即当处于工作状态的主服务器无法正常工作时，如服务器掉电、服务器硬件故障、网络故障、系统软件故障或应用软件故障等，处于守候监护状态的备服务器迅速接管主机服务器上的业务程序及数据资料，使得网络用户的业务正常进行，保证数据的完整性和业务的高可靠性。当主服务器维修好并上电运行后，它就恢复为主服务器。

6.4.3 服务器双机互备援

服务器双机互备援（Dual Active）是指两台服务器均为工作服务器，但彼此又互为备用服务器，如图 6-29 所示。在正常情况下，两台服务器均运行各自的应用服务，并互相监视对方的运行情况。当一台服务器出现异常，不能对外提供服务时，另一台服务器在继续原有服务的同时主动接管异常服务器的工作，继续提供异常服务器上运行的服务，从而保证双机系统对外提供服务的不间断性，达到不停机的功能。当异常服务器经过维修恢复正常后，系统管理员通过管理命令，将正常服务器所接管的工作切换回已修复的服务器。

图 6-29　服务器双机互备援结构

双机互备援的主备机平时各自有应用服务运行，当系统中的任何一台主机出现故障，应用都会集中到一台服务器上运行，此时备机不仅要承担以前的程序运行，还要运行宕机服务器上的应用程序，所以备机的负担会加重。这种方式的故障切换往往会造成备机访问量增大，系统运行变慢，适合用户有多种应用、用户主机与备机配置一样且数据访问量不大的情况。

6.4.4　服务器集群

服务器集群（Cluster）是一项高性能计算技术，是将一组相互独立的服务器通过高速的通信网络组成一个单一的计算机系统，并以单一系统的模式加以管理，共同进行同一种服务，在客户端看来就像是一台服务器。服务器集群是一种服务器虚拟化技术。

1. 集群的基本架构

服务器集群的基本架构如图 6-30 所示，其中用于计算的服务器称为计算节点，用于管理计算节点和集群系统的服务器称为管理节点。

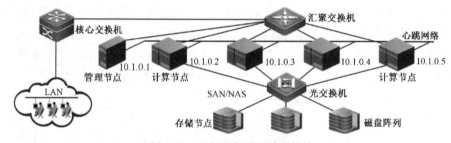

图 6-30　服务器集群的基本结构

2. 集群的类型

按照应用的目的，服务器集群可以分为如下 3 种。

① 高可用（High Availability）集群：简称 HA Cluster，保障用户的应用程序持久、不间断地提供服务，最大限度地使用。

② 负载均衡集群：分为前端负载调度和后端服务两部分。负载调度部分负责把客户端的请求按照不同的策略分配给后端服务节点，后端服务节点是真正提供程序服务的部分。与高可用集群不同，在负载均衡集群中，所有的后端节点都处于活动动态，它们都对外提供服务，

分摊系统的工作负载。

③ 高性能计算集群：简称 HPC 集群，致力于提供单个计算机所不能提供的强大计算能力，包括数值计算和数据处理，并且倾向于追求综合性能。HPC 与超级计算类似，但是又有不同，计算速度是超级计算追求的第一目标。最快的速度、最大的存储、最庞大的体积、最昂贵的价格代表了超级计算的特点。随着人们对计算速度需求的提高，超级计算也应用到各领域，对超级计算追求单一计算速度指标转变为追求高性能的综合指标，即高性能计算。

3．集群的配置

服务器集群的构建与配置工作主要包括：创建群、形成群集、显示集群服务的状态、加入群集、脱离群集等。不同品牌不同型号的服务器，集群的配置方法不完全相同，读者可进入本章"知识拓展空间"自行学习相关内容。

6.4.5 网络存储技术

随着网络技术和计算机技术的发展，海量的数据要求能够简便、安全、快速地存储，因此数据的存储方式也逐渐由本地存储向网络存储转变，网络存储技术由此诞生。所谓网络存储技术（Network Storage Technology），就是以互联网为载体实现数据的传输与存储，存储设备可以是远程的服务器，也可以是远程的专用存储设备。网络存储技术大致分为三种：直接附加存储（Direct Attached Storage，DAS）、网络附加存储（Network Attached Storage，NAS）和存储区域网络（Storage Area Network，SAN）。

1．DAS 技术

DAS 是指将存储设备通过 SCSI 线缆或光纤直接连接到服务器上，如图 6-31 所示。

图 6-31　DAS 拓扑结构

DAS 中的存储设备本身没有任何的操作系统，直接接收服务器的读写请求，通过服务器连接网络向用户提供服务。采用 DAS 方式时，每台服务器单独拥有自己的存储设备，存储容量再分配较困难；整个存储系统管理、信息共享等都较难实现。

DAS 适用于以下情况：

❖ 业务应用系统单一或较少的单位，只需部署 1~2 台服务器和存储设备。

❖ 服务器在地理分布上很分散，通过 SAN 或 NAS 在它们之间进行互连非常困难。

❖ 存储系统必须被直接连接到应用服务器上。

❖ 包括许多数据库应用和应用服务器在内的应用，它们需要直接连接到存储上。

2．NAS 技术

（1）NAS 的结构

NAS 是指将存储设备通过本身的网络接口连接在网络上。在 NAS 存储结构中，存储系统不再通过 I/O 总线附属于某服务器，而直接通过网络接口与网络直接相连，用户可以通过网络访问。NAS 采用集中式数据存储模式，将存储设备与服务器完全分离，通过网络直接向用户提供服务，如图 6-32 所示。

NAS 中的存储设备实际上是一个带有瘦服务器的存储设备，具有自己的 CPU、内存、网络接口、操作系统和磁盘系统，其作用类似专用的文件服务器。这种专用存储服务器去掉了通用服务器原有的不适用的大多数计算功能，而仅仅提供文件系统功能，支持 NFC、CIFS 等网络传输协议，如图 6-33 所示。NAS 适用于较小网络规模或较低数据流量的网络数据备份。

图 6-32　NAS 结构　　　　　　　图 6-33　NAS 存储设备

（2）NAS 的优点

① NAS 可以即插即用。

② NAS 通过 TCP/IP 网络连接到应用服务器，因此可以基于已有的企业网络方便连接。

③ 专用的操作系统支持不同的文件系统，提供不同操作系统的文件共享，经过优化的文件系统提高了文件的访问效率，也支持相应的网络协议。即使应用服务器不再工作了，仍然可以读出数据。

（3）NAS 主要存在的问题

① NAS 设备与客户机通过网络进行连接，一方面，数据备份或存储过程中会占用网络的带宽，必然会影响其他网络应用；另一方面，当网络上有其他大数据流量时，会严重影响 NAS 系统的性能。

② NAS 的可扩展性受到设备大小的限制。增加另一台 NAS 设备非常容易，但是很难将两个 NAS 设备的存储空间无缝合并。

③ 数据信息的访问方式只能是文件方式，无法直接对物理数据块进行访问，因此会严重影响到系统的工作效率，以致一些大型数据库无法使用 NAS 系统。

④ 容易产生数据泄露等安全问题，存在安全隐患。

3. SAN 技术

SAN 是一种采用光纤通道（Fibre Channel，FC）或 iSCSI 技术，将服务器和存储设备组建成专用存储区域网络，实现数据的高速存取。SAN 分为 FC-SAN、IP-SAN 和 IB-SAN 三种类型。

（1）FC-SAN 技术

早期的 SAN 采用的是光纤通道技术来实现服务器与存储设备之间的通信，称为 FC-SAN。光纤通道技术开发于 1988 年，最早用来提高硬盘协议的传输带宽，侧重于数据的快速、高效、可靠传输。到 20 世纪 90 年代末，FC-SAN 开始得到大规模的广泛应用。

FC-SAN 系统由服务器、存储子系统（Storage Subsystem）、光纤通道交换机（Fabric Channel Switch）、光纤接口卡（FC HBA）和管理软件五部分组成，如图 6-34 所示。其中，存储子系统是共享数据存储设备，在实际应用中，一般采用 RAID 磁盘阵列。FC-SAN 的优点是传输带宽高，性能稳定可靠，技术成熟，但成本高昂，需要光纤交换机和大量的光纤布线，维护及配置复杂。

（2）IP-SAN 技术

IP-SAN 是基于 iSCSI（Internet SCSI，互联网小型计算机系统接口）技术，在传统 IP 以太网上组建一个 SAN 存储网络，实现服务器与存储设备之间通信的存储技术，如图 6-35 所示。

图 6-34　FC-SAN 结构　　　　　　　　图 6-35　IP-SAN 结构

iSCSI 是一种在 TCP/IP 上进行数据块传输的标准，由 IETF（互联网工程任务组）制订并于 2003 年 2 月正式发布，将 SCSI 协议完全封装在 IP 协议并把 SCSI 命令和数据封装到 TCP/IP 包中，然后通过 IP 网络进行传输，在诸如高速千兆以太网上实现快速的数据存取备份操作。

IP-SAN 的服务器和存储设备都连接在 IP 网络上，或直接与以太网交换机相连，用户通过网络即可共享和使用 IP-SAN 的大容量存储空间。相对于以往的网络存储技术，IP-SAN 解决了开放性、容量、传输速度、兼容性、安全性等问题，主要应用于数据中心和异地容灾备份系统。

（3）IB-SAN 技术及架构

无限带宽技术（InfiniBand）是一种高带宽、低延迟的互连技术，构成新的网络环境，实现 IB-SAN 的存储系统。IB-SAN 采用层次结构，将系统的构成与接入设备的功能定义分开，不同的主机可通过 HCA（Host Channel Adapter）、RAID 等网络存储设备利用 TCA（Target Channel Adapter）接入 IB-SAN。

InfiniBand 是一种交换结构 I/O 技术，其设计思路是通过一套中心 InfiniBand 交换机在远程存储器、网络和服务器等设备之间建立一个单一的连接链路，并由中心 InfiniBand 交换机来指挥流量。它的结构设计得非常紧密，大大提高了系统的性能、可靠性和有效性，能缓解各硬件设备之间的数据流量拥塞。而这是许多共享总线式技术没有解决好的问题。

InfiniBand 支持的带宽比现在主流的 I/O 载体（如 SCSI、Fibre Channel、Ethernet）还要高。InfiniBand 技术替代总线结构带来的最重要的变化就是建立了一个灵活、高效的数据中心，省去了服务器复杂的 I/O 部分。

InfiniBand 有可能成为未来网络存储的发展趋势，原因在于：

❖ InfiniBand 体系结构经过特别设计，支持安全的信息传递模式、多并行通道、智能 I/O 控制器、高速交换机，具备高可靠性、可用性和可维护性。

❖ InfiniBand 体系结构具有性能可伸缩性和较广泛的适用性。

❖ InfiniBand 由多家国际大公司共同发起，是一个影响广泛的业界活动。

4. 网络存储技术的比较

(1) NAS 与 DAS 的比较

NAS 与 DAS 比较，各自具有的特性如表 6.4 所示。

表 6.4　NAS 与 DAS 的比较

比较项目	NAS	DAS
安装	安装简便快捷，即插即用。只需要 10 分钟便可顺利独立安装成功	系统软件安装较为烦琐，初始化 RAID 及调试第三方软件一般需要两天时间
异构网络环境下文件共享	完全跨平台文件共享，支持 Windows、NT、UNIX（Linux）等操作系统	不能提供跨平台文件共享功能，各系统平台下文件需分别存储
操作系统	独立的优化存储操作系统，完全不受服务器干预，有效释放带宽，可提高网络整体性能	无独立的存储操作系统，需相应服务器或客户端支持，容易造成网络瘫痪
存储数据结构	集中式数据存储模式，将不同系统平台下文件存储在一台 NAS 设备中，方便网络管理员集中管理大量的数据，降低维护成本	分散式数据存储模式。网络管理员需要耗费大量时间奔波到不同服务器下分别管理各自的数据，维护成本增加
数据管理	管理简单，基于 Web 的 GUI 管理界面使 NAS 设备的管理一目了然	管理较复杂，需要第三方软件支持。由于各系统平台文件系统不同，增容时需对各自系统分别增加数据存储设备及管理软件
软件功能	自带支持多种协议的管理软件，功能多样，支持日志文件系统，并一般集成本地备份软件	没有自身管理软件，需要针对现有系统情况另行购买
扩充性	在线增加设备，不需停顿网络，而且与已建立起的网络完全融合，充分保护用户原有投资。良好的扩充性完全满足 24X7 不间断服务	增加硬盘后重新做 RAID 需宕机，会影响网络服务
总拥有成本	单台设备的价格高，但选择 NAS 后，以后的投入会很少，降低用户的后续成本，从而使总拥有成本降低	前期单台设备的价格较便宜，但后续成本会增加，总拥有成本升高
数据备份与灾难恢复	集成本地备份软件，可实现无服务器备份。日志文件系统和检查点设计，以求全面保护数据，恢复数据准确及时。双引擎设计理念，即使服务器发生故障，用户仍可进行数据存取	异地备份，备份过程麻烦。依靠双服务器和相关软件实现双机容错功能，但两服务器同时发生故障，用户就不能进行数据存储

(2) IP-SAN、FC-SAN 和 NAS 的比较

IP-SAN、FC-SAN 和 NAS 各有特色，也存在一些差异，可以从如下 9 方面进行比较。

① 接口技术：IP-SAN 和 NAS 都通过 IP 网络来传输数据，FC-SAN 则不一样，其数据通过光纤通道（Fibre Channel）来传递。

② 数据传输方式：同为 SAN 的 IP-SAN 和 FC-SAN 都采用 Block 协议方式，而 NAS 采用 File 协议。

③ 传输速率：FC-SAN（2 Gbps）最快、IP-SAN（1 Gbps）次之，NAS 居末。FC-SAN 和 IP-SAN 的 Block Protocol 会比 NAS 的 File Protocol 来得快，因为在操作系统的管理上，前者是一个"本地磁盘"，后者会以"网络磁盘"的名义显示。所以在大量数据的传输上，IP-SAN 比 NAS 快得多。

④ 资源共享：IP-SAN 和 FC-SAN 共享的是存储资源，NAS 共享的是数据。

⑤ 管理门槛：IP-SAN 和 NAS 都采用 IP 网络的现有成熟架构。所以可延用既有成熟的网络管理机制，不论是配置、管理还是维护，都非常方便、容易。而 FC-SAN 完全独立于一般网络系统架构，所以需由 FC-SAN 供货商分别提供专属管理工具软件。

⑥ 管理架构：通过网络交换机，IP-SAN 和 FC-SAN 可有效集中控制多台主机对存储资

源的存取及利用，善用资源的调配及分享，同时速度快于 NAS。

⑦ 成本：与 FC-SAN 相比，以太网络是个十分成熟的架构，而熟悉的人甚多，所以同样采用 IP 网络架构的 IP-SAN 和 NAS 的配置成本低廉，管理容易，维护方便。

⑧ 传输距离：原则上，三者都支持长距离的数据传输。FC-SAN 的理论值可达 100 km，通过 IP 网络的 NAS 和 IP-SAN 理论上都没有距离上的限制，但 NAS 适合长距小档案的传输，IP-SAN 则可以进行长距离大量资料的传递。

⑨ 系统支持：相对而言，IP-SAN 仍然比较少。FC-SAN 主要是由适配卡供货商提供驱动程序和简单的管理程序。

扫描二维码
进入"课程学习空间"

扫描二维码
进入"工程案例空间"

扫描二维码
进入"知识拓展空间"

思考与练习 6

1．如何按应用层次划分服务器等级？各等级服务器的适用范围是什么？

2．服务器存在哪些安全隐患？

3．综述服务器的最新技术。

4．综述服务器硬盘接口的类型和性能。

5．一个集团用户的网络信息中心要构建网络资源系统，包括 Web 应用服务和网络应用系统，请设计服务器多层架构方案。

6．综述 Windows Server 2016 环境下，DNS、DHCP、FTP、Web、邮件等服务器的安装方法。

7．综述 Linux 环境下，DNS、DHCP、FTP、Web、邮件等服务器的安装方法。

8．综述 Windows Server 2016 环境下，新闻组、BBS、聊天、流媒体等服务器以及代理服务器的安装方法。

9．综述 Linux 环境下，新闻组、BBS、聊天、流媒体等服务器以及代理服务器的安装方法。

10．综述网络存储技术和数据备份技术。

11．简述服务器的选型应注意的事项。

12．综述服务器负载均衡的基本特性、负载均衡策略、负载均衡实施要素

13．综述 RAID 技术的工作原理，在个人计算机上怎样配置 RAID？

14．从外部结构上怎样区别 SATA 接口与 SAS 接口？

15．综述数据中心的构建方法。

第7章　网络规划与设计

　　网络规划与设计是网络工程建设中非常重要和关键的环节，是一项涉及多个学科、多项领域的工作，需要设计者具有丰富的网络工程基础知识、深厚的网络技术功底和严谨的工作作风。随着网络技术不断发展，网络产品不断更新，网络应用不断深入，网络规模不断扩大，网络环境不断复杂，如何根据网络建设的需求，通过系统化的工程设计方法，规划和设计一个功能完善、设备先进、性能优良、安全稳定的计算机网络系统，使其充分发挥计算机网络的作用，完全满足用户的应用需求，已成为当前网络建设中的首要任务。

　　本章围绕这一目标，在前面各章的基础上，系统地介绍网络建设需求分析、网络系统设计、网络工程综合布线系统设计、网络安全系统设计、网络服务与应用系统设计、网络中心设计、网络运维与管理方案设计、网络设备选型等内容。为了使读者较好地理解各部分的内容，系统地掌握网络规划与设计的过程与方法，本章"工程案例空间"中录入了一个完整的"某校园网络建设规划设计书"，读者在学习各节内容时，可以扫描书中相应的二维码，进行自主学习。掌握好网络规划与设计的最好办法是自己动手编写网络建设技术方案，本章"工程案例空间"中为读者准备了"某校园网络建设需求书"，希望读者认真设计。

7.1　网络规划与设计基础

　　网络规划与设计是根据网络系统建设方（以下简称用户）的网络建设需求和用户的具体情况，在进行需求分析的基础上，为用户设计一套完整的网络系统建设方案，其内容涉及网络系统类型与拓扑结构、IP 地址规划与 VLAN 的划分、交换机和路由器等网络设备的配置与应用技术、网络安全与管理技术、网络服务与应用等。网络规划与设计的合理与否对建立一个功能完善、安全可靠、性能先进的网络系统至关重要。一个网络工程项目的成功，切合实际的网络规划与设计是重要的前提和保证。

　　网络规划与设计要处理好整体建设与局部建设、近期建设与远期建设之间的关系，根据用户的近期需求、经济实力和中远期发展规划，结合网络技术的现状和发展趋势进行综合考虑。

7.1.1　网络规划与设计的原则

计算机网络系统技术复杂，涉及面广。为了使设计的网络系统更为合理和经济，性能更加良好，在进行网络规划与设计时，应根据建设目标，按照从整体到局部、自上而下进行规划和设计，以"实用、够用、好用、安全"为指导思想，并遵循以下原则。

（1）开放性和标准化原则

网络系统采用开放系统结构，没有特别的限制和额外硬件要求。整个网络系统设计要严格遵守国家法律和行业相关规范，保证项目的各环节的规范、可控，采用的标准、技术、结构、系统组件、用户接口等符合国际化标准。

（2）先进性和实用性原则

整个网络系统设计要确保设计思想先进、网络技术先进、网络结构先进、网络硬件设备先进、支撑软件和应用软件先进；设计方案中所选择的设备和技术在数年内不落后；同时，要考虑到用户的实际需求和经济实力，实用有效是最主要的规划设计目标。

（3）安全性和可靠性原则

安全性对于网络的运行和发展是至关重要的。网络系统稳定、可靠、安全地运行是网络规划与设计的基本出发点，在设计时既要考虑网络系统的安全性，也要考虑应用软件的安全性。

可靠性是指在网络规划与设计时，既要考虑网络硬件系统长期稳定地运行，故障率降到最小，又要考虑各种数据的高可靠要求，并设计采用相应的技术。

（4）灵活性和可扩展性原则

网络系统功能框架应采用结构化设计，系统功能配置灵活，关键设备选型要具有一定的超前意识，能够在规模和性能两方面进行扩展；要保证技术的延续性、灵活的扩展性和广泛的适应性。应用软件系统的选择应注意与其他产品的配合，保持一致性，特别是数据库的选择，要求能够与异构数据库实现无缝连接。总之，在建设今天网络的同时，要为明天的发展留下足够的余地，以适应应用和技术发展的需要。

（5）可管理性和可维护性原则

网络系统设计要充分考虑到网络设备类型多、涉及的技术范围广等因素，对主要网络设备、服务器、数据存储及备份设备等进行集中管理，以提高系统效率，及时发现问题和排除安全隐患。

一个好的网络系统还应具有良好的可维护性，因此，不仅要保证整个网络系统设计的合理性，还应该配置相应的网络检测设备和网络管理设施。

（6）经济性和效益性原则

经济性是指具有良好的性价比，应从以下 3 方面考虑：① 不要盲目追求最新的设备；② 硬件和软件要尽可能相匹配，不要出现"大马拉小车"的现象；③ 用户计算机应用水平的程度，低水平也会降低设备的利用率。

效益性是指网络建成之后，应该最大程度满足用户的业务需求。

7.1.2　网络规划与设计的标准与规范

网络规划与设计所遵循的国家标准与规范主要如下：

- ❖ 《综合布线系统工程设计规范》（GB50311—2016）。
- ❖ 《综合布线系统工程验收规范》（GB50312—2016）。
- ❖ 《综合布线系统工程设计与施工》（08X101-3）。
- ❖ 《电子计算机场地通用规范》（GB2887—2000）。
- ❖ 《电子信息系统机房设计规范》（GB50174—2008）。
- ❖ 《电子信息系统机房施工及验收规范》（GB50462—2008）。
- ❖ 《电子信息系统机房环境检测标准》。
- ❖ 《信息技术设备的无线电骚扰限值和测量方法》（GB9254—1998）。
- ❖ 《安全防范工程程序与要求》（GA/T75—1994）。
- ❖ 《工业企业通信接地设计规范》（GBJ79—1985）。
- ❖ 《建筑物电子信息系统防雷技术规范》（GB50343—2009）。
- ❖ 《火灾自动报警系统设计规范》（GB50116—1998）。
- ❖ 《火灾自动报警系统施工及验收规范》（GB50166—1992）。
- ❖ 《气体灭火系统施工及验收规范》（GB50263）。
- ❖ 《住宅装饰装修工程施工规范》（GB50327）。
- ❖ 《建筑装饰装修工程质量验收规范》（GB50210）。
- ❖ 《防静电地面施工及验收规范》（SJ/T31469）。
- ❖ 《建筑电气工程施工质量验收规范》（GB50303—2009）。
- ❖ 《电气装置安装工程施工及验收规范》（GB11232—1992）。
- ❖ 《低压配电设计规范》（GB50054—1995）。
- ❖ 《通风与空调工程施工质量验收规范》（GB50243）。
- ❖ 《民用闭路监视电视系统工程技术规范》（GB50198—1994）。
- ❖ 《民用建筑电缆电视系统工程技术规范》（GBJ）。
- ❖ 《建筑工程施工质量验收统一标准》（GB50300）。
- ❖ 《建设工程文件归档整理规范》（GB/T50328）。

7.1.3　网络规划与设计的内容

　　根据网络系统运行与功能划分，网络规划设计可以按照网络运行、网络安全、网络应用、网络运维和网络设备五部分进行。具体来讲，可按如下 9 方面设计。
- ❖ 网络建设需求分析。
- ❖ 网络系统设计。
- ❖ 网络工程综合布线系统设计。
- ❖ 网络安全系统设计。
- ❖ 网络服务与应用设计。
- ❖ 网络中心机房设计。
- ❖ 网络运维与管理方案。
- ❖ 网络设备选型与安装。
- ❖ 网络系统集成与配置。

7.2 网络建设需求分析

在网络规划与设计中最重要的任务之一是确定用户的网络建设需求，只有对网络工程的建设目标、技术目标、约束因素和各种应用需求进行了全面分析，才能设计出满足用户要求、得到用户认可的网络建设方案。由于网络系统的各部分设计都是以建设需求为准则，因此一个好的用户需求分析意味着设计的网络系统已成功了一半，如果需求分析不详细、不到位，即使选用再好的网络设备和应用系统软件，也难以达到用户的要求。

7.2.1 需求分析的目的与要求

网络建设需求分析就是针对不同类别用户的具体情况，对用户目前的基本情况、网络现状、建网的目的和目标、新建网络要实现什么功能和应用、未来对网络有什么需求，性能上有何要求以及建设成本效益等进行调查分析，为设计网络建设方案提供重要的设计依据。

需求分析对于任何网络工程的规划与设计是一个必要的过程，设计人员要深入用户现场，了解决策者的建设理念和总体目标、了解用户现有网络的特征和运行状况、与用户技术人员详细沟通，收集用户能提供的各种资料、现场勘测建筑物的分布和具体结构等，来全面了解用户对新建网络的各种需求，确定新建网络的建设目标和建设思路，决定双方的工作目标、技术目标和相关约束。

需求分析应该由用户方和设计人员共同完成，二者缺一不可。经过需求分析，用户、网络系统设计人员和网络技术人员之间在网络的功能和性能上应达成共识，并形成一个书面的用户需求书，供专家评审。

7.2.2 需求分析的内容

网络建设需求分析的内容，主要从以下 9 方面进行详细调查和了解。

1. 用户的基本情况

用户的基本情况主要包括以下 5 方面。

① 用户的类型：指用户的行业性质，如政府行政部门、高校、中小学、科研部门，企业（大、中、小）、公司、医院等。

② 部门设置与分布情况：特别要注意那些地理上分散但属于同一部门的用户。

③ 人员结构情况：各类人员的数量和工作性质。

④ 地理位置状况：要了解网络覆盖范围内的土质结构，是否有道路或河流，建筑物之间是否有阻挡物，传输线路布线是否有禁区，是否有可以利用的传输通道等。

⑤ 如果用户已建有网络，就必须详细了解现有网络的现状，一般需要收集以下数据：

❖ 网络的类型和结构：包括网络拓扑结构图和物理结构、路由器和交换机的位置、服务器和大型主机的位置，连接 Internet 的方法等。

❖ IP 地址的配置方案：包括子网的划分、VLAN 的设计和 IP 地址的分配等。

❖ 网络综合布线：包括网管中心的位置、楼宇和楼层的配线间的位置、信息点的分布情况、主干线缆和室内线缆品牌和型号、全网的布线方式和布线图等。

❖ 网络安全体系：包括采用的安全设备、安全策略、网络安全体系结构等。

❖ 网络服务和应用系统：包括网络所提供的服务功能、网络业务范畴、运行的应用系统及使用情况等。

❖ 网络设备配置：包括网络所有设备的品牌、型号、购买时间、所承担的网络任务及具体配置等。

❖ 网络的运行状况：包括网络的性能、网络的能力、网络的可靠性、网络的利用率、端口数量或容量不足问题、网络瓶颈或性能问题、与网络设计相关的商务约束问题等。

❖ 网络管理：包括用户现有网络管理人员的结构、分工与个人资料，实行的管理制度和管理流程，是否使用网管软件，网管软件的品牌和功能，网管软件是否满足实际需要，以及网络相关的策略和政策等。

2. 建筑物的布局与结构

用户单位的建筑物布局图以及每一栋建筑的结构平面图，一般可以直接从用户处得到详细的图纸，若没有，则只能由设计人员通过现场勘测绘制。

3. 网络系统需求

网络系统需求是用户对新建网络系统的目标、规模、与外网的互连等进行需求分析。

① 网络目标：分析明确用户建设网络的近期目标和中远期目标。

② 网络规模：网络规模分析就是对网络建设的范围、上网的人数和资源、网络应用类型和数量等进行分析，从而对网络规模进行定位。对网络规模进行分析涉及以下内容：

❖ 需要上网的部门和人数统计及分布情况。

❖ 需要上网的资源和共享数据的类型及分布情况。

❖ 现有个人计算机及其他网络终端设备的数量与分布情况。

❖ 网络上要传输的信息类型有哪些。

❖ 网络需要支持的"最大数据流量"和"平均数据流量"是多少。

③ 与外部网络互连的方式：采用什么方式与 Internet 互连，是拨号上网还是租用光纤，带宽需要多少，是否与专用网络连接，以及接入 ISP 和计费等方面的内容。

④ 网络设备。如果单位原来已经建有网络，设备需求分析时应先考虑新设备和原有设备的兼容性，或经改造后与之兼容。如果是新建网络系统，应从可靠性、先进性和实用性等方面来综合考虑怎样选配设备；另外，要分析用户现有模拟通信设备，如电话、传感器、广播和视频设备。

⑤ 网络扩展性。任何一个网络都不应是一成不变的，随着上网人数的增加、业务量的扩大、业务范围的扩展，网络的升级改造和规模的扩充都是可能的。因此，网络的扩展性有两层含义：一是指新的部门能够简单地接入现有网络；二是指新的应用能够无缝地在现有网络上运行。可见，在规划网络时，不仅要分析网络当前的技术指标，还要估计网络未来的发展，以满足新的需求，保证网络的稳定性，保护用户的投资。

扩展性分析要明确：用户需求的新增长点，网络节点和布线的预留比率，哪些设备便于网络扩展，带宽的增长估计，主机设备的性能，以及操作系统平台的性能等指标。

4．网络工程综合布线需求

网络工程综合布线受用户的地理环境、建筑物的结构和布局、信息点的数量和分布位置、网络中心机房的位置等因素的制约，因此，综合布线需求分析要明确以下内容：

- ❖ 用户建网区域的范围和地理环境，建筑物的地理布局，各建筑物的具体结构。
- ❖ 网络中心机房的位置，各建筑物内设备间和电信间的位置，以及电源供应情况。
- ❖ 信息点的数量和分布位置，网络连接的转接点分布位置。
- ❖ 网络中各种线路连接的距离和要求。
- ❖ 外部网络接入点位置。

5．网络中心机房需求

网络中心机房的需求主要从机房环境、机房供电系统、机房防雷与接地保护系统、机房动态监控和机房消防系统等方面调查，了解现有状况和用户的要求。

6．网络安全需求

网络安全要达到的目标包括：网络访问的控制，信息访问的控制，信息传输的保护，攻击的检测和反应，偶然故障的防备，故障恢复计划的制定，物理安全的保护，以及灾难防备计划等内容。网络安全性分析要明确以下安全需求：

- ❖ 用户的敏感性数据及其分布情况。
- ❖ 网络要遵循的安全规范和要达到的安全级别。
- ❖ 网络用户的安全等级划分。
- ❖ 可能存在的安全漏洞。
- ❖ 网络设备的安全功能要求。
- ❖ 网络系统软件、应用系统、安全软件系统的安全要求。
- ❖ 防火墙系统、入侵防御系统、VPN安全网关、Web应用防护系统、上网行为管理系统、抗拒绝服务攻击系统等配置方案。

7．网络服务与应用需求

网络服务与应用需求是指网络建成后需要提供哪些网络服务功能，如Web服务、E-mail服务、FTP服务等。用户在网上需要运行哪些业务系统软件，及其对网络的带宽和服务质量的要求。

网络服务功能是用户最关心的问题，直接影响到用户的认可程度。网络业务应用是用户建网的主要目标，也是进行网络规划与设计的基本依据。

8．网络运维与管理需求

网络运维与管理是在网络系统建设完成并投入运行后，怎样对网络系统的运行进行维护和管理。网络是否能够按照设计目标提供稳定的服务，主要依靠有效的网络运维与管理。"向管理要效益"也是网络工程的真理。

网络运维与管理需求包括两方面：一是需要制定哪些管理规定和策略，用于规范网络使用人员和网管人员对网络的操作行为；二是需要采用哪些网络运维管理平台对网络设备运行状态、网络系统运行状况、网络运行环境状况等进行全方位的实时监控与管理。

网络运维与管理需求分析至少要明确以下问题：

❖ 是否需要对网络进行远程管理，谁来负责网络管理，需要哪些管理功能。
❖ 选择哪个供应商的网管软件，网管软件的功能是否满足实际需要。
❖ 选择哪个供应商的网络设备，是否支持网管功能。
❖ 怎样跟踪、分析、处理网管信息，如何制定和更新网管策略。

9. 工程成本预算与效益分析

在进行上述需求分析后，有必要对网络建设的成本进行预算，并从经济的角度分析建立一个网络所需要的投资和由此带来的经济效益。这项工作涉及以下 4 方面。

❖ 网络建设成本：包括硬件、软件和施工费用等。
❖ 网络运维费用：包括网络运行所需的管理人员、维护人员和维护费用等。
❖ 效益分析：对产生的经济效益和社会效益进行分析。
❖ 风险预测：任何投资都是有风险的，网络建设也不例外，因此，在网络建设需求分析中应对所要建设的网络可能出现的风险做出科学的预测。

7.2.3　需求分析实例

本节以 A 高校校园网建设为例进行需求分析，限于篇幅，书中只叙述主要内容，各楼宇的平面结构图只给出样图，详细内容在本章"工程案例空间"中介绍。

1. 学校基本概况

A 高校依山而建，校园面积 500 余亩（约 33 万平方米），按其自然地理环境，整个校园分为南、北两个校区，北校区为教职工家属区，共有 15 栋住宅楼；南校区为办公、教学、学生活动和生活区，有 11 栋楼宇。学校地理平面图如图 7-1 所示。

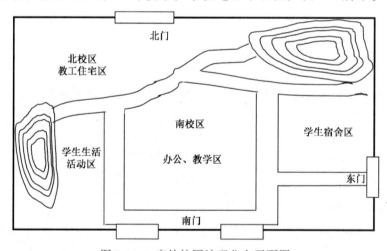

图 7-1　A 高校校园地理分布平面图

学校现有在校学生 6000 余人，教职工 400 余人，其中专任教师 260 人，行政管理人员 110 人，工人 30 人。二级教学单位有计算机与电子信息工程系、建筑工程系、机械与电气工程系、经济与管理系、外国文学系、中国文学系，各系的办公室分布在教学楼。
学校党务、行政部门设置：党委行政办公室（与校长办公室合署）、党委组织部、纪委（监察处、合署）、党委宣传统战部、团委、校工会。教务处、人事处、财务处、科技处、审计处、学工处、保卫处、实验室与设备处、后勤与基建处等，办公室全部分布在综合办公楼。

学校目前没有网络，只有少数部门采用 ADSL 方式联网。为了满足学校教学、科研和管理工作的需要，本次在南校区新建一个以网络技术、计算机技术与现代信息技术为支撑，以办公自动化、多媒体辅助教学、现代信息校园文化为核心，技术先进、扩展性强、覆盖南校区各楼宇的校园网络系统，将学校的各种计算机、网络终端设备、机房局域网等全部并入校园网络。

2．建筑物地理布局

学校南校区南北最长约 3000 m，东西最宽约 2000 m，共有 1 栋综合办公楼、1 栋教学楼、1 栋图书馆、1 栋实验楼、5 栋学生宿舍楼、1 栋学生活动中心和 1 栋后勤服务中心，各楼宇地理分布如图 7-2 所示。

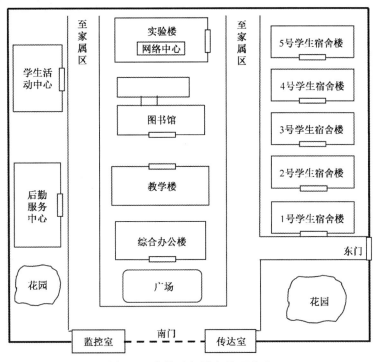

图 7-2　南校区各楼宇地理分布

3．网络系统需求

本次只对南校区进行网络系统建设，南校区属于典型的丘陵地貌，校园内网络传输线路布线没有阻挡物和禁区，也没有可以利用的传输管道等。

（1）建设的原则与目标

本次校园网建设应本着总体规划、分步实施，实用、够用、好用的原则，建成一个以网络技术、计算机技术和现代信息技术为支撑，以办公自动化、多媒体辅助教学、现代信息校园文化为应用目标，技术先进、安全稳定、扩展性强、覆盖南校区各楼宇的校园网络系统。

整个网络设计方案要符合以下设计原则：

① 设计与实现标准化。所使用的标准、技术、结构、系统组件、用户接口、支撑软

件等全部采用国际化标准，易建易用。

② 功能框架模块化。对于所规划设计的校园网建设方案，学校可根据实际情况，有选择地或分步实施方案中的每个功能模块。

③ 先进性与实用性相结合。设计方案中，网络类型、网络结构和网络硬件设备等都必须是目前最先进的；同时考虑到学校目前的教学、科研和管理工作的实际需求以及学校的财力情况，做到分步实施。

④ 充分考虑兼容性。所设计的网络要充分考虑不同厂商的硬件和软件的兼容性。

⑤ 整体方案的开放性、拓展性和再开发性。方案在设计和实现中，充分认识到校园网建设和信息化教育的现状和未来发展变化，高度实现模块化、标准化和兼容性，具备开放性、拓展性和再开发性，可以随着网络技术和信息化教育的发展而拓展，为用户提供长期的发展空间和效益。

⑥ 完善的安全机制。所设计的网络系统要有完善的措施和技术防御外部攻击、管理内部用户不良的上网行为，确保网络系统安全可靠。

（2）网络覆盖范围与规模

① 本次校园网络系统建设覆盖范围包括南校区办公教学区、学生活动区和学生宿舍区的全部楼宇，在各部门办公室、教室、实验室、阅览室、学生宿舍布置相应的信息点，将实验楼第三层中的微机室接入校园网，在图书馆后楼的第四层新建 2 个电子阅览室并接入校园网。各楼宇上网人数分布统计如表 7.1 所示。

表 7.1　各楼宇上网人数分布统计表

楼号/楼层	上网人数	备　注
综合办公楼	200	有办公与活动室 48 间，行政人员约 200 人
实验楼办公	150	办公人员约 150 人
微机室	680	660 计算机，考虑服务器等
教学楼教室	150	教室与休息室共 77 间，每间计 2 人
教学楼办公	252	办公室共 63 间，每间计 4 人
图书馆办公	210	办公室、阅览室共 105 个信息点
电子阅览室	210	200 台计算机，考虑服务器等
学生活动中心	20	6 个活动馆、每个计 2 人，1 个办公室计 8 人
后勤服务中心	60	10 个饭菜窗口、14 个包厢、3 个用餐大厅和办公室
学生总人数	6240	每个宿舍 8 人，每层 26 个宿舍，每栋楼 6 层，共 5 栋楼
网络中心	100	服务器、网络设备、管理机等
合　计	8272	同一时间上网的最大人数约 6000 人

② 目前，各办公室都配有计算机，学校已有两个微机实验室，共 120 台计算机，需要全部接入校园网络系统。

（3）网络传输线路

本次校园网络系统建设只考虑数据与语音（电话）两种信息传输。数据传输主干系统要求采用 1000 Mbps 光纤到各楼栋的接入交换机，100 Mbps 到桌面终端。语音传输主干系统要求采用光纤到各楼栋电话程控交换机，对绞线到桌面。

（4）接入 Internet 的方式

本期网络系统需要采用两条 100 Mbps 光纤，分别与 Internet 和中国教育与科研网

（CERNET）互连，能够同时支持6000用户登录并发，快速获得各种信息。

（5）网络设备选型

为了便于网络系统配置与管理，要求所有网络设备全部选用同一品牌产品，并且网络设备必须同时支持IPv4和IPv6。服务器全部选用同一品牌产品。

（6）网络的扩展性

在设计时需要考虑网络系统规模的扩展，校园网络系统第二期工程规模要覆盖到教职工家属区，并考虑到学校扩大招生规模的需要，学生宿舍楼需要增加，实验楼、教学楼、图书馆都需要扩容，同一时间上网的最大人数为10000。

4．网络综合布线系统需求

（1）综合布线方案与技术要求

A高校校园网络综合布线系统涉及南校区内每栋建筑物的室内双绞线布线和建筑物之间主干光缆的室外布线两部分。综合布线系统必须达到如下要求：

① 综合布线的设计必须符合《综合布线系统工程设计规范》（GB50311—2016）、《综合布线系统工程验收规范》（GB50312—2016）、《综合布线系统工程设计与施工》（08X101-3）等相关规范的要求，设计和安装都必须完全执行国际和国家标准，最少保证在未来10年内的稳定性。

② 综合布线系统中考虑到房间的功能，办公室配置数据和语音信息点，教室暂不考虑安排语音信息点。

③ 要具有高速率高质量传输语音、数据、图像、视频信号等信息的能力。要达到100/1000Mbps的数据传输速率，并且设计冗余链路。

④ 所有综合布线接插设备、接口模块和网络跳线都必须满足100/1000Mbps数据传输要求。

⑤ 能够满足不同厂商设备的接入要求，提供一个开放的、全兼容的系统环境。

⑥ 双绞线采用符合EIA/TIA568-B2等国际标准的6类UTP，且具有CMR防火等级，以保证系统具有较强的防火能力。电信间和设备间进出的每一条线路都必须打上标签，并采用表格的方式加以记录存档。

⑦ 建筑物内部的双绞线，要求按照相关的标准通过PVC套管埋入墙内，工作区信息点的插座要求暗式安装在合适的位置，采用6类非屏蔽信息模块。

⑧ 建筑物之间的室外光纤，要求按照相关的标准通过PVC线管埋入地下，光纤转弯和分支处，要求做人孔井。

（2）综合办公楼平面结构与信息点布局

综合办公楼共8层，第1～7层是学校行政部门办公室，第8层为教职工和离退休人员活动场所。信息点需求及分布如下。

第1～7层：大办公室6个数据点和2个语音点，会议室2个数据点和1个语音点，小办公室2个数据点和1个语音点，则第1层需要38个数据点和17个语音点，第2～7层各需要48个点数据点和21个语音点。

第8层：每个小活动室1个数据点和1个语音点，大活动室2个数据点和1个语音点，办公室4个数据点和2个语音点，则共需要23个数据点和16个语音点。

综合办公楼合计共需要 349 个数据点、159 个语音点。其一楼平面结构与信息点分布如图 7-3 所示。

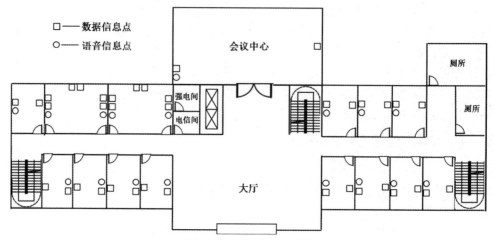

图 7-3　综合办公楼一楼平面结构与信息点分布

综合办公楼其他楼层以及其他楼宇的平面结构与信息点布局图类似。

（3）信息点统计

各楼宇信息点分布统计情况如表 7.2 所示。

表 7.2　各楼宇信息点分布统计表

序号	楼号/楼层	数据信息点数	语音信息点数	与中心机房距离
1	综合办公楼	349	159	2500 m
2	实验楼	839	81	/
3	教学楼	197	67	2000 m
4	图书馆	394	70	1000 m
5	学生宿舍楼（共 5 栋）	1540	0	200～2000 m
6	学生活动中心	16	2	1000 m
7	后勤服务中心	58	3	2000 m
8	网络中心	40	10	/
	总　计	3433	382	/

5．网络安全需求

校园网络的安全应从设备与线路、软件和数据、系统运行、网络互连等方面进行周密的考虑，主要达到以下几方面的要求。

① 硬件可靠性。网络服务器、交换设备、路由设备、工作站、连接器件、电源，以及外部设备的性能和质量必须有全优保证，并对至关重要的设备或器件采用冗余设计。

② 系统运行安全。采取必要的措施，保证网络系统稳定安全运行，防止网络风暴等事件发生。

③ 数据安全。需要设计相应的容错方案、数据备份方案和数据保护措施，保证数据安全可靠。

④ 防攻击防病毒。内网与外网互连，须采用可靠的隔离措施；网络服务器、工作站和系统运行必须采用可靠的防病毒、防攻击措施。

⑤ 上网行为管理。对内网用户的上网行为进行管理、控制和审计，防止不良行为对网络系统运行产生影响。

6. 网络服务与应用需求

校园网建成后，需要提供下列网络应用和服务。

① 建立学校门户网站，提供 Web 服务。

② 提供基本的 Internet 网络服务功能，如 DNS 服务、DHCP 服务。

③ 在网上运行网络办公系统，实现无纸化办公。

④ 在网上运行综合教务管理系统，对学生的学籍和学习情况实行网络化管理。

⑤ 在网上运行数字图书馆系统和图书馆管理系统，开发建立期刊、图书和报纸等方面的数字资源库和各类教育信息资源库，为学校各类人员提供丰富的数字信息资源和充分的网络信息服务；对图书馆的业务办公实行网络化管理。

⑥ 在网上运行网络教学系统，为全校教师提供一个网络教学平台，教学课件和教学资料全部上网，学生在网上提交作业。

7. 网络中心机房需求

网络中心安排在实验楼的四楼，包括网络中心机房、网络中心控制室和网络中心办公室。网络中心机房的规划与建设应符合国家有关标准。

① 机房环境：机房作为整个网络的枢纽，对环境的要求及布线的要求较高。机房地面必须进行防潮、防尘和防水处理，采用抗静电的金属活动地板；墙面粉刷不易产生尘埃、不产生静电和对人体无害的涂料，门窗密封。

② 供电系统：机房的市电供电应满足《电子计算机场地通用规范》的规定，供电系统的电源频率为 50 Hz，电压为 220 V 或 380 V，并且要稳定安全。同时配置在线式不间断电源系统（UPS），保证在市电停电时机房网络设备正常运转 8 小时。

③ 防雷和接地保护系统：中心机房要有良好的保护接地系统、防雷接地系统、工作接地系统和防静电接地系统，保证人身与设备的安全。防雷接地和设备接地应达到目前国家相关标准要求。

④ 消防系统：机房内配备火灾自动探测器、区域报警器和灭火器，要根据国家现行的《建筑设计防火规范》（GBJ16—1987）中的有关规定，设计消防系统。

⑤ 空调系统：需要配备具有供风、加热、冷却、除湿和空气除尘能力的机房专用空调设备和新风设备，保证机房恒温及定时更换新鲜空气。

8. 网络运维与管理需求

① 选用合适的网络运维管理平台，对网络设备及其运行状况、网络设备的配置管理、网络故障和性能等进行监控。

② 对内网上网用户实行身份认证管理，计费方式采用按月/年固定收费。

③ 建立一套机房动态监控系统，对机房的设备、电源供电系统、消防、门禁等实现 24 小时监控。

7.3 网络系统设计

网络系统设计是根据网络系统建设需求书，对新建的网络系统进行总体规划与设计，首先对设计思路和网络的各组成部分概要说明，然后设计整个网络系统的拓扑结构。设计内容主要包括网络的类型与规模、网络的接入方式、无线网络覆盖方案、视频监控方案、数字广播方案、电话语音方案、网络系统拓扑结构、IP 地址规划与子网划分、VLAN 设计及其 IP 地址分配、网络性能与可靠性等方面。

7.3.1 总体设计方案

1. 网络类型

目前，企事业单位组建的内部网络都属于局域网（LAN），局域网的类型包括：以太网（Ethernet）、光纤分布式数据接口（FDDI）、令牌环网（Token Ring）等。以太网已从标准以太网（Ethernet）、快速以太网（Fast Ethernet）、千兆位以太网（Gigabit Ethernet）发展到了万兆位以太网（10G Ethernet）。40/100 Gbps 以太网已开始进入市场。所以，以太网是目前组网的主流，企业、政府部门、学校、医院、公司等一般采用千兆位以太网，即 1000 Mbps 主干到楼栋、100 Mbps 到桌面的组网类型。各种迅速增长的带宽密集型项目，如高带宽教育园区骨干网、城域骨干网、数据中心汇聚、服务器集群、网络存储与容灾备份、三网合一（音频、视频和数据）通信、金融交易、医疗保健以及大学的超级计算研究等领域，已开始应用万兆位以太网。

2. 网络规模

计算机网络的规模按照网络的覆盖范围，一般可分为工作组级、部门级、园区级和企业级。

① 工作组级网络。工作组级网络一般指处于办公室内部或跨办公室的网络。组网的主要目的是实现硬件设备（如激光打印机、彩色绘图仪、高分辨率扫描仪等）共享、数据资源共享和接入 Internet。

② 部门级网络。部门级网络一般指位于同一楼宇内或同一个部门或小型企业（高校、机关）等的网络。组网的主要目的是实现网络化办公，共享数据资源、硬件资源和软件资源，接入 Internet。

③ 园区级网络。园区级网络是指覆盖整个园区内各楼宇、其范围一般在几千米至几十千米的网络。与部门级相比，园区级网络的目的相同，只是网络规模要大、网络应用要多、网络技术要复杂、网络安全要重要、网络管理要繁重。园区级网络一般由主干传输、桌面接入、与本地区公用网络（如 Internet）互连以及网络资源与服务管理中心等部分组成。

④ 企业级网络。对于一些大型企业，部门分布可能覆盖全国或全世界，其计算机网络是由分布在各地的局域网（较大的部门级网络或园区级网络）互连而成的，各地的局域网之间通过专用线路或公用网络互连。企业级网络中包括多种网络系统，一般设置企业网络信息中心来实施对整个网络的管理，并配置大型企业级服务器，支持企业各项业务应用所需的大型应用系统、数据库系统和控制系统的运行，构成企业的网络应用环境。

3．网络接入方式

网络接入方式是指将内部局域网与 Internet 互连的方式，目前主要有光纤接入、ADSL 共享接入和卫星接入三种方式。

（1）网络接入设计考虑的问题

在进行网络互连时，首先应当考虑和解决以下主要问题。

① 互连的规模问题：设计网络互连的第一步是决定它的规模。规模是指需要互连的网络数量，决定了网络拓扑结构、传输设施甚至路由选择协议的选取。

② 互连的距离问题：如果互连的网络相距较远，在它们之间自己建立一条专用线路的费用是非常昂贵的，因此应尽量考虑利用公共传输系统进行互连。

③ 互连的层次问题：是指在 OSI 模型的哪一层提供网络互连的链路。各层传输的信息格式是不同的，涉及网络互连的各方面。

④ 数据流量问题：不同类型的网络支持的数据流量是不同的，在网络互连设计时，要充分考虑如何解决数据流量的匹配问题。

⑤ 寻址问题：不同的网络具有不同的命名方式和地址结构，网络互连应当可以提供全网寻址的能力。

⑥ 服务方式：ISP 提供服务与计费的方式、接入的限制和网络流量控制等。

（2）光纤接入

光纤接入方式是一种高性能的宽带接入方式，ISP 提供的光纤（带宽可根据实际需要确定）一直连接到局域网的网络中心机房，经过路由器或防火墙与局域网的三层核心交换机连接，也可以直接与三层核心交换机连接。其连接方式如图 7-4 所示。这种方式适用于大中型企业、政府机关、医院、学校、大中型商场、园区和网吧等。

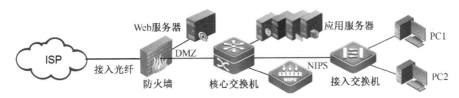

图 7-4　光纤接入方式

（3）ADSL 共享接入

ADSL 共享接入方式是采用入户光纤线路，通过 ADSL 宽带路由器（俗称光猫）连接到 Wi-Fi，再接入交换机，从而将多台计算机和无线终端设备（如手机）共享一个 IP 地址接入 Internet。连接方式如图 7-5 所示。这种方式适用于家庭、办公室、一般部门、小型公司、小型企业等上网人数不多的用户使用。

图 7-5　ADSL 共享接入方式

（4）卫星接入

卫星接入就是利用地球上空的同步通信卫星和用户的卫星接收天线，实现与 Internet 的接入。这种方式主要应用于大型公司、企业和金融行业。

4．无线网络覆盖方案

目前，人们的工作和生活已离不开手机，通过手机无线上网，可以完成在台式计算机上操作的所有事务，并且不受地域的限制，这就需要无线网络的支持。无线网络覆盖方案就是指在网络系统建设时，如何设计布局无线 AP（Access Point，无线接入点）或无线路由器，既方便人们无线上网，又确保网络系统与数据的安全。因为无线没有"单位"界限，只要在无线路由器（或 AP）覆盖范围内，都可以接入用户的局域网，存在信息保护隐患，所以要采取比较严密的安全措施，以防被入侵。

5．视频监控方案

视频监控也是当前人们工作与生活中的一部分，在工作和公共场所，随处可见视频摄像机。随着数字摄像技术的不断成熟与发展，数字视频监控网络已成为网络建设不可缺少的部分。在网络系统建设中需要将视频监控网络设计融入整个网络系统。

7.3.2　网络拓扑结构

1．网络拓扑结构设计

网络拓扑结构是网络系统具体组成的逻辑结构，在规划设计网络系统时，一般采用核心层、汇聚层和接入层三层拓扑结构设计，地域不大、规模较小的网络系统通常将核心层与汇聚层合并，采用核心层（汇聚层）和接入层大二层拓扑结构设计。两种拓扑结构分别如图 7-6、图 7-7 所示。在实际网络工程应用中，应尽量采用大二层拓扑结构设计，既简化网络的连接，又便于网络配置与管理。

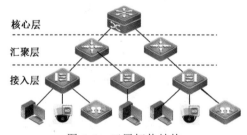

图 7-6　三层拓扑结构

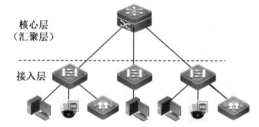

图 7-7　大二层拓扑结构

（1）核心层

核心层是局域网的信息中心，一方面负责局域网内所有设备与数据的管理，承担网内数据分组的快速交换，另一方面负责与外部网络连接，使内网主机与外网主机进行安全通信。因此，一般将核心交换机、路由器、防火墙及其他网络安全设备、服务器及存储设备、无线网络控制与管理设备、视频监控录像与存储设备等设计部署在核心层。

（2）汇聚层

汇聚层是接入层的汇聚点，是连接接入层和核心层的节点，为接入层提供数据汇聚、传输、管理、分发处理、VLAN 间通信，控制和限制接入层对核心层的访问，保证核心层的安全和稳定。在实际应用中，一般按楼宇的地理分布或网络的功能区域划分汇聚层，汇聚交换机尽可能设计部署在汇聚层的中心位置，汇聚交换机与核心交换机一般采用千兆及以上以太链路冗余方式互连，以保证主干链路的冗余连接。

（3）接入层

接入层负责将终端用户接入网络，既要提供较高密度的接入端口和即插即用的特性，又要便于管理和维护，因此一般将接入层设计在楼层或楼宇内。

2．网络拓扑结构图

网络系统设计、网络安全系统设计、VLAN 与 IP 地址方案设计、网络服务与应用系统设计等工作完成后，需要画出网络拓扑结构图，将整个网络系统的组成架构和各部分设计直观地体现在"一张图"上。网络拓扑结构图中应尽量体现 VLAN 划分、IP 地址方案和设备的品牌型号等内容。

7.3.3　IP 地址分配方案

在网络规划与设计中，IP 地址分配方案的设计至关重要。因为 IP 地址一旦分配后，其更改的难度和对网络的影响程度都很大，所以设计制定一个合理的 IP 地址分配方案，将直接影响网络的可靠性、稳定性、可使用性和可扩展性等重要性能。

1．规划 IP 地址

局域网涉及两部分 IP 地址，第一部分是接入 Internet 所需的公有地址，第二部分是局域网内部使用的 IP 地址，所以规划 IP 地址主要是针对这两部分地址。

（1）规划公有 IP 地址

对于大中型企业网络来说，公有 IP 地址主要用于两方面：一是用于网络地址转换，使内网主机公用一个或多个公有 IP 地址访问 Internet；二是配置一些重要服务器（如 Web 服务器、电子邮件服务器、域名服务器等），供外网客户访问。

公有 IP 地址需要从网络服务运营商或 IP 地址管理机构那里申请购买，所需 IP 地址的数目可以根据预计的需求及扩展，购买一个 C 类网络地址的一部分（一些 ISP 会将一个 C 类网络分成多个地址块），或者一个完整的 C 类网络地址块（包含 256 个地址），或者几个连续的 C 类网络地址块。当然，也可以是 B 类或 A 类地址。

（2）规划内部 IP 地址

一般，只要局域网内部主机不直接访问 Internet，使用任何 IP 地址都可以，但为了不引起 IP 地址冲突，建议使用保留的私有 IP 地址。至于具体采用哪类私有 IP 地址，要根据网络规模来确定，一般先采用 C 类地址，只有当 C 类地址无法满足的时候，才考虑采用 B 类或 A 类地址。工作组级、部门级或小型园区级网络可以选择 C 类私有地址；园区级和企业级网络，由于网络设备众多，有的可以达到上万台，则可以选择 B 类私有地址；跨地区联网并且需要统一规划 IP 地址的大型网络，选择 A 类私有地址比较合适。

2．划分子网

划分子网的目的是充分利用在 Internet 上使用的 IPv4 地址资源，在网络工程实际应用中，如果用于分配的是某一有限的公有地址段或私有地址段，一般要划分子网。如果是自由使用私有地址，就可以不划分子网。

划分子网的具体方法请详细参考本书第 1 章的相关内容。这里要注意以下问题：

❖ 在考虑某个网段的主机数量的时候，要考虑一定的扩展，保留一定的 IP 地址空间。因为子网部署好之后，由于 IP 地址不够再重新调整是一件非常头痛的事情。

❖ 在计算每个子网段的有效 IP 地址时，一定要除去子网号地址和广播地址，即介于子网号与广播地址之间的地址就是每个子网中合法可用的主机 IP 地址。

❖ 划分子网的数量不是越多越好。因为子网数增多使得网络管理的难度加大，所以在没有特殊必要的情况下，不要设置过多的子网。

3. VLAN 设计

VLAN 的设计是网络建设中的一个重要环节，一个合理的 VLAN 设计方案，除了可以减少网络流量、提高网络性能、简化网络管理、易于扩大网络覆盖范围，更重要的是可以提高网络的安全性。由于企业之间的具体情况不同（如楼宇的地理分布、部门的设置、网络的功能等），划分 VLAN 的方法也就不一样。在制定 VLAN 的设计方案时，一般考虑如下内容。

❖ 设置 VLAN 的方法：按楼宇设置、部门设置还是按部门的性质设置等。

❖ 管理 VLAN 的交换机：首先必须支持 VLAN，其次由哪个交换机负责 VLAN 管理，是核心交换机还是汇聚交换机，还是两者兼之。

❖ 划分 VLAN 的方式：采用基于端口、基于 MAC、基于 IP，还是基于策略方式等。

4. IP 地址分配方案

在完成上述工作后，最后就是制定 IP 地址的分配方案，包括以下两项内容。

❖ 子网、VLAN 及其 IP 地址分配表。表中至少包含子网号、子网名称、VLAN 号、VLAN 名称、IP 地址网段、默认网关、使用单位以及有关说明等内容。

❖ 分配 IP 地址的方式，一般采用自动分配 IP 地址、手工设置 IP 地址两种方式。

自动分配 IP 地址是采用一台 DHCP 服务器，为网络内的主机动态分配 IP 地址，发送子网掩码和默认网关等配置信息。网内主机可以通过设置自动获取 IP 地址选项，从 DHCP 服务器获得 IP 地址等信息。

手工设置 IP 地址也是经常使用的一种分配方式，是指以手工方式为网络中的每台主机设置 IP 地址、子网掩码、默认网关和 DNS 服务器。手工设置的 IP 地址为静态 IP 地址，在没有重新配置之前，计算机将一直拥有该 IP 地址。这种方式不仅工作量大，还会由于输入失误而经常出错；而且，一旦因为迁移等原因导致必须修改 IP 地址信息，就会给网络管理员带来很大的麻烦，所以一般不推荐使用。

7.3.4 网络性能与可靠性

网络的性能与可靠性设计涉及网络冗余设计、网络服务质量（QoS）设计、数据备份与容灾设计等方面，本节主要介绍网络冗余设计和 QoS 设计。

1. 网络冗余设计

冗余可以简单地理解为备用，网络冗余是提高网络可靠性和可用性目标的最重要方法，利用冗余可以减少网络上由于单点故障而导致整个网络故障的可能性。网络冗余设计包括设备冗余、链路冗余和路由冗余。

（1）设备冗余

网络设备冗余设计主要是为了确保网络设备可靠地运行，对核心交换机、路由器、服务器、网络存储、防火墙等重要设备，以及交换机电源、路由器电源、服务器电源等关键配件作备份设计，确保网络系统和业务应用管理系统正常、稳定、安全、高速地运行，保护用户的业务数据不被丢失。有些厂商为了满足这种冗余设计的需求，设计制造了具有双背板、双电源、双引擎的设备，它们实际上可以看成两台独立的设备。

（2）链路冗余

网络链路冗余设计是为了确保网络传输线路可靠地、及时地传输数据，在核心层与汇聚层之间、汇聚层与接入层之间设计一条或多条备用链路（称为冗余链路），确保网络的互连性。对冗余链路要进行合理的规划和配置，否则会削弱网络的层次性，降低网络的稳定性，甚至会形成环路，产生网络风暴。进行冗余链路设计时要遵循以下要求：

❖ 只有在正常链路断掉时才使用冗余链路，除非冗余链路用做平衡负载之用。一般不要将冗余链路用于负载平衡，否则当发生网络故障需要征用冗余链路时，网络由于负载失衡而产生不稳定性。

❖ 设计冗余链路后，为了防止形成环路，产生广播风暴，要在相关交换机中应用生成树技术。

在网络实际应用中，网络冗余设计可以在核心层实现，也可以在汇聚层实现。核心层可采用两台核心交换机提供冗余。汇聚层可采用"双归接入"和"到其他汇聚层交换机的冗余链接"两种方法提供冗余。双归接入是指汇聚层交换机通过连接到两个核心层交换机的方式接入核心层。到其他汇聚层交换机的冗余链接是指在汇聚层交换机之间安装链接来提供冗余。

（3）路由冗余

路由冗余主要采用虚拟路由冗余协议（Virtual Router Redundancy Protocol，VRRP）和热备份路由器协议（Hot Standby Router Protocol，HSRP）两种技术。VRRP 是 IETF 制定的容错协议，HSRP 是 Cisco 公司的私有协议，两者的功能原理完全一致，是在网络边界布置两台路由器或三层交换机，一台为主动路由器，另一台为备用路由器，然后在两台路由器上配置 VRRP（或 HSRP）和静态路由。如果主动路由器发生故障，备用路由器马上接管工作，从而保证通信畅通、可靠。

2. 网络 QoS 设计

网络 QoS 是指为网络通信提供优化服务能力的技术或方法，是对网络业务的流量进行调节。当网络引入音频、视频等多媒体业务后，不同类型业务的带宽可控分配变得尤其重要，网络 QoS 设计能优化带宽利用率，降低时延和丢包率。衡量 QoS 高低的技术指标有：可用带宽、时延、丢包率、时延抖动和误码率。网络 QoS 技术主要应用于广域网、语音和视频等多媒体业务系统。

实现网络 QoS 设计的主要步骤如图 7-8 所示。

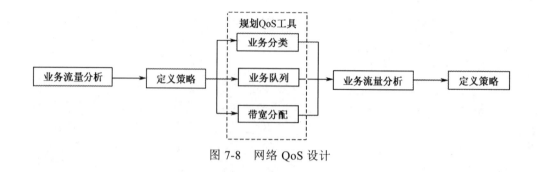

图 7-8　网络 QoS 设计

7.4　网络工程综合布线系统设计

网络工程综合布线是网络建设的基础，综合布线系统设计是一项面向不同用户需求、不同建筑物特点、不同业务应用的综合性设计工作，本书第 2 章详细介绍了网络综合布线系统的组成、规范、技术和设计等内容，本节不重复叙述。

7.5　网络安全系统设计

网络安全系统设计是网络规划与设计中的重要部分，是确保网络快速、稳定、安全地运行，确保用户数据安全与保密的安全保障体系。

1. 网络安全设计的内容

网络安全系统设计一般从线路与设备的安全、系统运行的安全、软件和数据的安全、网络互连的安全等四方面进行考虑。

① 线路与设备的安全：线路与设备的安全应从网络传输线缆的敷设、网络设备的性能和质量、供电系统、防雷接地保护系统等方面综合考虑。

② 系统运行的安全：系统运行的安全应从网络设备与链路的冗余设计、防病毒防攻击措施、上网行为管理措施、上网身份认证、访问权限设置以及网络运行常用技术配置等方面综合考虑。

③ 软件和数据的安全：软件和数据的安全应从数据防攻击、防篡改、防盗窃，数据容错方案（如采用计算机集群或热插拔技术或磁盘阵列或磁盘镜像技术），数据备份方案等方面综合考虑。

④ 网络互连的安全。网络互连的安全主要的考虑问题是：内网与外网是否实行物理隔离，在网络中哪些位置部署下一代防火墙、入侵检测与防御系统、应用防护系统、上网行为管理系统等网络安全设备。

2. 网络安全设计的方法

进行网络安全设计的一般方法如下。

① 分析安全风险：主要从物理安全、网络安全、系统安全、数据安全及管理安全等方面进行分类分析。

② 制定安全策略：针对安全风险分析，制定物理安全策略、系统运行安全策略、网络访问安全策略、网络信息加密策略和网络管理安全策略等。

③ 设计安全机制：根据用户的实际需求和制定的安全策略，设计具体的、严密的安全机制。这些安全机制能在网络设备和安全设备中实现与配置，如配置 STP 和 ACL 等。

④ 部署安全设备：根据制定的安全策略和安全机制，选择合适的安全技术及其安全设备，设计安全设备的部署方式与方法，并进行详细的配置。

7.6 网络服务与应用设计

网络服务与应用是网络建设的目标，网络建成后能够提供哪些基本服务和业务应用服务，是用户最关心的问题。在进行规划与设计时，要根据用户的应用需求和资金投入来确定。从网络建设的角度来看，这些服务功能和业务应用主要体现在应用服务器、存储设备、网络操作系统、网络数据库和网络应用软件上。

网络应用服务器包括网络基本功能服务和业务应用服务两大类服务器。执行基本服务功能的服务器主要有 Web 服务器、DNS 服务器、DHCP 服务器、E-mail 服务器、FTP 服务器等；执行业务应用服务功能服务器的配备要根据用户的业务应用需求而定。

存储设备的配备要根据用户业务应用的数据量确定，可以从近期、中期和远期分段设计。存储设备的类型与构建模式要根据用户业务数据的访问量确定。

网络操作系统能方便有效地管理和配置网络共享资源，为网络用户提供所需要的各种服务。网络操作系统在很大程度上决定整个网络的性能。网络操作系统的选用应该能够满足计算机网络系统的功能要求和性能要求。一般要选用网络维护简单，具有高级容错功能，容易扩充和可靠，以及具有广泛的第三方厂商的产品支持、保密性好、费用低的网络操作系统。目前可选择的网络操作系统有 Windows Server 2008/2016、Linux 和 UNIX 等。

网络数据库方案包括选用什么数据库系统和据此而建的本单位数据库。目前流行的数据库系统有 Oracle、Infomix、Sybase、SQL Server、MySQL Server、DB2 和 Access 等。在 UNIX 平台上，在数据库的稳定性、可靠性、维护方便性和对系统资源的要求等方面，Infomix 数据库总体性能比其他数据库系统要好。而在 Windows Server 2008/2016 平台上，SQL Server、Oracle 与系统的结合比较完美。在建立数据库时，应尽量做到布局合理、数据层次性好，能分别满足不同层次管理者的要求。同时，数据存储应尽可能减少冗余度，理顺信息收集和处理的关系。不断完善管理，符合规范化、标准化和保密原则。

网络系统的应用软件和工具软件等的配备要根据用户的实际业务需要来选定。

7.7 网络中心机房设计

网络中心机房是网络运行和管理的心脏，网络的所有核心设备、业务应用系统的服务器、存储设备等都部署在中心机房，因此，建设高标准的网络中心机房是确保网络系统安全、稳定、可靠的重要环节。网络中心机房设计主要包括机房选址、机房布局、机房环境、空调系统、供电系统、接地系统、消防系统、监控系统、动环系统和机房综合布线等 10 方面。

1. 机房选址

在选择网络中心机房的位置时，要注意以下 6 方面。

① 机房应尽量建立在建筑的中心位置，要充分考虑布线的距离与地理因素。

② 机房选址应避开垃圾房、厨房、餐厅和灰尘多、易燃易爆、具有腐蚀性有害化学气体、容易引起水渗漏的区域，同时要考虑空调排水问题。

③ 机房应避免选择在建筑物的顶层、底层、四面角落等易漏雨、渗水和易遭雷击的单元。

④ 机房周围没有强电场强磁场干扰、要远离高压输电线、雷达站、无线电发射台、微波站、较强的振动源和噪音源。

⑤ 机房的面积一般设计为设备占用面积的 5～7 倍为宜。净高应按考虑地面防静电活动地板的高度、机柜的高度、顶部气体灭火、送排风管线高度、管线交叠的高度，以及横梁的高度等。

⑥ 机房的位置还要考虑机房设备、精密空调、防火设备等在安装时是否能顺利进出。

2. 机房布局

网络中心机房的布局可以按照设备的功能进行划分，如按网络设备、服务器与存储设备、供电系统、空调新风系统和网络管理划分为五个功能区，如图 7-9 所示。也可以按照网络的类型进行划分，如按照内网、外网、保密网、存储区域网络、供电系统、空调新风系统和网络管理划分为七个功能区。在设计时，根据用户的实际情况确定网络中心机房的布局。

图 7-9　网络中心布局示意

3. 机房环境

中心机房作为整个网络的枢纽，对环境的要求较高，机房环境设计主要包括以下 4 方面：地面、墙面和顶棚、门窗、照明和应急灯等。

① 地面。机房地面一般要先做防水防尘处理，再安装全钢防静电无边活动地板。地板的承重量设计必须满足机房设备的荷载要求，必要时设计加装承重架。地板的高度设计要考虑综合布线的管槽、空调的下送风管道与进出水管安装。

② 墙面和顶棚。机房的墙面应选择不易产生尘埃、也不易吸附尘埃的材料涂裱墙面，或采用石膏彩钢板进行装修。机房顶棚最好加装吊顶，既可调温、吸音，也可方便安装管线和设备。吊顶的高度要综合考虑各种线缆的敷设、空调上送风管道安装、照明灯具和消防管道器件的安装。

③ 门窗。机房的房门必须是防火防盗门,其宽度设计要考虑机房设备的进出。机房窗户应具有良好的密封性,以达到隔音、隔热、防尘的目的。

④ 照明和应急灯。机房应有一定的照明度但不宜过亮,要求照度大,光线分布均匀,光线不能直射。按照国家标准,机房在离地面 80 cm 处的照明度应为 150～200 lx。在有吊顶的房间可选用嵌入式荧光灯,而在无吊顶的房间可选用吸顶灯或吊链式荧光灯。机房应考虑安装单独的应急灯,或安装由 UPS 电源供电的照明灯。

4. 空调系统

机房空调系统包括温湿度控制与新风控制两部分。机房的温度一般要求保持为冬季 20℃±2℃、夏季 22℃±2℃,相对湿度保持为 50%±5%,因此在设计空调容量时,通常需要考虑设备发热量、机房照明的发热量、机房人员的热量、机房外围结构和空气流通等因素,通常采用公式 $K=(100～300)×\sum S$(卡路里)来计算空调的容量 K。其中,$\sum S$ 为机房面积。目前,一般采用精密空调;若采用普通空调,则必须加装来电自动启动装置。

机房内也要保持空气新鲜,因此一般设计机房新风系统,定时为室内输送新鲜空气。

5. 供电系统

网络中心机房的供电系统要按照《电子计算机场地通用规范》的有关规定进行设计,要力求设计合理,满足设备供电需求、运行稳定可靠、使用安全、维修方便。

(1)电力负荷等级

国家电力部门依照用电设备的可靠程度将电力负荷分为三个等级,一级负荷是要建立不停电系统的一类供电,二级负荷是要建立带有备用供电系统的二类供电,三级负荷是普通用户供电系统的三类供电。中心机房采用哪个供电等级,要根据计算机网络系统的工作性质和用户的业务要求来确定。这是供电系统设计的重要一步。

(2)供电系统负荷计算

供电系统负荷的计算(也叫负载功率的确定)通常有实测法和估算法两种计算方法。实测法是指在通电的情况下测量负荷电流,如果负载为单相,就以相电流与相电压乘积的 2 倍作为负载功率;如果负载为三相,就以相电流与相电压乘积的 3 倍作为负载功率。估算法是将各单项(设备)负载功率相加,用所得的和乘以保险系数作为总的负载功率,保险系数一般取 1.3 为宜。用上述方法计算的总负载功率再加上为以后设备扩容所留的余量,就是最终确定的总负载功率的设计参数。配电设备、稳压设备、进线或出线的线径都应以此为依据进行选材设计。电源线的线径通常按 $1\,mm^2$ 的线径不超过 6 A 电流的标准进行设计。

(3)配电系统设计

目前,我国低电压供电系统标准采用的是三相四线制,即相电压与频率相同,而相位不同,三相额定线电压为 380 V,单相额定电压为 220 V,频率为 50 Hz。因为网络中心机房的网络设备、服务器和存储设备要求不间断供电,所以网络中心机房配电系统一般设计为双路电源供电,一路为市电,采用三相四线制或单相三线制,另一路为不间断电源系统,即 UPS。网络设备、服务器和存储设备由 UPS 供电,空调、新风机、除湿机等辅助设备由市电直接供电。UPS 的功率要根据所供设备总负荷功率和保证不间断供电的时间综合考虑确定。配电系统的结构如图 7-10 所示。

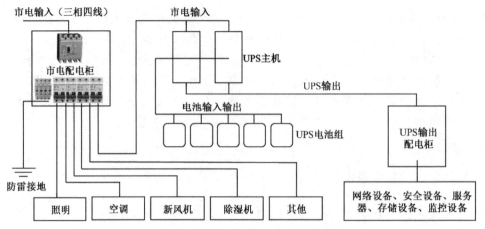

图 7-10　网络中心机房配电系统的结构

（4）供电系统的安全

供电系统的安全意味着要尽量避免电源系统的异常对网络设备造成损坏。因此，在设计网络中心机房配电系统时，要注意以下几个问题：

① 用电设备过载。设计配电系统时，对用电的负荷量要留有充分的余量，防止因用电过荷使电力线发热而引发火灾。对 UPS 和交流稳压电源的功率也要有足够的余量。

② 电气保护措施。为了防止供电系统故障而危及网络设备的安全，在设计配电系统时采取必要的电气保护措施，如安装功率匹配的空气开关、过压保护和过流保护装置等。

③ 电力线及电源插座的安装，即明确供电系统的施工必须严格按规范操作。

6．接地系统

所谓接地，就是设备的某部分与土壤之间有良好的电气连接，与土壤直接接触的金属导体称为接地体或接地极，连接接地体和设备接地部分的导线称为地线。网络中心机房的接地保护系统包括电源接地系统、防雷保护接地系统和防静电屏蔽保护接地系统。

（1）电源接地系统

机房供电系统的接地通常包括交流接地、直流接地和保护接地。交流接地是将交流电电源的地线与大地相接，其接地电阻要小于 3Ω。直流接地就是将直流电源的输出端的一个极（负极或正极）与大地相接，使其有一个稳定的零电位，直流接地电阻不得大于 1Ω。保护接地通常是指各种设备的外壳与地线相接，其作用是屏蔽外界各种干扰对网络设备的影响，同时防止因漏电造成人身安全，其接地电阻要小于 1Ω。

（2）防雷保护接地系统

防雷保护接地是将自然界的雷电电流通过地线漏放，以避免雷电瞬时产生的极高电位对网络设备造成影响。防雷保护接地电阻要小于 10Ω，而且为了防止防雷接地对其他接地的影响，要求防雷接地点与其他接地点的距离大于 25 m。防雷保护接地系统通常设计采用四级防雷防浪涌系统：第一级是大楼总配电房一级防雷；第二级是在机房配电柜供电系统的电源进线处安装 SPD（Surge Protection Device，浪涌保护器，又称为防雷器），连接线尽可能短而直；第三级在机房 UPS 输入端安装 SPD；第四级是在机柜安装 PDU（Power Distribution Unit，具备电源分配和管理功能的电源分配管理器，即电源插座）。SPD 和 PDU 的外形如图 7-11、图 7-12 所示。

图 7-11　SPD　　　　　　　　　　　　图 7-12　PDU

（3）防静电屏蔽保护接地系统

防静电屏蔽保护接地：一是将各种传输线缆中的屏蔽层连接到一起，再连接到地线上；二是在中心机房建立防静电地网，既保证人身、设备的安全，又给机房内游离电子一个顺畅通路。

防静电屏蔽保护接地和电源保护接地设计方法：通常在机房防静电地板下用 3～4mm 宽的紫铜条制作成环形等电位接地汇流排（如图 7-13 所示），将机房金属门窗、顶面龙骨、墙面龙骨、防静电地网、防静电地板的金属支架、机房内各种线路的金属屏蔽管、各种电子设备的金属外壳、机架、金属管槽、金属软管、金属接线盒等全部与接地汇流排连接，再用线径为 6～10mm 的铜线或厚 5mm、宽 10mm 的钢带与接地网连接。

（4）地线的制作方法

地线的制作方法很多，一种比较简单的接地网制作方法如图 7-14 所示，接地网采用尺寸为 400mm×500mm×60mm 的 PTD-3 接地模块制作而成，水平接地体采用 25mm 宽的铜排。将接地网埋入 1.2～4m 深的坑内，在坑中放入一些如粗盐或木炭之类的降阻材料，再在接地网上焊接一条 20mm 宽的铜排引出地面并固定在大楼的墙壁上，然后用线径为 6～10mm 的铜线或厚 5mm、宽 10mm 的钢带引入机房。

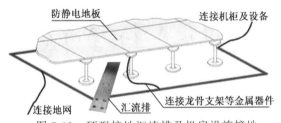

图 7-13　环形接地汇流排及机房设施接地

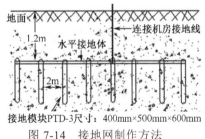

图 7-14　接地网制作方法

7．消防系统

网络机房消防系统一般设计采用七氟丙烷（HFC-227ea）灭火系统，主要由自动灭火控制系统、火灾自动探测系统、火灾报警系统和灭火装置组成。网络机房消防系统分为柜式和管网式两种，如图 7-15 和图 7-16 所示。

七氟丙烷是一种化学方式灭火的洁净气体灭火剂，具有如下特征：

❖ 一种无色、无味、低毒的气体，特别是对臭氧层的耗损潜能值（ODP）为 0，对大气层无破坏作用，符合环保要求，可用于有人区域。

❖ 以化学方式灭火，是新型高效低毒的灭火剂，它的灭火浓度低，使用量少，钢瓶体积小。

❖ 不导电、不含水，不会对电器设备、磁带、资料等造成损害，不污染被保护对象。

图 7-15　柜式七氟丙烷灭火系统

图 7-16　管网式七氟丙烷灭火系统

七氟丙烷自动灭火系统采用全淹没系统灭火方式，即自动报警系统将监测的信号传送给灭火控制主机，自动灭火控制系统采取相应处理措施，在短时间内喷射一定浓度的七氟丙烷，切断燃烧链，将保护区内的火扑灭。

8．机房综合布线

机房综合布线是指对进出机房和机房内的各种光纤、双绞线、大对数线、供电电缆等进行综合布线，线缆的敷设方式有下走线方式和桥架敷设方式。下走线方式是线缆通过安装于地板下的金属管槽（或金属网，或 PVC 管槽）有序敷设，如图 7-17 所示。桥架敷设方式是线缆通过安装于吊顶内的金属（或 PVC）桥架有序敷设，如图 7-18 所示。

图 7-17　机房综合布线下走线方式

图 7-18　机房综合布线桥架敷设方式

7.8　网络运维与管理方案

网络运维与管理主要包括四方面：网络系统运行维护、网络机房环境管理、网络系统文档资料管理和网络管理规章制度。

1．网络系统运行维护

网络运行维护（简称"网络运维"）是对网络系统的日常运行进行全方位监管，做到及时发现网络故障设备和链路故障点，及时进行维护，确保网络系统稳定运行。维护的内容主要包括：故障维护、计费管理、配置管理、性能管理和安全管理。故障维护是指网络系统出现异常时的维护操作；计费管理用于记录网络资源的使用情况和费用；配置管理是定义、收集、监测和管理配置数据的使用；性能管理是收集和统计系统运行与提供服务的数据；安全管理则是指网络系统出现安全危险时的维护操作。

2．网络机房环境管理

网络机房环境管理主要对网络机房的动力系统、环境系统、安防系统和消防系统等进行实时监控管理。动力系统包括供电设备与线路、UPS 主机与电池、开关温度等；环境系统包括新风设备、空调设备、室内温湿度、房顶漏水或空调漏水、室内照明等；安防系统包括机房的门磁、门禁和视频监控等，消防系统包括消防报警主机、监控器等。

在网络工程实际应用中，一般是将网络系统运行维护与网络机房环境管理综合在一起设计，对于规模较大的网络中心机房，可以设计部署动环系统；对于一般的机房，可以考虑采用机房监控系统和网络管理软件。这样可以对网络系统的运行和环境进行全方位、直观化的管理，及时处理安全隐患和系统故障等。

（1）动环系统

动环系统（即机房动力环境监控系统）是指通过 TCP/IP 网络、RS-232/RS-485 总线等，实现对中心机房或分散于不同地域的机房等场地内的动力系统（配电设备、UPS 主机与电池、开关温度等）、环境系统（新风、空调、温湿度、漏水、照明等）、安防系统（门磁、门禁、安防探头、摄像机等）、消防系统（消防报警主机、监控器等）以及所有网络设备（交换机、路由器、防火墙、服务器、存储设备等）进行有效的集中监测和控制。动环监控系统对所监控的设备具有完善的监测功能，能够实时监测设备的运行状态，检测到设备出现故障时，对设备故障情况进行有效分析和存储，并结合机房的管理策略，对发生的各种故障情况给出处理信息和快速报警，帮助机房管理与维护人员及时了解设备的运行情况。快速报警方式有实时声光报警、电话语音报警、屏幕报警、邮件报警和短信报警等。动环系统能够对报警的记录进行存储，查询和打印，方便事后进行故障分析和诊断，进行责任人员分析。动环系统还具有多样化的控制功能，提供报警联动控制功能，可以让一些发生故障设备自动停止运行；提供定时控制功能，可以辅助用户根据时间段调整设备的运行状态。其拓扑结构如图 7-19 所示。

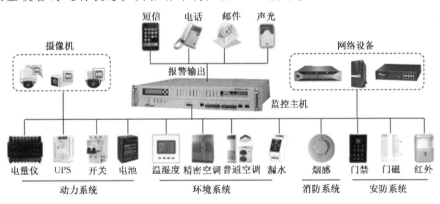

图 7-19　机房动环系统拓扑结构

（2）机房监控系统

机房监控系统是指对机房内部、门禁实行全覆盖视频监控。机房监控系统一般由网络高清摄像机、网络高清硬盘录像机、网络存储设备、高清解码器、显示器（或拼接屏）以及配套的视频监控管理软件平台组成，其拓扑结构如图 7-20 所示。

（3）网络管理软件

目前比较优秀的网管软件有华为公司的 eSight、Intel 公司的 Lan Desk Management Suite、锐捷公司的 StarView 和 HP 公司的 OpenView 等。

3. 网络系统文档资料管理

网络系统文档资料管理是指对网络系统的重要文档和保密文档进行严密管理，主要

图 7-20　机房监控系统拓扑结构

包括：网络拓扑结构图，综合布线系统主干线缆敷设平面图，建筑物综合布线系统图与平面图，综合布线系统标识编码系统，网络设备的名称、品牌、型号、规格、编号、安装位置、购买的日期、登录用户名和密码、详细配置命令，IP 地址规划与分配方案，VLAN 划分方案，以及接入 Internet 方式等。

4．网络管理规章制度

网络管理与维护制度要与用户共同设计，既要制度严密，不留漏洞，也要符合用户的实际情况，做到有章可循，违者必罚。

7.9　网络设备选型与安装

网络设备选型也称为网络系统物理设计，网络系统的设备一般包括服务器、路由设备、交换设备、接入设备、互连设备、安全设备和网络布线设备等，各种设备的选配应该根据网络的规模和应用需求合理地进行选择和配置，同一类设备要尽量选购同一品牌的产品，以便于进行系统集成、功能配置和运维管理。

网络设备安装位置设计要综合考虑网络系统拓扑结构、网络工程综合布线、网络信息与网络设备安全、网络设备之间的间隙、供电线路安装、通风散热等多种因素。

7.10　网络系统集成与配置

网络系统集成与配置的设计内容主要有如下 3 方面。

① 全网互连方案。即将网络设备、安全设备、服务器及存储设备、终端设备与综合布线线缆规范连接，并进行标识。

② 配置方案与配置命令。即对网络设备、安全设备、服务器及存储设备、终端设备进行配置，并写出完整的配置命令。

③ 全网测试方案。即全网设备通电，进行网络系统试运行。

7.11　网络规划与设计实例

本节是针对 7.2.3 节 A 高校校园网络建设实例，对 A 高校校园网络系统建设技术方案作简要规划与设计，叙述主要内容。在本章"工程案例空间"中有完整的技术设计方案，读者可扫描相应的二维码进行自主学习。

7.11.1　网络系统设计

根据 A 高校校园网络建设需求分析，A 高校校园网建设任务和内容按照网络系统与运行平台、网络安全与管理平台、网络服务与应用平台三方面进行建设。具体建设内容如图 7-21 所示。

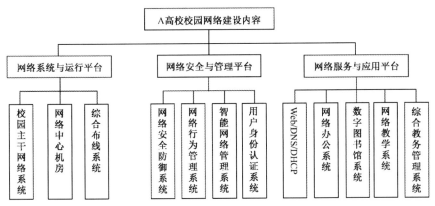

图 7-21　A 高校校园网建设内容

1. 总体设计方案

根据 A 高校教学与办公的实际需求，将校园网络系统设计为基于 TCP/IP 的园区级千兆以太网，整个网络系统采用核心层、汇聚层和接入层三层拓扑架构，按照三个层次设计并选配相应的网络设备。主干网络系统全部采用 1000 Mbps 多模光纤互连，核心交换机与汇聚交换机之间均设计 1 条冗余链路；汇聚交换机与接入交换机采用 1000 Mbps 多模光纤互连，接入交换机到用户桌面计算机采用 100 Mbps 双绞线连接。网络出口设计为电信百兆和 CERNET 百兆双出口光纤互连，并采用防火墙技术阻隔外网的攻击，防止来自不明入侵者的所有通信。

（1）核心层

核心层设在网络中心机房，网络中心机房设在实验楼的第 4 层。

考虑到校园网现有的规模和今后的扩展，核心层选用 1 台华为 S7706 千兆模块化三层交换机作为网络核心交换机，负责校园网内以及内网与外网之间的信息交换。

华为 S7706 是一台多业务模块化路由核心交换机，提供热插拔的冗余管理模块和冗余电源模块，全面支持 IPv6 的各种技术，能够平滑扩展到 IPv6 网络。本次设计将校园网安全设备直接与核心交换机互连，再加上数据中心、汇聚层等互连的实际需求，设计配置 1 块 12 个千兆电口模块、1 块 12 个千兆光口模块、2 个热插拔冗余电源模块；并利用 S7706 对整个校园网统一进行 VLAN 划分和管理，实现网络流量控制和网络安全隔离的需求。

（2）汇聚层

将整个校园网分为 3 个汇聚区：综合办公楼和后勤服务中心为 1 个汇聚区，汇聚交换机安装在综合楼第 1 层设备间；教学楼、图书馆、实验楼和学生活动中心为 1 个汇聚区，汇聚交换机安装在网络中心机房；学生宿舍为 1 个汇聚区，汇聚交换机放在 3 号学生宿舍楼的第 1 层设备间。各汇聚区配置 1 台华为 S7703 三层交换机作汇聚交换机，上连至核心交换机，下连至本汇聚区内的各楼宇的接入交换机，均采用光纤千兆连接。

（3）接入层

接入层设备安装在各楼层的电信间，楼层之间设计有弱电井，可根据各大楼的实际情况设计设备间的位置。接入交换机设计采用华为 S5720-28P-LI-AC 二层可堆叠接入交换机，1000 Mbps 上连至汇聚交换机，100 Mbps 下连至本楼层的桌面计算机。

（4）网络传输线路

网络主干设计采用 1000 Mbps 多模光纤连接到汇聚交换机和各楼栋的接入交换机，从接入交换机到桌面终端设计采用 6 类非屏蔽双绞线。

（5）与 Internet 互连

根据需求分析，设计采用 100 Mbps 光纤接入方式将校园网同时与 Internet 和 CERNET 互连，由 Internet 服务提供商（中国电信）和中国教育科研网提供商各提供 1 条 100 Mbps 光纤接入网络中心机房的华为 AR1220F 路由器，再通过华为 USG6570 防火墙接入核心交换机 S7706，路由器负责路由选择和网络地址转换，防火墙负责网络安全。

（6）网络安全与管理

根据网络安全需求，设计部署 1 台华为 USG6570 防火墙作为网络接入保护；设计部署 1 台 NIP6610 入侵防御与检测系统，防止来自外网的攻击；设计部署 1 台 KingGate 上网行为管理，防止来自内网的攻击；设计部署 1 台华为 SVN5630 VPN，方便学校教职员工远程访问校园网内的各种资源，进行身份认证。

（7）网络服务与应用数据中心

根据网络应用需求，设计部署 10 台 Dell R710 服务器，分别作为 Web 服务器、网络办公系统服务器、网络课程中心服务器、科研管理服务器、综合教务管理系统服务器、数字资源服务器、图书馆管理系统服务器、信息门户身份认证服务器、智能网络管理服务器等。所有服务器放置在网络中心机房组建成服务器群。

（8）网络性能与可靠性

为了提高网络的安全性、可靠性和可用性，在网络相关设备中做如下配置：

① 在路由器上配置策略路由、默认路由和网络地址转换，实现内网和外网的互连。

② 在路由器、防火墙和三层交换机上配置 RIPv2 协议，实现内网互通。

③ 在防火墙上配置网络访问规则，加强网络的安全防护和数据流量的限量。

④ 在核心交换机上配置 DHCP 服务，使整个网络可动态分配 IP 地址。

⑤ 在交换机上配置 VLAN、生成树协议和链路聚合等，以控制网络广播和实现链路的冗余备份。

2．网络拓扑结构

根据总体设计方案，A 高校校园网络拓扑结构如图 7-22 所示。

3．IP 地址规划方案

A 高校校园网 IP 地址实行内网与外网分开，外网向 IP 地址管理机构申购 5 个公有地址：218.75.180.137～218.75.180.141，子网掩码为 255.255.255.248，网关为 218.75.180.129，DNS 为 222.246.129.81。内网采用 C 类私有地址 192.168.0.0/24～192.168.255.255/24。内网与外网之间的通信通过网络地址转换技术实现。

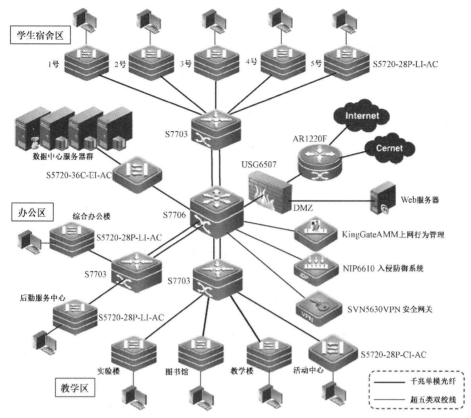

图 7-22　A 高校校园网络拓扑结构

4．VLAN 设计及其 IP 地址分配

A 高校校园网采用如下 VLAN 的设计方案：

① 按部门性质、楼栋或楼层设置 VLAN，每个 VLAN 内的主机数不超过 254 台。

② 由核心交换机统一划分管理 VLAN，采用基于交换机端口的方式划分 VLAN。

③ 设计一个管理 VLAN，对全校的交换机、路由器、防火墙、上网行为管理系统等网络设备的 IP 地址进行统一管理。

④ 服务器划分在同一个 VLAN。

⑤ VLAN 的 IP 地址分配，按照 C 类地址网段进行分配。

校园网所有 VLAN 的设计及其 IP 地址分配如表 7.3 所示。

7.11.2　网络综合布线系统设计

1．设计范围及要求

本次综合布线系统的范围包括两部分：一是南校区的每栋楼宇内的数据线、语音线的布线；二是从网络中心到每栋楼宇之间的主干光缆布放，网络中心机房位于实验楼第 4 层，综合办公楼、教学楼、图书馆、每栋学生宿舍楼、学生活动中心和后勤服务中心各布放 1 根主干光缆，连接到网络中心机房。

本次综合布线系统设计遵循《综合布线工程系统设计规范》（GB50311—2016）及其他有关现行国家标准、行业标准和地方标准。

表 7.3 校园网所有 VLAN 规划

序号	VLAN 号	VLAN IP 地址/掩码	默认网关	主机用户
1	1	192.168.1.0/24	192.168.1.254	管理 VLAN
2	2	192.168.2.0/24	192.168.2.254	服务器
3	3	192.168.3.0/24	192.168.3.254	管理 PC
4	10	192.168.10.0/24	192.168.10.254	综合楼办公楼
5	11	192.168.11.0/24	192.168.11.254	后勤服务中心
6	21	192.168.21.0/24	192.168.21.254	教学楼办公
7	22	192.168.22.0/24	192.168.22.254	教学楼教室
8	23	192.168.23.0/24	192.168.23.254	图书馆办公
9	24	192.168.24.0/24	192.168.24.254	电子阅览室
10	25	192.168.25.0/24	192.168.25.254	学生活动中心
11	26	192.168.26.0/24	192.168.26.254	实验楼办公
12~21	30~39	192.168.30.0/24~192.168.39.0/24	192.168.30.254	机房
22~27	411~416	192.168.41.0/24~192.168.46.0/24	192.168.41.254	#1 学生宿舍楼 1~6 层
28~33	421~426	192.168.47.0/24~192.168.52.0/24	192.168.47.254	#2 学生宿舍楼 1~6 层
34~39	431~436	192.168.53.0/24~192.168.58.0/24	192.168.53.254	#3 学生宿舍楼 1~6 层
40~45	441~446	192.168.59.0/24~192.168.64.0/24	192.168.59.254	#4 学生宿舍楼 1~6 层
46~51	451~456	192.168.65.0/24~192.168.70.0/24	192.168.65.254	#5 学生宿舍楼 1~6 层

2. 综合布线子系统设计

综合布线系统由工作区、配线子系统、干线子系统、建筑群子系统、设备间、进线间等组成。

① 工作区子系统：全部采用大唐 6 类非屏蔽信息模块和配套的信息插座面板，性能要求全部达到或超过国际标准 ISO/IEC11801 的指标。

② 配线子系统：水平线缆全部采用大唐 4 对 6 类优质非屏蔽双绞线，用于支持数据和语音传输。线缆从电信间配线架引出，经走廊吊顶内的金属线槽或桥架至室内墙上预埋暗管，连接到工作区和信息点的信息模块。

③ 干线子系统：数据传输线缆采用 6 芯单模室内光缆，语音传输线缆采用 25 对 3 类大对数电缆。所有线缆通过电信间金属桥架垂直布放。

④ 建筑群子系统：从中心机房到各楼宇设备间采用 1 根室外 8 芯单模或多模光纤组成校园主干网，其中 2 芯用于支持数据传输，2 芯用于支持语音传输，余下的 4 芯备用。中国电信的互联网光纤和市话光纤，以及中国教育与科研网的光纤全部进入网络中心机房。从中心机房到各楼宇敷设的光纤的直径为 100mm 的 PVC 管，直埋地下，在光纤的拐弯处和分支处都设置人孔井。建筑群子系统光纤用量见表 7.6。

⑤ 电信间设置：教学楼、图书馆、实验楼和综合办公楼每 3 层设置 1 个电信间，学生宿舍楼每层设置 1 个电信间，学生活动中心和后勤中心各设置 1 个电信间兼设备间。

⑥ 设备间设置：在每栋楼各设置 1 个设备间，实验楼设备间设置在网络中心机房。

⑦ 配线设备：采用三种配线架，分别连接光纤和铜缆。FD 采用大唐 6 类非屏蔽数据配线架端接水平侧支持数据与语音的 6 类非屏蔽双绞线，采用大唐 110 语音配线架端接干线侧大对数电缆。BD 采用大唐光纤配线架端接建筑群子系统主干光缆和干线子系统室内光缆，采用大唐 110 语音配线架端接干线侧大对数电缆。CD 采用大唐光纤配线架端接建筑群子系统骨干光缆。

3. 网络工程综合布线系统图纸设计

① 综合布线系统图。以综合办公楼为例，如图 7-23 所示。

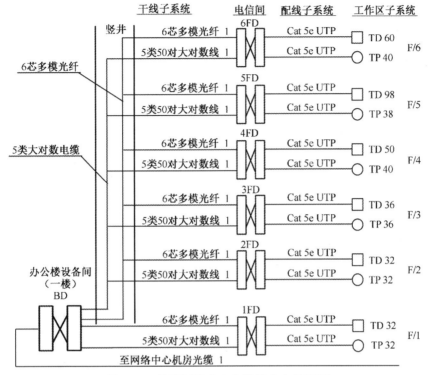

图 7-23 校园网综合办公楼综合布线系统

② 综合布线系统平面图。以图书馆一楼为例，如图 7-24 所示。

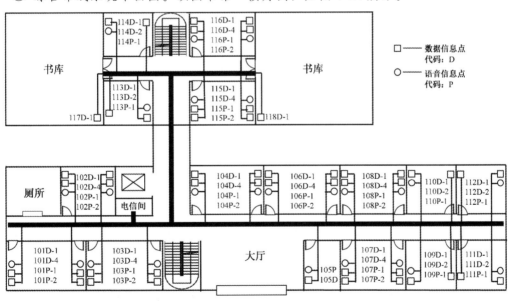

图 7-24 校园网图书馆一楼综合布线平面图

③ 综合布线系统主干光纤敷设平面图，如图 7-25 所示。

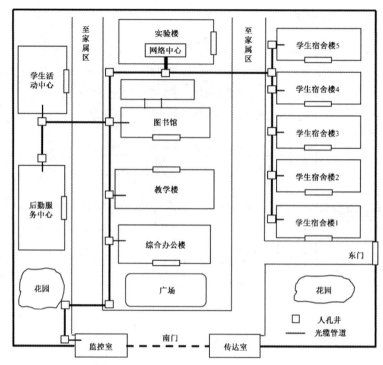

图 7-25　校园网主干光缆布线平面图

7.11.3　网络中心机房设计

网络中心位于实验楼第 4 层,面积约 120 m²,包括网络中心机房、网络管理与控制室和网络中心办公室。

1. 机房功能划分与布局

网络中心按功能划分为中心机房、控制室和办公室三个区域,如图 7-26 所示。

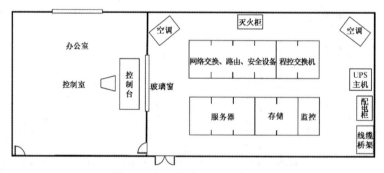

图 7-26　网络中心平面布局图

2. 供电系统

(1) 供电系统结构

根据需求分析,网络中心机房供电系统设计为双路电源供电。一路为市电,采用三相四线制,电源频率为 50 Hz,电压为 220 V 或 380 V。另一路为在线式不间断电源系统 UPS,当市电发生故障或停电时,自动切换到 UPS 供电,保证机房所有网络设备、安全设备、服务器、存储设备以及监控设备供电，使其正常运转 4 小时，电池组因楼板承重原因全部存放安装在一楼。

网络中心机房供电系统结构见图 7-10。

（2）UPS 供电系统

根据校园网络系统配置的网络设备、安全设备、服务器、存储设备和监控设备的容量，以及确保 24 小时不间断供电，UPS 供电系统设计采用 2 台山特三相 30 kVA 在线式 UPS，配置 100 AH 电池 64 节。

本套在线式 UPS 具有抑制电磁波干扰特性：市电、各类电力系统和电器设备等，皆含有大大小小的电磁波干扰，轻则影响电子设备正常运作，重则造成电子仪器的损坏。为了提高 UPS 工作保护，本次选购设备时考虑加装输入/输出 EMI 滤波板的设备，可高度有效抑制各种电力来源的电磁干扰。

3. 防雷接地保护系统

根据需求分析，校园网的网络中心机房设计两套分离的防雷接地地网系统：一套是供电系统防雷保护接地系统，另一套是设备防漏电安全保护和防静电屏蔽保护接地系统。其接地指标设计如下：

- ❖ 防雷保护接地：接地电阻<10 Ω。
- ❖ 交流工作接地：接地电阻<3 Ω。
- ❖ 安全工作接地：接地电阻<3 Ω。
- ❖ 设备防漏电安全保护和防静电屏蔽保护接地：接地电阻<1 Ω。

防雷保护接地采用四级防雷防浪涌接地系统，实现多极分流，层层限压，将线路上的瞬间过电压限制到一个安全的水平，在雷击发生时将雷电流泄放入防雷接地系统。四级防雷防浪涌接地系统结构图如图 7-27 所示。

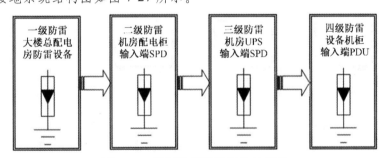

图 7-27　四级防雷防浪涌接地系统

电源接地与防静电接地系统，将电源的地线、机房中的所有金属顶棚、龙骨架、墙面、设备的金属外壳、金属管线、防静电地网、防静电地板的支架连接体全部接入该接地系统。

4. 消防系统

根据机房的平面面积，设计部署一套江西清华 QGG120/2.5-QH 120L 单柜七氟丙烷自动灭火系统，配置 1 台 QGG120/2.5-QH 120L 单柜七氟丙烷灭火装置、1 台报警与灭火控制器、3 台编码型声光报警器、6 只感烟探测器、6 只感温探测器、2 台手动控制器、2 个放气指示灯，以及压力信号器、电磁驱动装置等配件，如图 7-28 所示。

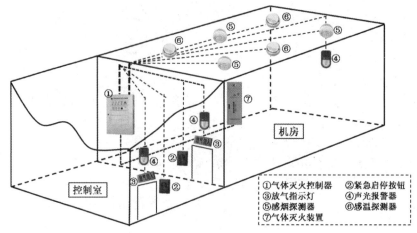

图 7-28　单柜七氟丙烷自动灭火系统部署

扫描二维码
进入"课程学习空间"

扫描二维码
进入"工程案例空间"

扫描二维码
进入"知识拓展空间"

思考与练习 7

1．网络规划与设计的原则和内容是什么？

2．在需求分析过程中应对已有网络的现状及运行情况进行调研，如果在已有的网络上制定新的网络升级建设规划，如何保护用户已有投资？

3．子网与 VLAN 有什么联系和区别？划分子网与划分 VLAN 有什么不同？

4．怎样进行 IP 路由设计？

5．怎样进行网络流量分析和网络服务质量分析？

6．综述报告：利用 ADSL 接入 Internet 的方式及其具体安装、配置方法。

7．综述报告：快速以太网、千兆位以太网、万兆位以太网的组建技术和配置方法。

8．综述报告：无线局域网、无线对等网、ADSL 无线接入的技术和方法。

9．综述报告：无线 AP 布点与统一管理的技术与方法。

10．综述报告：视频监控网络组建技术与方法。

11．根据 A 高校校园网络拓扑结构（见图 7-22）中对网络设备的选型和网络中心机房的设计，计算网络中心机房所需的电荷容量。

12．某大学除校本部以外，还有 6 个二级学院分别位于同一城市的 4 个园区中，其中 1 个二级学院和校本部在一个园区，1 个二级学院单独在一个园区，其他每 2 个二级学院在一个园区。校本部和每个二级学院都拥有 2000 台计算机，都要与 Internet 连接，建有 Web 网站，并为全校提供有关信息化服务。学校向有关部门申请到 IP 地址块 200.100.12.0/24。试为该大学设计校园网的 IP 地址分配方案。

13．编制某中学校园网络系统建设规划与设计书，具体需求由自己调查确定。

14．根据 A 高校校园网络拓扑结构（见图 7-22）、网络设备选型、校园网运行与应用需求，对网络设备进行配置，以使校园网互连互通，并能够与 Internet、中国教育网连通。

第8章　网络工程管理

网络工程管理贯穿网络工程实施的全过程，是确保网络系统建设质量的重要环节。网络工程项目从招投标开始到工程竣工验收，要经历网络工程设计、网络工程实施和网络工程竣工三个阶段，每个阶段都离不开精细化管理。本章以网络工程建设三个阶段为主线，阐述网络工程项目招投标管理、组织管理、施工管理、进度管理、质量管理、安全管理和文档管理的内容和方法。网络工程竣工验收则按照随工验收、初步验收和竣工验收三部分进行阐述，网络系统测试是网络工程竣工验收的主体，贯穿竣工验收的全过程，主要包括网络综合布线系统测试、网络设备测试和全网性能测试。

有关网络工程项目招标文件和投标文件的编写方法及范例分别在本章"知识拓展空间"和"工程案例空间"中介绍，读者可以扫描书中相应的二维码，进行自主学习。

8.1　网络工程招投标管理

招标和投标（简称招投标）是一种国际上普遍运用的、有组织的市场交易行为，是在进行大宗货物买卖、工程建设项目发包与承包、服务项目采购与提供时，所采用的一种交易方式。在这种交易方式下，通常是由项目采购（包括货物的购买、工程的发包和服务的采购）的采购方作为招标方，项目的提供方作为投标方。国际招投标与国内招投标的不同之处是，国内招投标要遵循《中华人民共和国招标投标法》《中华人民共和国招标投标法实施条例》《中华人民共和国政府采购法》《中华人民共和国政府采购法实施条例》以及其他相关法律法规的规定实施招标投标活动；国际招投标要遵循世贸采购条例及国际行业法则进行招标投标活动。

目前，我国实行招投标的类型主要有建筑工程类招投标和政府采购类招投标两大类，政府采购类招投标的适用范围包括工程建设、货物采购、服务需求、合作经营和大宗商品交易等，网络工程建设属于政府采购类招投标。所以，下面主要叙述政府采购类招标、投标、开标和评标的有关概念和方法。

8.1.1　招标

招标是指采购方（业主、买方、甲方，以下统称招标人）通过发布招标公告或者向一定数量的特定供应商或承包商发出招标邀请书等方式发出招标采购的信息，说明采购项目（货物、工程或服务）的范围、性能指标、数量、质量与技术要求、交货期、竣工期或提供服务的时间、供应商（承包商、卖方、乙方，以下统称投标人）的资格要求等具体内容，由有意提供采购所需货物、工程或服务的报价及其他响应招标要求条件的投标人在规定的时间、地点，按照一定的程序参加投标竞争，并与相应条件对招标人最为有利的投标人签订采购合同的一种行为。

1. 招标的方式

政府采购招标主要有公开招标、邀请招标、竞争性谈判、单一来源采购、询价采购和竞争性磋商等6种方式。

① 公开招标。公开招标是一种无限竞争性招标。采用这种方式时，招标人要在国内主要报刊、指定的网站或其他媒体上刊登招标公告，凡对该项招标内容有兴趣的法人、企业单位或者其他组织均可以购买招标文件，作为投标人参加投标竞争，招标人从中择优选择中标投标人。

公开招标是政府采购的主要招标方式。

② 邀请招标。邀请招标是一种有限竞争招标，招标人不发布招标公告，而是根据采购项目的特点选择若干供应商或承包商，向其发出招标邀请书，邀其作为投标人参加投标竞争，招标人从中择优选择中标投标人。

符合下列情形之一的货物或者服务，可以采用邀请招标方式采购：

❖ 具有特殊性，只能从有限范围的供应商处采购的。

❖ 采用公开招标方式的费用占政府采购项目总价值的比例过大的。

③ 竞争性谈判。竞争性谈判方式基本上与公开招标相同，不同的是，全部满足招标人的条件且合理投标价最低的投标人为中标投标人。

符合下列情形之一的货物或者服务，可以采用竞争性谈判方式采购：

❖ 招标后没有供应商投标或者没有合格标的或者重新招标未能成立的。

❖ 技术复杂或者性质特殊，不能确定详细规格或者具体要求的。

❖ 采用招标所需时间不能满足用户紧急需要的。

❖ 不能事先计算出价格总额的。

④ 单一来源采购。单一来源采购是一种非竞争性的招标。招标人根据采购项目的特殊性只邀请一家供应商或承包商进行商务和技术谈判，谈判成功，签订合同。

符合下列情形之一的货物或者服务，可以采用单一来源方式采购：

❖ 只能从唯一供应商处采购的。

❖ 发生了不可预见的紧急情况，不能从其他供应商处采购的。

❖ 必须保证原有采购项目一致性或者服务配套的要求，需要继续从原供应商处添购，且添购资金总额不超过原合同采购金额10%的。

⑤ 询价采购。询价采购是直接向三家以上政府采购协议供应商发出询价通知书和采购货物清单，接到采购清单的供货商在规定的时间内返回供货报价，价格最低的供货商为中标投标人。

若采购货物的规格、标准统一，现货货源充足且价格变化幅度小的政府采购项目，可以采用询价方式采购。

⑥ 竞争性磋商。竞争性磋商是指采购人、政府采购代理机构通过组建竞争性磋商小组与符合条件的投标人就采购货物、工程和服务事宜对投标人提交的响应文件和报价进行评审与磋商，采购人从磋商小组评审后提出的候选投标人名单中确定中标投标人。

符合下列情形之一的项目，可以采用竞争性磋商方式采购：

❖ 政府购买服务项目。

❖ 技术复杂或者性质特殊，不能确定详细规格或者具体要求的。

❖ 因艺术品采购、专利、专有技术或者服务的时间、数量事先不能确定等原因，不能事先计算出价格总额的。

❖ 市场竞争不充分的科研项目，以及需要扶持的科技成果转化项目。

❖ 按招标投标法及其实施条例必须进行招标的工程建设项目以外的工程建设项目。

2. 招标的程序

招标过程可以由招标人自己组织，也可以委托招标代理机构组织完成，招标的程序如下：

（1）招标人编制计划，报政府采购管理部门审核。

（2）政府采购管理部门与招标代理机构办理委托手续，确定招标方式。

（3）招标代理机构进行市场调查，与招标人确认采购项目后，编制招标文件，并组织专家评审。

（4）招标代理机构发布招标公告或发出招标邀请书。

（5）招标代理机构出售招标文件，对有意参与投标的投标人资格进行预审。

（6）临时组成评标委员会，或谈判小组，或询价小组，或磋商小组。

（7）在公告或邀请书中规定的时间、地点接受投标人的投标书，组织开标评标。

（8）由评标委员会（谈判小组）对投标人的资格进行审核，对投标文件进行评审。

（9）依据评标原则、标准及程序确定中标候选人，并至少公示 7 个工作日。

（10）招标代理机构向中标人发送中标通知书。

（11）政府采购管理部门、招标代理机构组织中标人与招标人签订合同。

（12）政府采购管理部门进行合同履行的监督管理，解决中标人与招标人的纠纷。

8.1.2 投标

投标是指投标人应招标人的邀请，按照招标文件规定的要求，在规定的时间和地点主动向招标人递交投标文件和相关资料，并以中标为目的的行为。

1. 投标工作流程

投标工作是决定能否中标的关键，有时一个很小的疏忽，就会失去中标的机会，因此，一定要根据招标文件的具体要求和项目的实际情况做好投标工作。

投标工作的一般流程如下。

（1）前期工作

对于一个招标项目，是否有意参与投标，需要对该项目做前期调查，包括项目内容、工期、资金到位情况等，对照调查了解的情况，并结合自身实际，决定是否适合投标。

（2）投标报名

若有意参与投标，则要按照招标公告的要求，认真准备报名资料，在规定的时间内到指定地点办理报名手续，购买或者从指定的网站下载招标文件。对于报名资格，如果是资格预审，就需要带全所要证书证件的原件和复印件；如果是资格候审，就要按资格候审的要求办理。

为了防止投标人在投标后撤标或在中标后拒不签订合同，并确保中标投标人能够按期保质完成项目的内容，招标人通常可以要求投标人交纳一定数量的投标保证金，投标人必须在报名期内按要求以转账汇款的方式将投标保证金转入指定的账户，否则没有资格参加投标。

（3）勘测现场

对于工程类或服务类项目，勘测现场是一项必不可少的程序。这是获取编制投标文件时所需数据的重要方式。招标人在投标报名结束后，一般会按招标文件的要求组织投标人进行现场勘测，进一步明确招标项目的内容与要求，解答投标人提出的问题，并形成书面材料，报招标投标监督机构备案。若招标人不组织现场勘测，投标人也必须自己做好该项工作。

（4）产品选型

产品选型是根据招标文件给定的招标货物、工程或服务项目的技术规格、参数、要求，以现场勘测的数据选择性价比最优的产品的品牌、型号与规格。在选择产品时，一定要原制造厂商提供产品的详细技术规格与性能参数、产品的价格、产品的彩页介绍、使用方法介绍、权威部门的检测报告、相关证书复印件以及针对本项目出具的产品授权书和售后服务承诺书等，加盖原厂商公章。所选产品的技术规格与性能参数必须满足或高于招标书的要求。

（5）编制投标文件

在编写投标文件前，一定要认真研究招标文件，详细了解招标文件的内容及相关要求、结合现场勘测的数据和产品选型，按照招标文件的具体要求和评分标准编制投标文件。

（6）投标准备

在正式投标前，必须仔细阅读招标文件和投标文件，严格按照招标文件的要求准备投标所需的原件、复印件和已审签的投标文件，不能有任何错误和遗漏。

（7）递交投标文件

授权委托代理人必须带齐所有投标资料，在招标文件规定的投标截止时间之前到招标文件指定的地点签到，并递交投标文件和所需的投标资料，遵守开标现场纪律，积极配合开标现场工作人员做好开标评标工作，随时回答（一般是书面形式）评标委员会需要澄清的各种问题，等候评标结果。

（8）投标总结

每次投标完成，无论是否中标，都要平静地进行总结，看有没有失误、有没有好的做法，以备以后投标时参考。如果中标，要按招标文件要求办理中标通知书、签订合同、组织施工（或供货）。

2．投标文件的组成

投标文件一般由商务文件、技术文件和报价文件三部分组成。各部分的具体内容和章节顺序要根据招标项目的内容、评标方法与标准、招标文件的具体要求来确定。招标文件中一般有具体的参考格式。

3．编制投标文件

投标文件是评标的唯一依据，是事关投标人能否中标的关键。所以，编制投标文件要做到认真、细致、严谨、求精，要认真仔细研读招标文件的每部分内容，不能遗漏每个细节，要按招标文件的每项要求做出相应的实质性响应。特别是技术文件一定要针对招标的网络工程建设项目的内容和技术要求，为用户设计一套切实可行、能够实施建设、详细的技术方案。这是在投标项目中能够胜出的关键。

8.1.3　开标和评标

1．开标

开标是指招标人或招标代理公司在招标公告中规定的投标截止时间（即开标时间）和规定的地点组织投标人法定代表人或其授权委托代理人签到，接受投标人递交投标文件和投标资料，组建评标委员会（谈判小组），对投标人的资格和投标文件进行评审，确定中标候选人。

开标时，公布在投标截止时间前递交投标文件的投标人名称，并当众检查投标文件的密封情况，经确认无误后，签收投标文件及投标资料。

2．评标

评标是指评标委员会（谈判小组）成员遵循招标投标法和政府采购法的有关规定，按照客观、公正、审慎的原则，根据招标文件规定的采购内容与要求、评审程序、评审方法和评审标准，对所有投标人递交的投标文件进行独立、仔细的评审，提出评审意见，确定中标候选人。

3．评标委员会组成

评标委员会（谈判小组，或询价小组，或磋商小组）是开标当天从评标专家库中随机抽取组成的，成员人数视招标项目大小而定，必须是 3 人或以上单数，其中包括业主评委 1 人（招标人派出的评委，也可以不设），其他成员是从评标专家库中随机抽出的社会评标专家。社会评标专家中有 1 人为经济类或法律类评委，其他为专业类评委。主任评委从社会评标专家中当场推荐产生。

4．评标方法

政府采购招标评标方法分为综合评分法和最低评标价法。

综合评分法是指投标文件满足招标文件全部实质性要求且按照评审因素的量化指标（即评标方法与标准）评审得分最高的投标人为中标候选人的评标方法。

采用综合评分法时，评标标准中的分值设置应当与评审因素的量化指标相对应；一般推荐评审得分从高到低前三名投标人进行公示。

最低评标价法是指投标文件满足招标文件全部实质性要求且投标报价最低的投标人为中标候选人的评标方法。技术、服务等标准统一的货物和服务项目，一般采用最低评标价法。

8.2 网络工程组织管理

8.2.1 工程项目组织机构

为了确保网络工程项目顺利实施，必须成立项目组织机构来负责组织、协调、施工和管理，其组织架构如图 8-1 所示。工程建设单位（简称甲方）、工程承建单位（简称乙方）和工程监理单位（简称监理方）联合组建工程项目领导小组和变更委员会。甲方、乙方和监理方三方的关系如图 8-2 所示。甲方负责并协助乙方完成工程需求，乙方负责工程施工并为甲方实现工程目标；乙方要向监理方报告工程施工的进度与质量等情况，监理方全程负责监督工程施工，并协助甲方进行工程验收；监理方由甲方聘请，负责工程监督并向甲方提供技术咨询与服务，甲方要向监理方说明工程具体需求、规划设计和施工中发现的问题等。

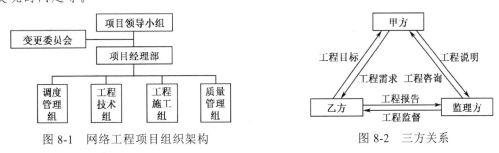

图 8-1 网络工程项目组织架构　　　　图 8-2 三方关系

1. 甲方

甲方是网络工程项目的建设方和用户，是网络工程项目的提出者和投资方。例如，A高校校园网建设工程中的甲方就是 A 高校。

甲方的人员组成主要包括行政联络人和技术联络人。行政联络人是甲方的工程负责人，一般由甲方的行政领导担任，负责甲方的组织协调工作。技术联络人是甲方的工程技术负责人，对于工程中的有关技术问题，乙方和监理方可以与甲方技术联络人协调。甲方的主要职责如下：

① 提出网络工程建设项目，进行网络需求分析，编制用户网络建设需求书。甲方在提出网络工程建设项目后，网络需求分析是网络建设的重要过程，甲方要对自身目前的网络现状、新建网络的目的和范围、新建网络要实现的功能和应用、未来对网络的需求等进行仔细分析，编制网络建设需求书，为招标和乙方投标提供重要依据。

② 编制网络工程项目招标书。招标书要根据用户网络建设需求书，详细说明甲方要求的网络工程任务、网络工程技术指标参数和网络工程建设要求等内容。

③ 组织或委托招标代理公司进行工程项目招标。甲方将编制好的招标书送交主管部门审定后，自己组织或委托招标代理公司向社会进行工程项目公开招标，或邀请招标。

④ 设备验收、协助施工、工程质量监督。在网络工程项目开始建设后，甲方要对所购的设备严格验收，对工程质量进行全面监督。对于技术力量相对薄弱的甲方，其监督工作的重点一般放在工程的进度和资金上，而对有关工程技术方面的监督工作可以请专业的监理公司来负责。

⑤ 组织工程竣工验收。在网络工程建设工作全部完成后，甲方要成立由专家组、甲

方、乙方和监理方组成的工程验收小组对新建的网络进行竣工验收。这项工作也可以请监理方组织。

⑥ 组织技术人员与管理人员参加乙方组织的培训，对网络系统进行试运行。

2．乙方

乙方是网络工程的承建者。例如，若 A 高校校园网建设工程由 B 公司承建，则 B 公司就是工程乙方。有时由于网络工程的规模比较大，可以由多个公司承担网络工程的建设任务，此时就存在多个乙方。乙方的主要职责如下：

① 编制投标书。乙方在接到甲方的招标书后，按照招标书的要求制订自己的方案，编制投标书，参与甲方或招标代理公司组织的公开招标或邀请招标。

② 签订网络工程合同。如果中标，乙方要与甲方签订工程合同。工程合同由甲方起草，双方经过反复协商修改后，签字、盖章后生效。

③ 进行详细的网络需求调查。在甲方发布的用户网络建设需求书的基础上，乙方要对甲方网络系统的用户需求进行详细的调查分析，以确定网络工程应具备的功能和应达到的指标。

④ 进行网络规划设计。乙方在进行用户网络需求分析的基础上，对所承建的网络系统进行规划和设计，形成一个详细的网络设计方案。该方案是工程施工的技术依据，要由甲方聘请的评审专家进行评审。

⑤ 制订网络工程实施方案。网络设计方案通过评审后，网络工程进入实施阶段。乙方要制订一个网络工程实施方案，对网络工程的工期、分工、具体施工方法、资金使用、网络测试、竣工验收、网络运行、技术培训等内容，进行详细说明。实施方案是网络工程具体施工的基本依据，是网络工程建设的具体指导性文件。

⑥ 网络产品采购。乙方根据技术设计方案中的设备选型采购相应的产品，包括网络硬件设备和软件系统。如果由于客观原因采购不到相同的产品，必须向甲方和监理方提出产品变更申请，办理好变更手续后，才能更换产品和品牌或型号规格。

⑦ 网络工程施工与系统集成。做好上述工作后，工程进入施工与系统集成阶段，必须按照技术方案和实施方案的要求，进行网络工程综合布线、网络设备安装与配置、网络软件安装与调试、网络系统测试等。

⑧ 网络系统试运行，人员培训。网络系统集成工作结束后，乙方对甲方的网络技术人员和管理人员进行培训，双方共同对建成的网络系统进行试运行，试运行时间一般不少于一个月。

⑨ 工程竣工验收。网络系统试运行结束后，乙方要准备网络工程竣工验收的所有材料。

3．监理方

网络工程监理，是指为了帮助用户建设一个性能优良、技术先进、安全可靠、性价比高的网络系统，在网络工程建设过程中，由甲方聘请，为甲方提供技术咨询、网络方案论证、确定工程乙方、工程监督和网络质量控制等服务的企业。监理方一般是具有丰富的网络工程经验、掌握网络技术发展方向、了解市场动态的专业公司。

监理方的人员组织包括总监理工程师、监理工程师、监理技术人员等。

总监理工程师负责协调各方面的关系，组织监理工作，任命、委派监理工程师，定期检查监理工作的进展情况，并且针对监理过程中的工作问题提出指导性意见；审查乙方提供的需求分析、系统分析、网络设计等重要文档，并提出改进意见；主持解决甲乙双方重大争议纠纷，协调双方关系。

监理工程师接受总监理工程师的领导，负责协调各方面的日常事务，具体负责监理工作，审核乙方需要按照合同提交的各种文档，检查乙方工程进度与计划是否吻合；主持解决甲乙双方的争议纠纷，针对施工中的问题进行检查和督导，起到解决问题、正常工作的目的；监理工程师有权向总监理工程师提出合理化建议，并且在工程的每个阶段向总监理工程师提交监理报告，使总监理工程师及时了解工作进展情况。

监理技术人员负责具体的监理工作，接受监理工程师的领导，具体负责硬件设备验收、网络综合布线督查、工程施工督导等工作，并且编写监理日志向监理工程师汇报。

监理方的主要职责如下：

① 网络建设项目可行性论证。可行性论证的目的是论证甲方是否确实需要建设网络系统、拟建的网络系统在技术上是否可行以及是否具备建设网络系统的条件。可行性论证要就工程的背景、目标、工程的需求和功能、可选择的技术方案、设计要点、工程进度、工程组织、监理、经费等方面做出客观的描述和评价，为工程建设提供基本的依据。在可行性论证过程中，甲方要明确提出自己的用户需求、建设目标、网络系统的功能、技术指标、现有条件、工期、资金预算等方面的内容。

可行性论证结束后，要形成《可行性论证报告》，并组织有关专家进行评审。《可行性论证报告》评审通过即意味着网络工程可以进行，也意味着可行性论证阶段工作的结束。接下来的工作是由甲方编制招标书和组织招投标，监理方可以协助甲方完成这些工作。

② 帮助用户做好网络需求分析。一方面，这项工作可以使甲方对用户网络需求做得更加细致完善；另一方面，监理方可以深入了解用户需求，把握工程质量。

③ 帮助用户控制工程进度。监理方的专业技术人员可以帮助用户控制工程进度，按期分段对工程进行验收，保证工程按期、高质量完成。

④ 帮助用户控制工程质量。监理方通过审查以下几方面来帮助用户控制工程质量：系统集成方案是否合理，所选设备质量是否合格，能否达到建设要求；基础建设是否完成，网络综合布线是否合理；信息系统硬件平台环境是否合理，可扩充性如何，软件平台是否统一合理；应用软件能否实现相应功能，是否便于使用、管理和维护；培训教材、时间、内容是否合适等。

⑤ 帮助用户做好网络的各项测试工作。工程监理人员按照相关标准、规范，对网络综合布线、网络设备和整个网络系统进行全方位的测试。

⑥ 协同甲方和乙方做好网络工程竣工验收。在进行网络工程竣工验收时，监理方要对所建成的网络系统做出客观的评价，阐明监理方对工程竣工的意见和建议。

8.2.2　项目施工组织管理

1．项目经理制

乙方在承建网络工程时一般采用项目经理制，由乙方任命 1 名项目经理来具体负责工程的实施。乙方设立项目经理部，下设机构可以根据具体工程项目而定，一般包括调度管理组、工程技术组、工程施工组和质量管理组（见图 8-1）。项目经理制的人员结构中至少要配备 1 名网络工程设计与技术工程师、1 名工程质量管理工程师和 1 名工程安全管理工程师。

2．岗位职责

组织机构各部门的职能可以根据网络工程项目实际情况和特点制定，参考如下。

① 项目领导小组：负责整个项目的统一领导，对整个项目进行管理和决策。

② 项目经理：负责整个工程项目的实施，领导工程项目施工队伍。负责对项目进行计划、组织、协调和控制；负责协调解决工程项目实施过程中出现的各种问题，负责与甲方、监理方及相关人员的协调工作；向项目领导小组负责。

③ 调度管理组：协助项目经理负责整个项目施工的调度和管理，督查施工质量和进度，及时发现问题、解决问题；并定期召开协调会议，定期向项目经理报告项目的实施情况。

④ 工程技术组：协助项目经理负责组织项目的方案设计、技术指导和技术培训。

⑤ 工程施工组：负责工程项目的具体施工和维护。

⑥ 质量管理组：负责对工程施工的各环节进行质量监控和安全监督。

3．机构负责人

详细列出领导小组负责人、项目经理、各职能小组负责人的姓名、职称和职责。

4．管理规章制度

根据网络工程项目实际情况和特点，制定切合实际的各项管理规章制度。

8.3　网络工程项目管理

网络工程项目管理是指对网络工程项目实施的过程和各环节进行科学的规划和管理。管理的内容主要有项目实施方案、项目施工管理、项目进度管理、项目质量管理、项目安全管理和项目文档管理等。

8.3.1　项目实施方案

项目实施方案是对网络工程项目施工做出具体安排，在网络工程项目实施前，需要对工程进行实地勘测、深化设计，并编制项目实施与管理方案。具体内容可参考如下：

（1）项目施工技术规范

项目施工技术规范是指工程各部分施工的操作规程及成品要求。

（2）项目施工图纸

项目施工图纸一定要在施工前通过实地勘测、按用户需求绘制，并经过用户审核签字、盖章确认。施工人员在施工过程中要严格按图纸操作。

（3）项目施工流程与进度

根据项目的实施内容制定具体的施工流程、工序和时间安排。

（4）施工设备与人员配置

根据工程项目施工场地的实际情况，对施工所需的设备和人员配置做出具体安排与分工。

（5）项目竣工验收标准

为了使工程项目能够顺利地通过甲方的验收，在施工过程中需对工程的各部分、各工序、各阶段制定合格的标准，促使施工人员严格按规范操作，节省人力、物力、财力。

8.3.2 项目施工管理

项目施工是网络工程项目实施的主要部分，施工质量的好坏直接影响到网络系统建成后是否能够快速、安全、稳定地运行，为用户提供所需的应用服务。项目施工管理就是针对项目施工的全过程进行管理，其主要内容如下。

1．施工准备工作

施工准备工作包括施工技术准备、施工现场准备、施工队伍准备、施工设备准备和材料进场准备等。

2．施工管理制度

施工管理制度包括项目管理组织机构及职责、项目现场标准化管理制度、项目安全管理制度、项目施工生产管理制度、项目质量管理制度、项目技术管理制度、项目材料管理制度、项目机械使用管理制度、项目技术资料管理制度、项目现场管理制度等。

3．施工过程管理

施工过程管理是对项目施工过程中的一些重要工序或出现的问题，实行申报、审批、处理记录等。采用的措施通常是填写相应的表格，下面是施工过程管理的一些表格参考样例。在网络工程实际应用中，这些表格可以根据需要放大。

① 设备/材料进场记录表：参考样表如表 8.1 所示。

表 8.1　网络工程设备/材料进场记录表

工程名称：　　　　　　　　　　　　　　　建设单位：

序　号	设备/材料名称	规格、型号	单位	计划数量	进场数量	其他
1	华为 1000Mbps 交换机	S5700-36C-EI-AC	台	5	5	
2			台			

施工单位： 负责人（盖章）： 　　　　　　年　月　日	监理单位： 负责人（盖章）： 　　　　　　年　月　日

本表一式二份，施工单位、监理单位各执一份

② 安装工程量记录表：参考样表如表 8.2 所示。

③ 随工验收记录表：参考样表如表 8.3 所示。

表 8.2 网络工程安装工程量记录表

工程名称：　　　　　　　　　　　　　　　　　　　　施工单位：

序　号	工程量名称	安装地点	单　位	数　量	安装人员签名
1	安装信息插座底盒明装	一号教学楼一层	个	56	
施工单位： 负责人（盖章）： 年　月　日			监理单位： 负责人（盖章）： 年　月　日		

本表一式二份，施工单位、监理单位各执一份

表 8.3 网络工程随工验收记录表

工程名称：　　　　　　　　　　　　　　　　　　　　施工单位：

项目名称	施工地点	存在的问题	验收结论	验收人员签字
超五类双绞线布放质量				
施工单位： 负责人（盖章）： 年　月　日			监理单位： 负责人（盖章）： 年　月　日	

本表一式二份，施工单位、监理单位各执一份

④ 工程施工变更单：参考样表如表 8.4 所示。

表 8.4 网络工程施工变更单

工程名称：　　　　　　　　　　　　　　　　　　　　合同编号：

原设计内容	
拟变更内容	
变更事由	
附件材料	
建设单位意见： 负责人（盖章）： 年　月　日	设计单位意见： 负责人（盖章）： 年　月　日
施工单位意见： 负责人（盖章）： 年　月　日	监理单位意见： 负责人（盖章）： 年　月　日

本表一式二份，施工单位、监理单位各执一份

⑤ 工程停（复）工通知单：参考样表如表 8.5 所示。

表 8.5　网络工程停（复）工通知单

工程（项目）名称			建设地点		
建设单位			施工单位		
计划停工日期		年　月　日	计划复工日期		年　月　日
停（复）工主要原因：					
拟采取的措施和建议：					
本工程（项目）已于　　年　月　　日停（复）工，特此报告。 　　　　　　　　　　　　　　　　　　　填报单位（章）： 　　　　　　　　　　　　　　　　　　　　　　　　年　月　日					

本通知单一式三份，建设单位、施工单位和监理单位各执一份

⑥ 设备安装明细表：参考样表如表 8.6 所示。

表 8.6　网络工程已安装设备明细表

工程名称：　　　　　　　　　　　　　　　　　　　　　建设单位：

序号	设备名称及型号	单位	数量	安装地点	安装人员签名
1	华为交换机 S5720-36C-EI-AC	台	3	1 号教学楼一层设备间	
施工单位代表： 　　　　　　年 月 日			监理工程师： 　　　　　　年 月 日		

本表一式二份，施工单位、监理单位各执一份

⑦ 重大工程质量事故报告单：参考样表如表 8.7 所示。

表 8.7　网络工程重大工程质量事故报告单

报送单位：

工程名称			建设地点		
建设单位			施工单位		
事故发生时间		年　月　日	报告时间		年　月　日
事故情况					
主要原因					
已采取的措施					
建设单位意见： 　　安全责任人：	施工单位意见： 　　安全责任人：		监理单位意见： 　　安全责任人：		

本通知单一式三份，建设单位、施工单位和监理单位各执一份

4．文明施工管理

文明施工管理包括文明施工纲要、文明施工目标、文明施工标准、文明施工保障措施、文明施工检查措施等。

8.3.3　项目进度管理

项目施工进度管理是项目施工进度控制的重点之一，是保证施工项目按期完成、合理安排资源供应、节约工程成本的重要措施。施工进度控制是指根据计划的工期要求，编制最优的施工进度计划，在计划实施过程中经常检查施工实际情况，并将其与计划进度相比较，若出现偏差，则分析产生偏差的原因和对工期的影响程度，找出必要的调整措施，修改原计划。施工进度控制是一个动态的控制过程，经过计划→检查→比较→修正的不断循环，直至工程全部完工交付使用。

项目进度管理的内容包括项目施工进度方案计划（用甘特图表示）、项目施工进度实施内容、项目施工进度过程控制、项目施工进度检查措施和项目施工进度保证措施。具体内容要根据项目的实际建设内容制定。

8.3.4　项目质量管理

项目质量管理是为了确保网络工程规范与合同中规定的质量标准，所采取的一系列监控措施、手段和方法，其重点是施工各阶段的质量监控。项目质量管理的内容如下。

1．质量管理原则

在进行项目施工质量管理过程中，应遵循以下原则：

① 坚持"质量第一，用户至上"。

② 以人为核心。人是质量的创造者，质量控制必须"以人为核心"，把人作为控制的动力，调动人的积极性和创造性；增强人的责任感，树立"质量第一"观念；提高人的素质，避免人为失误；以人的工作质量保工序质量、促工程质量。

③ 以预防为主。以预防为主就是要从对质量的事后检查，转向对质量的事前规范、事中控制；从对工程质量的检查，转向对工作质量的检查、对工序质量的检查。

④ 坚持质量标准、严格检查、一切用数据说话。质量标准是评价工程质量的尺度，数据是质量控制的基础和依据。工程质量是否符合质量标准，必须通过严格检查，用数据说话。

⑤ 贯彻科学、公正、守法的职业规范。项目经理在处理工程质量问题过程中，应尊重客观事实，尊重科学，正直、公正，不持偏见；遵纪、守法，杜绝不正之风。

⑥ 既要坚持原则、严格要求、秉公办事，又要谦虚谨慎、实事求是、以理服人。

2．质量管理体系

质量管理体系由质量管理机构、质量管理职责、质量检验方法和质量监控程序组成。网络工程施工质量检验方法如表8.8所示。

表 8.8　网络工程施工质量检验方法

序号	施工内容	检验方法	序号	施工内容	检验方法
1	隐蔽工程	隐蔽前全检，随工验收	6	电缆敷设	观察和记录检查
2	电气设备接地	实测	7	电缆头制作	观察检查和测量
3	重要设备安装	按工序跟踪检查	8	系统调试	观察检测，检查调试记录
4	大批量材料进场	检查合格证明，必要时抽查	9	工程交工验收	检查全部施工记录和交工文件
5	电气配管、穿线	观察、测量检查	10	工程竣工验收	检查全部材料和工程质量

3．质量管理措施

质量管理措施要根据网络工程项目的具体情况制定，施工准备阶段、施工实施阶段、交工验收阶段三个阶段采取的质量管理措施如下。

（1）施工准备阶段

① 建立质量管理组织机构，明确分工和权责。

② 配备完善的工程质量检测仪器设备。

③ 编制相应的质量检查计划、技术和手段。

④ 对工程项目施工所需的劳动力、原材料、半成品、构配件进行质量检查和控制，确保符合质量要求并可以进入正常运行状态。

⑤ 进行设计交底、图纸会审等工作。

（2）施工实施阶段

① 完善工序质量控制，把影响工序质量的材料、施工工艺、操作人员、使用设备、施工环境等因素都纳入管理范围。

② 及时检查审核质量统计分析资料和质量控制图表，处理解决影响工程质量的关键问题。

③ 严格工序间交接检查，做好各项隐蔽工程随工验收工作，加强受检制度的落实，对达不到质量要求的前道工序决不交给下道工序施工，直至质量符合要求为止。

④ 对完成的分项目工程，按相应的质量评定标准和办法进行检查、验收。

⑤ 审核工程设计变更和图纸修改。

⑥ 如果施工中出现特殊情况，隐蔽工程未经验收而擅自封闭，掩盖或使用无合格证的工程材料，或擅自变更替换工程材料等，项目技术负责人应向项目经理建议下达停工命令。

（3）交工验收阶段

① 加强工序间交工验收工作的质量控制。

② 加强竣工交付使用的质量控制。

③ 保证成品保护工作迅速开展，检查成品保护的有效性、全面性。

④ 按规定的质量评定标准和办法，对完成的单项工程进行检查、验收。

⑤ 核查、整理所有的技术资料，并编目、建档。

⑥ 在质保阶段，对工程定期进行回访，及时维护。

8.3.5　项目安全管理

安全施工是项目施工的重要控制目标（质量、工期、安全、成本）之一，也是衡量项目施工管理水平的重要标志。项目安全管理的重点是控制人的不安全行为和物的不安全状态，即除加强施工人员安全意识和进行安全知识教育外，还应采取以防为主的措施，消除潜在的不安全因素。

项目安全管理的内容与项目质量管理类似，包括如下三方面。

1. 安全管理原则

① 管理施工同时管安全。安全寓于施工之中，并对施工发挥促进与保证作用，从安全管理与施工管理的目标和目的来看，是完全一致、高度统一的。

② 坚持安全管理的目的性。安全管理的内容是对施工中的人、物、环境因素状态的管理，应有效控制人的不安全行为和物的不安全状态，消除和避免事故的发生。

③ 必须贯彻预防为主的方针。安全生产的方针是"安全第一，预防为主"。

④ 坚持"四全"动态管理。安全生产过程中必须坚持全员、全过程、全方位、全天候的动态安全管理。

⑤ 安全管理重在控制。对施工因素状态的控制，应当是安全管理的重点。

⑥ 在安全管理中发展、提高。在安全管理过程中，不断地总结管理与控制的办法和经验，指导新的变化后的管理，从而使安全管理上升到新的高度。

2. 安全管理体系

安全管理体系包括安全管理机构、安全管理职责和安全教育制度三方面。其中，相关人员的安全管理职责如下。

① 项目经理：全面负责现场的安全措施、安全生产等，保证施工现场的安全。

② 技术负责人：制定项目安全技术措施和分项安全方案，督促安全措施落实，解决施工过程中的不安全因素。

③ 安全管理员：督促施工全过程的安全生产，纠正违章，配合有关部门排除施工不安全因素，安排项目内安全生产及安全教育的开展。

④ 施工组长：负责上级安排的安全工作的实施，进行施工前安全交底工作，监督并参与施工组的安全学习。

3. 安全管理措施

安全管理措施要根据网络工程项目的具体情况制定，参考措施如下：

① 严禁携带违禁品，易燃易爆品进入工地。谢绝未经邀请的单位、个人到本工地参观，与本工程无关车辆不准停放在工地内。

② 严格遵守安全施工五大纪律：

❖ 进入现场，必须戴好安全帽，扣好安全帽带，并正确使用个人劳动防护用品。

❖ 2米以上的高空、悬空作业无安全设施的必须系好安全带，扣好安全钩。

❖ 高空作业，不准抛扔材料和工具物件。

❖ 各种电动机械设备，要有可靠有效的安全接地和防雷装置，否则不能开动使用。

❖ 非专业人员严禁使用和操控机电设备。

③ 各种临时电源配电箱都应配有漏电保护器，各种机电设备及手持电动工具，临时电源必须统一经过漏电装置，安全敷设，专人保养，不准随意接拉电源线。

④ 安全员要做好工作日记。班组长在施工中发现施工条件有变化或安全措施执行有

困难时，应立即向项目经理提请解决。

8.3.6 项目文档管理

网络工程项目实施过程中，会产生较多的文档资料。这些资料都必须严格管理，在项目竣工验收时全部移交给工程建设方存档。项目施工的有关文档如下。

① 工程技术文档：包括网络建设技术方案、网络拓扑结构图，综合布线系统主干线缆敷设平面图，建筑物综合布线系统图与平面图，综合布线系统标识编码系统，IP 地址规划与分配方案，VLAN 划分方案等。

② 工程施工文档：包括工程实施方案，工程施工过程中产生的各种文件、报告、批复、表格等。

③ 设备技术文档：包括网络系统所有设备的品牌型号、用户手册、安装手册、配置命令手册、保修书（卡）等。

④ 设备部署文档：包括设备的编号、名称、品牌、型号、规格、安装位置、购买的日期、登录用户名和密码、IP 地址、详细配置命令、所属 VLAN 等。

8.4 网络系统测试

网络系统测试是依据相关的标准和规范，采用相应的技术手段，利用专用的网络测试工具，对网络综合布线系统、网络设备和全网的各项性能指标进行检测，是网络工程验收的基础工作。

8.4.1 网络系统测试标准与规范

1. 综合布线系统测试标准与规范

网络综合布线系统是网络系统中信息传输的"高速公路"，其测试标准与规范主要有：
❖ 《综合布线系统工程设计规范》（GB 50311—2016）。
❖ 《综合布线系统工程验收规范》（GB 50312—2016）。
❖ 《综合布线系统工程设计与施工》（08X101-3（2008））。
❖ 《大楼通信综合布线系统总规范》（YD/T 926.1—2019～YD/T926.3—2019）。
❖ 《综合布线系统电气特性通用测试方法》（YD/T 1013—2013）。
❖ 《智能建筑工程质量验收规范》（GB 50339—2013）。

2. 网络设备测试标准与规范

① 《路由器测试规范——高端路由器》（YD/T 1156—2001）：规定了高端路由器的接口特性测试、协议测试、性能测试、网络管理功能测试等，2001 年 11 月 1 日起实施。

② 《千兆位以太网交换机测试方法》（YD/T 1141—2001）：规定了千兆位以太网交换机的功能、测试、性能测试、协议测试和常规测试，2001 年 11 月 1 日起实施。

③ 《接入网设备测试方法——基于以太网技术的宽带接入网设备》（YD/T 1240—

2002)：规定了对于基于以太网技术的宽带接入网设备的接口、功能、协议、性能和网管的测试方法，适用于基于以太网技术的宽带接入网设备，2002 年 11 月 8 日起实施。

3．网络性能测试标准与规范

① 《IP 网络技术要求——网络性能测量方法》（YD/T 1381—2005）：规定了 IPv4 网络性能测量方法，并规定了具体性能参数的测量方法，2005 年 12 月 1 日起实施。

② 《公用计算机互联网工程验收规范》（YD/T 5070—2005）：规定了基于 IPv4 的公用计算机互联网工程的单点测试、全网测试和竣工验收等方面的方法和标准，2006 年 1 月 1 日起实行。

8.4.2　测试前的准备

在开始网络测试之前，必须做好下列准备工作：

① 综合布线工程施工完成，且严格按工程合同的要求及相关的国家或部颁标准整体验收合格。

② 成立网络测试小组。小组的成员主要以使用单位为主，施工方参与（如有条件的话，可以聘请从事专业测试的第三方参加），明确各自的职责；双方共同商讨，细化工程合同的测试条款，明确测试所采用的操作程序、操作指令及步骤，完善测试方案。

③ 确认网络设备的连接及网络拓扑符合工程设计要求。

④ 准备测试过程中所需要使用的各种记录表格及其他文档材料。

⑤ 供电电源检查。直流供电电压为 48 V，交流供电电压为 220 V。

⑥ 设备通电前，应对下列内容进行检查：

❖ 设备应完好无损。

❖ 设备的各种熔丝、电气开关规格及各种选择开关状态。

❖ 机架和设备外壳应接地良好，地线上应无电压存在；逻辑地不能与工作地线、保护地线混接。

❖ 供电电源回路上应无电压存在，测量其电源线对地应无短路现象。

❖ 在电源输入端测量主电源电压，确认正常后，方可进行通电测试。

8.4.3　常用测试工具简介

在网络工程建设中，随着施工的推进，需要随工对综合布线系统进行测试。在网络系统建设完工后，需要对网络系统的各子系统和全网进行测试，常用的测试工具有福禄克 Fluke DSP-4300 测试仪、Fluke DSP-FTK400 光缆测试仪、Fluke DSX2-8000 网络测试仪和 Fluke EtherScope Series Ⅱ 网络通，如图 8-3 所示。

1．Fluke DSP-4300 测试仪

Fluke DSP-4300 测试仪采用专门的电缆数字测试技术，不仅超过 5 类、超 5 类及 6 类等各类标准线缆测试所要求的三级精度，延展了 DSP-4000 的测试能力，同时获得 UL 和 ETL SEMKO 的三级精度认证，具有更加强大的测试和诊断功能。例如：

DSP-4300
测试仪

DSP-FTK400
光缆测试仪

DSX2-8000
网络测试仪

EtherScope Series II
网络通

图 8-3　常用网络测试工具

❖ 设计全面超越 6 类标准的要求，带有可扩展的数字化平台，支持超 5 类、6 类新标准中要求的所有测试参数。

❖ 使用新的突破性的永久链路适配器可得到更多更准确的"通过"结果，随机提供 6 类通道适配器及一个通道/流量适配器，从而精确测试 6 类通道。

❖ 具有先进的故障诊断能力，能自动诊断电缆故障，以米或英尺为单位准确显示故障位置。

❖ 既具有存储器又可带 16/32 MB 存储卡，可存储一整天的测试结果（300 个），可将符合 TIA-606A 标准的电缆 ID 下载到 DSP-4300 测试仪中，既节省时间又确保了数据的准确性，随机提供外置存储卡和更高级的电缆测试管理软件包。

❖ 具有 350 MHz 的超高带宽测试能力和极大的动态量程。

❖ 根据 IEEE、ANSI、TIA、ISO/IEC 标准认证 LAN 永久链路和通道配置。

❖ 可选光纤测试适配器可验证 LAN 的光纤链路是否符合 TIA/EIA 和 ISO/IEC 标准。

❖ 简单的菜单系统显示测试选项和结果，以及双向自动测试结果。

❖ 具有"语音交谈"功能，可以使用主单元和远端单元通过双绞线和光纤进行双向语音通信。

2．Fluke DSP-FTK400 光缆测试仪

Fluke DSP-FTK400 光缆测试套件用来测试综合布线中光缆传输系统的性能，可以测量光功率和光损耗，即时指出通过或失败，保存上千条测试结果，创建专业的测试报告，验证和认证光网络设备和光缆链路的性能。

Fluke DSP-FTK400 光缆测试套件包括 DSP-FTK 主机、850/1300/1310/1550 SimpliFiber 光源模块、光表、SimpliFiber 功率计、光纤连接适配器和测试连接线。

DSP-FTK 使用一条短的双绞线将光功率表（DSP-FOM）与 DSP 系列电缆测试仪、One Touch 网络故障一点通或 LAN Meter 企业级网络测试仪连接。在光功率表上选择测量的波长（850 nm、1300 nm 和 1550 nm），测试仪就开始测量、显示并存储测试结果。

可以通过 DSP 系列电缆测试仪记录和存储光缆的自动测试报告。每个报告可以指定唯一的用户自定义的标签，并且可以下载至计算机或直接打印到串口打印机上。测试报告包括波长、测量的损耗值、损耗极限值、测试方向及参考值。光缆测试结果可以命名并存储至测试仪的存储器中。该测试仪简单易用，LCD 能显示清晰易懂的菜单，并提供每一步操作的提示。

3．Fluke DSX2-8000 网络测试仪

Fluke DSX2-8000 网络测试仪可用于交换环境下的快速以太网的测试，是集中式网络

管理的优秀工具，符合 ANSI/TIA-1152-A Level 2G 和提议标准 IEC 61935-1 Ed.5 Level VI 达 2000 MHz 的现场测试仪精度要求。它具有如下特性：

❖ 8 秒钟的 Cat 6A 测试时间使其拥有最快的认证速度。

❖ 以图形方式显示故障源，包括串扰和屏蔽故障定位，以便更快进行故障排除。

❖ 以全图形方式管理最多 12000 个 Cat 6A 测试结果。

❖ 电容触摸屏可以通过选择线缆类型、标准和测试参数更快地设置测试仪。

❖ 集成 Wi-Fi，方便地上传结果到 LinkWareTM Live。

4．Fluke EtherScope Series II 网络通

Fluke EtherScope Series II 网络通（以下简称"ES2 网络通"）是由 Fluke 公司于 2006 年推出的一款便携式集成网络测试工具，用于提供有线/无线局域网（LAN）的安装、监测和故障诊断等方面的各种关键的性能量度，其自动测试特性可以快速地验证物理层的性能，搜索网络和设备，并找出配置和性能问题。ES2 网络通标准附件齐全，为进行深入分析，还包含了一组诊断工具，用于在网络上定位设备，并验证设备之间的互连性。ES2 网络通能够即时地观察网络，提供关于网络健康和状态的重要信息，以便在问题开始影响性能之前提前找出并解决问题。

ES2 网络通的主要特性如下。

① 在铜缆和光纤网络上快速解决千兆以太网问题：千兆速度支持全双工 10/100/1000 Mbps 双绞线介质和 SX、LX 或者 ZX 光纤介质，集成了 TDR 故障定位、线序测试和数字音频发生等多种功能，快速解决最常见的布线系统问题。

② 无线网络分析：支持对 IEEE802.11a/b/g 无线网的分析选件，可以对目前无线和有线混合的环境进行故障诊断；全面测试，可以详细报告 RF 信号强度，AP 和用户端的配置和流量利用率；列出所有搜索到的无线网设备及其安全设置，并对潜在的安全问题发出告警。

③ 透视交换机的设置：定位和查找 ES2 网络通连接到的交换机端口，报告交换机的 MAC 地址、IP 地址、SNMP 名称，以及每个端口的速率和利用率。

④ 获取丰富的网络信息：定位、查看和存储 1000 个网络设备，并能详细分析每个设备的配置、地址和工作状态。

⑤ 迅速报告网络故障：查找冲突 IP 地址、网络设备配置错误、错误帧类型、以太网冲突、高利用率网段和电缆故障等；擅长对网络接入层问题进行故障诊断，同时利用独特的交换网络分析手段使网络故障变得更加简单。

⑥ 查看并记录重要的网络状态：以太网利用率、冲突和错误，通过分析和记录这些报告来优化网络。

⑦ 监测用户接入情况：对 IEEE 802.1x 安全认证、动态选址和 WLAN 等综合问题进行故障诊断；在 LAN 和 WLAN 上支持包括 IEEE 802.1x（大于 10 EAP）的认证类型，在 WLAN 上支持 WPA 和 WEP。

⑧ 性能测试：因特网吞吐量选件（ITO）可以为部署和维护企业网进行 IP 性能评测，可以对两点间的上下行带宽进行验证和评估，也可以仿真流量和应用来验证网络性能。

⑨ 易于使用：明亮的彩色触摸屏，直观的用户界面，相关联的帮助文件，简洁易用。

8.4.4 综合布线系统测试

优质的综合布线工程不仅要求设计合理，选择布线器材优质，还要有一支素质高、经过专门培训、实践经验丰富的施工队伍来完成工程施工任务。在实际工作中，用户往往更多注重工程规模、设计方案，而忽略了施工质量。由于存在工程领域的转包现象，施工阶段漏洞甚多，工程质量得不到保障。因此，对于综合布线工程，现场随工测试是规范布线工程质量管理的一个必不可少的环节。

1．双绞线测试

电缆本身的质量和电缆安装的质量都直接影响网络能否正常地运行。此外，很多布线系统是在建筑施工中进行的，电缆通过管道、地板敷设到各个房间。当网络运行时发现故障是由电缆引起时，此时很难或根本不可能再对电缆进行修复，即使修复，其代价也相当大，所以最好的办法就是把电缆故障消灭在安装过程中。目前使用最广泛的电缆是 5 类、超 5 类和 6 类非屏蔽双绞线，绝大部分用户出于将来升级到高速网络的考虑（如 1000 Mbps 以太网），大多安装 6 类非屏蔽双绞线。那么，安装的电缆是否合格，能否支持将来的高速网络，这就是电缆测试要解决的关键问题。

（1）缆线测试模型

5 类布线系统按照基本链路和信道进行测试，超 5 类和 6 类布线系统按永久链路和信道进行测试，测试按图 8-4～图 8-6 进行连接。基本链路连接模型如图 8-4 所示。

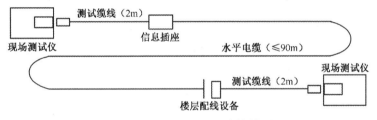

图 8-4　基本链路测试连接模型

永久链路连接模型适用于测试固定链路（水平电缆及相关连接器件）性能，链路连接方式如图 8-5 所示。

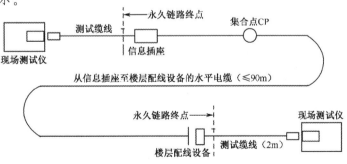

图 8-5　永久链路测试连接模型

在永久链路连接模型的基础上，信道连接模型包括工作区和电信间的设备电缆和跳线在内的整体信道性能。信道连接方式如图 8-6 所示，A 为工作区终端设备电缆，B 为 CP 电缆，C 为水平电缆，D 为配线设备连接跳线，E 为配线设备到设备连接电缆，B+C

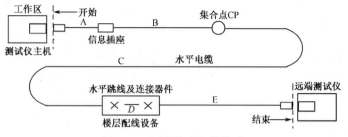

图 8-6　信道测试连接模型

的长度不大于 90m，A+D+E 的长度不大于 10m。信道包括最长 90m 的水平缆线、信息插座模块、集合点、电信间的配线设备、跳线、设备线缆在内，总长不得大于 100m。

（2）接线图测试

接线图测试是指测试水平电缆终接在工作区或电信间配线设备的 8 位模块式通用插座的安装连接正确或错误。正确的线对组合为 1-2、3-6、5-4、7-8，分为非屏蔽和屏蔽两类，非 RJ-45 的连接方式按相关规定要求列出结果。

布线过程中可能出现以下正确或不正确的连接图测试情况，具体如图 8-7 所示。布线链路及信道缆线长度应在测试连接图所要求的极限长度范围之内。

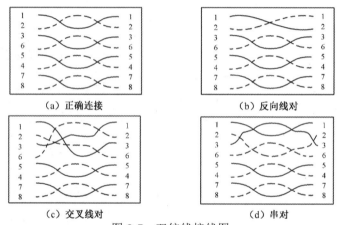

图 8-7　双绞线接线图

（3）性能指标

5 类水平链路、信道测试项目及性能指标应符合表 8.9 的要求，测试条件为环境温度 20℃。表中，基本链路长度为 94m，包括 90m 水平电缆及 4m 测试仪表的测试电缆长度，在基本链路中不包括 CP 点。

超 5 类、6 类和 7 类信道测试应从回波损耗、插入损耗、近端串音、近端串音功率等方面进行测试，具体性能指标要求可参考《综合布线工程验收规范》（GB50312—2016）相关内容。

2. 光缆系统的测试

在光纤的应用中，光纤本身的种类很多，但光纤及其系统的基本测试方法大体上都是一样的，所使用的设备也基本相同。

表 8.9　5 类水平链路及信道性能指标

频率/MHz	基本链路性能指标		信道性能指标	
	近端串音/dB	衰减/dB	近端串音/dB	衰减/dB
1.00	60.0	2.1	60.0	2.5
4.00	51.8	4.0	50.6	4.5
8.00	47.1	5.7	45.6	6.3
10.00	45.5	6.3	44.0	7.0
16.00	42.3	8.2	40.6	9.2
20.00	40.7	9.2	39.0	10.3
25.00	39.1	10.3	37.4	11.4
31.25	39.2	11.5	35.7	12.8
62.50	32.7	16.7	30.6	18.5
100.00	29.3	21.6	27.1	24.0
长度/m	94		100	

（1）光纤系统基本的测试内容

① 光纤的连续性：光纤的连续性是对光纤的基本要求，因此对光纤的连续性进行测试是基本的测试之一。进行连续性测试时，通常是把红色激光或者其他可见光注入光纤，并在光纤的末端监视光的输出。如果在光纤中有断裂或其他的不连续点，在光纤输出端的光功率就会下降或者根本没有光输出。

② 光纤衰减：光纤的衰减是指光信号在传输过程中，由于光纤自身的固有吸收和散射造成的强度减弱。光纤的衰减也是经常要测试的参数之一，不同类型的光纤在标称的波长、每千米的最大衰减值应符合表 8.10 的规定。

表 8.10　光纤衰减

最大光纤衰减/(dB/km)				
项目	OM1、OM2 及 OM3 多模		OSI 单模	
波长	850 nm	1300 nm	1310 nm	1550 nm
衰减	3.5	1.5	1.0	1.0

光纤信道在规定的传输窗口测量出的最大光衰减（介入损耗）不应超过表 8.11 的规定值，该指标已包括接头和连接插座的衰减在内。

表 8.11　光纤信道衰减范围

级　别	最大信道衰减/dB			
	单　模		多　模	
	1310nm	1550nm	850nm	1300nm
OF-300	1.80	1.80	2.55	1.95
OF-500	2.00	2.00	3.25	2.25
OF-2000	3.50	3.50	8.50	4.50

光纤链路的插入损耗极限值可按如下公式计算，表 8.12 列出了光纤链路损耗参考值。

光纤链路损耗 ＝ 光纤损耗+连接器件损耗+光纤连接点损耗

光纤损耗 ＝ 光纤损耗系数(dB/km)×光纤长度(km)

表 8.12　光纤链路损耗参考值

种　类	工作波长/nm	衰减系数/(dB/km)	种　类	工作波长/nm	衰减系数/(dB/km)
多模光纤	850	3.5	单模室内光纤	1310	1.0
多模光纤	1300	1.5	单模室内光纤	1550	1.0
单模室外光纤	1310	0.5	连接器件衰减	0.75dB	
单模室外光纤	1550	0.5	光纤连接点衰减	0.3 dB	

连接器件损耗 = 单个连接器件损耗×连接器件个数

光纤连接点损耗 = 单个光纤连接点损耗×光纤连接点个数

（2）光纤衰减测试

<1> 测试仪的校核调整

在施工现场应对光纤损耗测试仪（选用 Fluke DSP-FTK400）进行调零，以消除能级偏移量。因为在测试非常低的光能级时，不调零会引起很大的误差，调零后还能消除跳线的损耗。为此，将测试仪用测试短线（铜缆）与 DSP-FTK400 的光源输入端口连接，把 DSP-FTK400 光源的检波器插座（输出端口）用光纤测试线连接起来，在光纤测试线缆的另一端连接 DSP-FTK400 的接收端，在测试仪的菜单上选择光纤测试，并选择调零，如图 8-8 所示。

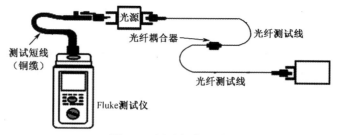

图 8-8　测试仪的调零

<2> 测试前的准备工作

① 一台 DSP-FTK400 系列测试仪。

② 无线电话（或有线电话），以便两个地点测试人员之间进行联络。

③ 2 条光纤测试线，用来建立测试仪与光纤链路之间的连接。

④ 测试人员必须戴上防护眼镜，避免损伤眼睛。

<3> 光纤损耗的测试步骤

光纤损耗测试采用两个方向的测试方法，具体测试步骤如下：

① 由位置 A 向位置 B 的方向上测试光纤损耗。

② 由位置 B 向位置 A 的方向上测试光纤损耗。

③ 计算光纤的传输损耗。

<4> 记录所有的数据

对光缆中的每条光纤进行逐条测试，按上述方法测出结果后，按公式计算的损耗作为综合布线系统工程光纤的初始值记录在案，以便日后查找。其记录样表如表 8.13 所示。

<5> 重复测试

如果测出的数据高于最初记录的光纤损耗值，说明光纤质量不符合要求，应对所有的光纤连接器进行清洗；此外，测试人员要检查对设备的操作是否正确、测试跳线本身

表 8.13　网络工程测试记录表

工程名称：			测试日期		年　月　日
序号	测试项目	测试方法	测试结果		
1	XXXX 楼栋主干光纤测试				
2					
测试人签名			负责人签名		
施工单位：			监理单位：		
	负责人（盖章）：			负责人（盖章）：	

和连接条件有无问题等。如果重复出现较高的损耗值，应检查光纤链路上有没有不合格的接续、损坏的连接器、被压住/夹住的光纤等。检修或查清故障后，再进行测试，直到使光纤损耗传输质量符合标准规定要求为止。

8.4.5　网络设备检测

在通电检测设备时，应再次确认检测该设备所采用的操作程序、操作指令及步骤；逐级加上电源，电源接通后，用万用表测量直流 48 V 或交流 220 V 电压是否符合设备要求；检查设备内风扇等散热装置是否运转良好。

1.路由器设备检测

① 检查路由器，包括设备型号、出厂编号及随机配套的线缆；检测路由器软、硬件配置，包括软件版本、内存大小、MAC 地址、接口板等信息。

② 检测路由器的端口配置，包括端口类型、数量、端口状态。

③ 在路由器内的模块（路由处理引擎、交换矩阵、电源、风扇等）具有冗余配置时，测试其备份功能。

④ 检测路由器的系统配置，包括主机名，各端口 IP 地址、端口描述、加密口令、开启的服务类型等。

⑤ 对上述各种检测数据和状态信息做好详细记录。

2.交换机设备检测

① 检查交换机的设备型号、出厂编号及软件、硬件配置。

② 检测交换机的系统配置，包括主机名、加密口令及 VLAN 的数量、VLAN 描述、VLAN 地址、生成树配置等。

③ 检测交换机的端口，包括端口类型、数量、端口状态。

④ 在交换机内的模块（交换矩阵、电源、风扇等）具有冗余配置时，测试其备份功能。

⑤ 对上述各种检测数据和状态信息做好详细记录。

3.服务器设备检测

① 检测服务器设备的主机配置，包括 CPU 类型及数量、总线配置、图形子系统配置、内存、硬盘、光驱、网络接口、外存接口等。

② 检测服务器设备的外设配置，如显示器、键盘、海量存储设备（磁盘阵列）、打印机等。

③ 当服务器内的模块（电源、风扇等）具有冗余配置时，测试其备份功能。

④ 检测服务器设备的系统配置，包括：主机名称，操作系统版本，安装的操作系统补丁情况；检查服务器中所安装软件的目录位置、软件版本。

⑤ 检查服务器的网络配置，如主机名、IP 地址、网络端口配置、路由配置等。

⑥ 对上述各种检测数据和状态信息做好详细记录。

4．设备检测记录表

对网络设备进行检测，要求做好检测的详细记录，其参考样表如表 8.14 所示。

表 8.14　网络设备检测记录表

工程名称：　　　　　　　　　　　　　　　　　　　　　日期：　　　年　　　月　　　日

设备编号		设备名称		安装位置	
品牌型号					
设备硬件配置及检查情况：					
设备系统配置及检查情况：					
检查人签名			负责人签名		
施工单位：			监理单位：		
负责人（盖章）：			负责人（盖章）：		

8.4.6　网络性能测试

在网络测试过程中，网络性能的测试是整个测试中非常重要的环节。下面简单介绍网络性能测试涉及的测试方法、测试的安全性等。

1．测试方法

网络性能的测试方法通常分为两种，即主动测试和被动测试。

（1）主动测试

主动测试是在选定的测试点上利用测试工具有目的地主动产生测试流量注入网络，并根据测试数据流的传送情况来分析网络的性能。主动测试在性能参数的测试中应用十分广泛，因为它可以使任何希望的数据类型在所选定的网络端点间进行端到端性能参数的测试。最为常见的主动测试工具就是"Ping"，可以测试双向时延、IP 包丢失率，提供主机的可达性等信息。主动测试可以测试端到端的 IP 网络可用性、延迟和吞吐量等。由于一次主动测试只是查验了瞬时的网络质量，因此有必要重复多次，用统计的方法获得更准确的数据。

一方面，主动测试法依赖于向网络注入测试包，利用这些包测试网络的性能，因此这种方法肯定会产生额外的流量。另一方面，测试中所使用的流量大小和其他参数都是可调的。主动测试法能够明确地控制测量中所产生的流量的特征，如流量的大小、抽样方法、发包频率、测试包大小和类型（以仿真各种应用）等，并且利用很小的流量就可以获得很有意义的测试结果；主动测试意味着测试可以按测试者的意图进行，容易进行场景的仿真，检验网络是否满足 QoS 或 SLA，易于对端到端的性能进行直观的统计。

（2）被动测试

被动测试是指在链路或设备（如路由器和交换机等）上对网络进行监测，而不需要产生流量的测试方法。被动测试利用测试设备监视经过它的流量，这些设备可以是专用的（如 Sniffer），也可以是嵌入其他设备（如路由器、防火墙、交换机和主机）的，如 RMON、SNMP 和 Netflow 设备等。测试者周期性地轮询被监测设备并采集信息（在 SNMP 方式时，从 MIB 中采集），以判断网络性能和状态。

被动测试法在测试时并不增加网络上的流量，测试的是网络上的实际业务流量，从理论上说不会增加网络的负担。但是被动测试设备需要用轮询的方法采集数据、陷阱（trap）和告警（利用 SNMP 时），所有这些都会产生网络流量，因此实际测试中产生的流量开销可能并不小。另外，在做流分析或试图对所有包捕捉信息时，所采集的数据可能会非常大。被动测试的方法在网络排错时特别有价值，但在仿真网络故障或隔离确切的故障位置时其作用会受到限制。

主动测试与被动测试各有其优缺点，而且对于不同的参数来说，主动测试和被动测试也都有其各自的用途。掌握端到端的时延、丢包和时延变化等参数比较适合采用主动测试，而路径吞吐量等流量参数更适合采用被动测试。因此，对网络性能进行全面的测试需要主动测试与被动测试相结合，并对两种测试结果进行对比和分析，以获得更为全面和科学的结论。

2．测试的安全性

测试安全性包括测试活动对网络安全性的影响和网络中攻击行为对测试活动的影响两方面。

（1）网络对测试方法的安全性要求

在采用主动测试方法时，需要将测试流量注入网络，所以不可避免会对网络造成影响。首先，这种测试流量如果过大，则有可能影响网络的拥塞情况，甚至导致网络中正常的业务无法顺利进行，因此要谨慎地控制所采用的测试流量，避免因测试而引起网络拥塞。其次，要避免主动测试技术被滥用，在主动测试中一定要保证测试流量是从测试主机到测试主机，如果将测试流量发往网络中的其他主机，事实上就造成了对该主机的攻击行为，测试流量如果过大，甚至可能造成拒绝服务（Denial of Service，DoS）攻击。

对于被动测试技术，由于需要采集网络上的数据包，因此会将用户数据暴露给无意识的接收者，对网络服务的客户造成潜在的安全问题。所以在进行被动测试的时候，要尽量避免对用户数据的载荷部分进行分析，并适当降低采样速率，以最大限度地保护用户数据。

（2）测试方法自身的安全性要求

在网络中，测试活动本身也可以看成网络所提供的一种特殊的服务，因此要防止网络中的破坏行为对测试主机的攻击，保证测试活动自身的安全性，其中最主要的就是伪造地址攻击。有目的的破坏者有可能向测试主机发送数据包，并把数据包中的源地址伪造成其他合法测试主机的地址，这样就会破坏测试的结果，甚至可以对测试主机本身进行攻击。对于这种情况，其解决方案是对测试数据包进行加密和认证，以排除外界的人为干扰。

3．测试结果统计

对测试结果的统计分为两方面：统计的方式和方法。

对结果的统计方式实际上就是对结果进行抽样。按照统计方式来划分，对测试结果的统计可以分为按时间方式和按空间方式。按时间方式即把测试的结果按时间的分布进行统计（抽样），得到一个时间段上网络性能的分布和变化情况。对网络的测试一般是一种长时间的测试，因为网络在不同时间段，其流量可能是不同的，其性能也将表现出不同的特点。因此，对网络的测试应充分考虑网络中业务和流量在时间上的分布情况，选择合适的时间段和测试时长。按空间方式就是把测试的结果按测试点在网络中所处的空间位置进行统计（抽样），以得到网络性能在空间上的分布。对于网络性能测试，一种常见的方法是在网络的多个端点设置测试点，并按照一定的目的设计测试包的发送端和接收端，使测试流量以所期望的拓扑结构在网络中传输，然后分析不同链路上得到的性能结果。这种统计的结果对网络的设计和优化是非常有价值的。

对测试结果的统计方法就是对测试结果进行统计的不同算法和对结果的表示方法。由于网络性能的测试周期一般会很长，因此将得到大量的数据，但单纯的罗列数据意义并不大，必须对结果进行统计计算，即在大量的数据中找到其相互间的关联，得到有意义的分析数据，以清楚地反映网络某一方面的性能。

对测试（采样）值的表示可以采用统计分布方法，在不严格的情况下也可以用百分点的方法。统计分布方法是基于对"经验分布函数"（EDF）的计算。经验分布函数 $F(x)$ 是一组梯状分布的值，$F(x)$ 的值等于在一个集合中小于 x 的值所占的比例。如果 x 小于集合中的最小值，那么 $F(x)=0$；如果 x 大于或等于集合中的最大值，那么 $F(x)=1$。

8.4.7　子系统测试

子系统测试主要针对单点系统各项功能进行验证，必要时应进行功能所遵守的各种协议的一致性测试、功能完备性测试。

测试前应准备好必需的仪表（包括软件、硬件），仪表在测试前应进行校准；测试若需现网配合，应在测试前做好相关的测试数据准备，测试后要做好详细的测试记录。

1．节点局域网测试

若节点局域网中存在几个网段或进行了虚拟局域网（VLAN）划分，测试各网段或VLAN 之间的隔离性，不同网段或 VLAN 之间不能进行监听，同时检查 STP 的配置情况。

2．路由器基本功能测试

① 对路由器的测试可使用终端从路由器的控制端口接入或使用工作站远程登录。
② 检查路由器配置文件的保存。
③ 检查路由器所开启的管理服务功能（DNS、SNMP、NTP、Syslog 等）。
④ 检查路由器所开启的服务质量保证措施。

3．服务器基本功能测试

① 根据服务器所用的操作系统，测试其基本功能，如系统核心、文件系统、网络系统、输入/输出系统等。

② 检查服务器中启动的进程是否符合此服务器的服务功能要求。

③ 测试服务器中应用软件的各种功能。

④ 在服务器有高可用集群配置时，测试其主备切换功能。

4．节点连通性测试

① 测试节点各网段中的服务器与路由器的连通性。

② 测试节点各网段间的服务器之间的连通性。

③ 测试本节点与同网内其他节点、与国内其他网络、与国际互联网的连通性。

5．节点路由测试

① 检查路由器的路由表，并与网络拓扑结构尤其是本节点的结构比较。

② 测试路由器的路由收敛能力，先清除路由表，再检查路由表信息的恢复。

③ 路由信息的接收、传播和过滤测试：根据节点对路由信息的需求、节点中路由协议的设置，测试节点路由信息的接收、传播和过滤，检查路由内容是否正确。

④ 路由的备份测试：当节点具有多于一个以上的出入口路由时，模拟某路由的故障，测试路由的备份情况。

⑤ 路由选择规则测试：测试节点对于路由选择规则的实现情况，对于业务流向安排是否符合设计要求流量疏通的负载分担实现情况，网络存在多个网间出入口时流量疏通对于出入口的选择情况等。

6．节点安全测试

（1）路由器安全配置测试

① 检查路由器的口令是否加密。

② 测试路由器操作系统口令验证机制屏蔽非法用户登录的功能。

③ 测试路由器的访问控制列表功能。

④ 对于接入路由器，测试路由器的反向路径转发（RFP）检查功能。

⑤ 检查路由器的路由协议配置，是否启用了路由信息交换安全验证机制。

⑥ 检查路由器上应该限制的一些不必要的服务是否关闭。

⑦ 测试路由器上的其他安全配置内容。

（2）服务器安全配置测试

① 测试服务器的重要系统文件的基本安全性能，如用户口令应加密存放，口令文件、系统文件及主要服务配置文件的安全，其他各种文件的权限设置等。

② 测试服务器系统被限制的服务应被禁止。

③ 测试服务器的默认用户设置及有关账号是否被禁止。

④ 测试服务器中所安装的有关安全软件的功能。

⑤ 测试服务器上的其他安全配置内容。

7. 子系统测试记录表

对子系统进行测试，要求做好测试的详细记录，参考样表如表 8.15 所示。

表 8.15　网络子系统测试记录表

工程名称：　　　　　　　　　　　　　　　　　日期：　　年　　月　　日

子系统名称	
子系统构成：	
测试内容：	
测试方法：	
测试情况：	
检查人签名	负责人签名
施工单位：	监理单位：
负责人（盖章）：	负责人（盖章）：

8.4.8　全网测试

全网测试是对网络的连通性、全网路由、全网性能、网络安全和网管进行测试。

1. 网络连通性测试

① 网内连通性测试。根据网络拓扑结构形成网络节点之间的连通性矩阵，并据之进行两节点间的连通性测试。其方法是在网内任意一台计算机上采用 ping 命令，按系统配置要求，ping 通或者 ping 不通网内其他任意计算机。

② 国内网间连通性测试。根据网络与国内其他互联网的互连情况，测试本网与国内其他互联网的连通性。其方法是登录国内任意网站。

③ 国际网间连通性测试。根据网络与其他国家或地区互联网的互连情况，测试本网与国际其他互联网的连通性。其方法是登录国际任意网站。

2. 全网路由测试

全网路由测试主要包括全网路由策略及协议测试和全网路由协议收敛测试。下面以 OSPF 协议为例说明测试的方法和步骤。

【例 8-1】 全网路由测试 OSPF 协议及其策略。

测试对象：网内路由器。

测试目的：检查 OSPF 路由协议及策略。

测试平台：从工作站远程登录至路由器，在用户模式。

测试过程：如表 8.16 所示。

表 8.16　全网测试记录表

序号	测试项目	测试步骤	正确结果	结论
1	全网路由 OSPF 协议及其策略	检查 OSPF 数据库信息 display ip ospf database	显示 OSPF 链路状态数据库的信息，其中 LINKID 为路由器的 ID，通常为 loopback 地址	
		查看 OSPF 路由表 display ip route ospf	显示 OSPF 路由表	
		对指定的网络检查 OSPF 工作情况 display ip route network_address	显示 OSPF 路由正确	

【例 8-2】　全网路由测试 OSPF 协议收敛速度。

测试对象：OSPF 路由协议。

测试目的：测试 OSPF 路由协议收敛速度。

测试平台：路由器，工作站。

测试过程：如表 8.17 所示。

表 8.17　全网测试记录表

序号	测试项目	测试步骤	正确结果	结论
2	全网路由 OSPF 协议收敛速度测试	在一网络工作站上用 ping 命令监视网内一服务器的连接状态 ping -s ip_address	能够 ping 通	
		在与该网络工作站相连的路由器上清除 OSPF 路由表 clear ip ospf *	从 ping 命令的输出看出在 t1 停止收到 echo reply 包，一段时间后，从 t2 开始又收到 echo reply 包，则 T=t2-t1 为 OSPF 路由收敛时间	

3．全网性能测试

全网性能测试主要测试以下内容，所采用的方法是从网内某一台路由器或交换机向另一台距离最远的路由器或交换机 ping 100 个数据，记录时延和丢包率。

❖ 时延测试：测试网络所有节点间的 IP 包传输单向或双向时延。

❖ 时延变化测试：测试网络所有节点间的 IP 包传输时延变化。

❖ IP 包丢失率：测试网络所有节点间的 IP 包丢失率。

4．网络安全测试

网络安全测试主要是采用网络安全审计工具软件，对全网设备进行安全漏洞扫描。

5．网管测试

网管测试是对使用的网管软件从网络拓扑结构管理、设备管理、网络故障管理、监视设备信息、路由路径、关键设备性能管理和设备信息采样等方面进行软件功能测试。

8.5　网络工程验收

网络工程验收是指对完工的网络系统进行各项指标测试，确定是否符合设计要求和相关标准，是否达到网络建设目标，是否满足用户应用需求。网络工程验收分随工验收、初步验收和竣工验收三个阶段。随工验收是在工程施工的过程中，对网络综合布线系统的布线规范、电气性能、连通传输和隐蔽工程等进行跟踪测试，详细记录各项测试数据；

在网络工程竣工验收时只需查验相关记录，一般不再对隐蔽工程进行复查。初步验收是在完成工程施工并调测之后，对工程的施工质量、施工资料等进行初步检验，发现并提出处理问题的建议。竣工验收是在工程施工全部完成、初步验收合格、网络系统试运行后，对整个网络工程进行全面检验，决定网络工程是否合格并交付使用。

8.5.1 综合布线系统工程验收

综合布线系统工程验收属于随工验收阶段。

1. 验收的合格判定

综合布线系统工程验收应对所涉及的所有施工项目和内容进行检测，检测结论作为工程竣工资料的组成部分及工程验收的依据之一。

（1）系统工程安装质量检查

检查各项指标符合设计要求，则被检项目检查结果为合格；被检项目的合格率为100%，则工程安装质量判为合格。

（2）系统性能检测

对绞电缆布线链路、光纤信道应全部检测，竣工验收需要抽验时，抽样比例不低于10%，抽样点应包括最远布线点。

（3）系统性能检测单项合格判定

① 如果一个被测项目的技术参数测试结果不合格，则该项目判为不合格。如果某一被测项目的检测结果与相应规定的差值在仪表准确度范围内，则该被测项目应判为合格。

② 采用4对对绞电缆作为水平电缆或主干电缆，所组成的链路或信道有一项指标测试结果不合格，则该水平链路、信道或主干链路判为不合格。

③ 主干布线大对数电缆中按4对对绞线测试，指标有一项不合格，则判为不合格。

④ 如果光纤信道测试结果不满足规范的指标要求，则该光纤信道判为不合格。

⑤ 未通过检测的链路、信道的电缆线对或光纤信道可在修复后复检。

（4）竣工检测综合合格判定

① 对绞电缆布线全部检测时，无法修复的链路、信道或不合格线对数量有一项超过被测总数的1%，则判为不合格；光缆布线检测时，如果系统中有一条光纤信道无法修复，则判为不合格。

② 对绞电缆布线抽样检测时，被抽样检测点（线对）不合格比例不大于被测总数的1%，则视为抽样检测通过，不合格点（线对）应予以修复并复检。被抽样检测点（线对）不合格比例如果大于1%，则视为一次抽样检测未通过，应进行加倍抽样，加倍抽样不合格比例不大于1%，则视为抽样检测通过。若不合格比例仍大于1%，则视为抽样检测不通过，应进行全部检测，并按全部检测要求进行判定。

③ 全部检测或抽样检测的结论为合格，则竣工检测的最后结论为合格；全部检测的结论为不合格，则竣工检测的最后结论为不合格。

（5）综合布线管理系统检测

标签和标识按10%抽检，系统软件功能全部检测。检测结果符合设计要求，则判为合格。

2. 工程验收的项目及内容

综合布线系统工程验收项目及内容如表 8.18 所示。其中，有些项目属于随工检查验收，一定要做到在施工过程中及时进行验收，如发现有些检验项目不合格，应及时查明原因，分清责任，及时解决，以确保综合布线工程质量。

表 8.18　综合布线系统工程验收项目及其内容

阶段	验收项目	验收内容	验收方式
施工前	1.环境要求	(1)土建施工情况：地面、墙面、门、电源插座及接地装置；(2)土建工艺：机房面积、预留孔洞；(3)施工电源；(4)地板铺设；(5)建筑物入口设施检查	施工前检查
	2.器材检验	(1)外观检查；(2)型式、规格、数量；(3)电缆及连接器件电气性能测试；(4)光纤及连接器件特性测试；(5)测试仪表和工具的检验	
	3.安全、防火要求	(1)消防器材；(2)危险物的堆放；(3)预留孔洞防火措施	
设备安装	1.电信间、设备间、设备机柜、机架	(1)规格、外观；(2)安装垂直、水平度；(3)油漆不得脱落，标志完整齐全；(4)各种螺丝必须紧固；(5)抗震加固措施；(6)接地措施	随工验收
	2.配线模块及 8 位模块式通用插座	(1)规格、位置、质量；(2)各种螺丝必须拧紧；(3)标志齐全；(4)安装符合工艺要求；(5)屏蔽层可靠连接	
电缆、光缆布放（楼内）	1.电缆桥架及线槽布放	(1)安装位置正确；(2)安装符合工艺要求；(3)符合布放缆线工艺要求；(4)接地	
	2.缆线暗敷(包括暗管、线槽、地板下等方式)	(1)缆线规格、路由、位置；(2)符合布放缆线工艺要求；(3)接地	
电缆、光缆布放（楼间）	1.架空缆线	(1)吊线规格、架设位置、装设规格；(2)吊线垂度；(3)缆线规格；(4)卡、挂间隔；(5)缆线的引入符合工艺要求	隐蔽工程签证
	2.管道缆线	(1)使用管孔孔位；(2)缆线规格；(3)缆线走向；(4)缆线的防护设施的设置质量	
	3.直埋式缆线	(1)缆线规格；(2)敷设位置、深度；(3)缆线的防护设施的设置质量；(4)回土夯实质量	
	4.通道缆线	(1)缆线规格；(2)安装位置，路由；(3)土建设计符合工艺要求	随工验收隐蔽工程签证
	5.其他	(1)通信线路与其他设施的间距；(2)进线间设施安装、施工质量	
缆线终接	1.8 位模块式通用插座	符合工艺要求	随工验收
	2.光纤连接器件	符合工艺要求	
	3.各类跳线	符合工艺要求	
	4.配线模块	符合工艺要求	
系统测试	1.工程电气性能测试	(1)连接图；(2)长度；(3)衰减；(4)近端串音 (5)近端串音功率和；(6)衰减串音比；(7)衰减串音比功率和；(8)等电平远端串音；(9)等电平远端串音功率和；(10)回波损耗；(11)传播时延；(12)传播时延偏差；(13)插入损耗；(14)直流环路电阻；(15)设计中特殊规定的测试内容；(16)屏蔽层的导通	竣工验收
	2.光纤特性测试	(1)衰减；(2)长度	
管理系统	1.管理系统级别	符合设计要求	
	2.标识符与标签设置	(1)专用标识符类型及组成；(2)标签设置；(3)标签材质及色标	
	3.记录和报告	(1)记录信息；(2)报告；(3)工程图纸	
工程总验收	1.竣工技术文件	清点、交接技术文件	
	2.工程验收评价	考核工程质量，确认验收结果	

8.5.2　工程初步验收

网络工程初步验收是指承建单位在网络工程全部完工后，按照相关规定，整理好文档资料，向建设单位提出交工报告，由建设单位组织相关人员检查工程施工质量和施工文档资料，检测硬件设备，测试网络系统等，发现并提出处理问题的建议。初验测试的主要指标和性能达不到要求时，应重新进行系统调测。

1．施工质量检查

① 检查各种网络设备、配线设备、信息插座和机房其他各种设备是否按规范和设计要求安装到位，安装工艺是否合格。

② 检查是否清理施工场地，修补好各种布线槽孔。

③ 检查各种缆线插接是否规范、牢固，是否按设计要求连接。

④ 检查电信间、设备间、中心机房等供电设施是否按照规范、设计要求和设备说明书的要求安装，供电线路连接是否规范、牢固、正确，是否符合网络系统运行的要求。

⑤ 审查综合布线系统随工验收记录。

2．施工文档资料检查

施工文档资料检查是按照 8.3.6 节项目文档管理的内容，检查资料是否齐全、完好。

3．硬件设备检测

硬件设备检测是对网络系统的各种设备进行通电检测，按照 8.4.5 节介绍的方法和程序进行，测试的内容和数量应按相关规范及合同的要求，在审查承建方进行硬件设备检测记录的基础上，由建设方、承建方和监理方协商确定。

4．网络系统测试

网络系统测试是对网络系统进行通电测试，测试的内容和数量应按相关规范及合同的要求，在审查承建方进行子系统测试记录的基础上，由建设方、承建方和监理方协商确定。

5．口令移交

初步验收合格后，承建方应向建设单位移交所有设备的登录名、口令和测试账号，建设单位应派专人做好接收与管理工作，检查所有的系统口令、设备口令等的设置是否相符，并根据有关规定重新进行设定，重新设定的口令必须与原口令不同，所有的系统口令、设备口令应做好记录并妥善保存。

8.5.3 工程竣工验收

网络工程竣工验收是在网络工程初步验收合格、网络系统试运行达标后，由建设单位会同监理单位组织专家组，根据相关标准、规范和技术设计方案，对整个网络工程施工质量、网络系统运行状况、网络工程文档资料等进行全面检验，实地抽查抽测网络系统各部分，决定工程是否合格并交付建设单位正式运行使用。

1．系统试运行

网络系统试运行是指对网络系统的主要指标、性能和稳定性测试的重要阶段，是对设备、系统设计、施工实际质量最直接的检验。系统试运行要按下列要求进行。

① 试运行阶段应从工程初验合格后开始，试运行时间一般为 1~3 个月。

② 试运行期间，应接入一定容量的业务负荷联网运行。

③ 试运行期间的统计数据是验收测试的主要依据，如果主要指标不符合要求或对有关数据有疑问，经过双方协商，应从次日开始重新试运行 3 个月，对有关数据重测，以资验证。

试运行期间主要指标、各项功能和性能应达到规定要求后，方可进行工程竣工验收。

2. 竣工验收申请

网络系统通过试运行，各项指标和性能达到了规定要求后，施工单位可以向建设单位提出竣工验收申请，递交竣工验收报告和竣工验收申请表，如表 8.20 所示。

表 8.20　网络工程竣工验收申请表

工程名称：　　　　　　　　　　　　建设地点：

建设单位		施工单位		监理单位	
开工日期	年　月　日	完工日期	年　月　日	申请验收日期	年　月　日
工程概况：（可另附页）					
工程完成情况：（可另附页）					
工程质量自检情况： 项目经理（签名）： 年　月　日					
建设单位意见 负责人（盖章）： 年　月　日			监理单位意见 总监理工程师（盖章）： 年　月　日		

本申请表一式三份，施工单位、建设单位、填报单位各执一份

3. 竣工技术文件

为了便于网络工程验收和今后网络系统管理，在工程竣工后和验收前，施工单位必须负责编制整理网络工程建设的所有技术文件资料，并全部移交给工程建设单位。竣工验收专家组在竣工验收时，以此为依据，进行竣工验收工作。竣工技术文件必须做到内容齐全，数据准确无误，文字表达条理清楚，文件外观整洁，图表内容清晰，不应有互相矛盾、彼此脱节和错误遗漏等现象。竣工技术文件由以下 6 部分组成。

（1）工程技术文档

工程技术文档包括网络工程的所有设计文档、施工图纸和网络系统配置方案等：① 网络系统规划与设计书；② 网络工程项目施工方案；③ 网络拓扑结构图；④ 综合布线系统主干线缆敷设平面图；⑤ 综合布线系统图；⑥ 综合布线系统平面图；⑦ 综合布线系统标识编码系统；⑧ IP 地址规划与分配方案；⑨ VLAN 划分方案。

（2）工程施工文档

工程施工文档包括工程施工过程中产生的各种文件、报告、批复、表格等：① 开工报告；② 设备/材料进场记录表；③ 安装工程量总表；④ 工程施工变更单；⑤ 停（复）工报告与通知单；⑥ 重大工程质量事故报告单；⑦ 工程遗留问题及其处理意见；⑧ 竣

工图纸，在施工中有少量修改时，可利用原工程设计图更改补充，不需要重新制作竣工图纸，但在施工中改动较大时，则应重新制作竣工图纸。

（3）工程测试文档

工程测试文档包括对硬件设备和网络系统进行测试的记录表单、随工验收记录表、初步验收记录与报告等：① 随工检查记录和阶段验收报告；② 综合布线系统随工验收、初步验收表单与报告；③ 网络设备检测记录表；④ 网络子系统测试记录表；⑤ 网络工程初步验收记录表与报告；⑥ 网络系统全网测试记录表与报告。

（4）设备技术文档

设备技术文档包括：① 网络系统所有设备的品牌型号、用户手册、安装手册、配置命令手册、保修书等；② 日常操作维护指导：系统安装、配置、测试、操作维护、故障排除等说明文件；③ 操作系统、数据库系统、业务应用系统和其他软件的用户操作手册。

（5）设备部署文档

设备部署文档包括：① 设备（硬件设备、软件等）安装明细表；② 网络系统所有设备的编号、名称、品牌、型号、规格、安装位置、购买的日期、登录用户名和密码、IP 地址、所属的 VLAN 等；③ 交换机、路由器、服务器、存储设备、安全设备等的配置文件和数据；④ 网络设备配置图；⑤ 中心机房、设备间和电信间中的配线设备之间跳接图；⑥ 所有软件系统管理员、操作人员的登录名和密码。

（6）竣工验收文档

竣工验收文档包括：① 竣工验收申报表和申请报告；② 竣工验收证明书和验收报告；③ 网络工程材料/备件及工具移交清单，其样表如表 8.21 所示；④ 网络系统图纸移交清单，其样表如表 8.22 所示；⑤ 竣工资料移交清单，其样表如表 8.23 所示。

表 8.21　网络工程材料/备件及工具移交清单

工程名称：						
序号	名　称	规格型号	单位	设计数量	实交数量	备　注
1						
2						
移交人：		日期：　年 月 日		签收人：		日期：　年 月 日

本清单一式二份，建设单位和施工单位各执一份

表 8.22　网络系统图纸移交清单

工程名称：					
序号	图纸名称	图　号	页　数	份　数	备　注
1					
2					
移交人：		日期：　年 月 日		签收人：	日期：　年 月 日

表 8.23　网络工程竣工资料移交清单

工程名称：					
序号	资料名称	资料编号	页　数	份　数	备　注
1					
2					
移交人：		日期：　年 月 日		签收人：	日期：　年 月 日

4．竣工验收

竣工验收专家组正式对网络工程进行验收检查，其内容包括：

① 审验竣工技术文档。

② 清点核实设备的品牌、型号、规格、数量。

③ 确认各阶段测试与验收结果。凡经过随工检查和阶段验收合格并已签字的，在竣工验收时一般不再进行检查。

④ 验收组认为必要时，采用抽测的方式对网络系统性能进行复验，复验结果做好详细记录。

⑤ 对工程进行评定和签收。若验收中发现质量不合格的项目，则由施工单位及时查明原因，分清责任，专家组提出处理意见。若竣工验收合格，专家组则签发网络工程竣工验收证明书，并递交竣工验收报告。

竣工验收证明书的样式如表 8.23 所示。

表 8.23　网络工程竣工验收证明书

工程名称			
开工日期	年　月　日	竣工日期	年　月　日
工程概况：			
验收专家组验收意见： 验收专家组组长签名： 验收专家组成员签名：		验收日期：　年　月　日	
建设单位主管（签字） （公章）	监理单位主管（签字） （公章）	施工单位主管（签字） （公章）	

本证明书一式三份，建设单位、施工单位和监理单位各执一份

扫描二维码
进入"课程学习空间"

扫描二维码
进入"工程案例空间"

扫描二维码
进入"知识拓展空间"

思考与练习 8

1．怎样编写网络工程项目投标文件？

2．怎样编写网络工程项目实施方案？

3．网络系统测试与验收过程中所采用的主要标准及规范有哪些？它们各有什么作用？

4．在进行网络性能测试时，采用的测试方法有哪些？它们各有什么优缺点？在设计测试参数时，应主要考虑哪些方面的因素？

5．网络测试是对整个网络工程的全面检查。那么，在进行网络测试时，应该具备什么样的条件？有哪些注意事项？

6．查阅相关资料，简单说明设备机房环境对网络系统运行的影响。

7．查阅相关资料，简单说明交换机端口的测试项目及常用的方法。

8．防火墙是网络工程中常用的网络设备，怎样测试防火墙的性能和安全策略？

9．服务器是网络系统中不可缺少的组成部分，请根据教材中提到的测试项目，分别设计对 WWW、FTP 及 DHCP 服务器的测试方案。

10．网络系统的验收分成几部分？验收小组的成员在验收过程中最应该注意哪些环节的检查？

11．编写一个网络工程综合布线系统的竣工验收技术文件。

12．网络工程竣工验收内容和程序是什么？怎样撰写网络工程竣工验收报告？

第 9 章　基础性实验

本章是与理论篇介绍的交换机技术、路由器技术、网络安全技术和服务器技术相配套的基础实验，目的是使读者加深对理论知识的理解和运用。读者在学习相关章节内容后，要完成相应的实验。在每个实验中，实验描述给出实验的架构和原理；实验内容是读者必须完成的具体步骤，重点突出实验方案和实验过程。在实验前要做好预习，设计实验方案，写出相关设备的配置命令，并在华为模拟器 eNSP 上调试通过，再到实验室进行现场操作，这样才能收到实效，达到实验的目的。实验后的总结也不能忽视，这是进一步梳理相关技术及其应用的过程。

各实验的参考配置命令编辑在本章"课程学习空间"中，仅供读者在设计实验方案时参考。本章"工程案例空间"中增加了一些基础性实验项目，本书第 3 版的内容在"知识拓展空间"中，读者可以扫描相应的二维码进行自主学习。

9.1　交换机连接与基本配置

一、实验目的

① 掌握计算机（PC）与交换机的连接方法。
② 掌握交换机的基本配置命令。

二、实验描述

实验原理如图 9-1 所示，用 Console 端口配置连接线将计算机 PC1 的 COM1 口与交换机 SWITCH 的 Console 端口相连；用网线将 PC1 与交换机 SWITCH 的 GE0/0/1 接口相连，PC2 与交换机 SWITCH 的 GE0/0/2 接口相连。请完成交换机 SWITCH 的基本配置。

图 9-1　交换机基本配置实验原理

三、实验内容

（1）根据原理图，设计实验方案，画出实验网络拓扑结构图，在图中标明设备的型号与编号，以及连线时所用到的交换机的端口号，并按拓扑图连接好设备。

（2）完成计算机与交换机的连接，配置超级终端程序。

（3）登录交换机，查看交换机中所有的 FLASH 文件，记录并说明每个文件的功能。

（4）删除交换机的配置文件，重新启动交换机，仔细观察交换机的启动过程并大致记录加载的信息。

（5）完成交换机的基本配置。

① 将交换机命名为 SWITCH。

② 设置交换机的管理 IP 地址 192.168.10.10/24 及默认网关 192.168.10.254/24。

③ 配置交换机 Telnet 的登录用户名为"admin123"，密码为"admin@123"。

④ 设置交换机 GE0/0/1 接口的速率和通信模式，对 GE0/0/1 接口描述为"To PC1"。

⑤ 将当前的日期和时间设置为交换机的系统日期和时间。

（6）保存配置，重新启动交换机。

（7）设置好 PC1 的 IP 地址为 192.168.10.20/24，利用 Telnet 登录到交换机。此时 PC1 和交换机的连接与 Console 端口配置连接线有无关系？请说明。

（8）查看交换机配置，尝试读懂交换机的配置信息，记录此时交换机的 IP 地址、默认网关，密码存在的形式以及 GE0/0/1 接口的速率和通信模式。

（9）在交换机系统模式下，运行 ping 192.168.10.20，观察记录实验现象并做出解释。

（10）交换机的管理 IP 地址不变，设置 PC1 的 IP 地址为 192.168.1.1/24，PC2 的 IP 地址为 192.168.1.2/24，在 PC1 上分别 ping 交换机和 PC2，观察记录实验现象，说明交换机的管理 IP 地址与 PC1、PC2 通信所用 IP 地址的相关性。

（11）如果实验用到了不同类型的交换机（二层或三层），请对比交换机默认网关的配置情况，尝试解释这种现象。

四、实验总结

① 本实验的收获。

② 实验过程中遇到的问题及解决办法。

③ 目前还存在的疑虑及设想。

五、实验参考

① 3.2 节的内容，或扫描书中二维码，进入本章"知识拓展空间"学习相关资料。

② 交换机配置手册和命令手册。

9.2 交换机链路聚合连接与配置

一、实验目的

① 理解交换机链路聚合的原理。

② 掌握交换机链路聚合的配置方法。

二、实验描述

实验原理如图 9-2 所示，SWITCH1 和 SWITCH2 两台交换机通过链路聚合的方式连接，主机 PC1 和 PC2 分别连接在交换机 SWITCH1 和 SWITCH2 上，并都属于 VLAN10。SWITCH1 的管理 IP 地址为 192.168.1.1/24，SWITCH2 的管理 IP 地址为 192.168.1.2/24。

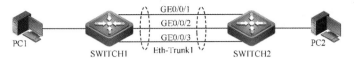

图 9-2　交换机链路聚合实验原理

请设计实验方案，实现 PC1 和 PC2 之间的通信。

三、实验内容

（1）根据原理图，设计实验方案，画出实验网络拓扑结构图，在图中标明设备的型号与编号，以及连线时所用到的交换机的端口号，并按拓扑图连接好设备。

（2）将两台交换机按原理图所示，分别命名为 SWITCH1 和 SWITCH2，管理 IP 地址分别设定为 192.168.1.1/24 和 192.168.1.2/24。

（3）分别查看并记录两台交换机的 VLAN 信息及其成员组成，并创建 VLAN 10。

（4）对 SWITCH1、SWITCH2 进行链路聚合配置。

（5）显示并记录链路聚合当前的配置与状态信息。

（6）分别设置 PC1 和 PC2 的 IP 地址为 192.168.1.10/24 和 192.168.1.20/24，将 PC 与交换机相连接。在两台 PC 上分别 ping 两台交换机和对方主机，观察并记录实验结果。

四、实验总结

① 本实验的收获。

② 实验过程中遇到的问题及解决办法。

③ 目前还存在的疑虑及设想。

五、实验参考

① 3.3.3 节的内容，或扫描书中二维码，进入本章"知识拓展空间"学习相关资料。

② 交换机配置手册和命令手册。

9.3　跨交换机相同 VLAN 之间通信

一、实验目的

① 掌握 VLAN 的基本配置方法。

② 实现跨交换机相同 VLAN 之间的通信。

二、实验描述

实验原理如图 9-3 所示，SWITCH1 和 SWITCH2 为二层交换机，在两台交换机上都配置了 VLAN10 和 VLAN20。其中，PC1、PC4 是 VLAN10 中的成员，PC2、PC3 是 VLAN20 中的成员。请设计实验方案，实现 PC1 与 PC4 之间的通信，PC2 与 PC3 之间的通信，即不同交换机相同 VLAN 之间的通信。

三、实验内容

（1）根据原理图，设计实验方案，画出实验网络拓扑结构图，在图中标明设备的型号与编号，以及连线时所用到的交换机的端口号，并按拓扑图连接好设备。

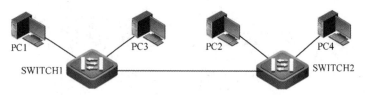

图 9-3　交换机 VLAN 之间通信实验原理

（2）显示交换机中 VLAN 信息，删除 VLAN1 以外的其他 VLAN。

（3）观察交换机接口的表示形式，试着设置 SWITCH1 与 SWITCH2 的 GE0/0/10 接口 IP 地址为 192.168.100.1/24，观察系统提示或实验结果，并分析原因。

（4）按照实验方案配置 4 台主机的 IP 地址，完成各主机网络参数的配置并记录。

（5）分别用 PC1 ping PC3、PC2 ping PC4，观察实验结果，并分析原因。

（6）分别在两台交换机上完成下列工作：① 划分 VLAN；② 将相应的端口以正确的模式加入对应 VLAN 中；③ 配置好 Trunk 接口。查看交换机各 VLAN 中端口的分配情况和 Trunk 接口的表现形式与状态信息，并记录。

（7）对 SWITCH1 交换机的 VLANIF10、VLANIF20 分别配置 IP 地址：192.168.10.1/24、192.168. 20.1/24，对 SWITCH2 交换机的 VLANIF10、VLANIF20 分别配置 IP 地址：192.168.10.2/24、192.168.20.2/24，查看 4 个 VLAN 接口的生效情况（UP/DOWN），并对这种情况（分二层和三层交换机）做出解释。

（8）在主机 PC1、PC2、PC3、PC4 之间互 ping，记录实验结果。分析是否实现了相互都可以通信，并分析原因。

（9）在不改变主机网络参数和网络拓扑的情况下，如果此时要求 PC2 跟 PC3 能通信而不允许 PC1 和 PC4 通信，请完成相关配置。

（10）如果将交换机 SWITCH1 改为三层交换机，PC1、PC2、PC3、PC4 之间能否实现全通信？请分析原因。

四、实验总结

① 本实验的收获。
② 实验过程中遇到的问题及解决办法。
③ 目前还存在的疑虑及设想。

五、实验参考

① 3.4 节的内容，或扫描书中二维码，进入本章"知识拓展空间"学习相关资料。
② 交换机配置手册和命令手册。

9.4　生成树技术配置与应用

一、实验目的

① 理解生成树协议 STP 和 RSTP 的原理。
② 掌握 STP 和 RSTP 的配置方法以及在冗余链路设计中的应用。

二、实验描述

实验原理如图 9-4 所示。根据需求，为了提高网络的可靠性，需要在两台交换机上形成 L1 和 L2 两条冗余链路。请设计实验方案，避免网络出现环路，要求指定 SWITCH2 为根交换机，L1 为主链路。

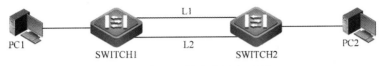

图 9-4　生成树技术应用实验原理

三、实验内容

（1）根据原理图，设计实验方案，画出实验网络拓扑结构图，在图中标明设备的型号与编号，以及连线时所用到的交换机的端口号，并按拓扑图连接好设备。

（2）查看所用交换机的版本信息，并大致记录。

（3）完成两台交换机的相关配置，配置 PC1 和 PC2 的网络参数，确保两台主机与所连交换机互相通信。

（4）连接 L1 链路，用 PC1 和 PC2 两台主机相互 ping 对方，观察结果，查看两台交换机的 MAC 地址表并记录。

（5）再连接 L2 链路（L1 不拆除），用 PC1、PC2 同时 ping 一个网络中不存在的 IP 地址（如 10.0.0.1），观察交换机接口指示灯的反应，查看并记录两台交换机的 MAC 地址表，用 PC1 去 ping PC2，观察实验结果解释原因，请说明"ping 一个网络中不存在的 IP 地址"所起的作用。

（6）拆除 L2 链路后，根据实验描述的要求（指定 SWITCH2 为根交换机，L1 为主链路），设定交换机和相关端口的优先级，配置 RSTP 或 STP。

（7）清除交换机 MAC 地址表中的信息，连接 L2 链路，观察交换机接口指示灯的反应，间隔几秒钟后，用 PC1 和 PC2 互 ping 对方，观察实验结果，解释原因。查看两台交换机的 MAC 地址表并记录，比较三次记录的 MAC 地址表，解释原因。

（8）查看两台交换机生成树的状态，重点观察并记录交换机的角色、网桥标识（bridge ID）、优先级及路径开销情况，查看并记录两台交换机中与两条链路相关的四个端口的角色、优先级和转发状态。

（9）先运行"PC1 ping PC2 – t"，拆除 L1 链路，观察实验结果，并对现象做出解释。

（10）查看并记录两台交换机中与两条链路相关的四个端口的角色和转发状态，对此现象做出解释。

（11）先运行"PC1 ping PC2 – t"，重新连接 L1 链路，观察实验结果，查看并记录两台交换机中与两条链路相关的四个端口的角色和转发状态，并对现象做出解释。

（12）请说明上述实验与 VLAN 的关系，如果使两者紧密结合，你能用什么办法实现？这样做有什么好处？

四、实验总结

① 本实验的收获。

② 实验过程中遇到的问题及解决办法。

③ 目前还存在的疑虑及设想。

五、实验参考

① 3.5 节的内容，或扫描书中二维码，进入本章"知识拓展空间"学习相关资料。
② 交换机配置手册和命令手册。

9.5 交换机堆叠连接与配置

一、实验目的

① 理解交换机堆叠的原理。
② 掌握交换机堆叠的配置方法。

二、实验描述

实验原理如图 9-5 所示，SWITCH1 和 SWITCH2 是两台具有堆叠功能的三层交换机，通过堆叠的方式互连，主机 PC1 和 PC2 分别连接在两台交换机的 VLAN1 上，SWITCH1 的管理 IP 地址为 192.168.1.1/24，SWITCH2 的管理 IP 地址为 192.168.1.2/24。请设计实验方案，实现 PC1 和 PC2 之间的通信，同时验证交换机堆叠的其他性质。

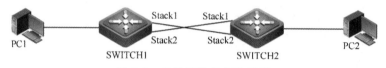

图 9-5　交换机堆叠实验原理

三、实验内容

（1）根据原理图，设计实验方案，画出实验网络拓扑结构图，在图中标明设备的型号与编号，以及连线时所用到的交换机的端口号，并按拓扑图连接好设备。

（2）将两台交换机按原理图所示，分别命名为 SWITCH1 和 SWITCH2，管理 IP 地址分别设定为 192.168.1.1/24 和 192.168.1.2/24。

（3）分别查看并记录两台交换机的 VLAN 信息及其成员组成。

（4）对 SWITCH1 进行堆叠配置，设置其优先级为 4。

（5）显示并记录堆叠组当前的成员信息、设备信息以及插槽和模块信息。

（6）分别设置 PC1 和 PC2 的 IP 地址为 192.168.1.10/24 和 192.168.1.20/24，将 PC 与交换机相连接。在两台 PC 上分别 ping 与之相连的交换机，观察并记录实验结果。

（7）将 SWITCH1 与 SWITCH2 用两根堆叠连接线按图连接好（SWITCH2 不做任何堆叠配置）。分别察看两台交换机的标示符和管理 IP 地址，对照第 2 步的配置做出解释。

（8）查看并记录堆叠组当前的 VLAN 信息及其成员组成，与第 3 步的结果做比较，解释此时端口编号的组成及含义。

（9）显示并记录堆叠组当前的成员信息（特别要注意堆叠组主机信息）、设备信息以及插槽和模块信息，与第 5 步的结果做比较。

（10）在两台 PC 上分别 ping 两台交换机和对方主机，观察并记录实验结果，对照第 6 步的结果做出解释。

（11）设置 SWITCH2 交换机堆叠优先级为 8（此时 SWITCH2 交换机优先级比 SWITCH1 高），观察堆叠组当前的主机是否是优先级高的交换机 SWITCH2。如果不是，怎么样使 SWITCH2 变成堆叠组的主机？

（12）显示交换机堆叠组的全部配置信息并大致记录。

（13）如果将两台交换机的优先级都设置为默认值，根据以上的实验结果，请判别哪台交换机可能成为堆叠组中的主机，理由是什么？

（14）查阅文献资料，了解二层与三层交换机或全三层交换机能不能混合堆叠。

四、实验总结

① 本实验的收获。
② 实验过程中遇到的问题及解决办法。
③ 目前还存在的疑虑及设想。

五、实验参考

① 3.6 节的内容，或扫描书中二维码，进入本章“知识拓展空间”学习相关资料。
② 交换机配置手册和命令手册。

9.6 路由器连接与静态路由配置

一、实验目的

① 掌握路由器之间及其与主机的连接方法。
② 掌握路由器的基本配置命令和静态路由配置方法。

二、实验描述

实验原理图如图 9-6 所示，两台路由器 RouterA 和 RouterB 利用专用缆线通过各自的串口（广域网口）相连接，PC1 和 PC2 利用双绞线连接到各自路由器的局域网接口，接口参数见图 9-6。请设计实验方案，完成路由器的基本配置，利用静态路由技术实现全网路由互通。

图 9-6 路由器与静态路由配置实验原理

三、实验内容

（1）根据原理图，设计实验方案，画出实验网络拓扑结构图，在图中标明设备的型号与编号，以及连线时所用到的交换机的端口号，并按拓扑图连接好设备。

（2）查看路由器中所有的 FLASH 文件，记录并说明每个文件的功能。

（3）完成路由器的基本配置。
① 将两台路由器分别命名为 RouterA 和 RouterB。
② 配置路由器 GE0/0/1、Serial 1/0/0 接口的 IP 地址及子网掩码并激活。
③ 将当前的日期和时间设置为路由器的系统日期和时间。

（4）保存配置，重新启动路由器，观察启动过程。

（5）查看路由器全部配置，尝试读懂路由器的配置信息。

（6）显示路由器所有接口的摘要信息，记录 GE0/0/1、Serial 1/0/0 接口的相关信息。

（7）在 PC 主机上分别 ping 与之相连路由器 GE0/0/1、Serial 1/0/0 接口及对端路由器的 Serial 1/0/0 接口。观察记录实验现象并做出解释。特别注意，两个路由器的 Serial 1/0/0 口直接相连，为什么 PC1 可以 ping 通 RouterA 的 Serial 1/0/0 接口，而不能 ping 通 RouterB 的 Serial 1/0/0 接口。

（8）显示路由器所有的路由信息并记录。

（9）分别给 RouterA 和 RouterB 配置静态路由，宣告各自路由器的非直连网段。

（10）显示路由器所有的路由信息，与第 8 步的结果做比较，说明所增加路由条目的含义。

（11）两台 PC 主机互 ping，观察记录实验现象；显示路由器所有接口的摘要信息，重点查看 Serial 1/0/0 接口的状态。

（12）配置两台路由器 Serial 1/0/0 的时钟频率，显示路由器全部配置，查看时钟频率的生效情况并做出解释。

（13）显示路由器的路由信息及所有接口的摘要信息，用两台 PC 主机互相 ping，观察记录实验现象。

四、实验总结

① 本实验的收获。

② 实验过程中遇到的问题及解决办法。

③ 目前还存在的疑虑及设想。

五、实验参考

① 4.2、4.3 节的内容，或扫描书中二维码，进入本章"知识拓展空间"学习。

② 路由器配置手册和命令手册。

9.7 RIP 动态路由协议的应用

一、实验目的

① 理解 RIP 的工作原理和配置方法。

② 掌握通过 RIP 路由方式实现网络的连通。

二、实验描述

实验原理如图 9-7 所示。RouterA 的 GE0/0/0 口连接 192.168.1.128/27 子网，RouterB 的 GE0/0/0 口连接 192.168.1.96/27 子网，两个路由器通过 192.168.1.32/27 子网相连。请设计实验方案，通过配置 RIP 协议，实现全网路由互通。

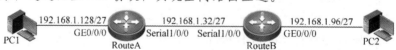

图 9-7　RIP 路由协议实验原理

三、实验内容

（1）根据原理图，设计实验方案，画出实验网络拓扑结构图，在图中标明设备的型号与编号，以及连线时所用到的交换机的端口号，并按拓扑图连接好设备。

（2）查看所用路由器的版本信息，并大致记录。

（3）查看路由器各接口状态，并记录。

（4）PC1 主机的 IP 地址为 192.168.1.138/27，PC2 主机的 IP 地址为 192.168.1.106/27，根据实验要求，设计路由器相关接口 IP 地址，并标注在实验拓扑中。

（5）配置主机网络参数（实验过程中网卡一直启用），配置路由器各接口的 IP 地址、时钟频率，查看路由器的接口状态信息并记录。

（6）配置 RIPv1 协议。

（7）查看两个路由器的路由信息并记录。

（8）用 PC1 ping PC2，观察并记录实验结果。

（9）将 192.168.1.32/27 子网改为 192.168.1.32/30 子网，查看并记录两个路由器的路由信息，比较第 7 步记录的路由信息，对此现象做出解释。

（10）用 PC1 ping PC2，观察并记录实验结果，对此现象做出解释。

（11）请设计实验方案，做适当的配置，继续采用 RIP 协议，实现第 9 步更改后的网络全网路由（PC1 可 ping 通 PC2）。

（12）查看并记录两个路由器的路由信息，3~4 分钟后再次查看两个路由器的路由信息并记录，将两次得到的路由信息进行比较，对此现象做出解释。

（13）用 PC1 ping PC2，观察并记录实验结果。

（14）第 9 步完成后，在不改变 RIP 协议版本的情况下，能不能通过改变 PC1 和 PC2 的 IP 地址，使两台主机能通信？如果可行，两台主机各自的 IP 地址可能是什么？

四、实验总结

① 本实验的收获。

② 实验过程中遇到的问题及解决办法。

③ 目前还存在的疑虑及设想。

五、实验参考

① 4.2、4.3 节的内容，或扫描书中二维码，进入本章"知识拓展空间"学习。

② 路由器配置手册和命令手册。

9.8 OSPF 动态路由协议的应用

一、实验目的

① 掌握 OSPF 路由协议的原理和配置方法。

② 掌握通过 OSPF 路由方式实现网络的连通。

二、实验描述

实验原理如图 9-8 所示。三层交换机 A 的 GE0/0/1 接口连接 192.168.10.0/24 网段，GE0/0/2 接口连接 192.168.22.0/24 网段，GE0/0/3 接口和路由器 GE0/0/1 接口通过

192.168.13.0/24 网段相连。路由器 B 的 GE0/0/0 接口连接 192.168.8.0/24 网段。请设计实验方案，通过配置 OSPF 协议，保证全网路由。

图 9-8　OSPF 路由协议应用实验原理

三、实验内容

（1）根据原理图，设计实验方案，画出实验网络拓扑结构图，在图中标明设备的型号与编号，以及连线时所用到的交换机的端口号，并按拓扑图连接好设备。

（2）查看三层交换机的版本信息，并大致记录。

（3）设计网络中各设备接口的 IP 地址和主机的网络参数。配置主机网络参数（实验过程中网卡一直启用），按实际连接图连接好各设备。

（4）配置三层交换机 A 中的 GE0/0/1、GE0/0/2 和 GE0/0/3 接口所在 VLAN 的 VLANIF 接口，查看 IP 地址的设置情况并记录。

（5）配置路由器 B 中 GE0/0/0 和 GE0/0/1 接口的 IP 地址，查看端口摘要信息并记录。

（6）全网配置 OSPF 协议，查看三层交换机和路由器的路由信息并记录。

（7）用三台主机互 ping，查看并记录结果。

（8）配置三层交换机 Loopback 地址为 100.10.1.1，路由器 Loopback 地址为 192.168.1.1，请用相关命令查看此时三层交换机和路由器的 Router ID，观察 Loopback 地址的生效情况，并解释原因。

（9）将 192.168.8.0/24 网段改至 Area 2，其他网络拓扑和配置不变，用 PC1 ping PC3，查看结果并说明原因。

（10）针对第 9 步的问题，请设计方案并完成配置，实现全网路由互通。

四、实验总结

① 本实验的收获。

② 实验过程中遇到的问题及解决办法。

③ 目前还存在的疑虑及设想。

五、实验参考

① 4.2、4.3 节的内容，或扫描书中二维码，进入本章"知识拓展空间"学习。

② 路由器配置手册和命令手册。

③ 交换机配置手册和命令手册。

9.9　访问控制列表技术的应用

一、实验目的

① 掌握标准访问控制列表的配置。

② 了解扩展访问控制列表。

③ 掌握访问控制列表技术在网络访问安全方面的应用。

二、实验描述

实验原理如图 9-9 所示。某公司有经理部（172.16.2.0/24 网段）、销售部（172.16.3.0/24 网段）和财务部（172.16.4.0/24 网段），部门之间通过路由器通信。现要求经理部能访问财务部，而销售部不能访问财务部，但销售经理（172.16.3.20/24）除外，请设计实验方案，完成相应的配置，实现客户这个需求。

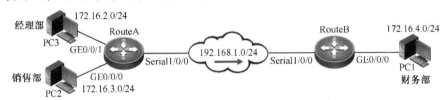

图 9-9　ACL 技术应用实验原理

三、实验内容

（1）根据原理图，设计实验方案，画出实验网络拓扑结构图，在图中标明设备的型号与编号，以及连线时所用到的交换机的端口号，并按拓扑图连接好设备。

（2）设计网络中各设备接口的 IP 地址，各主机的网络参数。

（3）配置路由器接口的 IP 地址，查看端口的摘要信息并记录。

（4）查看路由器的路由信息并记录。

（5）配置动态路由协议，实现全网路由。

（6）查看路由信息，并与第 4 步的显示信息进行比较，如显示信息相同，则查找原因并解决；如显示信息不同，请做出解释说明。

（7）设置主机的网络参数，用三台主机互 ping，查看结果并记录。

（8）配置 ACL 规则，满足"经理部能访问财务部，而销售部不能访问财务部，但销售经理（172.16.3.20/24）除外"要求。

（9）根据实验要求，将 ACL 应用 RouterB 的 GE0/0/0 接口。

（10）将 PC3 和 PC2（销售经理）分别 ping PC1 主机，观察结果并记录。

（11）用 PC2（非销售经理）分别 ping PC1 主机及其网关地址，观察、记录结果并做出解释。

（12）清除 ACL 在 RouterB 的 GE0/0/0 接口上的应用，将 ACL 应用 RouterB 的 Serial1/0/0 接口，重复第 11 步。

（13）PC1 作为财务部的服务器 24 小时工作，但为了安全起见，规定工作时间 8 小时之外，非财务部人员均不能访问 PC1。请查阅文献资料，尝试提出一个设备配置方案以满足这个要求。

四、实验总结

① 本实验的收获。

② 实验过程中遇到的问题及解决办法。

③ 目前还存在的疑虑及设想。

① 4.4 节的内容，或扫描书中二维码，进入本章"知识拓展空间"学习。

② 路由器配置手册和命令手册。

9.10 网络地址转换技术的应用

一、实验目的

① 掌握静态 NAT 技术的配置方法和应用。

② 了解静态 NAPT 原理。

二、实验描述

实验原理如图 9-10 所示。路由器 A 为出口路由器，用于连接外部网络，内部网络采用 C 类私有地址部署，PC1 处于网段 192.168.10.0/24，现从 ISP 申请到的外网地址为 211.169.10.96/30，外网主机 PC2 处于 211.16.1.0/24 网段。请设计实验方案，完成相关配置，实现 PC1 与 PC2 之间的通信。

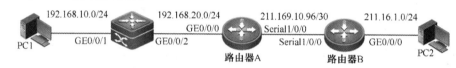

图 9-10　NAT 技术应用实验原理

三、实验内容

（1）根据原理图，设计实验方案，画出实验网络拓扑结构图，在图中标明设备的型号与编号，以及连线时所用到的交换机的端口号，并按拓扑图连接好设备。

（2）设计网络中各设备接口的 IP 地址，各主机的网络参数。

（3）配置三层交换机、路由器接口的 IP 地址及时钟频率，查看交换机与路由器各端口的摘要信息并记录。

（4）配置路由协议，实现内部网络的全网路由。

（5）查看路由器和交换机的路由信息。

（6）配置默认静态路由，保证内部的各网段信息都能到达内部网络的出口。

（7）查看路由器和交换机的路由信息，并与第 5 步观察到的信息做比较，解释多出的路由选项的含义和作用。

（8）配置主机网络参数，PC1 与 PC2 互 ping，观察并记录实验结果。

（9）配置网络地址转换，实现 PC1 与 PC2 互访。

（10）PC1 与 PC2 互 ping，观察并记录实验结果，对此现象做出解释。

（11）如果三层交换机连接的另一台 Web 服务器（192.168.10.2/24）需要对外提供服务，请设计一个配置方案满足这个要求。

四、实验总结

① 本实验的收获。

② 实验过程中遇到的问题及解决办法。

③ 目前还存在的疑虑及设想。

五、实验参考

① 4.5 节的内容，或扫描书中二维码，进入本章"知识拓展空间"学习相关资料。
② 路由器配置手册和命令手册。

9.11　防火墙的配置与应用

一、实验目的

① 掌握防火墙的基本配置。
② 掌握通过防火墙实现内网向外网的访问。

二、实验描述

实验原理如图 9-11 所示。路由器模拟整个互联网（外网），内网的核心三层交换机通过防火墙与外网相连接，要求通过防火墙的配置，实现内网与外网的安全互连。

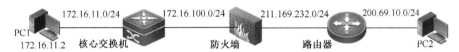

图 9-11　防火墙配置实验原理

三、实验内容

（1）根据原理图，设计实验方案，画出实验网络拓扑结构图，在图中标明设备的型号与编号，以及连线时所用到的交换机的端口号，并按拓扑图连接好设备。

（2）配置路由器和三层交换机，实现内网全网路由可达。

（3）从防火墙的 Console 端口登录，配置防火墙的系统时区、日期、时间，管理接口的 IP 地址（可以不配置，而使用防火墙管理接口的默认 IP 地址）。配置安全区域并加入相关接口。

（4）设置配置主机的网络参数，在配置主机浏览器的地址栏，输入防火墙管理接口的默认 IP 地址，用系统默认的管理员用户名和密码以 Web 方式登录防火墙。

（5）配置防火墙的路由工作模式（设置防火墙内、外网接口 IP 地址），并激活内、外网接口。

（6）新添加一个管理员，设置新管理员用户名和登录密码，新管理员允许的登录 IP地址为 172.16.11.2/24。

（7）保存配置，重启防火墙。从 PC1（172.16.11.2/24）以 Web 方式登录、配置防火墙。

（8）查看并记录防火墙的主机信息，授权信息和系统资源。

（9）配置防火墙的路由，添加一条指向外网的静态默认路由，还要保证防火墙能访问内部网络的所有网段。

（10）设置好 PC1 和 PC2 的网络参数，用两台主机互 ping，观察并记录实验结果，解释实验现象。

（11）配置防火墙的 NAT 转换，将内部网络中地址为"172.16.11.0/24"和"172.16.100.

0/24"的两个网段，与 211.69.232.0/24 网络中的公网地址进行转换。

（12）PC1 与 PC2 互 ping，观察并记录实验结果，解释实验现象。

（13）配置并启用防火墙 permit 策略，PC1 与 PC2 互 ping，观察并记录实验结果，解释实验现象。

四、实验总结

① 本实验的收获。
② 实验过程中遇到的问题及解决办法。
③ 目前还存在的疑虑及设想。

五、实验参考

① 5.3 节的内容，或扫描书中二维码，进入本章"知识拓展空间"学习。
② 交换机命令手册与配置手册。
③ 路由器命令手册与配置手册。
④ 防火墙命令手册与配置手册。

9.12　网络常用服务器构建

一、实验目的

① 掌握 DHCP 服务器安装过程与配置方法。
② 掌握 Web 服务器安装过程与配置方法。
③ 掌握 FTP 服务器安装过程与配置方法。
④ 掌握 DNS 服务器安装过程与配置方法。
⑤ 对建成的服务器所提供服务进行统一调试。

二、实验描述

实验原理如图 9-12 所示。两台交换机上连接了 4 台服务器，分别是 DHCP 服务器、Web 服务器、FTP 服务器和 DNS 服务器。DHCP 服务器、Web 服务器和测试机处于 SWITCH1 的 VLAN 10，FTP 服务器、DNS 服务器处于 SWITCH2 的 VLAN 20。请手工完成 4 台服务器的组建任务，最后用测试机对 4 台服务器进行统一调试。

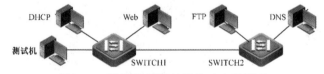

图 9-12　网络常用服务器构建实验原理

三、实验内容

（1）根据原理图，设计实验方案，画出实验网络拓扑结构图，在图中标明设备的型号与编号，以及连线时所用到的交换机的端口号，并按拓扑图连接好设备。

（2）对两台交换机完成必要的配置，保证全网路由可达。

（3）对 4 台服务器按原理图要求做好网络参数配置，相互 ping 通 4 台服务器。

（4）构建 DHCP 服务器，通过 DHCP 服务器为测试机提供必要的主机参数，包括 IP 地址、子网掩码、默认网关、DNS 服务器地址等。

（5）构建 Web 服务器，完成 Web 服务器的基本配置，把学校网站首页文件复制到网站根目录，并确认网站的默认首页文件名已经设置为默认首页文档。

（6）构建 FTP 服务器，完成 FTP 服务器的基本配置，允许不同的用户登录，并设置目录访问权限。

（7）构建 DNS 服务器，完成 DNS 服务器的基本配置，建立正、反向搜索区域，新建 2 个主机项，将 Web 服务器的域名 www.jsj.com 解析为 192.168.10.2，FTP 服务器的域名 ftp.jsj.com 解析为 192.168.20.1。

（8）修改测试机的网络连接属性，设置"自动获得 IP 地址"和"自动获得 DNS 服务器地址"，在 CMD"命令提示符"下输入命令"ipconfig/all"，查看并记录测试机从 DHCP 服务器上获得主机参数，主要包括 IP 地址、子网掩码、默认网关、DHCP 服务器地址和 DNS 服务器地址。

（9）打开测试机上的浏览器，在地址栏中输入"http://www.jsj.com"，查看此时浏览器显示的内容是否与学校网站首页一致。

（10）如果在第 9 步中，浏览器显示的内容与学校网站首页不一致，可以在浏览器的地址栏中输入"http://192.168.10.2"。如此时显示的内容一致，请说明之前的问题可能出现在哪里，如此时显示的内容仍然不一致，可能出现的问题又在哪里？

（11）打开测试机上的浏览器，在地址栏中输入"ftp://ftp.jsj.com"，看是否能允许授权用户登录并查看、下载或上传文件，如果不能，按照第 10 步类似的方法查找问题。

（12）将测试机移至 SWITCH2 的 VLAN 20 中，其他的网络拓扑和配置都不改变，查看并记录测试机从 DHCP 服务器上获得主机参数，与第 8 步的参数做比较，如果不正常，请说明可能存在的问题并提出解决方案。

四、实验总结

① 本实验的收获。
② 实验过程中遇到的问题及解决办法。
③ 目前还存在的疑虑及设想。

五、实验参考

① 6.2 节内容。
② 扫描书中二维码，进入本章"知识拓展空间"学习。

扫描二维码
进入"课程学习空间"

扫描二维码
进入"工程案例空间"

扫描二维码
进入"知识拓展空间"

第10章 综合性/设计性实验

本章介绍的内容全部属于综合性或设计性实验，目的是使读者牢固掌握各种网络技术在网络工程中的综合运用，能够独立设计安全稳定、性能优良的网络系统，能够独立管理和维护各种计算机网络，能够及时排除网络系统运行的各种故障。读者一定要在理解实验描述的基础上，认真设计实验方案，独立完成实验的连接、配置和调试，详细记录实验过程出现的有关数据，编写实验报告，及时总结实验的收获以及存在的问题。

各实验的参考配置命令编辑放在本章"课程学习空间"中，仅供读者在设计实验方案时参考。本章"工程案例空间"中增加了一些综合性、设计性实验项目，本书第 3 版的内容放在"知识拓展空间"中，读者可以扫描相应的二维码进行自主学习。

10.1 VLAN 之间通信

一、实验目的

掌握利用三层交换机实现不同 VLAN 之间通信。

二、实验描述

某公司有销售部、技术部和财务部三个部门。销售部、技术部和财务报账收费大厅均位于一楼，财务部办公室位于三楼，一楼的办公主机通过本楼层接入交换机连接到三楼的三层交换机，再接入 Internet。现要求各部门的办公主机保持相对独立，相互之间可以访问；财务报账收费大厅的主机只能与财务部办公主机相互访问，不能与其他部门的主机相互访问。请设计简要的技术方案，画出网络拓扑结构图并对交换机进行配置，实现公司要求。

三、实验原理

实验原理如图 10-1 所示。

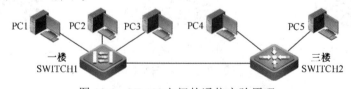

图 10-1　VLAN 之间的通信实验原理

四、需求分析

需求 1：网络应便于管理、保持相对独立。

分析 1：通过 VLAN 管理各个部门的主机。

需求 2：位于一楼和三楼的财务部内部要求通信畅通。

分析 2：实现跨交换机相同 VLAN 内部通信。

需求 3：各部门的办公主机之间可以相互访问。

分析 3：实现不同交换机不同 VLAN 之间的通信。

需求 4：其他部门主机与财务报账收费大厅主机不能相互访问。

分析 4：配置访问控制 ACL。

五、预备知识

三层交换机配置路由接口的方法。

① 开启三层交换机物理接口的路由功能。

② 采用 VLANIF 接口。

六、设计思路

(1) 设计技术方案，结合实验环境设计网络拓扑

① 根据需求，进行设备选型。

② 明确在各台设备上应实现的技术。

③ 网络地址规划。

(2) 设备配置

① 二层交换机创建 3 个 VLAN 和 1 个 Trunk 口。

② 三层交换机创建 3 个 VLAN 和 1 个 Trunk 口，对各 VLANIF 接口分配 IP 地址。

③ 三层交换机开启路由功能（默认情况已开启）。

(3) 实验测试

① 按规划的网络地址配置好各计算机，网关均为所在 VLAN 的 VLANIF 地址）。

② 按网络拓扑图要求连接好各设备。

③ 用 ping 命令测试网络连通性。

(4) 实验结果

各 VLAN 中的办公主机均能相互 ping 通。

七、问题与思考

① 三层交换机上用物理接口或虚拟接口实现 VLAN 间通信有何不同？

② 用路由器或三层交换机实现 VLAN 间通信的原理有何区别？

10.2 局域网设计与配置

一、实验目的

① 掌握局域网与互联网的连接技术。

② 掌握访问控制规则的设置方法。

二、实验描述

某学校计算机分布如下：两个学生机房各为 30 台；教师办公共 50 台，管理部门办公 40 台。现需要建设一个校园网，内部网络 IP 地址规划为：学生机房使用 192.168.10.0/24 网段；教室和实验室主机使用 192.168.20.0/24 网段；办公主机使用 192.168.30.0/24 网段；FTP 服务器、教务管理系统服务器、教学资源库服务器等使用 192.168.100.0/24 网段。外网家属区使用 211.10.10.0/24 网段。现已从 ISP 申请到的公网地址为 202.69.10.3～202.69.10.9/24，连接外网的接入防火墙出口地址为 202.69.10.9，ISP 与校园网互连的路由器接口地址为 202.69.10.10，具体需求如下：

① 通过租用专线连接到 Internet，校园网内各主机都能够上网。

② 校园网内各主机和外网家属区都能访问 FTP 服务器、教务管理系统服务器和教学资源库服务器。

③ 校园网内各主机和外网都能够访问学校 Web 服务器。

④ 学生机房主机与办公主机不能互访。

请设计该校园网建设简要技术方案，画出网络拓扑结构图，并对所有网络设备进行配置，实现网络运行。

三、实验原理

实验原理如图 10-2 所示。

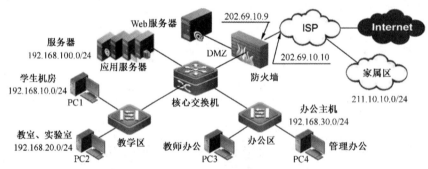

图 10-2　局域网设计实验原理

四、设计思路

（1）设计技术方案，结合实验环境设计网络拓扑

① 通过防火墙接入外网，路由器模拟 Internet。

② 通过静态 IP 地址接入 Internet，在防火墙上配置 NAT、NAT Server。

③ 核心交换机上按不同的区域划分 VLAN，实现 VLAN 之间的通信。设置访问控制规则。

（2）设备配置

① 防火墙：静态 IP 地址接入 Interne 模式，静态 NAT，动态 NAT 或 NAPT、NAT Server、ACL 以及外网接入模式等。

② 接入交换机：创建 VLAN 和 Trunk 口。

③ 核心交换机：创建 VLAN，并对每个 VLANIF 接口启用路由功能，配置 ACL 等。

（3）实验测试

① 按规划的网络地址配置好各计算机（网关均为所在 VLAN 的 VLANIF 地址）。

② 按网络拓扑图要求连接好各设备。

③ 用 ping 命令测试网络连通性及验证访问控制规则。

五、问题与思考

① 如果对相同的内部本地地址和内部全局地址同时做 NAT 和 NAPT,结果会怎样?

② 在本实验中,如果对外网只允许 211.10.10.0/24 网段能访问教务管理系统服务器和教学资源库服务器,而其他网段不允许访问教务管理系统服务器和教学资源库服务器,但除此之外的业务都允许。如何实现?

10.3 无线局域网设计

一、实验目的

① 了解局域网中,无线覆盖的基本架构与工作原理。

② 掌握无线网络常用组网设备无线 AP 和无线 AC 的功能、连接方法和配置方法。

③ 掌握应用无线网络覆盖组网的拓扑结构和系统配置方法。

二、实验描述

某公司需要在办公楼大楼建立一个无线局域网,在原局域网的基础上,采用无线 AP (无线接入点) 覆盖整个办公大楼,无线 AC (无线控制器) 集中管理所有的 AP,包括 AP 的 IP 地址分配、无线接入人员身份认证等。实验原理如图 10-3 所示,公司网络采用私有地址,通过防火墙与 Internet 连接,接入方式为 PPPoE 模式。Web 服务器连接在防火墙的 DMZ 区。具体设计需求如下:

① 公司所有计算机和无线网络设备都能够通过无线局域网接入 Internet,且可以相互访问。

② 为了公司网络安全,只允许有线台式办公主机访问公司内部服务器,而无线接入设备只允许接入 Internet,不允许访问公司内部服务器,但可以访问公司的 Web 服务器。

③ 外网可以访问公司 Web 服务器。

请设计该公司无线局域网建设简要技术方案,画出网络拓扑结构图,并对所有网络设备进行配置,实现网络运行。

三、实验原理

实验原理如图 10-3 所示。

图 10-3　无线网络覆盖应用实验原理

四、设计思路

(1) 根据原理图,画出实验设备的实际网络拓扑连接图,在图中注明设备的型号、编号及连线时所用到的所有设备的端口。

（2）根据网络拓扑结构，分别对核心交换机、接入交换机进行配置，实现内网全网路由可达。

（3）配置防火墙接入模式和 NAT 转换，使公司内网所有主机可以接入 Internet。

（4）配置无线 AC 和 AP，使无线设备可以通过无线 AP 访问 Internet。

（5）配置防火墙 DMZ 接口、NAT Server 转换、ACL 等，配置 Web 服务器，使内网和外网都可以访问公司 Web 服务器。

（6）配置防火墙、核心交换机和无线 AC，使无线接入设备只能访问 Internet 和 Web 服务器。

五、问题与思考

① 由于办公楼部署有较多的无线 AP，怎样实现移动设备的无线漫游？

② 无线网络覆盖实现后，为了确保公司的网络安全和信息安全，对网络相关设备如何配置，才能实现只有本公司员工能够无线上网、办公楼隔壁人员无法接入的目标？

10.4　多生成树协议配置与应用

一、实验目的

① 掌握多生成树协议 MSTP 的基本概念和原理。
② 掌握 MSTP 的配置方法与应用部署。

二、实验描述

交换机 SwitchA、SwitchB、SwitchC 和 SwitchD 彼此相连形成一个环网。由于在 SwitchA 与 SwitchB 之间、SwitchC 与 SwitchD 之间都存在冗余链路，则设计在 SwitchA、SwitchB、SwitchC 和 SwitchD 中运行 MSTP，将网络修剪成树状，并实现 VLAN2～VLAN10 和 VLAN11～VLAN20 的流量负载分担。

三、实验原理

实验原理如图 10-4 所示。

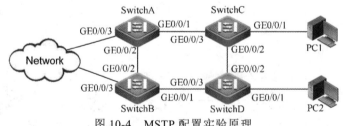

图 10-4　MSTP 配置实验原理

四、设计思路

采用以下思路配置 MSTP 功能：

（1）在处于环形网络中的交换设备上配置 MSTP 基本功能。与 PC 相连的端口不用参与 MSTP 计算，将其设置为边缘端口。

（2）配置保护功能，实现对设备或链路的保护。例如，在各实例的根桥设备指定端口配置根保护功能。

（3）配置设备的二层转发功能。

五、问题与思考

① 设备配置根保护功能后，如果根桥和备份根桥之间的链路 down 了，则配置根保护的端口会变为什么状态？可以采用什么技术来提高 MSTP 的可靠性？

② 如果与边缘端口相连的网络设备启用了 STP 功能，配置 BPDU 保护功能后，如果边缘端口收到 BPDU 报文，边缘端口将出现什么状态？

10.5 多网段 IP 地址自动分配

一、实验目的

① 掌握 VLAN 间通信的配置。

② 掌握多网段自动分配 IP 地址的配置方法。

二、实验描述

某教学楼分为教学区、办公区、机房三个区域，对应二层交换机上划分了三个 VLAN，采用三层交换机使网络互通。Web、FTP 和 DHCP 服务器连在三层交换机上，客户机（除服务器）均动态分配 IP 地址。学校规定机房能访问 Web 服务器，不能访问 FTP 服务器，教学区和办公区无此限制。请提出简要的技术方案，设计网络拓扑并配置实现。

三、需求分析

需求 1：各部门之间可以相互访问。

分析 1：实现跨交换机不同 VLAN 间的通信。

需求 2：客户机需动态分配 IP 地址。

分析 2：实现 DHCP 服务。

四、设计思路

（1）设计技术方案，结合实验环境设计网络拓扑

① 根据需求，进行设备选型，选取三层交换机和二层交换机。

② 明确在各台设备上应实现的技术。

③ 规划网络地址。

④ 安装并启动 DHCP 服务；对应每个网段，新建一个工作域并激活。

（2）设备配置

三层交换机创建 VLAN 和 VLANIF 接口，配置 DHCP 服务，配置 ACL。

（3）实验测试

① 按规划的网络地址配置好各计算机（网关均为所在 VLAN 的 VLANIF 地址）。

② 按网络拓扑图要求连接好各设备。

③ 用 ping 命令测试网络连通性。

① 可提供 DHCP 服务的网络设备有哪些？
② 客户机如何获得自己网段的 IP 地址？

10.6　网络互连

一、实验目的

① 掌握局域网与互联网的连接技术。
② 掌握链路封装 PPP 协议及验证方式的配置方法。

二、实验描述

某学校校园网分布在东、西两个校区，两校区通过两台汇聚层三层交换机连接，再从西校区通过一台路由器连接到互联网。

网络初步规划如下。东校区：学生机房 60 台主机使用 192.168.1.0/24 网络，服务器使用 192.168.2.0/24 网络。西校区：办公主机使用 192.168.3.0/24 网络；连接外网的接入路由器出口地址为 202.69.101.9，下一跳地址为 202.69.101.10，从 ISP 申请到的公网地址为 202.69.101.3～202.69.101.5。外网家属区使用 202.169.11.0/24 网络。具体需求如下：

① 校园网服务器可对外提供信息服务。
② 办公主机可访问互联网。
③ 内网三层交换机通过学习产生路由表。
④ 接入路由器与互联网路由器通过明文方式验证对方身份。

请提出简要的技术方案，设计网络并配置实现。

三、需求分析

需求 1：校园网使用私有 IP 地址，而办公主机要求上网。
分析 1：将私有地址动态转换成公网地址（动态 NAT/NAPT）。
需求 2：服务器向外提供信息服务。
分析 2：内网向外网提供主机服务（静态 NAT/NAPT）。
需求 3：三层交换机通过学习产生路由表。
分析 3：配置动态路由协议。
需求 4：路由器明文验证对方身份。
分析 4：链路封装 PPP 协议，配置 PAP 验证。

四、设计思路

（1）技术要求：选取接入路由器 A，外网路由器 B，三层交换机和二层交换机。
（2）结合实验环境设计网络拓扑。
（3）设备配置。

① 路由器 A：静态 NAT 或 NAPT，动态 NAT 或 NAPT，配置 PAP 认证（设为被验证方），配置动态路由协议（RIP），配置默认路由。
② 路由器 B：配置 PAP 认证（设为验证方）。

③ 三层交换机：创建 VLAN 和 VLANIF 接口，配置动态路由协议（RIP）。

（4）实验测试

① 按规划的网络地址配置好各计算机（网关均为所在 VLAN 的 VLANIF 地址）。

② 按网络拓扑图连接好各设备。

③ 用 ping 命令测试网络连通性。

五、问题与思考

① PPP 协议下有哪几种验证方式？路由器之间可相互验证吗？

② 广域网中数据链路层协议有哪几种？路由器可模拟成帧中继吗？

10.7　网络服务应用

一、实验目的

① 掌握 VLAN 间通信与无线网络的配置。

② 掌握网络内自动分配 IP 地址的配置方法。

二、实验描述

某学校分为教学区、办公区、学生区三个区域，对应二层交换机上划分了 VLAN10、VLAN20 和 VLAN30 共 3 个 VLAN，采用三层交换机使网络互通。学校向 ISP 申请了一条专线，通过路由器接入互联网，保证所有主机高速接入互联网。教学区需要采用无线技术进行全方位、立体式无线覆盖，让师生们用 WEP 加密方式连接到整个校园网络，享受随时随地、移动式网络接入服务。学校内部计算机（除服务器）均动态分配公网 IP 地址，Web、FTP 和 DHCP 服务器连在三层交换机上，学校规定学生区能访问 Web 服务器，不能访问 FTP 服务器，教学区和办公区无此限制。请提出简要的技术方案，设计网络拓扑并配置实现。

三、需求分析

需求 1：各部门之间可以相互访问。

分析 1：实现跨交换机不同 VLAN 间的通信。

需求 2：教学区需采用无线技术连接到校园网。

分析 2：实现无线网络与有线网络的通信。

需求 3：校园网客户机需动态分配 IP 地址。

分析 3：实现 DHCP 服务。

四、设计思路

（1）设计技术方案，结合实验环境设计网络拓扑。

① 根据需求，进行设备选型，选取接入路由器、无线路由器、三层交换机和二层交换机。

② 明确在各台设备上应实现的技术。

③ 网络地址规划。

(2) 设备配置

① 路由器：配置路由。

② 三层交换机：创建 VLAN 和 VLANIF 接口，配置路由，配置 DHCP 服务，配置 ACL。

③ 无线 AP 和无线 AC：配置 DHCP 服务，配置 WEP 认证，实现无线漫游。

(3) 实验测试

① 按规划的网络地址配置好各计算机（网关均为所在 VLAN 的 VLANIF 地址）。

② 按网络拓扑图要求连接好各设备。

③ 用 ping 命令测试网络连通性，登录网络服务器测试网络服务。

五、问题与思考

① 常见的无线网络协议有哪些？

② 无线网络有哪些加密方法？

③ 在三层交换机与路由器上配置 ACL 有何不同之处？

④ 若采用无线路由器作为无线接入，怎样实现无线漫游？

10.8   VRRP 技术应用

一、实验目的

① 掌握局域网与互联网的连接技术。

② 掌握访问控制规则的设置方法。

③ 掌握 VRRP 技术的配置方法。

二、实验描述

某公司设有销售部、市场推广部和财务部三个部门。公司内部网络使用二层交换机作为用户的接入设备。为了使网络更加稳定可靠，公司决定用 2 台三层交换机作为核心层设备，考虑到销售部和市场推广部数据量较大，要求实现流量的负载均衡，公司已从 ISP 申请到 4 个注册地址，公司网络通过路由器以身份验证的方式接入互联网；内部网络禁止 QQ 聊天（QQ 服务器 UDP 8080 端口，或主机 61.144.238.146 等）；FTP 服务器和 Web 服务器直接连接在三层交换机上，Web 服务器只面向整个外网服务，FTP 服务器只允许公司销售部使用。请提出简要的技术方案，设计网络拓扑并配置实现。

三、需求分析

需求 1：各部门之间可以相互访问。

分析 1：实现跨交换机不同 VLAN 间的通信。

需求 2：公司使用 2 台核心层设备，要求流量的负载均衡。

分析 2：实现 VRRP 技术。

需求 3：公司内部网络要求上网。

分析 3：将私有地址动态转换成公网地址（动态 NAT/NAPT）。

需求 4：服务器向外提供信息服务。

分析 4：内网向外网提供主机服务（静态 NAT/NAPT）。

需求 5：内部网络禁止 QQ 聊天，Web 服务器只面向整个外网服务，FTP 服务器只允许公司销售部使用。

分析 5：设置访问规则（ACL）。

四、实验原理

实验原理如图 10-5 所示。

图 10-5　VRRP 技术应用实验原理

五、设计思路

（1）设计技术方案，结合实验环境设计网络拓扑。

① 根据需求，进行设备选型，选取路由器、三层交换机和二层交换机。

② 明确在各台设备上应实现的技术。

③ 网络地址规划。

（2）设备配置。

① 路由器：配置路由、NAT、ACL。

② 三层交换机：创建 VLAN 和 VLANIF 接口，配置 VRRP。

（3）实验测试：

① 按规划的网络地址配置好各计算机（网关均为所在 VLAN 的 VLANIF 地址）。

② 按网络拓扑图连接好各设备。

③ 用 ping 命令测试网络连通性，登录网络服务器测试网络服务。

六、问题与思考

① VRRP 协议是如何选择主路由器的？

② 在三层交换机和路由器上配置 VRRP 有何区别？

③ 将接入路由器改为防火墙，重新设计方案，并进行配置。

10.9　网络设备远程管理

一、实验目的

① 掌握实现三层交换机与路由器通信的技术。

② 掌握网络设备远程管理的配置方法。

二、实验描述

某学校东校区有后勤处和财务处两个部门，网络中心设在西校区。对应各部门网络均采用二层交换机接入。东校区通过三层交换机使各子网互通，并连接到西校区的路由器。要求东、西校区各部门能互相通信，所有的网络设备均可由网络中心远程登录控制。路由器只能由主机 211.69.224.1/24 远程管理。请提出简要的技术方案，设计网络并配置实现。

三、需求分析

需求 1：区域网络管理，保持相对独立、子网互通。
分析 1：通过 VLAN 管理，实现 VLAN 之间的通信。
需求 2：全校各部门能互相通信。
分析 2：实现三层交换机与路由器间的通信。
需求 3：网络设备均可远程登录控制。
分析 3：实现 Telnet 远程管理。

四、设计思路

（1）设计技术方案，结合实验环境设计网络拓扑。
① 设备选型，规划设计网络地址。
② 在三层交换机上实现各 VLAN 之间的通信。
（2）配置设备，实现三层交换机与路由器互通。
① 三层交换机：创建 VLAN，并对每个 VLAN 的 VLANIF 接口启用路由功能。
② 配置各设备的 Telnet 远程管理，对路由器配置 ACL，配置全网路由。
（3）实验测试。
① 按设计的网络地址配置好各计算机（注意网关地址配置）。
② 按网络拓扑图连接好各设备。
③ 用 ping 命令测试网络连通性，对各网络设备实行 Telnet 登录。

五、问题与思考

① 通过网络对网络设备进行管理的方法有哪些？
② 对二层交换机的 VLANIF 接口配置 IP 地址有什么作用？如果对其多个 VLAN 配置不同的 IP 地址，结果会是怎样的？为什么？

10.10 路由重分布技术应用

一、实验目的

① 掌握动态路由协议 RIPv2 和 OSPF 的配置方法。
② 掌握路由重分布的配置方法。

二、实验描述

某公司业务拓展，收购了另一家公司，新收购的公司原来的网络运行 RIPv2 协议，总公司运行 OSPF 协议，为了使总公司和子公司正常更新路由信息，需要进行路由双向重分布。请提出简要的技术方案，并配置实现。

三、实验原理

实验原理如图 10-6 所示。

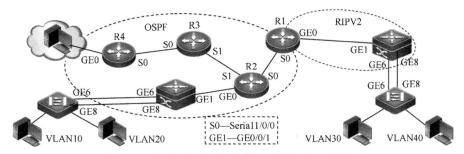

图 10-6 路由重分布技术应用网络拓扑实验原理

四、需求分析

需求 1：子公司各部门之间可以相互访问。

分析 1：配置 RIPv2 协议。

需求 2：总公司各部门之间可以相互访问。

分析 2：配置 OSPF 协议。

需求 3：总公司和子公司能更新路由信息。

分析 3：实现路由双向重分布。

五、设计思路

（1）设计技术方案，结合实验环境设计网络拓扑。

① 根据需求，进行设备选型，选取路由器、三层交换机和二层交换机。

② 明确在各设备上应实现的技术。

③ 网络地址规划。

（2）设备配置。

① 路由器：配置路由、路由重分布。

② 三层交换机创建 VLAN 和 VLANIF 接口，配置动态路由协议。

（3）实验测试：

① 按规划的网络地址配置好各计算机（网关均为所在 VLAN 的 VLANIF 地址）。

② 按网络拓扑图连接好各设备。

③ 用 ping 命令测试网络连通性。

六、问题与思考

① 从 RIPv2 重分布的路由将在 OSPF 中默认度量值是多少？

② 为什么路由重分布容易造成路由环路？

10.11 小型网络安全设计

一、实验目的

① 掌握内网和外网隔离的技术。

② 掌握高级访问控制列表的应用。

二、实验描述

　　某公司总部设有技术部、市场部、财务部和后勤部，子公司在外省，同样设有市场部和财务部。公司内部网络采用二层交换机作为用户接入交换机，三层交换机作为核心交换机，总部和子公司各部署 1 台，总部采用防火墙接入 Internet，并部署 1 台入侵防御系统作为公司网络的防护。子公司采用路由器接入。公司总部和子公司均采用私有地址，且已从 ISP 申请到 4 个公网地址。总部建有一个用于内部技术交流的 FTP 服务器，与核心交换机相连；公司门户网站 Web 服务器与防火墙 DMZ 接口相连。为了保证公司网络的安全，要求如下：

　　① 业务相同的部门，实行相同的子网管理。

　　② 公司员工都可以浏览网页和下载文件，218.47.38.20 为不良网站，禁止访问。

　　③ Web 服务器面向外网服务，FTP 服务器只允许公司总部和外省子公司内部访问。

请设计简要的技术方案，画出网络拓扑结构图，并对所有设备进行配置，实现网络运行。

三、需求分析

需求 1：实现内网和外网的有效连接和提供信息服务。

分析 1：采用网络地址转换技术。

需求 2：为了保证公司网络安全性。

分析 2：利用防火墙技术、入侵防御技术和 ACL 控制技术，对相关安全设备配置安全策略。

四、实验原理

实验原理如图 10-7 所示。

图 10-7　小型网络安全设计网络拓扑实验原理

五、设计思路

（1）设计技术方案，结合实验环境设计网络拓扑。

① 根据需求和实验原理图，进行设备选型，并明确在各台设备上应实现的技术。

② 规划设计网络地址，设计网络安全策略。

（2）设备配置。

① 防火墙和路由器：静态 NAT，动态 NAPT，配置 PAP 认证，配置路由协议。

② 三层交换机：创建 VLAN、Trunk 口和 VLANIF 接口，配置路由协议。

③ 二层交换机：创建 VLAN 和 Trunk 口。

（3）实验测试：

① 按规划的网络地址配置好各计算机（网关均为所在 VLAN 的 VLANIF 地址）。

② 按网络拓扑图要求连接好各设备。

③ 用 ping 命令测试网络连通性。

六、问题与思考

怎么实现一个网段某一时间段不能上网?

10.12 SSL VPN 技术应用

一、实验目的

① 掌握局域网与互联网的连接技术。

② 掌握 SSL VPN 技术的配置方法。

二、实验描述

某公司内部网络使用二层交换机作为用户的接入设备,三层交换机作为核心层设备,防火墙作为接入设备,Web 服务器连接在防火墙的 DMZ 接口,FTP 和产品库等服务器连接核心交换机。公司已从 ISP 申请到 2 个公网地址,内部网络采用私网地址,通过防火墙接入互联网,公司在外出差的员工也需要访问公司的 FTP 和产品库等服务器。请提出简要的技术方案,设计网络拓扑并配置实现。

三、实验原理

实验原理如图 10-8 所示。

图 10-8　SSL VPN 技术应用网络拓扑实验原理

四、需求分析

需求 1:内部网络通过防火墙接入互联网。

分析 1:将私有地址动态转换成公网地址(动态 NAT/NAPT)。

需求 2:在外出差的员工需要访问公司的 FTP 和产品库等服务器。

分析 2:在防火墙实现 SSL VPN,使得远程用户安全地连接并访问公司网络。也可以在核心交换机旁路部署 1 台 VPN 安全网关来实现。

五、设计思路

(1) 设计技术方案,结合实验环境设计网络拓扑。

① 根据需求,进行设备选型,选取防火墙、三层交换机、二层交换机和 VPN 安全网关。

② 明确在各台设备上应实现的技术。

③ 网络地址规划。

（2）设备配置。

① 防火墙：配置路由、NAT、SSL VPN。

② 三层交换机创建 VLAN 和 VLANIF 接口，配置 RIP 路由协议。

（3）实验测试：

① 按规划的网络地址配置好各计算机（网关均为所在 VLAN 的 VLANIF 地址）。

② 按网络拓扑图连接好各设备。

③ 用 ping 命令测试网络连通性。

六、问题与思考

① VPN 有哪几种实现模式？

② 哪些网络设备可实现 VPN？若在核心交换机部署 VPN 安全网关，怎样配置？

扫描二维码
进入"课程学习空间"

扫描二维码
进入"工程案例空间"

扫描二维码
进入"知识拓展空间"

参考文献

[1] 谢希仁. 计算机网络（第 7 版）. 北京：电子工业出版社，2017.

[2] 王达. 华为交换机学习指南. 北京：人民邮电出版社，2016.

[3] 王达. 华为路由器学习指南. 北京：人民邮电出版社，2016.

[4] 徐慧洋，白杰，卢宏旺. 华为防火墙技术漫谈. 北京：人民邮电出版社，2016.

[5] 华为技术有限公司. HCNP 路由交换实验指南. 北京：人民邮电出版社，2016.

[6] 华为技术有限公司. HCNA 网络技术实验指南. 北京：人民邮电出版社，2016.

[7] 张卫，俞黎阳. 计算机网络工程（第 2 版）. 北京：清华大学出版社，2010.

[8] 胡胜红，陈中举，周明. 网络工程原理与实践教程（第 3 版）. 北京：人民邮电出版社，2013.

[9] 易建勋，姜腊林，史长琼. 计算机网络设计（第 2 版）. 北京：人民邮电出版社，2011.

[10] 闫宏生，王雪莉，杨军. 计算机网络安全与防护（第 2 版）. 北京：电子工业出版社，2010.

[11] 陈志德，许力. 网络安全原理与应用. 北京：电子工业出版社，2012.

[12] 曹关华. 网络测试与故障诊断实验教程（第 2 版）. 北京：清华大学出版社，2011.

[13] 王恩东. 高效能计算机系统设计与应用. 北京：科学出版社，2014.

[14] 杨雅辉. 网络规划与设计教程. 北京：高等教育出版社，2008.

[15] 陈桂芳，王建珍. 综合布线技术教程. 北京：人民邮电出版社，2011.

[16] 王建平，姚玉钦. 实用网络工程技术. 北京：清华大学出版社，2009.

[17] 吴方国，杨晓斌. 智能楼宇网络工程实训. 南昌：江西高校出版社，2009.

[18] 王公儒. 综合布线工程实用技术. 北京：中国铁道出版社，2011.

[19] 陈鸣. 网络工程设计教程——系统集成方法. 北京：机械工业出版社，2008.

[20] [美] Richard A. Dealcisco. 路由器防火墙安全. 北京：人民邮电出版社，2006.

反侵权盗版声明

电子工业出版社依法对本作品享有专有出版权。任何未经权利人书面许可，复制、销售或通过信息网络传播本作品的行为；歪曲、篡改、剽窃本作品的行为，均违反《中华人民共和国著作权法》，其行为人应承担相应的民事责任和行政责任，构成犯罪的，将被依法追究刑事责任。

为了维护市场秩序，保护权利人的合法权益，我社将依法查处和打击侵权盗版的单位和个人。欢迎社会各界人士积极举报侵权盗版行为，本社将奖励举报有功人员，并保证举报人的信息不被泄露。

举报电话：（010）88254396；（010）88258888

传　　真：（010）88254397

E-mail：　dbqq@phei.com.cn

通信地址：北京市万寿路 173 信箱

　　　　　电子工业出版社总编办公室

邮　　编：100036